Atlas der Menschlichen Chromosomen

Claudia Behrend • Javad Karimzad Hagh •
Parvin Mehdipour • Heinz Schott •
Gesa Schwanitz

Atlas der Menschlichen Chromosomen

Einführung in die Diagnostik Konstitutioneller Struktur-Aberrationen

Technische Unterstützung: Frau Ute Schlütter

Springer

Claudia Behrend
MVZ Zentrum GbR
Düsseldorf, Deutschland

Parvin Mehdipour
School Of Medicine
Department of Medical Genetics
Tehran, Iran

Gesa Schwanitz
Institut für Humangenetik
Universitätsklinikum
Bonn, Deutschland

Javad Karimzad Hagh
Medizinisches Zentrum
Heinsberg, Deutschland

Heinz Schott
Institut für Hygiene und Öffentliche Gesundheit / Public Health (IHPH)
Universitätsklinikum
Bonn, Deutschland

Übersetzung der englischen Ausgabe: „Human Chromosome Atlas" von Claudia Behrend et al., © The Editor(s) (if applicable) and The Author(s), under exclusive license to Springer Nature Switzerland AG 2023 2024. Veröffentlicht durch Springer Cham. Alle Rechte vorbehalten.

ISBN 978-3-032-13716-6 ISBN 978-3-032-13717-3 (eBook)
https://doi.org/10.1007/978-3-032-13717-3

Die Deutsche Nationalbibliothek verzeichnet diese Publikation in der Deutschen Nationalbibliografie; detaillierte bibliografische Daten sind im Internet über https://portal.dnb.de abrufbar.

Dieses Buch ist eine Übersetzung des Originals in Englisch „Human Chromosome Atlas", 2. Auflage, von Claudia Behrend et al., publiziert durch Springer Nature Switzerland AG im Jahr 2023. Die Übersetzung erfolgte mit Hilfe von künstlicher Intelligenz (maschinelle Übersetzung). Eine anschließende Überarbeitung im Satzbetrieb erfolgte vor allem in inhaltlicher Hinsicht, so dass sich das Buch stilistisch anders lesen wird als eine herkömmliche Übersetzung. Springer Nature arbeitet kontinuierlich an der Weiterentwicklung von Werkzeugen für die Produktion von Büchern und an den damit verbundenen Technologien zur Unterstützung der Autoren.

Springer ist ein Imprint der eingetragenen Gesellschaft Springer Nature Switzerland AG und ist ein Teil von Springer Nature.
Die Anschrift der Gesellschaft ist: Gewerbestrasse 11, 6330 Cham, Switzerland

V

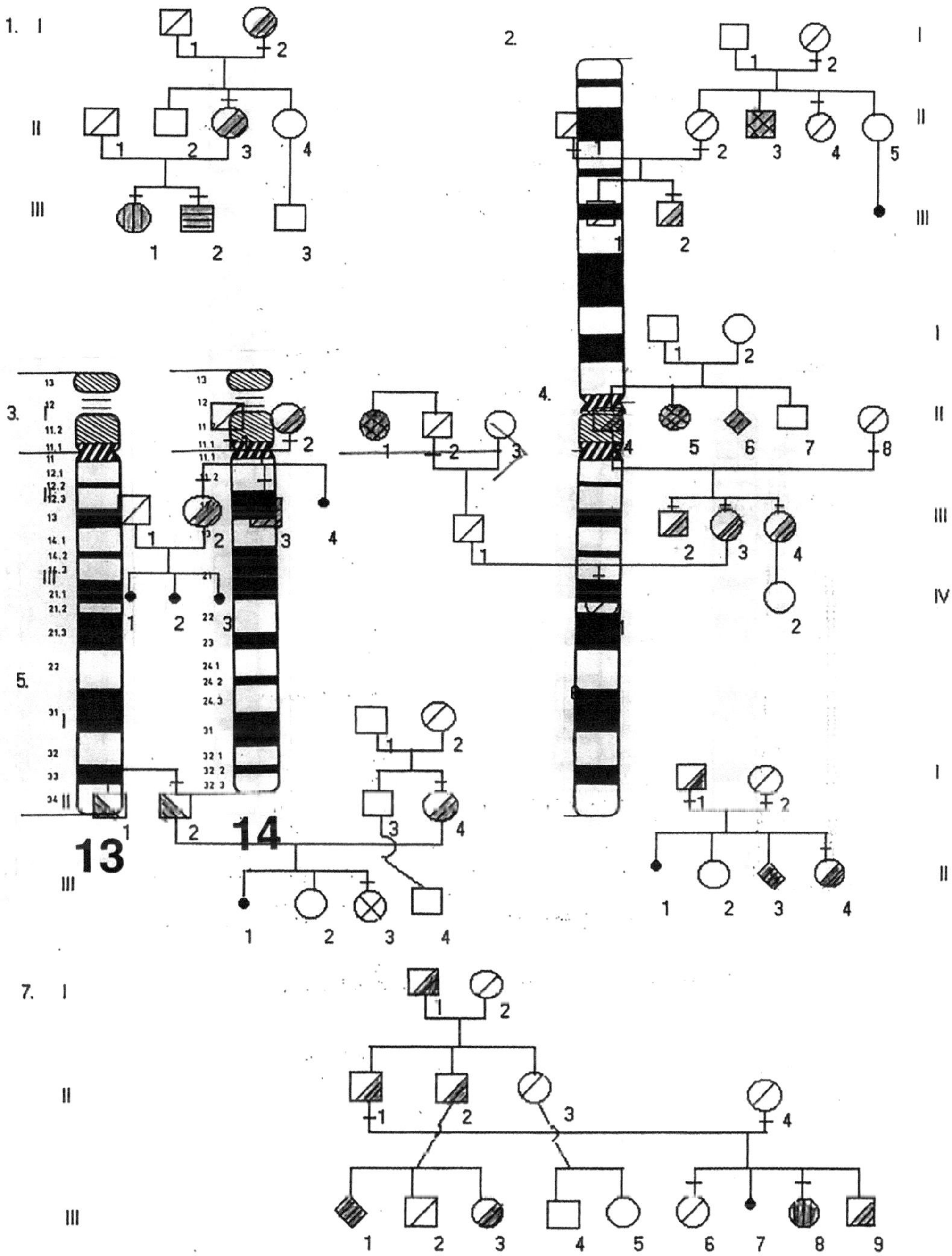

Einführung

Zytogenetik ist ein wesentlicher Teilbereich der Genetik, mit Schwerpunkt in der Humangenetik. Im Verlauf der letzten 70 Jahre entwickelte sich das Fach rapide weiter und es erfolgte in dieser Zeit eine Aufteilung der Zytogenetik in Grundlagenforschung einerseits und angewandte patientenbezogene Forschung andererseits. Als neue Teilbereiche differenzierten sich mit spezifischen Forschungs- und Anwendungsbereichen folgende Disziplinen aus: die Tumorzytogenetik, Untersuchungen zur Mutagenese, zur Evolution des Karyotyps und zur Populationszytogenetik. Zusätzlich und parallel zu diesen Forschungsfeldern haben Zytogenetiker eine enge Zusammenarbeit mit verwandten Forschungsbereichen wie Molekulargenetik, Klinische Genetik, Zellbiologie, Biologie der Fortpflanzung, Onkologie und Pathologie etabliert.

Fortschritte auf dem Gebiet der Zytogenetik waren immer mit Fortschritten in den Untersuchungsmethoden verbunden, die wiederum zu neuen Schwerpunkten der Forschung und zu verbesserten Diagnosemöglichkeiten bei der Untersuchung von Probanden mit Chromosomenaberrationen führten.

Von Anfang an zeichnete sich die Zytogenetik durch eine intensive internationale Zusammenarbeit aus. Dies schloss gemeinsame Entscheidungen in Fragen der Chromosomennomenklatur (ISCN), spezifische Symposien, Workshops, Seminare und Weiterbildungsveranstaltungen auf nationaler und internationaler Ebene ein. Diese Aktivitäten führten zu engem persönlichen Kontakt zwischen Wissenschaftlern und Forschungsgruppen sowie zur Förderung junger Wissenschaftler und dienten als Impuls für viele zukunftsorientierte Projekte.

Es ist zu wünschen, dass diese inspirierende Atmosphäre der Zytogenetik Wissenschaftler auch in Zukunft begleiten wird, wie sie es in der Vergangenheit getan hat.

Der hier vorgestellte Atlas umfasst drei Schwerpunkte:

- die Darstellung allgemeiner sozialer Besonderheiten in Bezug auf die Akzeptanz von behinderten Personen,
- die Etablierung ethischer Prinzipien, die bei zytogenetischen Untersuchungen am Menschen berücksichtigt werden müssen,
- die Definition der Leitlinien, die die wünschenswerte Qualität in Diagnostik und Beratung garantieren. Dies wird durch das Vorgehen bei der genetischen Beratung von Trägern einer Chromosomenaberration, ferner bei der Betreuung von Menschen mit Chromosomensyndromen über einen längeren Zeitraum sowie bei der Gründung und Leitung von Selbsthilfegruppen im Folgenden beispielhaft präsentiert.

Die Darstellung von 88 Kasuistiken struktureller Chromosomenaberrationen umfasst intra- und interchromosomale Anomalien sowie Mutationen in polymorphen Regionen (Heteromorphismen).

Der vorliegende Atlas struktureller Chromosomenaberrationen soll eine diagnostische Hilfe in der angewandten Zytogenetik bei der Karyotyp-Analyse bieten.

Der Chromosomenatlas illustriert ein Spektrum von Chromosomenanomalien durch die Kombination der Fotos von Karyotypen und von Ideogrammen. So illustriert er die Aussagekraft verschiedener Banden-Techniken. Darüber hinaus zeigt er mögliche Probleme beim Nachweis von Aberrationen und listet notwendige Zusatz-Untersuchungen auf, die bei der Beratung von Trägern einer Chromosomenaberration oder deren Verwandten berücksichtigt werden müssen.

Es ist unser Ziel, ein breites Spektrum von Chromosomenanomalien zu präsentieren. Wir können natürlich keine vollständige Sammlung von Aberrationstypen geben; aber wir versuchen, einen Eindruck von dem Spektrum der Befunde zu vermitteln, die sich einem Institut für angewandte Zytogenetik stellen können.

Viele Benutzer dieses Atlas haben sicherlich andere zusätzliche relevante Kasuistiken von Aberrationen diagnostiziert und neue Strategien bei deren Analyse entwickelt. Wir begrüßen es, wenn sie ihr Wissen mit uns teilen!

An alle Kollegen, die im Bereich der Zytogenetik arbeiten:

Lassen Sie uns auf innovative Forschungsprojekte und eine erfolgreiche Weiterentwicklung der Zytogenetik hinarbeiten! Wir wünschen uns, dass der hier vorgestellte Chromosomenatlas dabei eine Hilfe sein wird.

Danksagung Die Gestaltung der zweiten Auflage des Chromosomenatlas erforderte umfangreiche zusätzliche Recherchen für die neu eingefügten Kapitel.

Ute Schlütter und Werner Jung und sind wir zu großem Dank verpflichtet, da sie selbstständig die Gestaltung des Manuskriptes übernommen haben.

Weiterhin wurden wir von zwei Fachkolleginnen unterstützt: Herdit Schüler, Institut für Humangenetik Düsseldorf, und Lieselotte Kalz, Institut für Humangenetik Bonn. Sie waren mit ihren spezialisierten Vorschlägen bei der Formulierung der neuen Kapitel eine große Hilfe.

Tanja Weyandt und Eliana Acosta, beide Editorinnen für Biomedizin, Springer Verlag, Heidelberg, waren uns wertvolle Kontaktpersonen, die bei Strukturproblemen und der Gestaltung des Publikationsablaufs uns zur Seite standen.

Inhaltsverzeichnis

Einführung

Inhaltsverzeichnis

Soziale Einstellung gegenüber Menschen mit Behinderungen: Historische und kulturelle Aspekte

Inhaltsverzeichnis

C. Behrend et al., *Atlas der Menschlichen Chromosomen*,
https://doi.org/10.1007/978-3-032-13717-3_1

Diskriminierung und Ablehnung von Menschen mit Behinderung können in der gesamten Menschheitsgeschichte beobachtet werden. Die Tendenz, sie von der „normalen" Gesellschaft auszuschließen, ist eine gängige Haltung. Selbst ihre Tötung kann unter bestimmten Umständen eine Option sein. Insbesondere wurde dies im nationalsozialistischen Deutschland während des Zweiten Weltkriegs mit seinem (auch damals illegalen) „Euthanasie"-Programm deutlich. Es war ein ausgeklügeltes System, dem zehntausende Patienten psychiatrischer Anstalten am Vorabend des Holocausts zum Opfer fielen. Die Motivation für ein solches Verbrechen zeigt charakteristische Merkmale einer Vernichtungsstrategie. Es gibt drei relevante Dimensionen: (1) Das wirtschaftliche Argument betont die finanziellen Belastungen, die durch die als unproduktive Esser gebrandmarkten Behinderten verursacht werden und die normale Gesellschaft schwächen (dies wurde erst angesichts des Elends nach dem Ersten Weltkrieg zu einem ideologischen Argument); (2) die biologische Ablehnung geht davon aus, dass Behinderungen, die durch erbliche Krankheiten verursacht werden, eine allgemeine Degeneration der „vitalen Rasse" nach der Lehre der Eugenik hervorrufen würden, die am Ende des neunzehnten Jahrhunderts in der akademischen Welt weit verbreitet war; und (3) aus sozialpsychologischen Gründen werden die Behinderten als „minderwertig" und als Bedrohung für ihre Mitmenschen wegen ihres typisch bösartigen Ressentiments diesen gegenüber angesehen (siehe unten: *Krüppelseele*).

Auf der anderen Seite gab es immer auch eine wohlwollende Einstellung gegenüber Menschen mit Behinderungen. Es gibt beeindruckende Beispiele für Unterstützung und Unterbringung dieser Menschen, die traditionell in allen Kulturbereichen und Religionen üblich sind: Asyle, karitative Orden, Hilfsinstitutionen, geschützte Werkstätten usw. In der zweiten Hälfte des zwanzigsten Jahrhunderts entstand die Idee der medizinischen, sozialen und wirtschaftlichen Rehabilitation und wurde zu einem wichtigen Thema der Sozialmedizin und Gesundheitspolitik. Die Wiedereingliederung der Behinderten hat heute das sozialpolitische Ziel der „Inklusion". Daher zielen viele öffentliche und private Institutionen auf diese Mission ab (siehe unten „Schlussfolgerung"). Dennoch gibt es viele Probleme für behinderte Menschen in ihrem Alltag. Sie entstehen oft aus einer mehr oder weniger unbewussten Ablehnung ihrer Andersartigkeit wegen ihres Aussehens, ihres Verhaltens oder ihrer mangelhaften Leistung. In dieser Hinsicht ist es nützlich, einige kulturhistorische Muster zu betrachten, die die jeweilige soziale Einstellung gegenüber Behinderten beeinflussen. Dieses Kapitel konzentriert sich auf die Behandlung von Menschen mit angeborenen Fehlbildungen und physischen und/oder geistigen Anomalien, zum Beispiel Menschen mit Down-Syndrom.

1.1 Monstrositäten: Folge der Sünde gegenüber Spiel der Natur

Neugeborene mit angeborenen Fehlbildungen wurden einst als „Monster“ bezeichnet (aus dem Lateinischen *monstrum* = Warnzeichen), die in der Regel als böse Vorzeichen angesehen wurden. Dieses Konzept entstand aus traditionellem Aberglauben. Aber es ist manchmal auch heute noch in der Angst und Abwehr von „normalen“ Menschen spürbar, die auf behinderte Personen treffen. Das Auftreten von Monstren schien zukünftige Katastrophen anzuzeigen – gemäß der Kunst oder Wissenschaft der antiken Wahrsagerei. Sie wurde von gelehrten Priestern und anderen Experten (z. B. Auguren im Römischen Reich) ausgeübt, wobei Traumdeutung, Astrologie, Leberschau oder Deutung des Vogelflugs etablierte Methoden der Prophezeiung waren. Die Tontafeln mit Keilschrifttexten sind die ältesten schriftlichen Zeugnisse, die eine solche Wahrsagerei zeigen. Sie gehörten zur Bibliothek von Assurbanipal (siebtes Jahrhundert v. Chr.), dem König des Assyrischen Reiches in Ninive. Sie enthalten genaue Interpretationen von Missbildungen des Neugeborenen. Zum Beispiel: „Wenn eine Frau ein Kind zur Welt bringt, dessen rechtes Ohr klein ist, wird das Haus, in dem es geboren wird, zerstört“. Oder: „Wenn das Kind keine Füße hat, werden die Wasserstraßen des Landes unterbrochen und das Haus zerstört“.

So wurden „Monstren“ als Zeichen eines bevorstehenden Untergangs wahrgenommen. In der Renaissance blühte diese Einstellung wieder auf. Obwohl ein „Monster“ auch auf glückliche Umstände hinweisen konnte, überwog seine Deutung als schlechtes Omen. Es gibt ein berühmtes Beispiel für die Interpretation einer Monstrosität als göttliches Zeichen in satirischer Form: *„Der Bapstesel zu Rom“* (Der Papstesel von Rom), ein Flugblatt herausgegeben von Martin Luther und Philipp Melanchthon im Jahr 1523.

Die Idee, dass Gottheiten die Menschen für begangene Ungerechtigkeiten mit Elend und Krankheit bestrafen, stammt ebenfalls aus der Antike. Insbesondere sollte es den Ausbruch einer Epidemie erklären. Später intensivierte die christliche Tradition diese Sündentheorie, indem sie behauptete, dass die „Erbsünde“ auch Missgeburten verursachen würde. So interpretierte unter anderem Paracelsus (d.i. Theophrastus Bombast von Hohenheim, 1493/94–1541) Fehlbildungen als Zeichen des Bösen: „Und als zu gleicher weis, wie der henker zeichnet seine kinder mit lesterlichen zeichen, desgleichen die bösen ascendenten [astrologischer Begriff] ire kinder mit unnatürlichen lesterlichen zeichen bezeichnen, auf das man sich vor inen zuhüten wiß wie vor den henkermäßigen leuten …“. Insofern deuteten die physischen Stigmata auch auf moralische

Mängel hin und waren gleichzeitig Signaturen des Bösen. Es war in der frühen Neuzeit üblich, Monstren als Strafe für begangene Unzucht, Ausschweifung und Unmäßigkeit zu charakterisieren. Im Allgemeinen ist die Erklärung von Krankheiten als Folge der Sünde wesentlich für medizinische Krankheitslehren im Laufe der Neuzeit. So wurde geistige Störung noch im frühen neunzehnten Jahrhundert von einigen Psychiatern aus dem sündigen Leben des jeweiligen Patienten abgeleitet. In einer säkularisierten Weise ist dieser Gedanke gewissermaßen subversiv in der gegenwärtigen Psychosomatik, Psychotherapie und Psychoanalyse lebendig, die Krankheitssymptome tendenziell auf unbewusste Schuldgefühle zurückführt. Analog dazu vertritt auch die somatische Medizin die Theorie, dass eine ungesunde Lebensweise eine Art Versündigung darstellt, die zu Störungen und Krankheiten führt. So erscheint zum Beispiel Lungenkrebs als Strafe für das Kettenrauchen, ein Fehlverhalten, das vom missbrauchten Körper bestraft wird. In dieser Perspektive erscheinen Krankheit sowie Behinderung als Folge einer verwerflichen Lebensform.

In der Renaissance – im Kontext von Naturmagie, Astrologie, und dem Glauben an Hexerei – verbreitete sich die Annahme, dass Missgeburten und „Kretins" direkt vom Teufel abstammen würden. Für Paracelsus und seine Zeitgenossen war es offensichtlich, dass diese durch die Vereinigung von Teufeln und Hexen gezeugt würden. Im sechzehnten Jahrhundert wurde ernsthaft diskutiert, ob es erlaubt oder verboten sei, Monstren zu töten. Paracelsus lehnte es ab, sie zu töten. Sie sollten als Geschöpfe Gottes erhalten bleiben: „drumb so laß ich sie stên als tiere." Im Gegensatz dazu billigte *„Der Hexenhammer"*, das wichtigste Lehrbuch der Inquisition der Römisch-Katholischen Kirche, die Ausrottung der Monstren.

Im Laufe der Hexenverfolgung wurden sogar kleine Kinder gefoltert und getötet. Eine besondere Form des Teufelswerks war der sogenannte Wechselbalg. Man nahm an, dass kurz nach der Geburt der Teufel oder andere böse Dämonen das Neugeborene mit einem Teufelskind austauschen würden. Solche „Wechselbälge" würden alle Zeichen des Bösen zeigen, extrem unersättlich, faul und missgestaltet sein. Die grausamste Misshandlung des Wechselbalgs sollte die Rückgabe des geraubten Kindes erzwingen. Und selbst seine Tötung war laut Luther erlaubt, der in einem seiner Tischgespräche 1541 sagte, dass solche Wechselbälge nur ein Stück Fleisch (*massa carnis*) wären, weil sie keine Seele im Leib hätten, die vom Teufel in Besitz genommen werden könnte. So wurden sogar junge Kinder brutal wie mutmaßliche Hexen behandelt. Erst im achtzehnten Jahrhundert wurden sie endlich als medizinische Objekte und Herausforderung für die wissenschaftliche Forschung angesehen, zum Beispiel wurden vermeintliche Wechselbälge manchmal als Kinder identifiziert, die an Rachitis litten. Nun wurde Behinderung nicht mehr als Strafe für Sünden oder Nachlässigkeit der Eltern interpretiert, sondern als natürliche Entwicklungsstörung und eine Folge des „Spiels der Natur“ (*ludibrium naturae*).

Nach der Französischen Revolution gab es erstmals einen systematischen praktischen Ansatz zur medizinischen Behandlung von Behinderten. So wurden insbesondere Geisteskranke, Blinde oder Taubstumme in speziellen Einrichtungen betreut. Sie wurden als Schwerbehinderte ernst genommen, denen Menschenwürde zukomme und die geschützt und unterstützt werden sollten. Aus heutiger Sicht stand dieses Ideal allerdings im Kontrast zur brutalen Realität, wie sie sich etwa in den Irrenanstalten des 19. Jahrhunderts zeigte. Freilich kann man seit einigen Jahrzehnten – im Zusammenhang mit der Entwicklung des Rehabilitationswesens – einen allmählichen Wandel von der Ablehnung und Ausgrenzung von Behinderten hin zu ihrer Integration ins soziale Leben feststellen.

1.2 „Krüppel“: Die Macht der Imagination, die „Buckelseele“ und das Showgeschäft

Neben der religiösen oder dämonologischen Erklärung von angeborenen Missbildungen gab es auch eine Art psychosomatische Theorie. Das „Versehen“ (das heißt der plötzliche Anblick eines missgestalteten Mensch oder eines Tieres) einer schwangeren Frau konnte angeblich die Ein-Bildung eines äußeren Objekts bewirken, was sich unmittelbar an der Leibesfrucht niederschlagen würde. Dies schien auf die Macht der „Einbildung“ (lat.: *imaginatio*) zurückzuführen zu sein, ein zentrales Konzept der medizinischen Anthropologie in der frühen Neuzeit. Paracelsus erklärte wie andere Autoren seinerzeit mit dieser Theorie angeborene Missbildungen. Sie hat eine lange Tradition im „Volksaberglauben“. Die Begriffe „*Hasenscharte*“ (einseitige Lippen-Kiefer-Gaumenspalte) und „*Wolfsrachen*“ (beidseitige Lippen-Kiefer-Gaumenspalte) weisen darauf hin. Eine Frau, die einen Hasen sieht oder von einem Wolf erschreckt wird, könnte ihr ungeborenes Kind unfreiwillig durch entsprechend introjizierte Bilder prägen. Daher schien es für eine Schwangere gefährlich zu sein, Krüppel oder sonstige behinderte oder entstellte Personen (z. B. Leprakranke) anzusehen. In gewisser Weise schien ein Stigma des Bösen ein weiteres Stigma des Bösen zu erzeugen. Es schien ansteckend zu sein. So wurde Schwangeren über Jahrhunderte hinweg empfohlen, Begegnungen mit behinderten Personen zu vermeiden. Zum Beispiel verbot der Stadtrat von Nürnberg 1708 missgebildeten und verstümmelten Menschen, sich auf den Marktplätzen aufzuhalten, um die mögliche Auswirkungen auf Schwangere zu vermeiden. Die Vorbeugung gegen eine Ansteckung durch das Böse bestand einfach darin, die Betreffenden aus der öffentlichen Sphäre zu verbannen. Gleichzeitig bot die

Imaginationslehre eine apologetische Erklärung. Nicht ein sündhaftes Verhalten würde die Missbildung des Kindes hervorrufen, sondern der böse Einfluss, der von verkrüppelten Bettlern, verstümmelten Soldaten oder bestimmten Tieren ausgehe. So ersetzte die Imaginationslehre (insbesondere das „Versehen" der schwangeren Frau) nicht die Theorie der Behinderung als Folge der Sünde, sondern implizierte sie vielmehr. Sie rechnete mit einem bösen Einfluss von außen, analog zum „bösen Blick", der jemand anderen krankmacht. Monstren wie die erwähnten Wechselbälge sollten angeblich ohne Seele existieren, nur ein „Stück Fleisch" sein. Aber wenn ihnen eine Seele zugeschrieben wurde, was bei milderer Missbildung oder Behinderung wahrscheinlich der Fall war, schien die Seele der betreffenden Individuen ebenfalls missgebildet oder behindert zu sein. Man nahm an, dass eine körperliche Missbildung zugleich auf eine geistige hinweisen würde – gemäß der traditionellen Signaturenlehre, die auch die populäre Physiognomik begründete: Körperliche Zeichen natürlicher Dinge würden auf deren verborgenen inneren Qualitäten hinweisen. So schien der Bucklige eine bösartige „Buckelseele" zu haben. Selbst im frühen zwanzigsten Jahrhundert wurde diese Theorie noch offiziell in der medizin-psychologischen Literatur diskutiert. Der einflussreiche deutsche Pionier der Sonderpädagogik für behinderte junge Menschen (der so genannten *Krüppelpädagogik*) Hans Würtz (1875–1958) propagierte eine Theorie, die auf der „Individualpsychologie" von Alfred Adler basierte. In dieser Perspektive würden Bucklige oder andere behinderte Individuen unter einem „Minderwertigkeitskomplex" leiden und daher versuchen, ihn durch maximale Leistung oder „Überkompensation" zu überwinden. So schienen verkrüppelte Personen besonders raffiniert, berechnend und hinterhältig zu sein, aber auch witzig und sensibel. Natürlich wird eine solche Minderwertigkeitstheorie von der modernen medizinischen Psychologie abgelehnt. Man akzeptiert nicht, dass Behinderte per se einen abnormen Charakter haben sollten.

Der böse Giftzwerg, das Kinder fressende Monster, der tobende Riese sind bekannte Figuren der Volkskultur, die dem missgestalteten Körper einen bestimmten Charakter zuschreibt. Insofern wurden Behinderte nicht nur stigmatisiert, sondern schienen auch selbst Quelle geistiger Bosheit zu sein. Darüber hinaus ist das Vorurteil verbreitet, dass die behinderte Person in der Opferrolle dazu neigt, sich an den normalen Menschen zu rächen. Es gibt Romane, die diesen Mechanismus illustrieren, zum Beispiel *„Lady Chatterley's Lover"* von D. H. Lawrence (1928). Darin wird der querschnittsgelähmte Sir Clifford beschrieben, der immer mehr zu einem bösartigen Krüppel wird. Der britische Aktivist für die Rechte behinderter Menschen Paul Hunt (1937–1979) nannte dieses Phänomen „Chatterley-Syndrom".

In der Neuzeit spielten Krüppel eine illustre Rolle in der Öffentlichkeit. Sie traten als Figuren in Shows, auf Märkten und in Zirkuszelten auf. Es ist bemerkenswert, dass gerade während der viktorianischen Ära, als Darwinismus und Sozialdarwinismus boomten, das öffentliche Interesse an Kuriositäten und Abnormitäten zunahm. Manche missgestaltete Menschen wurden als „fehlendes Glied“ (*missing link*) zwischen dem Tierreich und der menschlichen Welt angesehen. So erfand der amerikanische Entertainer P. T. Barnum (1810–1891) die *„side show“*. Sie wurde in einem separaten Zelt aufgeführt. „Barnum nahm in sie nur jedes denkbare *‚missing link‘* auf: Meerjungfrauen, Löwenmenschen, die direkten Nachfahren der Azteken, Männer von einem wilden Stamm aus Borneo usw. Barnum verfügte über das Talent, den Geschmack und die mentalen Kapazitäten seines Publikums richtig einzuschätzen. Seine *‚missing links‘* und seine *‚freaks‘* (Schlangenmenschen, Hungerkünstler, Haar- und Bartmenschen, siamesische Zwillinge, Riesen und Zwerge usw.) zogen das damalige Publikum in Massen an.“ (vgl. J. Kunze und I. Nippert: *Genetik und Kunst. Angeborene Fehlbildungen in verschiedenen Kulturepochen.* Berlin 1986, S. 13).

Aber diese Neugier am Ende des neunzehnten Jahrhunderts entstand nicht nur aus reinem Vergnügen, Anomalien zu demonstrieren. Vielmehr spiegelte sie auch einen Zustand der Angst angesichts der befürchteten Schäden einer krankmachenden Zivilisation wider. Eine neue Dimension der Krankheit tauchte auf: Eine Art innere Verformung des Menschen durch soziale Laster und psychische Abnormität, die in Neurasthenie, Neurose, Hysterie, Psychopathie mündeten. Nietzsche nannte diese zunehmende Schwächung der Vitalität – lange vor Freuds Konzept der Neurose – die „moderne Krankheit“. Nun wurde soziale Normalität selbst als pathogen angesehen. Die ängstliche Vision einer allgemeinen Dekadenz, Degeneration, eines biologischen Verfalls der modernen Gesellschaft wurde in der wissenschaftlichen und öffentlichen Diskurs vorherrschend. Besonders in Deutschland förderten die sozialen Verwerfungen nach dem Ersten Weltkrieg offensichtlich schädliches Verhalten mit schlimmen Folgen: Alkoholismus, sexuelle Exzesse, Geschlechtskrankheiten, subversive politische Aktivitäten würden angeblich die gesunden, fitten, reproduktionsfähigen Mitglieder der Nation (*Volksgenossen*) langfristig auslöschen. Diese Ideologie wurde dann im Kontext der Rassenbiologie zu einer maßgeblichen Richtschnur im nationalsozialistischen Deutschland und hatte bekanntlich fatale Folgen.

1.3 Veränderung der sozialen Einstellung

Trotz aller Bemühungen, die Öffentlichkeit aufzuklären und die Behinderten ins normale Leben zu integrieren, ist der alte „Aberglaube" mehr oder weniger noch spürbar. Das Stigma einer schweren Behinderung stimuliert unbewusst den Impuls, das Böse abzuwehren. Daher kann es nützlich sein, über einige kulturhistorische Quellen eines solchen Impulses Bescheid zu wissen. Obwohl die Kritik an der schlechten Versorgung der Behinderten oft gerechtfertigt ist, muss man feststellen, dass die heutige Gesellschaft (zumindest in europäischen Ländern) sich mehr um die Behinderten kümmert als Gesellschaften in früheren Zeiten. Nach den allgemein akzeptierten Leitlinien der offiziellen Institutionen ist die Einstellung gegenüber behinderten Menschen von der Idee der allgemeinen Menschenrechte und des humanen Umgangs mit kranken oder behinderten Mitgliedern der Gesellschaft geprägt. Es ist bemerkenswert, dass die Unterscheidung zwischen körperlicher und geistiger Behinderung hinsichtlich der Stigmatisierung der jeweiligen Personengruppe – zumindest in der Theorie – verschwunden ist. So werden schwere chronische psychiatrische Erkrankungen wie Schizophrenie oder tiefe Depression als medizinische Störungen gleichwertig zu körperlichen angesehen und haben Anspruch auf beste medizinische Versorgung.

Auf der anderen Seite verbergen die moderne Konsumwelt, die Wellness-Bewegung und die Idee der Verbesserung der Gesundheitszustandes (*enhancement*) die Bilder von Krankheit und Behinderung und blenden sie aus. Diese Einstellung kommt bei der pränatalen Diagnostik zum Ausdruck, die nach Fehlbildungen oder anderen Störungen des Fötus sucht. Im Falle eines pathologischen Befundes kann die Abtreibung eine Alternative zur Geburt sein – ein schweres ethisches Problem für die Mutter bzw. die Eltern, abgesehen von anderen Akteuren. Dieses Problem wird verschärft durch die neue Methode der Nicht-Invasiven Pränataldiagnostik (NIPD), eines genetischen Tests, der auf Geburtsfehler und erbliche Krankheiten untersucht. Er kann einfach mit einer Blutprobe der Schwangeren durchgeführt werden. Damit steht eine viel bequemere Methode zur Verfügung, um etwa Föten mit Down-Syndrom zu diagnostizieren. Zuvor waren invasive und nicht ganz ungefährliche Verfahren notwendig. Es gibt eine gewisse Tendenz, die Geburt behinderter Kinder auszuschließen. Gleichzeitig gibt es viele Initiativen und Institutionen, öffentliche und private, die sich mit hoch entwickelten medizinischen und sozialen Mitteln um sie kümmern. Dies muss im Kontext des aufkommenden Konzepts der medizinischen und sozialen Rehabilitation nach dem Zweiten Weltkrieg gesehen werden. Die Leitidee war die Integration von behinderten und benachteiligten Menschen in das normale Leben. Sie sollten nicht von der Arbeits- und Kulturwelt ausgeschlossen werden und ihr Leben so weit wie möglich eigenständig führen können.

Das zeitgenössische Konzept der Inklusion entstammt diesem Gedanken der Rehabilitation. Heute ist es ein globales Ziel: Die „Konvention über die Rechte von Menschen mit Behinderungen" (CRPD), ein internationales Menschenrechtsabkommen der Vereinten Nationen, trat 2008 mit der Absicht in Kraft, die Rechte und die Würde von Menschen mit Behinderungen zu schützen. Sie propagierte offiziell eine neue soziale Einstellung gegenüber behinderten Personen. Nie zuvor wurde ihnen mehr Aufmerksamkeit geschenkt. Aber politisches Ideal und soziale Realität sind bekanntlich zwei verschiedene Dinge. Die soziale Einstellung gegenüber Behinderten ist jedoch sensibler geworden und man strebt eine humane und produktive Zusammenarbeit mit ihnen an. Progressive Ansätze sollten erwähnt werden, wie etwa das Projekt „Ohrenkuss … da rein, da raus", ein Kulturmagazin, das von Menschen mit und ohne Down-Syndrom produziert wird. Es wird seit 1998 zweimal im Jahr in Bonn (Deutschland) von der Downtown-Werkstatt für Kultur und Wissenschaft veröffentlicht. Dieses Projekt zeigt beispielhaft, wie sehr die soziale Einstellung gegenüber behinderten Personen verändert werden und eine kreative Interaktion zwischen behinderten und nichtbehinderten Menschen gefördert werden kann (vgl. ► Kap. 17 und 18).

Die Rolle von Ethikkommissionen

C. Behrend et al., *Atlas der Menschlichen Chromosomen*,
https://doi.org/10.1007/978-3-032-13717-3_2

Ethik als die Theorie der menschlichen Lebensführung umfasst das systematische Nachdenken darüber, wie wir als Einzelne und als Gemeinschaften verantworten können, was wir tun.

Dies gilt auch für das Handlungsfeld der Lebenswissenschaften, in denen große Entscheidungsspielräume existieren, die willentlich genutzt, eingegrenzt oder ausgespart werden können.

Dementsprechend konstituierte sich – nach zahlreichen regionalen Ethikkommissionen, die nach Länderrecht geregelt werden – auf Bundesebene 2008 der Deutsche Ethikrat auf der Grundlage des Ethikratgesetzes. Er agiert wesentlich in Übereinstimmung mit den Regeln der Europäischen Kommission. Die Zentrale Ethikkommission der Bundesärztekammer und die der Landesärztekammern, aber auch die Ethikkommissionen an Universitäten zielen darauf ab, Methoden der genetischen Untersuchungen und Forschungen in Bezug auf bestehende Gesetze zu kontrollieren. Eine interdisziplinär zusammengesetzte unabhängige Gendiagnostik-Kommission aus Sachverständigen und Vertretern von Patientenorganisationen wurde im Jahr 2009 berufen und ist beim Robert Koch Institut angesiedelt. Seine 13 Mitglieder erstellen Richtlinien für genetische Untersuchungen am Menschen, basierend auf dem anerkannten Stand der Wissenschaft.

Genetische Diagnostik, Screening-Analysen, Präimplantationsdiagnostik, Keimzellselektion, heterologe Ei- und Samenspende sind Beispiele für aktuelle Problemfelder, die aufgrund der sich schnell entwickelnden Möglichkeiten eine erhebliche Bedeutung in der patientenorientierten Diagnostik haben.

In den letzten Jahrzehnten hat die Zytogenetik durch neue Techniken entscheidende Impulse in der Grundlagen- und angewandten Forschung erhalten.

Infolgedessen gab es in der Wissenschaft und in der Öffentlichkeit Debatten über den möglichen Missbrauch dieser Untersuchungsmethoden oder die Manipulation von Ergebnissen.

Die hierbei gestellten Herausforderungen führten zur Einrichtung eines Rates für Bioethik durch das Bildungs- und Forschungsministerium, zu dem Spezialisten aus den Lebenswissenschaften, der Medizin, der Ethik, dem Recht, den Sozialwissenschaften, der Theologie und der Politik gehören.

Die neuen Entwicklungen in den Lebenswissenschaften wurden dokumentiert und ihre potenzielle Anwendung in der Medizin erfasst, wobei verstanden wurde, dass sich Schwerpunktbereiche schnell ändern oder erweitert werden müssen.

Bei dem Einsatz neuer Methoden ist es jedoch nicht immer möglich, potenziell nachteilige Nebenwirkungen im Vorhinein zu erkennen und dementsprechend zu berücksichtigen.

Darüber hinaus ist zu konstatieren, dass die ethischen Regeln nur für Deutschland gelten, da in anderen europäischen Ländern sowie weltweit moralische Prinzipien und kulturelle Spezifikationen in gewissem Maße spezifisch differieren können.

Zusätzlich zum Deutschen Ethikrat in Berlin gründeten Universitäten eigene Ethikkommissionen und akademische Lehrstühle für den Fachbereich Ethik. Außerhalb der Universitäten wurden Ethikkommissionen und vergleichbare Organisationen von Landesregierungen, Kirchen, politischen Parteien und Gewerkschaften gegründet. Diese Gruppierungen haben das Ziel, international – vor allem in Europa – gemeinsam universelle ethische Prinzipien zu definieren und zu dokumentieren. In diesem Rahmen wurden auch gemeinsame Zentren für Dokumentation und Kommunikation eingerichtet.

Zahlreiche Zeitschriften zum Thema Bioethik wurden gegründet und Publikationen wie das Wörterbuch für Bioethik bildeten die Grundlage für Entscheidungen in Anwendungsbereichen wie Gentechnik, Neurologie, Tumordiagnostik und -therapie, Stammzellforschung und -therapie und pränatale Diagnostik.

Eine international verbindliche Stellungnahme zur Bioethik hat der Weltärztebund (WMA) 1964 mit der Erklärung von Helsinki gegeben. Bis heute (zuletzt 2013) bearbeitet und integriert diese Deklaration entsprechend dem medizin-technischen Fortschritt kontinuierlich ihre ethischen Grundsätze für die Forschung am Menschen. Darüber hinaus repräsentieren der Rat von Europa und die UNESCO die Grundlagen für ethische Fragen in der Medizin.

Zusammenfassend sind folgende Themen bei der Entscheidung bioethischer Fragen von großer Aktualität:

- Vorrang des Wohlergehens von Versuchspersonen vor Interessen der Wissenschaft
- Einwilligungserklärungen und Schutz nicht einwilligungsfähiger Patienten
- Genetische Untersuchungen bei Kindern oder Jugendlichen ohne die Fähigkeit zur Zustimmung
- Menschen mit Demenz
- Diagnostik und Therapie bei Störungen der Geschlechtsentwicklung (z.B. Intersexualität)
- Erhaltung der Fruchtbarkeit bei geistiger Behinderung
- Trägertests
- Informationspflicht innerhalb einer Familie
- Entscheidungen zu den unmittelbaren Folgen von Präventivtests
- Bewertende Reaktion auf die verschiedenen Möglichkeiten der pränatalen Diagnostik

Ethische Prinzipien waren schon immer ein relevantes Thema in der Medizin und haben das Verhalten der Beteiligten beeinflusst. Der empirische Teil der Medizinethik befragt das moralische Verhalten und das ihm zugrunde liegenden Denken bezüglich der Behandlung von Krankheiten und der Gesundheitsförderung darauf, inwieweit die Handlungsorientierung gerechtfertigt sein kann. Dabei spielen die Bewertung der angewandten Techniken sowie deren Berücksichtigung in der Behandlung eine Rolle.

Zur Medizin gehören die Grundlagenforschung und patientenorientierte Bereiche. Beide Felder überschneiden sich häufig, was die Anwendung ethischen Prinzipien kompliziert und in vielen Fällen sogar umstritten macht.

Die Legislative setzt den Rahmen für ethisches Verhalten. Sie schafft die Voraussetzung für die Sicherheit des Lebens und verhindert seinen Missbrauch. Sie umfasst die Prinzipien der Autonomie, der Fürsorge, der Gerechtigkeit, der Menschenwürde und das Nicht-Schaden-Prinzip. Letzteres besagt, dass ein Eingriff bzw. eine Therapie nur erfolgt, wenn sie nachgewiesene Vorteile für den Patienten bietet.

Die Regeln der Bioethik sind von transkultureller Bedeutung. Kulturspezifisch können sie jedoch unterschiedlich interpretiert werden.

Führende Ethiker wie Professor Hans Küng von der Universität Tübingen haben mit ihren Veröffentlichungen seit 1993 einen substanziellen Beitrag zur übergreifenden Entstehung von Prinzipien ethischen Verhaltens im interreligiösen und interkulturellen Dialog geleistet.

Diese Aussagen waren von außerordentlicher Bedeutung im Bereich der Ethik in der Medizin, da jeder von medizinisch-ethischen Entscheidungen betroffen sein kann – sei es als Proband in einem Forschungsprojekt oder als Patient in einer potenziellen Therapie.

Infolgedessen führten die Veröffentlichungen über grundlegende Ethik in der Medizin unter anderem zu einer Reihe von Treffen und zu einer Reaktion des „Deutschen Ethikrates".

Die verschiedenen Ansätze mündeten beim zweiten „Parlament der Weltreligionen" in Chicago 1993 in der „Erklärung zu einer globalen Ethik" und zwei Jahre später zur Gründung der Stiftung „Weltethos" mit deren Nestor Hans Küng. Dieses Projekt zielt darauf ab, das Bewusstsein für grundlegende gemeinsame Werte in allen Ländern zu schärfen. Informationen zu ethischen Prinzipien und ihren zuständigen Aufsichtsbehörden sollten nicht auf deutsche oder europäische Daten beschränkt sein.

Dementsprechend und als Vergleich zur deutschen Entwicklung werden im Folgenden die geltenden ethischen Prinzipien einer anderen Kultursphäre dargestellt. Da zwei der Autoren des Chromosomen-Atlas Iraner sind, wird die dortige Entwicklung hin zu gültigen ethischen Richtlinien für die Bewertung und Genehmigung von genetischen Untersuchungen beim Menschen angesprochen.

Dieser Prozess gründet zum Teil auf moralischen Werten, die tief von religiösen und kulturellen Prinzipien geprägt sind und sich von den Bedingungen in Deutschland und Europa unterscheiden. Jedoch führten der akademische Austausch und die sozialen Kontakte der beteiligten Forscher bei gemeinsamen wissenschaftlichen Projekten zu regelmäßigen Informationen über die jeweiligen aktuellen Anforderungen für die Zusammenarbeit zwischen beiden Ländern.

Die Iranische Ethikkommission kann an eine lange Tradition in der medizinischen Gesetzgebung zum Schutz der Patienten anknüpfen. Bereits aus vorislamischer Zeit sind entsprechende schriftliche Zeugnisse bekannt, unter anderem in Veröffentlichungen der Sassaniden und der Zoroastrier. Nach der Etablierung des Islam als offizielle Religion waren bioethische Prinzipien ein wichtiges Thema in der Medizin.

Auf dieser Tradition basierend wurden bereits in den Jahren 1953 und 1963 von der Universität Teheran einschlägige Veröffentlichungen über die Bedeutung ethischer Standards herausgegeben. Weitere rechtliche Leitlinien des „Ministeriums für Gesundheit und medizinische Bildung" folgten 1990 und 1991. Im Jahr 1993 wurde dann das „Zentrum für medizinische Ethikstudien und Forschung" gegründet und ein sog. „Erster Internationaler Kongress für Medizinethik" fand in dem Jahr in Teheran statt. Weitere Treffen und Workshops folgten regelmäßig.

So wurde auch der „Internationale Kongress für Bioethik" in Zusammenarbeit mit der UNESCO 2005 in Teheran durchgeführt. Die Organisatoren waren das „Ministerium für Wissenschaftsforschung und Technologie" und das „Nationale Forschungszentrum für Gentechnik und Biotechnologie" des Iran.

Dieser Kongress diente als Forum für den Austausch von Ideen und Informationen zwischen iranischen und internationalen Forschern, der zweite Kongress folgte bereits im Jahr 2008.

Hauptthemen zur Diskussion waren:

- Unzureichende Weiterbildung von lizenzierten Ärzten in Bezug auf ethische Standards in der Patientenversorgung
- Der Mangel an Spezialisten für medizinische Ethik
- Die Notwendigkeit von Leitlinien zur kulturellen Anpassung der Bioethik während der Ausbildung von Medizinstudenten
- Der Mangel an populärwissenschaftlichen Publikationen zur Information der Bevölkerung

Anschließend richtete der Iran eine Bibliothek für Publikationen im Bereich der Bioethik ein und veröffentlichte eine Zeitschrift zu diesem Thema (Iranian Journal of Medical Ethics and History of Medicine).

Gesetzgebung und Standards wurden erstellt, um islamische Religion und medizin-ethische Prinzipien in einer von ihrer Religion geprägten Gesellschaft zu verbinden.

Im Bereich der Humangenetik ging es um folgende Schlüsselaspekte:
- Therapeutischer Schwangerschaftsabbruch
- Eizellen- und Samenspende für unfruchtbare Paare
- Unterstützende Reproduktionstechnologien
- Präimplantationsdiagnostik
- Zytogenetische Diagnostik
- Untersuchungen von Gameten und Embryonen
- Untersuchung von Patienten, die nicht einwilligungsfähig sind

Heutzutage übernimmt das „Medical Ethics Research Center“ die Verantwortung für landesweite Diskussionen auf Universitätsebene. In diesem Zusammenhang muss das „Nationale Komitee“ die islamischen, rechtlichen und ethischen Prinzipien für die biomedizinische Forschung definieren, um:
- den Schutz der Versuchspersonen zu gewährleisten
- Beauftragte für Universitäts- und private Institute sowie für industrielle Projekte zu ernennen. Deren Ernennung erfolgt durch das „Nationale Komitee“ und berücksichtigt dabei die WMA-Richtlinien der „Erklärung von Helsinki“ sowie die Strategien des „Leiters des Nationalen Forschungsrates“.

Heute gehören zu den fachlichen Standards für jeden Iranischen Arzt – unter gebührender Berücksichtigung religiöser Vorschriften und spezifischer kultureller Prinzipien – das Vorlegen einer „informierten Zustimmung“, also eine schriftliche Erklärung des Patienten oder Probanden. Sie gewährleistet die Verantwortlichkeit des Projektleiters für etwaige negative Folgen einer geplanten Studie oder Therapie.

Die Zusammensetzung des Ethikkomitees im Iran umfasst ein breites Spektrum von Fachleuten: Ärzte, Statistiker, Anwälte, Ethnologen, Arbeitnehmervertreter und geistliche Führer.

Die bevorstehende Analyse der Situation der Ethikkomitees wurde von der WHO unterstützt.

Der vergleichende Bericht über die Entwicklung der medizinischen Ethik-Kommissionen in Deutschland und im Iran betont die Bedeutung der internationalen Zusammenarbeit in diesem Bereich und kann zugleich Anregungen für die zukünftige Zusammenarbeit geben.

Qualitätskontrolle bei der Diagnostik

C. Behrend et al., *Atlas der Menschlichen Chromosomen*,
https://doi.org/10.1007/978-3-032-13717-3_3

Die Humangenetik ist ein Fach, das sowohl Grundlagenforschung als auch patientenbezogene Studien umfasst, beide Bereiche sind häufig stark miteinander verbunden und stimulieren sich gegenseitig. Ergebnisse in einem Fach können einen neuen Schwerpunkt im anderen setzen. Daher ist immer eine Qualitätskontrolle der Ergebnisse unerlässlich.

Im Folgenden wird aufgrund der gegebenen Thematik nur auf patientenbezogene Analysen in der menschlichen Zytogenetik Bezug genommen.

Die Gesellschaft für Humangenetik und die Berufsgenossenschaft der deutschen Humangenetiker haben verbindliche Richtlinien aufgestellt, um die Qualität der Informationen im Bereich der angewandten Humanzytogenetik zu gewährleisten.

Bevor der Zytogenetiker eine selbständige Anstellung im Bereich der Humangenetik anstrebt, muss er einen differenzierten Qualifizierungsprozess durchlaufen, der in der Regel 5 Jahre dauert, vorausgesetzt, das Ziel ist eine patientenbezogene Tätigkeit.

Im Allgemeinen haben die Auszubildenden einen Abschluss in Medizin oder Biologie. Sie arbeiten dann mit dem Ziel, die Qualifikation eines Fachhumangenetikers bzw. eines Facharztes für Humangenetik zu erlangen.

Im Laufe dieser Ausbildung werden Kenntnisse in klinischer, zytogenetischer, biochemischer und molekulargenetischer Diagnostik genetisch bedingter Störungen vermittelt, sowie zusätzlich die Beratung von betroffenen Personen und ihren Familien.

Sie werden in die Grundprinzipien genetischer Prozesse, die Bildung und Vererbung von Mutationen sowie die Verfahren epidemiologischer Untersuchungen eingeführt.

Von besonderer Bedeutung ist im Laufe der Weiterbildung die Vermittlung grundlegender Daten zu ethischen, psychologischen und rechtlichen Kenntnissen in Diagnostik und Beratung.

Der Schwerpunkt kann entweder auf der Molekulargenetik, der klinischen Genetik oder auf der Zytogenetik liegen.

Die Themen im Bereich der Zytogenetik umfassen die Anwendung aller Methoden im Bereich der prä- und postnatalen Zellkulturen, die erforderlichen Schritte zur Vorbereitung und die anschließenden Techniken der zytogenetischen, molekularzytogenetischen, array-basierten und sequenzbasierten Natur.

Eine definierte Anzahl von selbstständige Untersuchungen, einschließlich der Wertung der diagnostischen Ergebnisse, ist erforderlich und deckt damit alle oben genannten Bereiche ab.

Die Weiterbildung umfasst weiterhin die regelmäßige Teilnahme an Fach-Symposien sowie lokalen Seminaren und Workshops.

Die Fortbildung kann an universitären oder nichtuniversitären Einrichtungen mit Akkreditierung stattfinden. Essenziell hierfür ist ein Katalog, der alle hierbei möglichen Fragestellungen auflistet.

Neben dieser Weiterbildung in Deutschland wurde ein europäisches Zentrum für Akkreditierung eingerichtet. Im Rahmen einer Prüfung wird das erworbene Wissen eines Aspiranten getestet, wodurch ein beruflicher Standard in ganz Europa festgelegt wird.

Nach Abschluss dieser Weiterbildung hat der Humangenetiker mehrere Optionen für eine zusätzliche Qualifikation:

Die deutsche „Akademie Humangenetik" bietet regelmäßig Seminare zu Themen wie Qualitätsmanagement oder psychosoziale Aspekte der Humangenetik an, aber auch zu speziellen Themen wie „Next Generation Sequencing Diagnostics" oder „Variant Interpretation".

Die „Deutsche Gesellschaft für Humangenetik" und der „Berufsverband deutscher Humangenetiker" repräsentieren die deutschen Humangenetiker.

Seit mehr als 20 Jahre werden von ihnen die sogenannten Ringversuche zur externen Qualitätskontrolle durchgeführt, um die Qualität der Labore zu verifizieren und zu fördern.

In Abteilungen, die sich auf Untersuchungen in der Zytogenetik oder Molekulargenetik konzentrieren, wird der Laborleiter die Akkreditierung seiner Einrichtung anstreben. Zu diesem Zweck muss eine Dokumentation bei einer Fachkommission eingereicht werden, um seine Kompetenz nachzuweisen. Die Fachkommission führt dann eine Inspektion vor Ort durch und empfiehlt möglicherweise Änderungen in der Arbeitsdurchführung. Nach Erfüllung der notwendigen Anforderungen wird die Einrichtung akkreditiert. Diese Inspektion vor Ort wird in regelmäßigen Abständen wiederholt.

Der dokumentierte Nachweis der Qualität als Ergebnis der Akkreditierung wird normalerweise in dem Logo des Institutes oder der Abteilung aufgenommen.

Im Folgenden sind die offiziellen Zuordnungen für die verschiedenen Schritte der Qualitätskontrolle in Deutschland aufgeführt:

- *Weiterbildung (Diplom in Medizinischer Genetik), Facharzt für Humangenetik, Fachhumangenetiker.*
- *Weiterbildungsordnung der Ärztekammer.*
- *Berufsverband deutscher Humangenetiker (*▶ www.bvdh.de*).*
- *Akademie Humangenetik (*▶ www.akademie-humangenetik.de ;info@akademie-humangenetik.de*).*
- *Leitlinien (*▶ https://www.awmf.org/leitlinien.html*).*
- *Ringversuche: Richtlinie der Bundesärztekammer zur Qualitätssicherung laboratormedizinischer Untersuchungen (RiLi – BÄK).*
- *Akkreditierung:* ▶ https://www.dakks.de/content/was-ist--akkreditierung

▶ Kap. 2 präsentierte einen vergleichenden Überblick über die ethischen Prinzipien, die bei genetischer Diagnostik am Menschen in *Deutschland* sowie im *Iran* zu berücksichtigen sind.

Vergleichend wird im folgenden Bericht die Aus- und Weiterbildung in der Humangenetik und die Qualitätssicherung in der Zytogenetik in Deutschland im Vergleich zum Iran dargestellt.

Sowohl im Iran als auch in Deutschland ist die Humangenetik ein spezialisiertes Fachgebiet, das in den letzten Jahrzehnten stark an Bedeutung gewonnen hat und somit ein integrierter Bestandteil des Studiums in Medizin und Lebenswissenschaften geworden ist. In beiden Ländern gibt es eine Vorlesung, die die Grundlagen der Genetik darstellt. Darüber hinaus bieten beide auch Seminare und Workshops an. Für die Zytogenetik beinhalten diese Spezialveranstaltungen eine Einarbeitung in die Methoden der Zellkultivierung, die Mikroskopie von Proben mit einem normalen oder pathologischen Karyotyp sowie die Praxis der verschiedenen Färbe- und Hybridisierungstechniken.

Ausbildungen für den Bachelor-, Master- und Doktorgrad werden angeboten.

Häufig beinhaltet die Ausbildung für einen Doktorgrad im Iran einen Auslandsaufenthalt, um neu etablierte Untersuchungsmethoden zu studieren und in der Folge selbst anzuwenden. Dies geschieht in der Regel in Zusammenarbeit des Doktorandenbetreuers mit einem ausländischen Kollegen und wird durch ein Stipendium gefördert.

Typen von Chromosomen-Mutationen

Inhaltsverzeichnis

C. Behrend et al., *Atlas der Menschlichen Chromosomen*,
https://doi.org/10.1007/978-3-032-13717-3_4

Strukturelle Chromosomenaberrationen oder Chromosomenmutationen stellen neben Aneuploidien die häufigsten pathologischen Befunde in der angewandten Chromosomendiagnostik dar. Sie treten jedoch auch als Kombinationen beider Typen auf, wie bei instabilen Umbauten oder bei chaotischen Karyotypen in den frühen Stadien der embryonalen Entwicklung.

Je nach Indikation für die Chromosomenanalyse – Kind mit Entwicklungsverzögerung und/oder Fehlbildungen, spontane Aborte, Sterilität – werden die aberranten Karyotypen unbalanciert oder balanciert sein. Darüber hinaus konnte gezeigt werden, dass die Häufigkeit von de novo und familiären Aberrationen abhängig ist von der Art der Aberration. Chromosomenmutationen werden unterteilt in intrachromosomale und interchromosomale Aberrationen. Darüber hinaus stellen komplexe Chromosomenumbauten (CCR) eine besondere Gruppe von Anomalien dar, bei denen intrachromosomale und interchromosomale Aberrationen in einem Genom kombiniert sein können. Ihre Untersuchung erfordert die Kombination von Chromosomenanalysen, Mikroarray und FISH sowie die Ableitung ihrer Entstehung. Ihre Charakterisierungen sind noch in der Entwicklung.

Im Folgenden werden zunächst intrachromosomale Aberrationen beschrieben, gefolgt von interchromosomalen.

4.1 Intrachromosomale Rearrangements

Die folgenden Typen von Aberrationen sind in dieser Gruppe zusammengefasst:

Deletionen, Duplikationen, Inversionen (peri- und parazentrisch), Ring Chromosomen und Isochromosomen.

4.1.1 Inversionen

Dieser Chromosomen Atlas basiert auf pathologischen Chromosomenbefunden, die am Institut in Düsseldorf gesammelt wurden. Da der Schwerpunkt des Instituts auf der Untersuchung von Paaren mit unerfüllten Kinderwunsch vor der Einleitung einer ICSI Therapie liegt, sind die Mehrzahl der pathologischen Befunde balancierte Umbauten in der Gruppe der Inversionen. Da sie das Spektrum der intrachromosomalen Aberrationen, die methodischen Anforderungen und die Indikation zur genetischen Beratung des Trägers sehr gut repräsentieren, wird diese Gruppe im folgenden Kapitel besonders ausführlich dargestellt. Insbesondere wird hier darauf hingewiesen, in welchen Fällen molekularzytogenetische (FISH), molekularzytogenetische Untersuchungen (Mikroarray) und molekulargenetische Analysen zusätzlich erforderlich sind. Es sollte jedoch eingesehen werden, dass – wenn eine balancierte Chromosomenaberration beim Probanden zu vermuten ist – Chromosomenanalysen die erste Untersuchung darstellen.

4.1.1.1 Perizentrische Inversionen

Diese Art von Aberration ist durch die Position des Zentromers innerhalb der invertierten Region gekennzeichnet. Die beiden Bruchpunkte im kurzen (p) und langen (q) Arm können unterschiedliche Abstände zum Zentromer zeigen und der Zentromerindex wird dadurch unterschiedlich geändert. Die Rekombinationsfrequenz in der Meiose hängt von dem beteiligten Chromosom und der Länge der invertierten Region ab. Sehr kleine Inversionen können über eine Anzahl von Generationen ausschließlich in balancierter Form vererbt werden. Verursacht durch einen abnormalen Verlauf der Meiose haben Träger von balancierten Inversionen ein teilweise erhöhtes Risiko für die Entwicklung einer uniparentalen Disomie (UPD). Inversionen des X-Chromosoms führen oft, im Gegensatz zu Inversionen von den Autosomen, zur Entwicklung von Genfunktionsstörungen.

4.1.1.2 Parazentrische Inversionen

Dieser Typ der Inversion zeichnet sich durch die Position beider Bruchpunkte im gleichen Chromosomenarm (p oder q) aus, der Zentromerindex hat sich nicht geändert, und die Diagnose ist nur durch das veränderte Bandenmuster in der invertierten Region möglich. Eine hohe Strukturauflösung der Chromosomen ist erforderlich (mindestens 550 Banden pro Genom), um eine Diagnose zu erhalten. Deshalb wurden parazentrische Inversionen in den ersten Jahrzehnten bei zytogenetischen Untersuchungen nur selten diagnostiziert. Heutzutage ist es bekannt, dass parazentrische Inversionen eine häufige Art von Aberrationen darstellen.

Bei der Analyse dieser Art von Anomalien muss immer bedacht werden, dass sie in Zweifelsfällen durch FISH von Insertionen unterschieden werden müssen, da die letztere Gruppe durch ein hohes genetisches Risiko gekennzeichnet ist, während das von parazentrischen Inversionen in der Regel als gering (etwa 1‰) angesehen werden kann.

Parazentrische Inversionen des X-Chromosoms sind seltene Aberrationen, spezielle Bruchpunkte im langen Arm können zu gonadaler Dysfunktion führen.

4.1.2 Deletionen

Deletionen werden auch als partielle Monosomie definiert. Im weiteren Sinne, können Ringchromosomen dieser Gruppe zugeordnet werden. Aber in der hier gegebenen Darstellung wurden sie in einem eigenen Kapitel beschrieben aufgrund ihrer morphologischen Besonderheiten und der oft beobachteten sekundären Veränderungen. Die Größe der deletierten Regionen zeigt eine hohe Variabilität und reicht von einer Länge einzelner Basenpaare (nachweisbar nur durch molekulargenetische Methoden), von mehreren kb bis zu 5 Mb (analysierbar durch spezifische FISH-Sonden in Fällen, die auf Mikrodeletionen hinweisen, oder durch molekulare Techniken) und schließlich Deletionen von 5 Mb bis mehr als 20 Mb, diagnostiziert durch Chromosomenanalysen. Nur die letztere Gruppe wird hier im Detail beschrieben.

Diese Art der Aberration wird weiter unterteilt in terminale Deletionen, die durch nur einen Chromosomenbruch verursacht werden und interstitielle Deletionen, die durch zwei Brüche entstehen. Es folgt jeweils die Verschmelzung der Bruchpunkte.

Deletionen treten sowohl im kurzen (p) als auch im langen (q) Arm eines Chromosoms auf, und sie wurden für alle menschlichen Chromosomen beobachtet. Große Deletionen sind selten. Die interchromosomale Verteilung von Deletionen zeigt unterschiedliche Häufigkeiten, von denen die häufigsten gut definierte Chromosomensyndrome darstellen (z. B. 4p-, 5p-, 18p-, 18q-). Deletionen wurden bereits in der „prebanding-Ära" diagnostiziert und detailliert beschrieben (z. B. Cri-du-chat-Syndrom, de Grouchy-Syndrom I und II). Neuere Untersuchungen haben gezeigt, dass terminale Deletionen in der Regel ein Telomer haben, das das Ende des Chromosoms stabilisiert. Terminale Deletionen sind etwa siebenmal so häufig wie interstitielle. Nur ein Teil der Deletionen ist de novo beim Träger entstanden, andere sind die unbalancierte vererbte Form einer elterlichen Translokation. In Bezug auf die Deletionen 4p und 5p beträgt der Prozentsatz der familiären Aberrationen 8–15 %. Daher führt die Analyse einer Deletion bei einem Patienten immer zur Indikation für eine Chromosomenuntersuchung bei den Eltern. Bei der Erkennung von Translokationen durch zusätzliche Analysen ist es bemerkenswert, dass das zweite beteiligte Chromosom der elterlichen Translokation nicht zufällig im Genom verteilt ist, sondern dass es bevorzugte Kombinationen gibt.

Mehr als 80 % der Deletionen sind de novo beim Träger entstanden, die Mehrheit von ihnen in der väterlichen Meiose. In Einzelfällen, wenn die Retardierung des Trägers nur marginal ist, kann die Deletion auch an Nachkommen vererbt werden.

4.1.3 Duplikationen

Chromosomenduplikationen werden auch als partielle Trisomien definiert. Die duplizierten Segmente stammen von Replikationsfehlern innerhalb eines Chromatids, durch einen ungleichen Austausch zwischen Schwesterchromatiden oder durch eine Translokation zwischen homologen Chromosomen.

Oft sind Duplikationen mit Deletionen kombiniert. Die phänotypischen Veränderungen eines Patienten mit segmentaler Duplikation sind in der Regel weniger schwerwiegend als eine Deletion der gleichen Region. In einigen Fällen werden Duplikationen und Deletionen derselben Chromosomenregion als „Typ“ und „Contretype“ bezeichnet (z. B. 4p, 9p, 22q11.2).

Duplikationen werden unterteilt in Tandemanordnungen der aberranten Region und in Inversionsduplikationen. In Einzelfällen wurden sogar Triplikationen von Chromosomensegmenten beschrieben, und bei diesen Patienten ist der Gen-Dosis-Effekt signifikant erhöht.

Je nach Entwicklungsmodus kann der Ursprung von Duplikationen uniparental oder biparental sein. Sie können das Ergebnis eines meiotischen oder postzygotischen Fehlers sein; im letzteren Fall wird der Träger die Aberration als Mosaik zeigen. Besondere Formen der Duplikation sind die überzähligen Markerchromosomen und Isochromosomen. Die große Mehrheit der Duplikationen ist de novo im Träger entstanden. Bei der Schätzung des Wiederholungsrisikos im Rahmen der genetischen Beratung muss die Möglichkeit eines gonadalen Mosaiks bei einem der Elternteile berücksichtigt werden. Einzelfälle von familiären Duplikationen wurden berichtet, aber in diesen Fällen zeigte der Trägerelter nur geringe phänotypische Veränderungen. Mikroarray-Untersuchungen führten in den letzten Jahren zu einer signifikanten Zunahme der Diagnose von gut definierten Mikroduplikationssyndromen.

4.1.4 Ringchromosomen

Drei verschiedene Arten der Ringbildung werden beobachtet:

1. Die Fusion von zwei Bruchpunkten in einer oder zwei euchromatischen Regionen und der Verlust der azentrischen Fragmente im kurzen und/oder langen Arm (p, q).
2. Die Fusion der beiden Telomere ohne Verlust von euchromatischen Segmenten. Dies führt führt zu mitotischen Anomalien und häufigen Verlusten des Rings.
3. Eine Spaltung im Zentromer wird von einem U-Typ-Austausch gefolgt.

Die Häufigkeit von Ringchromosomen wird auf 1:28.000 bis 1:62.000 geschätzt, wobei die Chromosomen 13 und 18 am häufigsten beteiligt sind. Familiäre Fälle sind, wie erwartet, extrem selten (etwa 1 %) und sie wurden nur bei Ringchromosomen 21 und 22 beobachtet. Die Mehrheit der de novo entstandenen Ringe ist väterlicher Herkunft. Das Phänotyp der Patienten ist sehr variabel verursacht durch die Bruchpunkte, die von einer unterschiedlichen Position im Chromosom sein können und damit zu einem differenten Geninhalt der deletierten Regionen führen. Durch Unregelmäßigkeiten in der S-

Phase des Zellzyklus können sekundar partielle Duplikationen und Deletionen entstehen.

Ringchromosomen sind oft schwer zu analysieren:

- Sehr kleine Ringe sind nicht leicht von Chromosomen-Derivaten zu unterscheiden.
- Wenn der Ring balanciert ist oder die deletierte Region nur submikroskopisch in der Größe ist (weniger als 5 Mb), kann eine Indikation für die Chromosomenuntersuchung fehlen.
- Ist der Ring auf ein Keimblatt oder sogar auf ein Gewebe beschränkt, kann das zur Untersuchung ausgewählte Zellsystem den Ring nicht enthalten.
- Bei Fällen von geringgradigem Mosaizismus kann es schwierig sein, Mitosen mit dem Ringchromosom zu erfassen.

Oft präsentiert sich der Karyotyp mit einem Ring als „dynamisches Mosaik". In diesen Fällen, insbesonders wenn der Ring zwei Zentromere hat, ist er im Verlauf des Zellzyklus instabil, und es entwickeln sich ständig neue Zelllinien. Daher wird es nach der pränatalen Diagnose eines instabilen Rings unmöglich sein, den Phänotyp des Kindes vorherzusagen. Ringchromosomen werden beobachtet in Fällen mit einer normalen Chromosomenzahl und als zusätzliche Strukturen. Die mikroskopische Analyse von Ringen ist nicht immer einfach, da sie eine dreidimensionale Struktur haben und daher je nach Blickwinkel unterschiedlich erscheinen.

In der hier vertretenen Untersuchungsgruppe wurden Patienten mit Ring Chromosom nur in wenigen Fällen diagnostiziert, da die Mehrzahl der Probanden aufgrund von Fertilitätsproblemen analysiert wurde und daher phänotypisch ohne Auffälligkeiten war.

4.1.5 Isochromosomen

Nach der Quertrennung eines Zentromers, d. h. einer Chromosomenfission, können beide Arme (p und q) in der Folge dupliziert werden. Das Ergebnis werden zwei Isochromosomen sein, eines des kurzen und eines des langen Arms. Der Karyotyp des Probanden kann balanciert sein, falls das zweite normale homologe Chromosom durch die sogenannte Aneuploidie-Korrektur verloren geht. Träger dieses speziellen Umbaus können keine gesunden Nachkommen haben.

Der häufigere Typ der Isochromosomenbildung beginnt mit einer ungleichen Zentromerfission, die dazu führt, dass ein Arm das gesamte Zentromer enthält und der zweite azentrisch ist. Der azentrische Arm geht verloren und das Ergebnis ist die

Entwicklung eines Isochromosoms in einem Karyotyp mit normaler Chromosomenzahl, aber Verlust eines und Duplikation des anderen Chromosomenarms. Ein häufiges Beispiel für diese Art von Aberration ist das Isochromosom Xq. Neben dieser Art von Aberration können Isochromosomen auch als zusätzliche Derivate beobachtet werden. In diesen Fällen ist der Karyotyp für den aberranten Chromosomenarm tetrasom, wie beim Isochromosom 12p, dem Pallister-Killian-Syndrom. Darüber hinaus kann durch Inversionsduplikation ein dizentrisches Isochromosom entstehen, das im Verlauf der folgenden Mitosen aufgrund einer unvollständigen Inaktivierung des zweiten Zentromers instabil sein kann, das im Verlauf der somatischen Zellteilungen häufig verloren geht und zu einer Monosomie des beteiligten Chromosoms führt. Diese Art von sekundärer Aberration wird häufiger bei Gonosomen als bei Autosomen beobachtet, was dort zur Mosaikbildung mit einer X0-Zelllinie führt. Diese Beobachtungen führen zu dem Schluss, dass bei allen Fällen von dizentrischen Isochromosomen die Möglichkeit einer Mosaikbildung in Betracht gezogen werden muss und daher die Anzahl der analysierten Mitosen mindestens 30–50 betragen muss.

Die Mehrheit der Isochromosomen entwickelt sich während der Meiose. Sie können aber auch aus postzygotischen Zellteilungen resultieren und dann als Mosaik auftreten. Wenn ein solches Mosaik auf die Gonaden eines gesunden Probanden beschränkt ist, kann sie als eine Aberration in allen Zellen eines Nachkommen erscheinen.

4.2 Interchromosomale Rearrangements

Interchromosomal verursachte Veränderungen der Chromosomenstruktur sind eine heterogene Gruppe von Aberrationen. Die Austausche von Segmenten erfordern mindestens zwei Bruchpunkte, es können aber auch bis zu sieben sein. Die Größe der translozierten Chromosomenregionen variiert zwischen 5 und mehr als 50 Mb. Interchromosomale Umbauten sind de novo im Träger entstanden, oder sie sind familiärer Herkunft. In einem Individuum können verschiedene Arten von Aberrationen kombiniert sein.

Die interchromosomalen Aberrationen werden in vier Hauptgruppen eingeteilt, von denen die Translokationen weiter in zwei Subtypen unterteilt sind. Es sind Translokationen mit den beiden Untergruppen reziproke und Robertson'sche Translokationen, komplexe Chromosomenumlagerungen (CCR), Insertionen und Teile der Markerchromosomen.

4.2.1 Translokationen

Die Mehrheit der Translokationen betrifft Umlagerungen zwischen heterologen Chromosomen, nur wenige treten zwischen homologen auf. Sie stellen eine sehr heterogene Gruppe von Aberrationen dar. Die meisten Fälle von heterologen Translokationen finden zwischen zwei Chromosomen statt. Die Bruchpunkte können sowohl in heterochromatischen Regionen als auch im Euchromatin oder in der Kombination von Hetero- und Euchromatinsegmenten lokalisiert sein. In Fällen, in denen eines der Translokationsprodukte im Vergleich zum ursprünglichen Chromosom deutlich in seiner Größe reduziert ist und daher nur noch kleine Regionen mit diesem gemeinsam hat, ist der Verlauf der Meiose oft pathologisch und führt zu Fehlern bei ihrer Weitergabe und als Folge zu einer Aneuploidisierung. Dadurch wird das genetische Risiko noch weiter erhöht.

Die Mehrheit der Translokationschromosomen ist in ihrer Struktur stabil, aber es gibt instabile Umbauten, und sie werden als „springende Translokationen" (jumping translocations) definiert. Translokationen weisen ein unterschiedliches genetisches Risiko des Trägers auf, das von weniger als 1 % bis zu 100 % bei homologen Translokationen reicht. Gleichzeitig gibt uns die Gruppe der Translokationenträger von Homologen die Möglichkeit, die Häufigkeit von de novo Mutationen bei dieser Art von Aberrationen zu bestimmen.

4.2.1.1 Reziproke Translokationen

Austausche von Segmenten zwischen Chromosomen sind eine häufige Art von strukturellen Chromosomenaberrationen und sie sind unter anderem durch spezifische „Hot Spots" der Bruchpunkte gekennzeichnet. Zusätzliche Untersuchungen mit FISH-Methoden und Mikroarray erhöhen die Anzahl diagnostizierter Fälle von reziproken Translokationen erheblich und die Lokalisation der Bruchpunkte wird dadurch genauer. Das Verteilungsmuster der Aberrationen zeigt signifikante Unterschiede, wenn die Untersuchungsgruppe aus Personen der Allgemeinbevölkerung besteht oder durch Auswahl von Trägern mit phänotypischen Anomalien gewonnen wurde.

Eine besondere Gruppe von Aberrationen sind Austausche zwischen einem Autosom und einem Gonosom, da in diesen Fällen zusätzliche Risikofaktoren bei Trägern des balancierten Umbaus durch Paarungsanomalien in der Meiose und ein abnormales X-Inaktivierungsmuster bei Frauen entstehen.

Mehr als 95 % der reziproken Translokationen treten zwischen zwei heterologen Chromosomen auf. Das genetische Risiko eines Trägers der balancierten Translokation hängt von der Größe und dem Geninhalt der ausgetauschten Segmente ab. In der Mehrheit der Fälle zeigt der unbalancierte Karyotyp die Kombination aus einer partiellen Duplikation und Deletion. Zusätzlich werden Unbalancen beobachtet, die durch ein ungleiches crossing-over in den Bruchpunktregionen während der Meiose verursacht werden. Darüber hinaus besteht ein Risikofaktor, der durch eine Fehlverteilung des kleineren Translokationschromosoms während der Meiose verursacht wird. Der Haupt-Risikofaktor, der im Rahmen der genetischen Beratung eines Trägers und/oder seiner Verwandten mitgeteilt wird, ist die Wahrscheinlichkeit für die Geburt eines behinderten Kindes, aber zusätzlich müssen das erhöhte Risiko eines spontanen Abortes und einer Totgeburt sowie die reduzierte Fertilität des Translokationsträgers berücksichtigt werden. Abhängig von der Art der Translokation können diese vier Risikofaktoren auf einen reduziert werden, entweder wenn alle Formen des unbalancierten Karyotyps letal sind (z. B. Ganzarm-Translokationen), dann ist nur die Fertilität des Trägers betroffen. Die zweite Möglichkeit tritt ein, wenn der unbalancierte Karyotyp nur die ersten Schritte der ontogenetischen Entwicklung zulässt, dann stirbt der Embryo ab und führt zu einem Spontanabort, behinderte Kinder werden nicht geboren.

Wenn der Träger einer unbalancierten Translokation lebensfähig ist, besteht normalerweise parallel ein erhöhtes Risiko für einen Spontanabort und weiterhin ist seine Fertilität reduziert.

Das Risiko von Translokationsträgern für die Geburt von Kindern mit unbalanciertem Karyotyp und gleichzeitig für eine erhöhte Abortrate ist statistisch gesehen doppelt so hoch bei Frauen im Vergleich zu Männern (20:10 %). Dies ist durch eine starke Selektion gegen unbalancierte Karyotypen in der Spermatogenese bedingt. Abhängig von den verschiedenen Arten von Translokationen variiert das Risiko von weniger als 1 % bis fast 50 %. Daher ist es in Fällen von familiären Translokationen wichtig, zusätzliche Untersuchungen bei Verwandten durchzuführen, um genauere Informationen über die spezifische Translokation in der zur genetischen Beratung kommenden Familie zu erhalten, bezüglich der Anzahl der gesunden und behinderten Kinder, pathologischer Schwangerschaften und ungewünschter Kinderlosigkeit.

Epidemiologische Untersuchungen haben gezeigt, dass reziproke Translokationen de novo und familiär auftreten, und in der letzteren Gruppe war es möglich, einzelne Translokationen über einen Zeitraum von mehr als 300 Jahren zurückzuverfolgen.

4.2.1.2 Robertson'sche Translokationen oder zentrische Fusionen

Robertson'sche Translokationen werden auch als Ganzarm-Translokationen klassifiziert. Diese Gruppe umfasst die häufigsten strukturellen Chromosomenaberrationen mit einer Inzidenz von 1 auf 1000 Neugeborene. Beteiligt an dieser Art von Umbau sind die akrozentrischen Chromosomen, d. h. 13, 14,

15, 21, 22. Der am häufigsten beobachtete Bruchpunkt ist p11.2. Die Chromosomenfusion findet zwischen homologen und heterologen Chromosomen statt.

Die ursprüngliche Annahme, dass Fusionen der Nukleoli oder enge Assoziationen von NOR-Regionen eine Rolle bei der Entstehung von Robertson'schen Translokationen spielen könnten, konnte durch umfangreichere Untersuchungen nicht bestätigt werden. Bei heterologen Fusionen stammen die beiden Translokationschromosomen normalerweise von einem Elternteil, und etwa 90 % von ihnen entwickeln sich während der mütterlichen Meiose I. Die Bruchpunkte in den Kombinationen 13/14 und 14/21 sind praktisch immer die gleichen, verursacht durch invertierte homologe Sequenzen in p11.2. Alle anderen Kombinationen zeigen eine signifikante Variation in Bezug auf ihre Bruchpunkte. In der Meiose I der Träger werden Trivalente durch Paarung von zwei normalen homologen und dem Translokationschromosom gebildet. Durch einen abnormalen Verlauf während der weiteren Phasen der Meiose können bis zu sieben verschiedene Arten von Gameten entstehen. Die beiden häufigsten heterologen Fusionen sind 13/14 und 14/21 mit jeweils 30 %. Alle Fusionen von homologen Chromosomen treten in einer Häufigkeit zwischen 0,5 und 3 % auf. Zygotische und postzygotische Fusionen scheinen seltene Ereignisse zu sein. Sie können als solche identifiziert werden, wenn sie biparental im Ursprung sind.

Die Häufigkeit der Befruchtung ist bei Robertson- Translokationen nicht reduziert, aber es tritt eine Selektion gegen Fruchtanlagen mit unbalanciertem Karyotyp in der postzygotischen Periode auf.

Uniparentale Disomie (UPD) kann durch Trisomie- oder Monosomie-Selektion (rescue) entstehen, aber ihre Häufigkeit wird auf weniger als 0,5 % geschätzt. Wenn die Chromosomen 14 oder 15 an der Translokation beteiligt sind, führt UPD zu charakteristischen Fehlbildungssyndromen, wie dem Prader-Willi- oder Angelman-Syndrom. Männliche Träger von Robertson'schen Translokationen haben ein etwa siebenfach erhöhtes Risiko für reduzierte Fertilität im Vergleich zur Allgemeinbevölkerung. Der Karyotyp der Fruchtanlage nach PID war zunächst in 90 % der Fälle pathologisch und sogar in 60 % chaotisch. Eine Ursache für diese Anomalien wurde in einem abnormalen Verlauf der Meiose I vermutet: die kurzen Arme (p) der Akrozentrischen bleiben ungepaart während der Bildung eines Triradials und in der nächsten Phase paaren sie sich mit dem X/Y-Bivalenten, was dann zu einer Fragmentierung des Kerns in der folgenden späten Prophase der Meiose I führt. Aber dieser pathologische Verlauf ist nicht obligatorisch und eine große intrafamiliäre Variation dieses Effekts wurde beobachtet.

Der Träger einer balancierten Robertson'schen Translokation hat normalerweise 45 Chromosomen, da die heterochromatischen kurzen Arme ohne ein Zentromer verloren gehen, während der Träger des unbalancierten Karyotyps in der Mehrheit der Fälle 46 Chromosomen hat, in seltenen Fällen können es aber auch 47 Chromosomen sein. Wenn der balancierte Träger Nachkomme von zwei miteinander verwandten Eltern ist, von denen jeder die gleiche Chromosomenfusion trägt, kann er die Translokation zweimal erben und sein Karyotyp umfasst 44 Chromosomen. In Fällen, in denen beide Produkte einer Robertson'schen Translokation ein Zentromer erhalten, treten die heterochromatischen kurzen Armregionen überzählig im Karyotyp auf. Diese heterochromatischen Derivate der beiden kurzen Arme können durch ungleiches crossing-over in einer Meiose I euchromatische Segmente einfügen. Sie werden dann an die Nachkommen als Chromosomenaberrationen vererbt, die zu phänotypischen Anomalien beim Träger führen.

4.2.2 Insertionen

Insertionen werden als komplexe Chromosomenumbauten definiert, die drei Brüche für ihre Bildung erfordern, zwei davon, um das Segment vom Spenderchromosom zu trennen und einen für die Einfügung in das Empfängerchromosom. Die Häufigkeit von Insertionen bei lebend geborenen Kindern beträgt etwa 1:5000. In Fällen von *intrachromosomalem* Umbau tritt die Verlagerung des abgetrennten Segments innerhalb des Spenderchromosoms auf. Bei parazentrischer Insertion bleibt der Zentromer Index unverändert, aber bei perizentrischer Insertion wird das Segment auf den anderen Chromosomenarm übertragen und dann ändert sich der Zentromer Index.

Nach *interchromosomaler* Insertion ändert sich der Zentromer Index von Spender- und Empfängerchromosom. Die endgültige Position des Fragments im Vergleich zu seiner Ausrichtung im Spenderchromosom und im Vergleich zur Lokalisierung des Zentromers ist entweder direkt oder invertiert (180°). Die eingefügten Segmente bestehen entweder aus Euchromatin oder aus Heterochromatin und im letzteren Fall existiert eine spezielle Gruppe nur aus der NOR-Region. Die Größe der eingefügten Regionen reicht von 5 bis mehr als 10 Mb in Fällen, die mit dem Mikroskop analysierbar sind, aber die Mehrheit von ihnen sind kryptisch, d. h. kleiner als 5 Mb und sie enthalten oft Transposons.

Während der Meiose I, wenn sich die homologen Chromosomen paaren, bildet eine intrachromosomale Insertion oft Schleifen, die zu ungleichen Rekombinationsprodukten mit partiellen Deletionen und Duplikationen führen können. Das theoretische Risiko für die Bildung eines unbalancierten Karyotyps liegt bei etwa 50 %, sie ist aber abhängig von der

Größe und dem Gengehalt des Segments. Das Risiko für die Geburt eines behinderten Kindes ist meist gering. Wenn die Insertionssegmente groß sind, können sie Doppelschleifen bilden und im unbalancierten Karyotyp des Nachkommen können Deletionen mit Duplikationen kombiniert sein. Interchromosomale Insertionen entwickeln sich oft während der Meiose und führen zu vier verschiedenen Arten von Gameten, von denen zwei einen unbalancierten Karyotyp aufweisen.

Eine besondere Eigenschaft bei der Bildung von Insertionen ist die Entstehung von fragilen Stellen im Chromosom, die zu einem erhöhten Tumorrisiko führen, wenn die Region Tumorsuppressorgene enthält.

Insertionen zeigen eine ungleiche intra- und interchromosomale Häufigkeit in ihrer Verteilung im Genom, häufige Loci sind in 2q, 5q, 7q und 13q. Das Risiko für die Geburt eines Kindes mit unbalanciertem Karyotyp, unabhängig von Größe und Geninhalt des Segmentes, wenn einer der Elternteile ein balancierter Träger ist, beträgt 36 % für die Mutter und 32 % für den Vater. Das Risiko beträgt bei bestimmten Arten von Insertionen jedoch 50 % und stellt somit das höchste genetische Risiko von Chromosomenumbauten dar, abgesehen von Fusionen der homologen Chromosomen.

Neuere Untersuchungen haben gezeigt, dass Insertionen auch Imprintinganomalien verursachen können.

4.2.3 Komplexe Chromosomenaberrationen (CCR)

Komplexe Chromosomenumbauten können auf nur ein Chromosom beschränkt sein, aber auch drei und mehr Chromosomen umfassen. Sie zeichnen sich durch mehr als zwei Bruchpunkte in einem oder mehreren Chromosomen aus. Die Arten von Umstellungen, die zu einer CCR führen, sind Translokationen als Hauptgruppe, neben Inversionen und Insertionen, und sie können mit Deletionen und Duplikationen kombiniert werden, wenn der Karyotyp unbalanciert ist.

Eine besondere Art von CCRs ist die Kombination verschiedener unabhängiger Umbauten in einem Karyotyp, wie zum Beispiel eine reziproke und eine Robertson'sche Translokation oder eine Translokation und eine Inversion.

CCRs können als balancierte Umbauten auftreten. Aber die Mehrheit von ihnen – wenn sie de novo Aberrationen beim Träger sind – sind unbalanciert und verursachen phänotypische Anomalien beim Träger wie eine geistige Behinderung, die bei 10–15 % von ihnen diagnostiziert wird. Wenn die CCR balanciert erscheint, offenbaren zusätzliche molekulargenetische Untersuchungen oft das Vorhandensein von kryptischen Aberrationen oder Gendisruptionen. Bei der Abschätzung des genetischen Risikos des Trägers, der ein CCR präsentiert, ist es notwendig, die beteiligten Chromosomen und die Anzahl und Lokalisierung der Bruchpunkte zu berücksichtigen, da diese Faktoren den Verlauf der Meiose durch die Bildung verschiedener Arten von Multivalenten verändern und daher die Häufigkeit von unbalancierten Gameten beeinflussen. Zum Beispiel wurden bei einem Probanden mit einem drei chromosomen Umbau durch Interphasen-FISH 20 verschiedene Karyotypen nachgewiesen, von denen 18 unbalanciert waren. Zusätzlich zu den dominierenden strukturellen Aberrationen kann ein meiotisches „Non-Disjunction" auftreten und zu einer Aneuploidisierung der Gameten führen.

Es wird angenommen, dass die Entwicklung einer CCR durch Chromosomenbrüche verursacht werden kann, die nach einer unvollständigen Reparatur instabil werden. Bis jetzt sind mehr als 250 Fälle von CCR aus der Literatur bekannt. Familiäre Fälle zeigen, dass die Mehrheit von ihnen mütterlichen Ursprungs ist, da bei dem männlichen Träger einer balancierten CCR die Anomalie oft zu einer reduzierten Fertilität oder sogar zur Sterilität führt. In der Mehrheit der familiären Fälle ist die Anzahl der Bruchpunkte geringer als bei de novo Fällen, das heißt, sie beträgt bei Ersteren vier und weniger Rearrangements.

Die an der CCR-Bildung beteiligten Chromosomen zeigen eine ungleiche Verteilung in ihrer Häufigkeit. Die großen Chromosomen sind häufiger beteiligt als die kleinen, und die Chromosomen 3, 7, 1, 5, 8 und 6 werden am häufigsten bei dieser Art von Aberration diagnostiziert. Intrachromosomale Analysen der Bruchpunkte zeigten Hotspots der Aberration wie 4q28.3, 18q21.3, 18q11.2, 21q11.2 und 22q11.2. Die Position der Bruchpunkte befindet sich zu 85 % im Euchromatin, zu 10 % im Zentromer und zu 5 % in der Telomerregion. Bei der Analyse der Position der Bruchpunkte im Chromosom befinden sich 65 % von ihnen in der intermediären Region, 20 % in distaler und 15 % in proximaler Position.

4.2.4 Markerchromosomen

Markerchromosomen sind eine spezielle Gruppe von Chromosomderivaten, die nicht nach der ISCN-Nomenklatur klassifiziert werden können, da sie kein normales Bandenmuster über ein größeres Segment aufweisen, das ihre Identifikation ermöglicht. Sie werden entweder zusätzlich zu den normalen Chromosomen diagnostiziert – überzählige Markerchromosomen (SNMC) – oder als strukturell abnormale Chromosomen (ESAC) in einem Karyotyp mit normaler Chromosomenzahl. Bei zusätzlichen Markerchromosomen ist in der Mehrzahl der Fälle nur eines vorhanden, es gibt jedoch auch Fälle, in denen zwei verschiedene oder zwei gleiche Marker im pathologischen Karyotyp veröffentlicht wurden. Ihre Häufigkeit beträgt etwa 1:1000 in der normalen Bevölkerung und 3:1000 bei Probanden mit geistiger Behinderung.

In der Mehrzahl der Fälle sind Markerchromosomen kleiner als Chromosom 21 – das kleinste menschliche Chromosom – und sie enthalten erhöhte Mengen an Heterochromatin. Je nach ihrer Struktur werden sie in drei Hauptgruppen eingeteilt: Marker mit Satelliten auf beiden Seiten, auf einer Seite und ohne Satelliten. Weitere charakteristische Merkmale sind die Anzahl der Zentromere – mono- oder dizentrisch – und die Zusammensetzung nur aus heterochromatischen Segmenten oder die Kombination aus euchromatischen und heterochromatischen Regionen. Die Mehrheit der SMC sind Derivate der Akrozentrischen (etwa 70 %) davon sind fast 40 % von Chromosom 15 abgeleitet. Markerchromosomen treten de novo und familiär auf. Eine Besonderheit der letzteren Gruppe ist die häufige Bildung von Mosaiken (etwa 50 %). Bei familiären Fällen mit einem heterochromatischen Marker bei einem gesunden Träger besteht ein erhöhtes genetisches Risiko für seine Kinder durch die Möglichkeit des Auftretens eines ungleichen Crossing-over in der Meiose mit dem normalen Originalchromosom, was zur Einfügung von Euchromatin in den Marker führt, der dann Fehlbildungen und/oder Entwicklungsretardierung bei den Nachkommen verursacht. Markerchromosomen können im Verlauf der postzygotischen Mitosen instabil sein und somit an Häufigkeit abnehmen, und diese Veränderungen zeigen eine unterschiedliche Geschwindigkeit der Reduktion in verschiedenen Zellsystemen wie Lymphozyten oder Fibroblasten.

Heteromorphismen: Mutationen in nicht-kodierenden DNA-Bereichen

Inhaltsverzeichnis

C. Behrend et al., *Atlas der Menschlichen Chromosomen*,
https://doi.org/10.1007/978-3-032-13717-3_5

Lange Zeit wurde das konstitutive Heterochromatin hinsichtlich seiner Bedeutung bei Mutationen in der Chromosomenstruktur und -funktion als vernachlässigbar angesehen. Neuere Untersuchungen haben jedoch gezeigt, dass es für den Verlauf der Geschlechtsdifferenzierung und für den Ablauf von Mitosen relevant ist. Die verschiedenen Arten von Heterochromatin wurden detailliert charakterisiert, was zur Definition von Subtypen führte, und dann wurden die Folgen von Mutationen in diesen Regionen analysiert.

Im Folgenden werden fünf verschiedene Arten von heterochromatischen Varianten und eine genetisch nicht relevante Euchromatin Variante detailliert vorgestellt.

5.1 Euchromatische Varianten

Bei dieser Art von strukturellen Varianten hängt die Erkennung in den meisten Fällen von Größenunterschieden eines Heterochromatin Blocks, normalerweise AT-reich, zwischen den beiden homologen Chromosomen eines Paares ab. Sie entsteht durch Duplikationen in der Region. Wenn die in diesen Banden lokalisierten Gene für quantitative Merkmale kodieren, können die Veränderungen durch andere Gene, die vergleichbare Funktionen haben, kompensiert werden.

Bis jetzt wurden 17 verschiedene euchromatische Varianten charakterisiert. Die häufigsten sind 4p16, 8p23.1, 9p12, q12, 9q13, 15q11.2 und 16p11.2. Weitere häufige Varianten wurden in den letzten Jahren in den Subtelomerregionen von 1q, 9p und Xp analysiert. Ihre Anzahl wird voraussichtlich mit zunehmenden Untersuchungen durch Mikroarrays steigen. Wenn die gesunden Eltern und ihr behindertes Kind die gleiche euchromatische Variante aufweisen, kann dies durch eine Reihe von Fakten verursacht werden:

- Das Gen weist eine variable Penetranz oder reduzierte Expression auf,
- In der Meiose des Trägerelternteils führt ungleiches crossing-over zur teilweisen Duplikation oder Deletion relevanter benachbarter Gene,
- Die Modifikation von Genen spielt eine Rolle,
- Durch die Einfügung von Teilen der variablen Bande in ihre Schwester Chromatide wird ein tolerierbarer Geninhalt überschritten.

Daher ist die genetische Beratung in pränatalen Fällen immer schwierig. Die Art der Aberrationen sind Deletionen und Duplikationen mit einer Größe von 3–30 Mb.

5.2 Satelliten

Sie erscheinen als gestielte Anhänge der kurzen Arme (p) der akrozentrischen Chromosomen. Sie bestehen aus Satelliten-DNA mit einer hohen Anzahl von Wiederholungen. Sie sind stark kontrahiert und färben sich daher intensiv nach Giemsa-Färbung. Mutationen in diesen Regionen beeinflussen ihre Anzahl, Größe und Färbeeigenschaften. Die Arten von Mutationen sind Deletionen (bis zu 4 der 10 Regionen), Duplikationen und Translokationen mit nicht-akrozentrischen Chromosomen. Die häufigste Translokation Y/15 wird bei 1:3500 Personen der Allgemeinbevölkerung diagnostiziert.Andere Umbauten sind „jumping" Translokationen und Translokationen von euchromatischen Segmenten auf die Region p13. Wenn die Translokation von euchromatischen Regionen ausgeschlossen ist, haben Satellitenmutationen keine genetische Relevanz.

5.3 Nukleolus Organisierende Regionen (NOR-Region)

Der Nukleolus ist eine Zellstruktur, die während der Interphase im Kern beobachtet werden kann und die in der Prophase der Mitose aufgelöst und nach Beendigung der Mitose neu synthetisiert wird. Er ist der Ort der chromosomalen rRNA-Synthese und befindet sich in den Nukleolus-organisierenden-Regionen (NOR) in den kurzen Armen (p12) der akrozentrischen Chromosomen. Während der Transkription wird er dekondensiert. Er wird aufgebaut durch verschiedene Genfamilien, von denen nur ein Teil in der Transkription aktiv ist. Mutationen in diesen Regionen sind Deletionen, Duplikationen, Amplifikationen und Translokationen. Translokationen sind hauptsächlich terminal, aber auch interstitielle Insertionen wurden diagnostiziert. Die am häufigsten am Umbau beteiligten Chromosomen sind 1, 2 und 4. Mosaikfälle postzygotischen Ursprungs wurden beobachtet. Eine sekundäre Veränderung zu genetisch relevanten Mutationen kann durch ein ungleiches crossing-over in der Meiose erfolgen. Wenn die Insertion der NOR Region zur Unterbrechung eines Tumorsuppressorgens führt, kann sie eine Tumorgenese induzieren.Die genetische Beratung muss in familiären Fällen und in der pränatalen Periode angeboten werden, dabei ist die Indikation für eine Mikroarray-Analyse gegeben.

5.4 Perizentromerisches Heterochromatin

Alle menschlichen Chromosomen sind aufgebaut aus verschiedenen Arten von Heterochromatin distal vom Zentromer (p11.1, und q11.1 und p11.2 bei den Akrozentrischen). Die Größe dieser Regionen zeigt interchromosomale Unterschiede und kann sogar im einzelnen Chromosom variieren (z. B. 15q11.1). Das Band p11.2 der Akrozentrischen ist gekennzeichnet durch seine Variation in der Färbeintensität (QFQ und DA/DAPI). Die perizentromerischen Regionen bestehen aus Satelliten-DNA β in p11.1 und q11.1 und aus den Fraktionen I, II und III in p11.2. Mutationen in diesen Regionen sind sehr häufig, da sie keinen negativen Effekt für den Träger haben. Strukturelle Mutationen sind Deletionen, Duplikationen, Inversionen und Translokationen. Die verschiedenen Arten von Mutationen zeigen eine unterschiedliche intra- und interchromosomale Häufigkeit. Perizentromerische Mutationen im Chromosom 18 können von diagnostischer Relevanz sein. Insbesonders Deletionen können zu einer Fehlinterpretation der Interphasen-FISH führen. Daher haben einige diagnostische Zentren für pränatales Aneuploidie-Screening die 18cen-Sonde gegen eine euchromatische Sonde in 18q ausgetauscht.

5.5 Zentromer

Das Zentromer ist eine komplexe Struktur aus hoch repetitiver DNA. Seine Position im Chromosom zeigt sich als primäre Konstriktion bei Meta-, Submeta- und akrozentrischen Chromosomen. In der Interphase bleiben die Zentromere kondensierter als der Rest des Chromosoms. Eine spezielle Färbung wird durch CBG und DA/DAPI-Bänderung durchgeführt, das aktive Zentromer in dizentrischen Chromosomen kann durch Cd-Färbung charakterisiert werden. Zentromere sind aufgebaut aus zentralen Elementen (α-Satelliten-DNA), distal gefolgt von repetitiven Abschnitten und seitlich assoziiert mit dem Protein Komplex des Kinetochors. In den meristematischen Zellen ist die Kombination von Zentromer und Kinetochor notwendig für die korrekte Trennung der Chromatiden in der Anaphase der Mitose. Bis zu dieser Phase bewahrt das Zentromer die Chromatiden vor einer vorzeitigen Trennung. Eine hohe Anzahl von Mutationen in den Zentromerregionen wurde beobachtet. Es treten auf: Deletionen, Duplikationen, Amplifikationen und Translokationen, Spaltung des Zentromers in Inversionen, Fusionen, Insertionen und Zentromer-Telomer-Fusionen. Weiterhin werden Fälle von vorzeitiger

Trennung des Zentromers diagnostiziert. Die Instabilität des Zentromers kann zur Entwicklung einer multiradialen Struktur oder zu vorzeitiger Trennung führen (z. B. Roberts-Syndrom). Zentromer-Mutationen sind von genetischer Relevanz; daher sollte dem Träger eine genetische Beratung angeboten werden.

5.6 Heterochromatische Blöcke

Große heterochromatische Regionen oder Blöcke sind ein charakteristisches Merkmal der Autosomen 1, 9, 16 mit proximaler Position in 1q12, 9q12, 16q11.2, und distal im langen Arm des Y-Chromosoms (Yq12). Weniger große Blöcke, die durch QFQ-Bänderung visualisiert werden, sind 3q11.2 und 4q11.2. Die heterochromatischen Blöcke enthalten insgesamt etwa 10 % des menschlichen Genoms. Während des Zellzyklus replizieren sie spät. Die Regionen in 1q12 und 9q12 sind meist aus zwei Teilen aufgebaut, was der Grund für die Häufigkeit von partiellen Inversionen ist. In der Interphase neigen die Heterochromatinblöcke dazu, zu fusionieren. Sie sind bevorzugte Positionen für Brüche und Umbauten. Es wird angenommen, dass sie eine regulatorische Funktion in der Zelle haben. Spezifische Färbemethoden sind CBG, QFQ und DAPI. Diese heterochromatischen Regionen bestehen aus hoch repetitiver DNA der Klassen Sat I–IV. Mutationen in den Regionen sind Deletionen, Duplikationen, Amplifikationen und partielle oder vollständige Inversionen. Diese Art der Umbauten ist häufig bei den Chromosomen 1, 3, 4 und 9, aber selten bei 16. Interchromosomale Umbauten sind Translokationen und Insertionen.

Zusammenfassung der Heteromorphismen:

Nach unserem derzeitigen Wissen sind Mutationen in heterochromatischen Regionen in der Regel ohne genetische Relevanz. Nach homogener Färbung (Giemsa, Orcein) zeigen die Chromatiden eine erhöhte Kontraktion der heterochromatischen Blöcke. Die Größe dieser Regionen kann bis zu 35 % der Gesamtlänge eines Chromosoms bei dieser Art von Heteromorphismus betragen.

Proximal dieser Blöcke in den Autosomen werden sie gefolgt von der heterochromatischen Bande q11.1, distal von der euchromatischen GC-reichen Bande in q13. In der Mehrheit der Fälle sind perizentrische Inversionen, die diese Regionen betreffen, stabil, wenn sie vererbt werden. Eine Ausnahme wird bei Chromosom 9 beobachtet. In den Einzelfällen, wenn der Bruchpunkt im langen Arm innerhalb der Bande q13 liegt, kann dies zu einem ungleichen Crossing-over in der Meiose führen und somit zu partiellen euchromatischen Duplikationen oder Deletionen bei den Nachkommen, was zu einem jeweils charakteristischen Phänotyp führt. In diesen speziellen Fällen erfordern die diagnostischen Untersuchungen zusätzlich Mikroarray-Analysen.

Heteromorphismen werden u. a. analysiert, um zwischen mono- und dizygotischen Zwillingen zu unterscheiden, um spezifische ethnische Gruppen zu charakterisieren, um zwischen Spender- und Empfänger-Zellen nach Knochenmarkstransplantation zu unterscheiden, bei der Analyse von kompletten Molen und in Fällen von Chimärismus.

Einzelfalldarstellung Intrachromosomaler Rearrangements

Inhaltsverzeichnis

Inversionen

Inhaltsverzeichnis

C. Behrend et al., *Atlas der Menschlichen Chromosomen*,
https://doi.org/10.1007/978-3-032-13717-3_6

Der Anlass für die Chromosomenanalyse war in allen Fällen Infertilität; daher wird dieser Punkt in den detaillierten Fallpräsentationen nicht erwähnt.

6.1 Perizentrische Inversionen

1. 46,XY,inv(1)(p12q12),inv(1)(p13.1q21)
2. 46,XY,inv(2)(p11.2q13)
3. 46,XY,inv(3)(p12.2q26.32)
4. 46,XX,inv(4)(p12q21.1)
5. 46,XY,inv(5)(p15.1q33.2)
6. 46,XY,inv(5)(p13.2q13.2)
7. 46,XY,inv(7)(p10q11.23)
8. 46,XX,inv(7)(p22q34)
9. 46,XX,inv(8)(p11.2q21.12)
10. 46,XX,inv(10)(p11.2q21.2)
11. 46,XY,inv(11)(p13q21),inv(9)(p12q12)
12. 46,XX,inv(16)(p13.2q11.1)
13. 46,XY,inv(16)(p12q12.2)
14. 46,XX,inv(20)(p13q13.2)
15. 46,X,inv(X)(p22.1q26)
16. 46,X,inv(X)(p22.13q24),inv(3)(p11.2q12)
17. 46,X,inv(Y)(p11.2q11.23)

6.1.1 Detaillierte Darstellung der Kasuistiken

▪ Fall 1: Karyotyp: 46,XY,inv(1)(p12q12),inv(1)(p13.1q21)

Indikation zur Chromosomenanalyse: Unerfüllter Kinderwunsch

▪▪ Morphologie

Der Proband zeigt perizentrische Inversionen in beiden homologen Chromosomen.

1. inv(1)(p12q12),
   Die Bruchpunkte dieser proximalen Inversion befinden sich beide in heterochromatischen Regionen. Im kurzen Arm liegt der Bruchpunkt in p12 des perizentromerischen Heterochromatins und in q12 im heterochromatischen Block, der in den kurzen Arm transloziert wird. Diese Inversion ist als Polymorphismus ohne genetische Relevanz bekannt. Die Region umfasst 8–15 % der Gesamtlänge des Chromosoms 1, ihre Häufigkeit in der europäischen Bevölkerung beträgt etwa 1‰ (siehe: ► Abschn. 15.6).
2. inv(1)(p13.1q21).
   Vorgestellt wird eine sehr kleine proximale perizentrische Inversion. Das invertierte Segment umfasst etwa 7 % der Gesamtlänge des Chromosoms 1. Da der heterochromatische Block q12 eine hohe interindividuelle Varia-

tion in Länge aufweist, kann eine Inversion mit unterschiedlichen Heteromorphismen zu einem unterschiedlichen Anteil der invertierten Region führen. Ein Bruchpunkt ist in der GC-reichen Bande p13.1 lokalisiert, der zweite in dem proximalen Teil des heterochromatischen Blocks q12. Hier befindet sich eine euchromatische polymorphe Bande, die ein bevorzugter Bruchpunkt in rein heterochromatischen Inversionen ist, wie sie im zweiten Chromosom 1 des Trägers dargestellt wird.

Neben GTG- und QFQ-Bänderung ist eine CBG-Färbung erforderlich für die exakte Darstellung der Inversion. Eine Auflösung von mindestens 550 Banden pro Genom ist erforderlich.

▪▪ Cave

Im Vergleich zu Inversionen ähnlicher Größe, aber mit beiden Bruchpunkten in euchromatischen Segmenten, ist das genetische Risiko im vorliegenden Fall gering, da 3 Bruchpunkte in einer heterochromatischen Region liegen (◘ Abb. 6.1).

▪ Fall 2: Karyotyp: 46,XY,inv(2)(p11.2q13)

Indikation zur Chromosomenanalyse: Unerfüllter Kinderwunsch

▪▪ Morphologie

Die hier vorgestellte perizentrische Inversion 2 ist die häufigste, abgesehen von rein heterochromatischen Inversionen mit einer Frequenz von 1:1300. Es bestehen aber signifikante Unterschiede für verschiedene ethnische Gruppen (niedrigste Frequenz 1:10.000). Die Bruchpunkte sind in Regionen von häufigen fragilen Stellen lokalisiert. Molekulargenetische Analysen haben gezeigt, dass die Bruchpunkte nicht immer ganz identisch sind. Die invertierte Region umfasst etwa 5 % der Gesamtlänge des Chromosoms 2. Diese Inversion wird durch die Verlagerung der AT-reichen Bande q13 vom langen in den kurzen Arm identifiziert. Die genaue Lokalisierung des Bruchpunkts erfordert eine Auflösung von mindestens 550 Banden pro Genom.

▪▪ Cave

Mehr als 95 % der veröffentlichten Fälle sind familiären Ursprungs. Lange Zeit wurde angenommen, dass diese Art von Chromosom 2-Inversion stabil ist, wenn sie vererbt wird, da kein Träger einer unbalancierten Inversion diagnostiziert wurde. Daher wurde diese Inversion oft auch als Polymorphismus klassifiziert. Aber kürzlich wurden zwei Fälle veröffentlicht, einer mit einer partiellen Duplikation und einer mit einer partiellen Deletion der betreffenden Region. Ein genetisches Risiko kann daher für den Träger nicht ausgeschlossen werden, obwohl es als sehr gering (< 1 %) definiert werden kann (◘ Abb. 6.2).

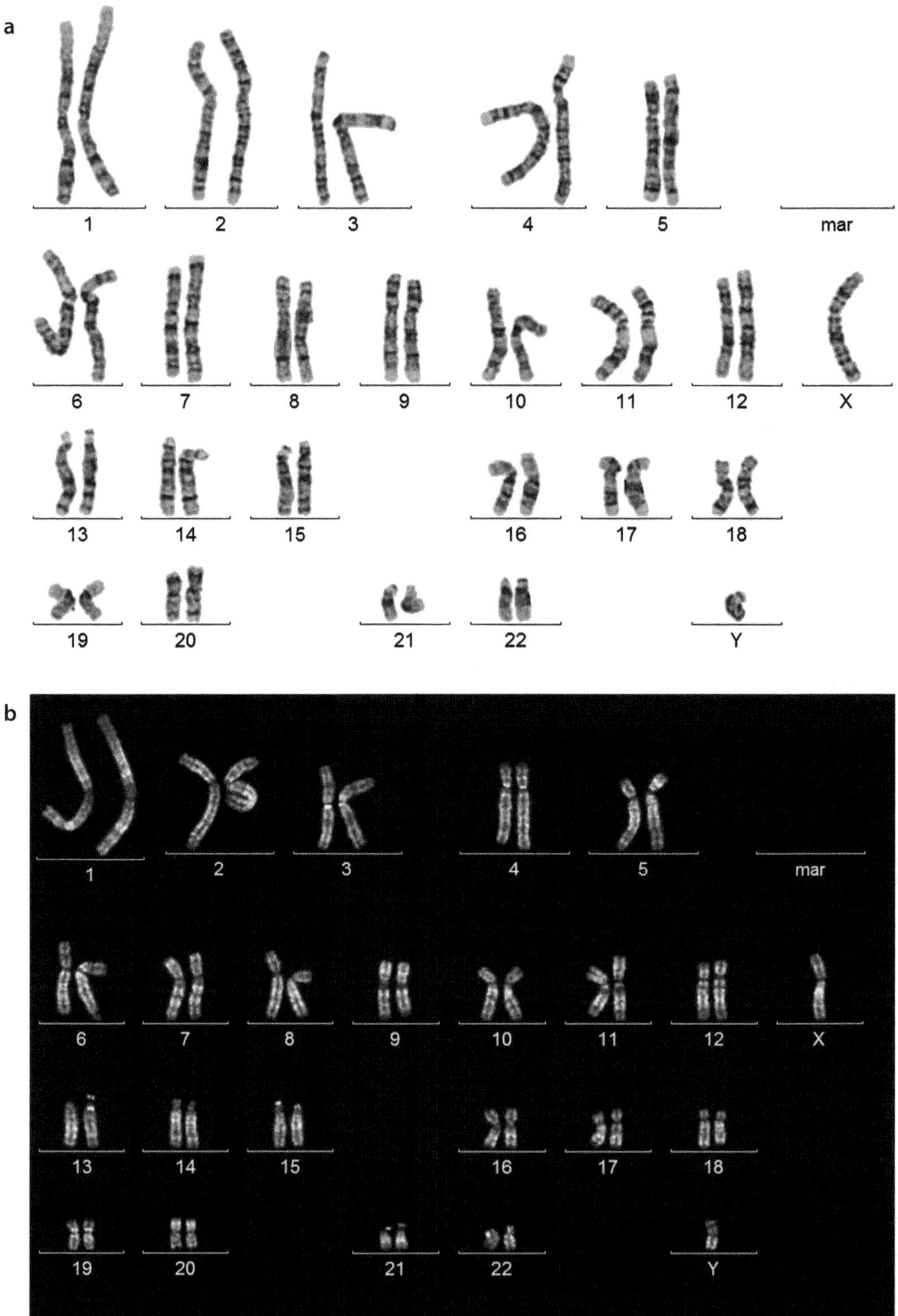

Abb. 6.1 Karyotyp 46,XY,inv(1)(p12q12),inv(1)(p13.1q21). **a** GTG-Banden, **b** QFQ-Banden, 550- und 400-Banden pro Genom, **c** CBG-Banden, **d** QFQ-Banden, **e** GTG-Banden, Chromosomen aus verschiedenen Mitosen; *links* inv(1)(p12q12), *rechts* inv(1)(p13.1q21), **f** Ideogramme: beide Homologe zeigen eine perizentrische Inversion, *links* Bruchpunkte in heterochromatischen Regionen, *rechts* im Euchromatin

c

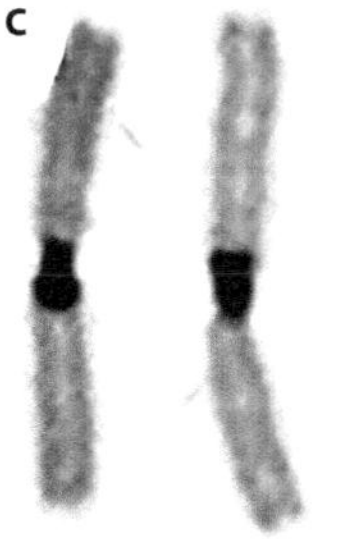

d

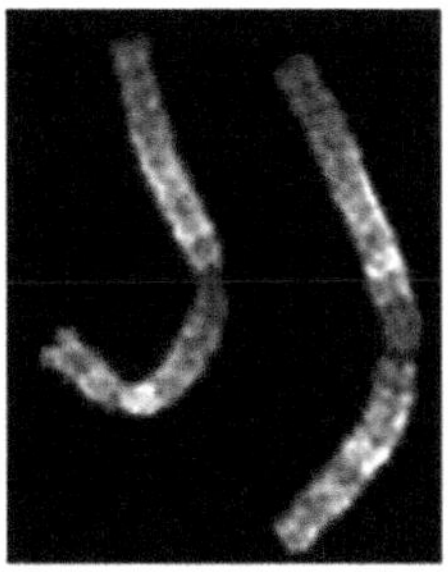

e

f

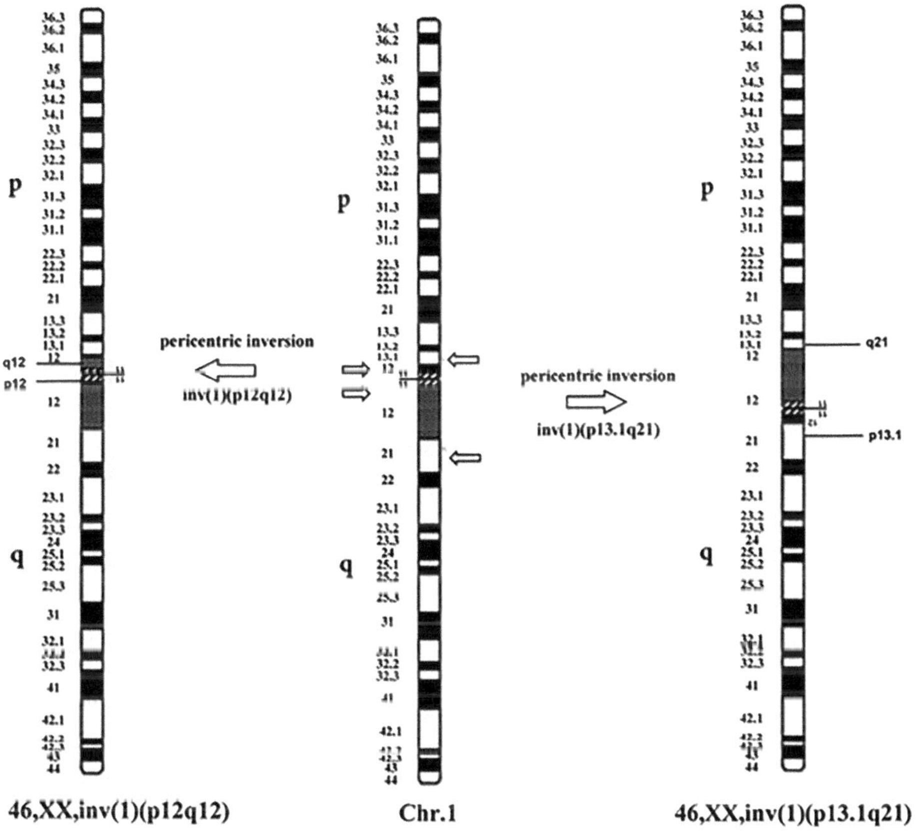

Abb. 6.1 (Fortsetzung)

a

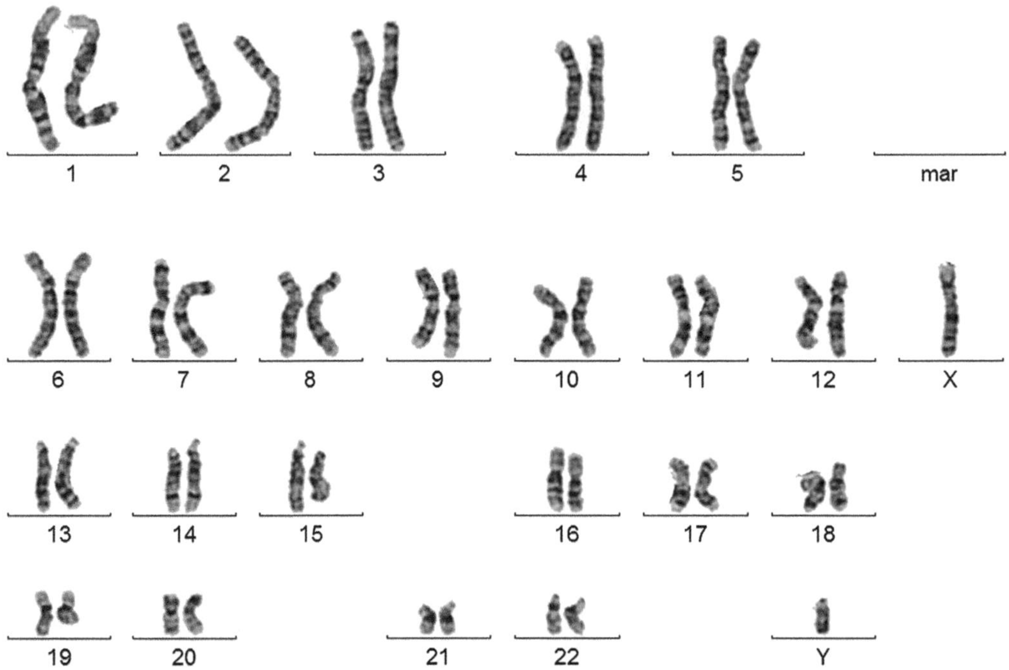

b

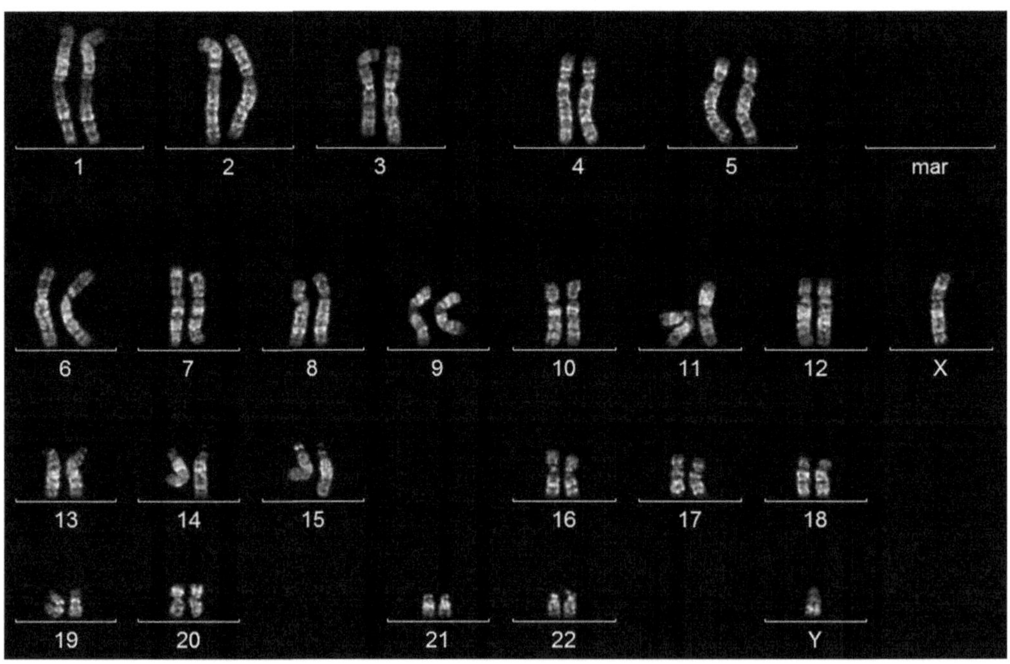

Abb. 6.2 Karyotyp 46,XY,inv(2)(p11.2q13). **a** GTG-, **b** QFQ-Banden, 550 und 400 Banden pro Genom, **c** QFQ-, **d** GTG-Banden, Chromosomen aus verschiedenen Mitosen, *links* normales, *rechts* invertiertes Chromosom 2, **e** Ideogramme: kleine proximale Inversion

c

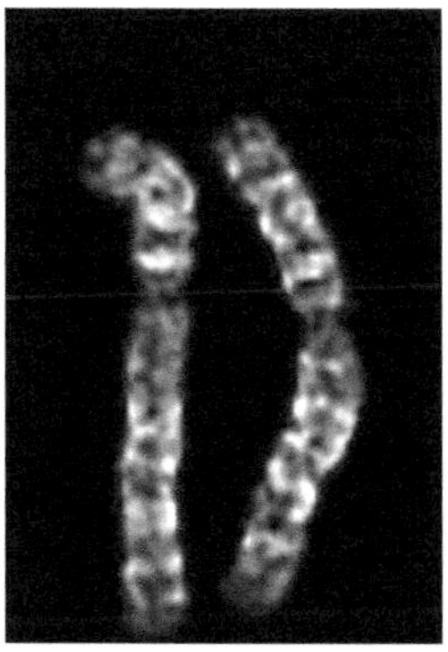

d

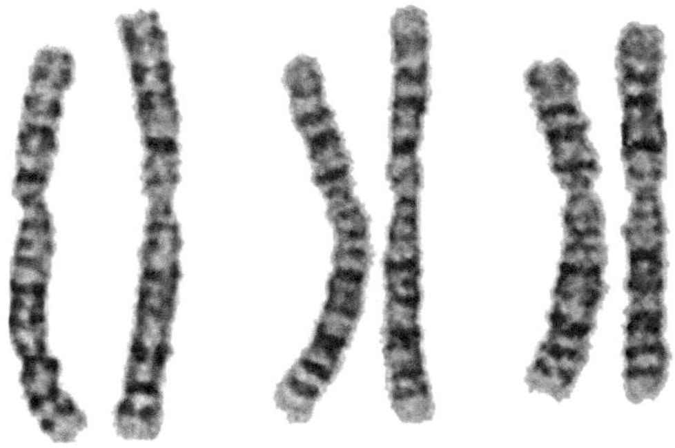

e

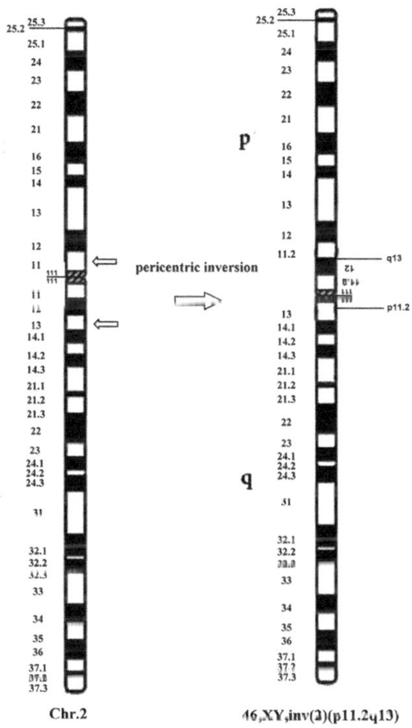

Abb. 6.2 (Fortsetzung)

- **Fall 3: Karyotyp: 46,XY,inv(3)(p12.2q26.32)**

Indikation zur Chromosomenanalyse: Unerfüllter Kinderwunsch

Morphologie

Diese perizentrische Inversion umfasst etwa 50 % der Gesamtlänge von Chromosom 3. Die auffälligste Veränderung in der Chromosomenmorphologie ist eine veränderte Zentromerindex von einem Verhältnis des kurzen und langen Arm von 48:52 auf 17:83 %. Die breite AT-Band p12, proximal im verkürzten langen Arm ist ein weiteres relevantes Kriterium zur Identifizierung. Eine Auflösung von 550 Banden pro Genom ermöglicht eine korrekte Diagnose. Im vorgestellten Fall verbessert eine zusätzliche CBG-Bandierung die Untersuchung. Chromosom 3 ist eines der drei Chromosomen, die laut Literatur am häufigsten perizentrische Inversionen aufweisen.

Cave

Die invertierte Region umfasst etwa 50 % der Gesamtlänge von Chromosom 3, laut Literatur verursacht dies ein genetisches Risiko von etwa 10 %. Daher sollten potenzielle Inversionsträger in der Familie untersucht werden und die Indikation für pränatale Diagnostik ist gegeben (■ Abb. 6.3).

- **Fall 4: Karyotyp: 46,XX,inv(4)(p12q21.1)**

Indikation zur Chromosomenanalyse: Unerfüllter Kinderwunsch

Morphologie

Die kleine perizentrische Inversion ist in den proximalen Segmenten des kurzen und des langen Arms lokalisiert. Die invertierte Region umfasst nur etwa 16 % der Gesamtlänge von Chromosom 4. Die Analyse dieser Inversion ist einfach durchzuführen, da sich der Zentromerindex verändert hat und da die charakteristische AT-reiche Doppelbande q13.1 bis q13.3 vom langen in den kurzen Arm verlagert ist. Von zusätzlicher diagnostischer Relevanz bei dieser perizentrischen Inversion ist ihr Aussehen nach QFQ-Bandierung. Sie zeigt das Verschieben der brillanten fluoreszierenden heterochromatischen Bande 4q11.2 vom langen in den kurzen Arm.

Cave

Die Bruchpunkte im kurzen sowie im langen Arm sind in GC-reichen Regionen lokalisiert. Daher ist eine genetische Beratung des Trägers nach Untersuchung potenzieller Inversionsträger in der Familie angezeigt sowie pränatale Untersuchungen einschließlich Mikroarray, um einen unbalancierten Karyotyp des Feten, entstanden durch ein ungleiches crossing over in der Meiose, auszuschließen (■ Abb. 6.4).

a

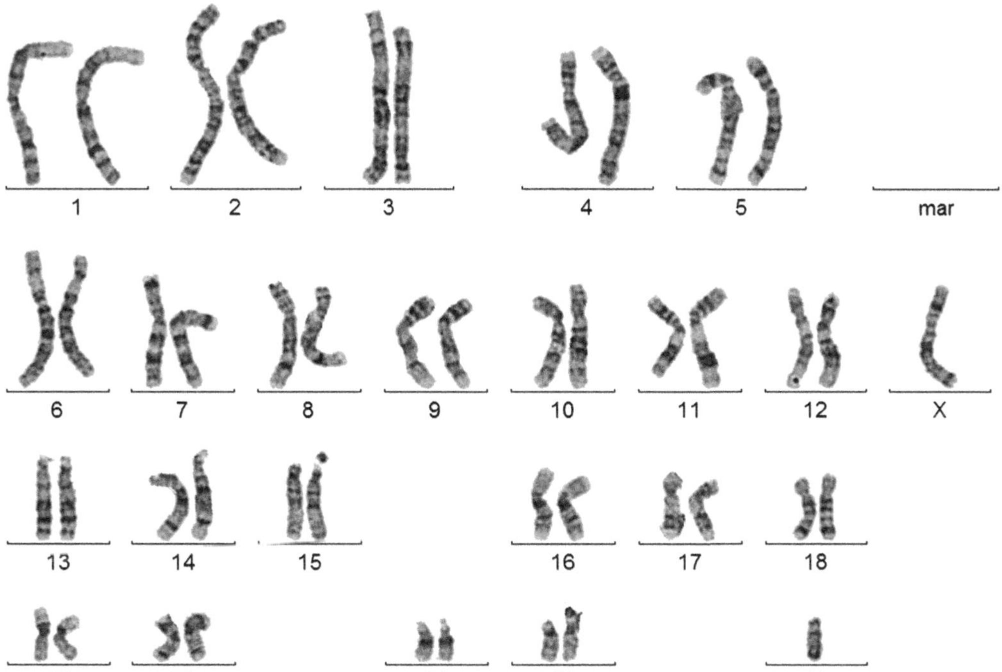

b

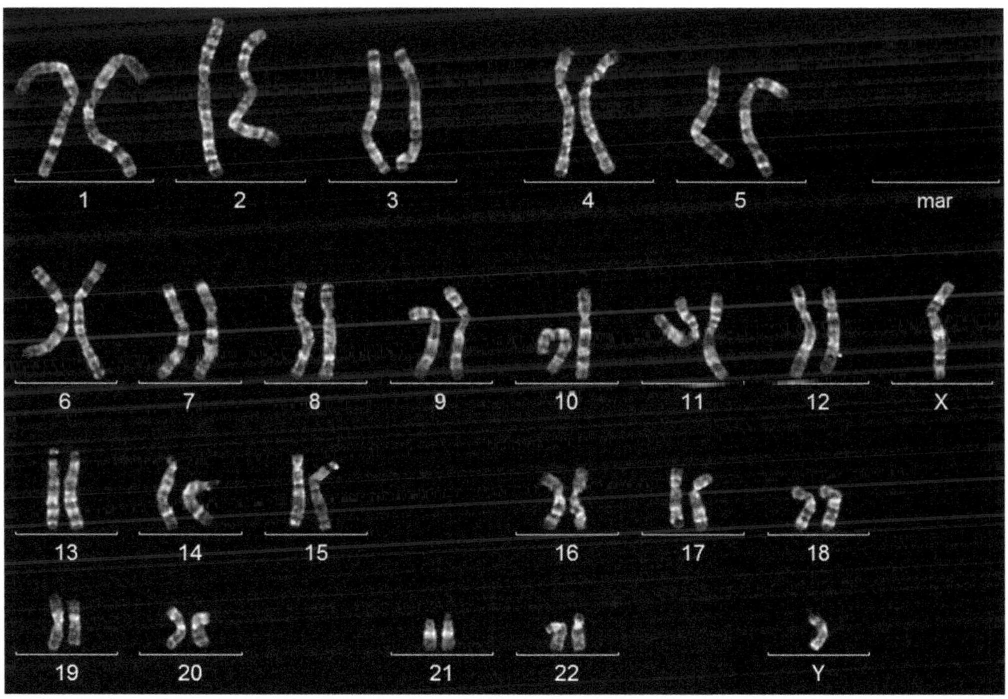

Abb. 6.3 Karyotyp 46,XY,inv(3)(p12.2q26.32). **a** GTG-, **b** QFQ-Banden, 550 und 400 Banden pro Genom, **c** CBG-, **d** QFQ-, **e** GTG-Banden, Chromosomen aus verschiedenen Mitosen, *links* normales, *rechts* invertiertes Chromosom 3, **f** Ideogramme: großes invertiertes Segment

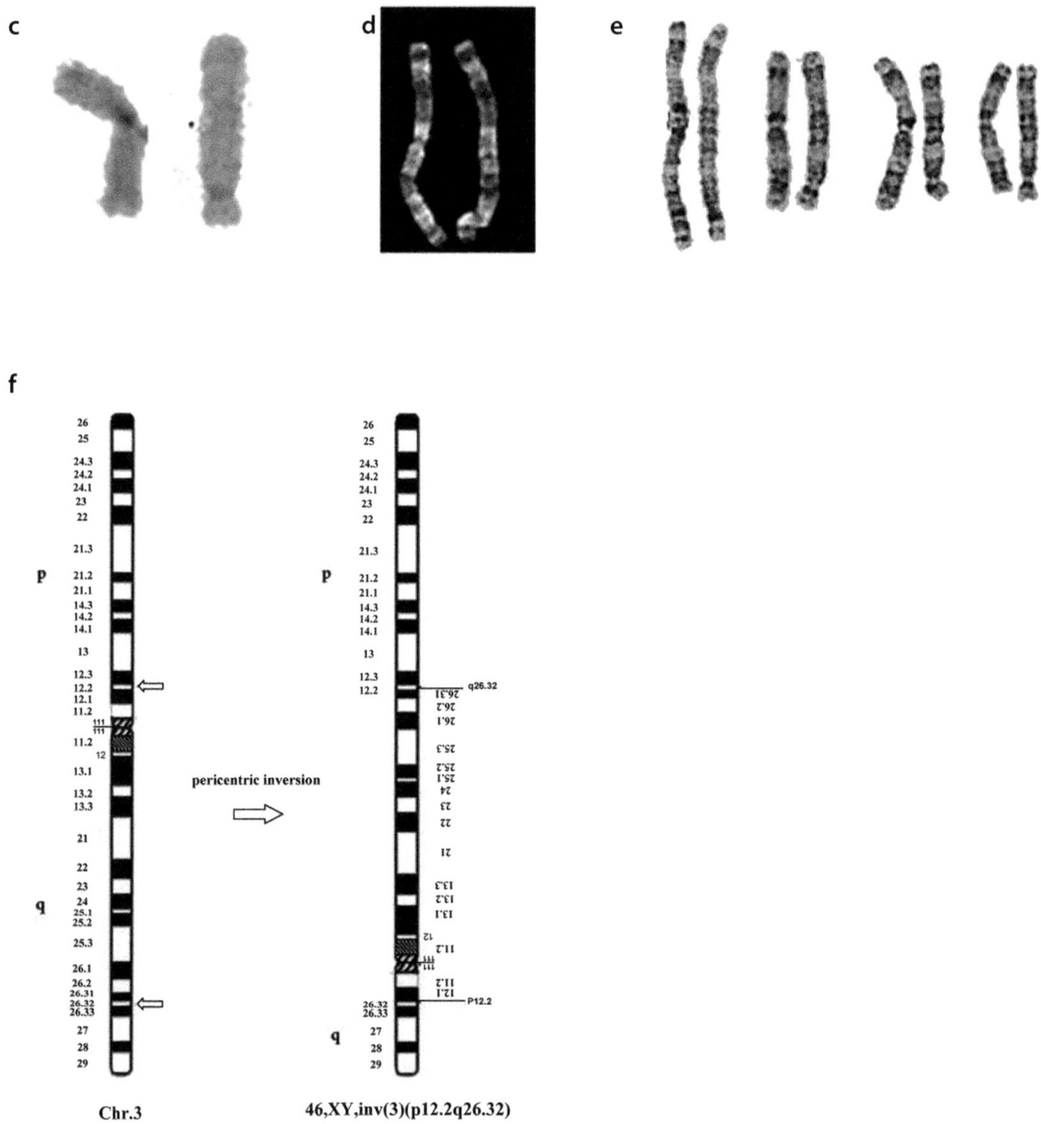

Abb. 6.3 (Fortsetzung)

a

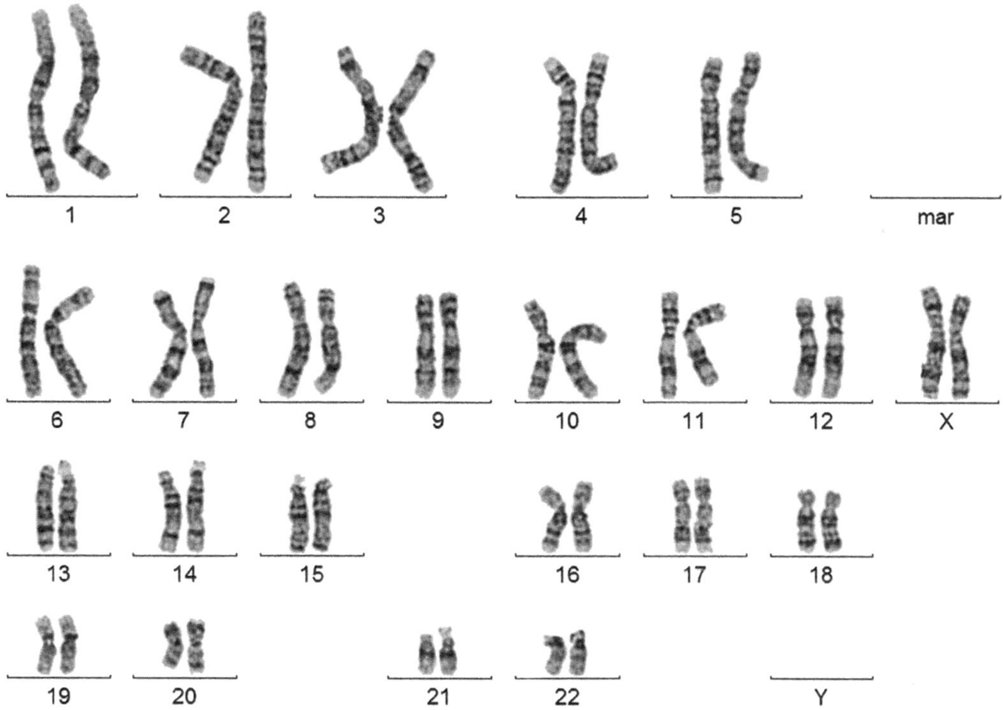

b

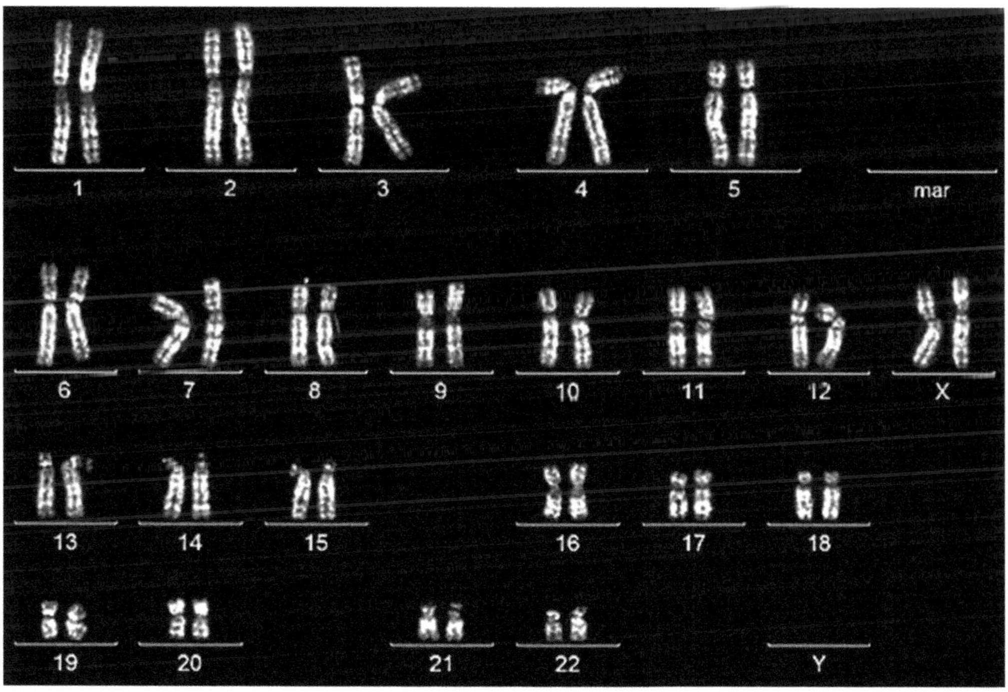

Abb. 6.4 Karyotyp 46,XX,inv(4)(p12q21.1). **a** GTG-, **b** QFQ-Bänderung, 550 und 400 Banden pro Genom, **c** QFQ-, **d** GTG-Bänderung, Chromosomen aus verschiedenen Mitosen, *links* normales, *rechts* invertiertes Chromosom 4, **e** Ideogramme: kleines proximales Segment invertiert

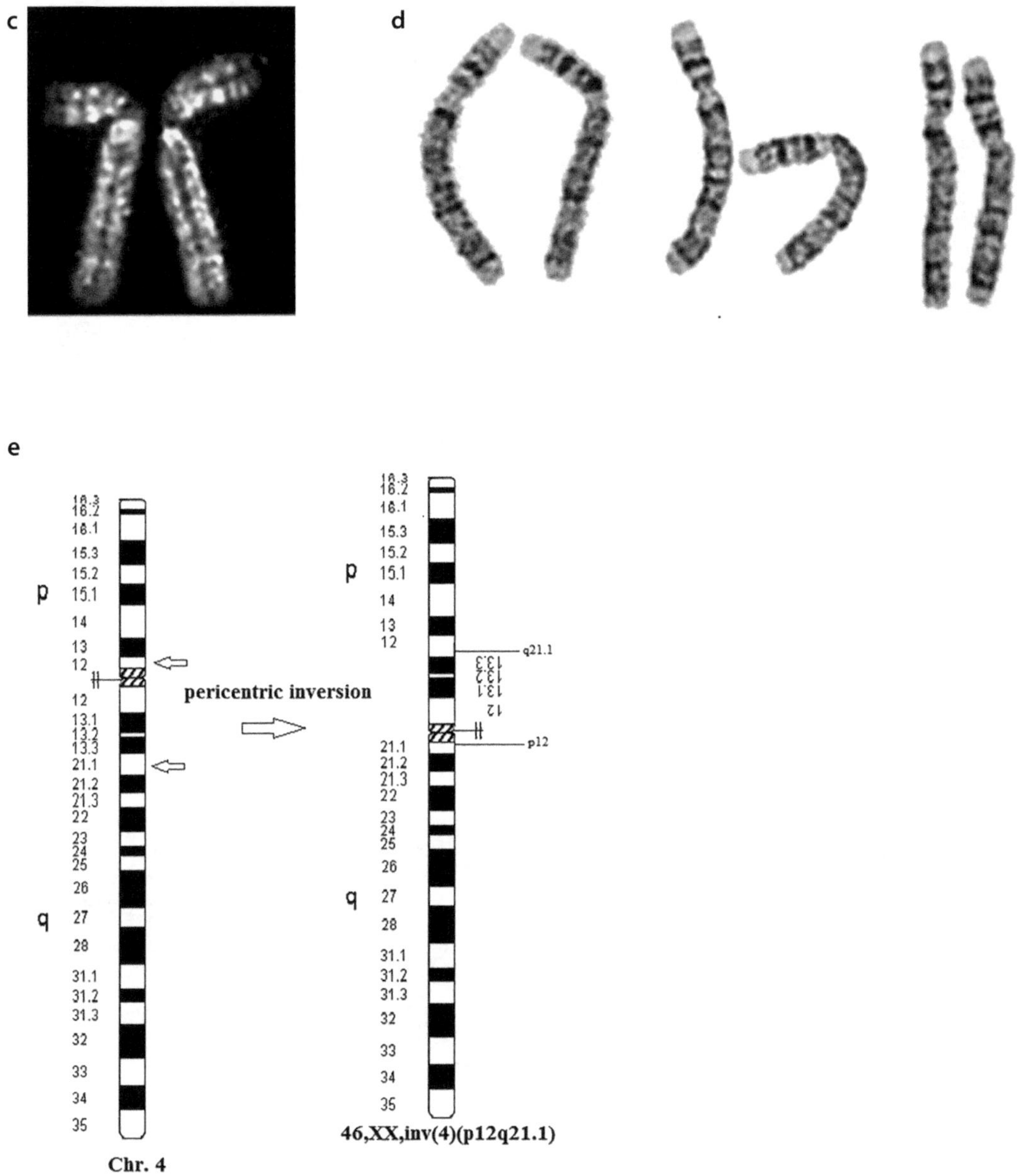

Abb. 6.4 (Fortsetzung)

- **Fall 5: Karyotyp: 46,XY,inv(5)(p15.1q33.2)**

Indikation zur Chromosomenanalyse: Unerfüllter Kinderwunsch

■■ Morphologie

Die hier vorgestellte perizentrische Inversion 5 umfasst eine Region von etwa 80 % der Gesamtlänge des Chromosoms. Durch die Verlagerung des Zentromers hat das aberrante Chromosom eine eher metazentrische Morphologie mit einem Armverhältnis, das von 1:28 auf 1:2.2 gewechselt hat. Die Umlagerung der AT-reichen Bande q34 vom langen in den kurzen Arm führt zu einer sehr charakteristischen Veränderung des Bandenmusters und verbessert somit die Erfassung des invertierten Chromosoms. Die Auflösung sollte mindestens 550 Banden pro Genom betragen, um eine genaue Lokalisierung der Bruchpunkte zu gewährleisten.

■■ Cave

Aufgrund der Größe des invertierten Segments muss das Risiko für die Bildung eines unbalancierten Karyotyps mit etwa 30 % als hoch eingestuft werden. Eine pränatale Diagnose einschließlich Mikroarray-Analyse sollte empfohlen werden. Potenzielle Inversionsträger der Familie sollten Chromosomenuntersuchungen angeboten werden. Die Inversion beinhaltet die kritische Region für das Cri-du-chat-Syndrom (◘ Abb. 6.5).

- **Fall 6: Karyotyp: 46,XY,inv(5)(p13.2q13.2)**

Indikation zur Chromosomenanalyse: Unerfüllter Kinderwunsch

■■ Morphologie

Die hier vorgestellte perizentrische Inversion zeichnet sich durch die Position beider Bruchpunkte in proximalen Segmenten des langen und kurzen Arms aus und umfasst etwa 18 % der Gesamtlänge des Chromosoms. Da der Bruchpunkt im langen Arm eine distalere Position hat als im kurzen Arm, hat sich das Armverhältnis geändert, das invertierte Chromosom erscheint mehr metazentrisch.

■■ Cave

Da das invertierte Segment relativ klein ist (etwa 20 %), ist dies der Grund für ein geringes genetisches Risiko. Es muss jedoch berücksichtigt werden, dass die Cri-du-chat kritische Region eingeschlossen ist. Daher muss dem Träger eine pränatale Diagnose angeboten werden und Untersuchungen bei Verwandten sollten diskutiert werden (◘ Abb. 6.6).

6

a

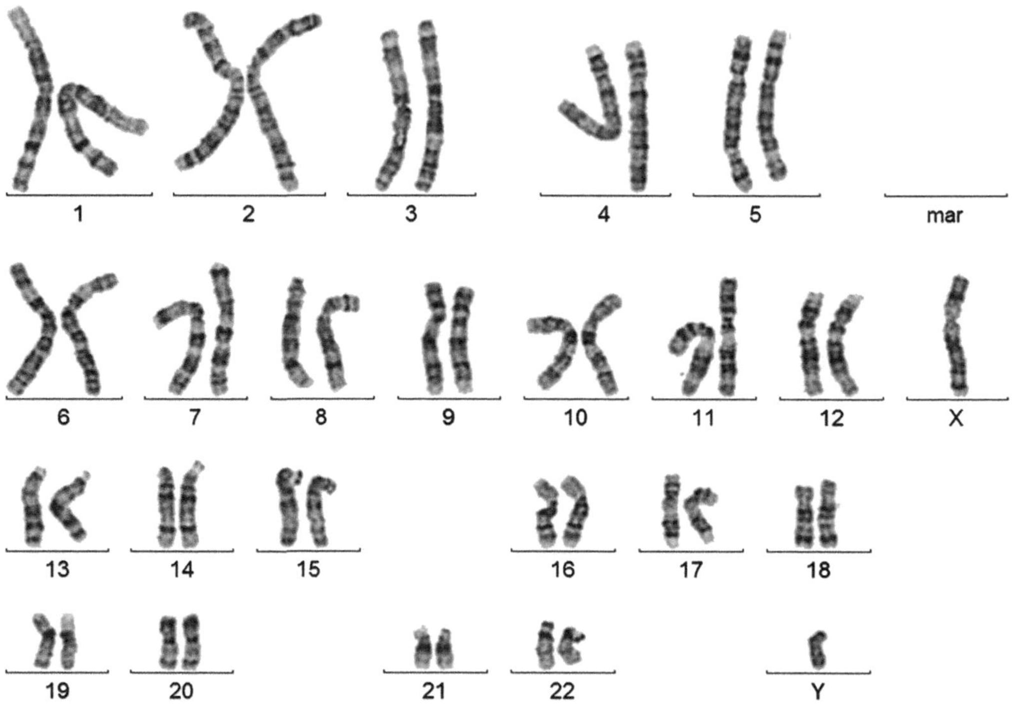

b

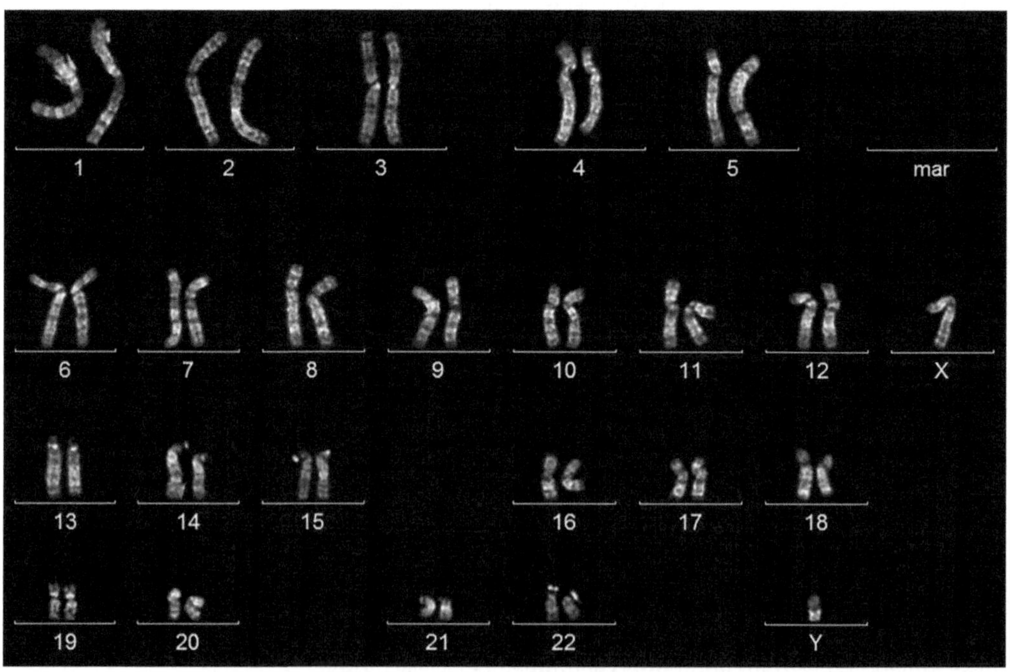

Abb. 6.5 Karyotyp 46,XY,inv(5)(p15.1q33.2). **a** GTG-, **b** QFQ-Bänderung, 550 und 400 Banden pro Genom, **c** QFQ-, **d** GTG-Bänderung, Chromosomen aus verschiedenen Mitosen, *links* normales, *rechts* invertiertes Chromosom 5, **e** Ideogramme: extrem großes invertiertes Segment

c

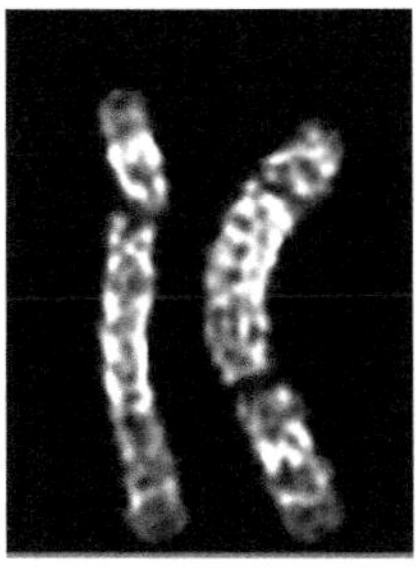

d

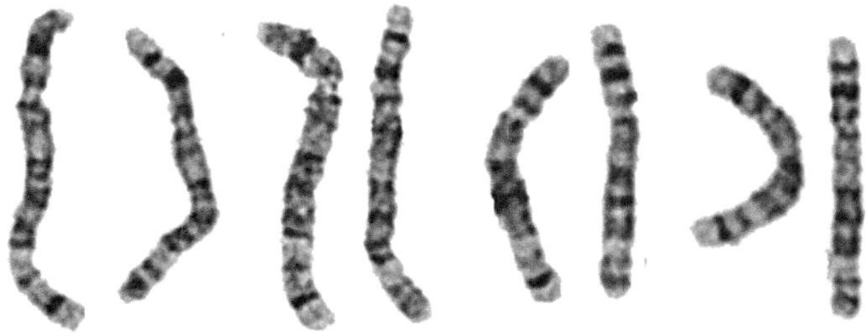

e

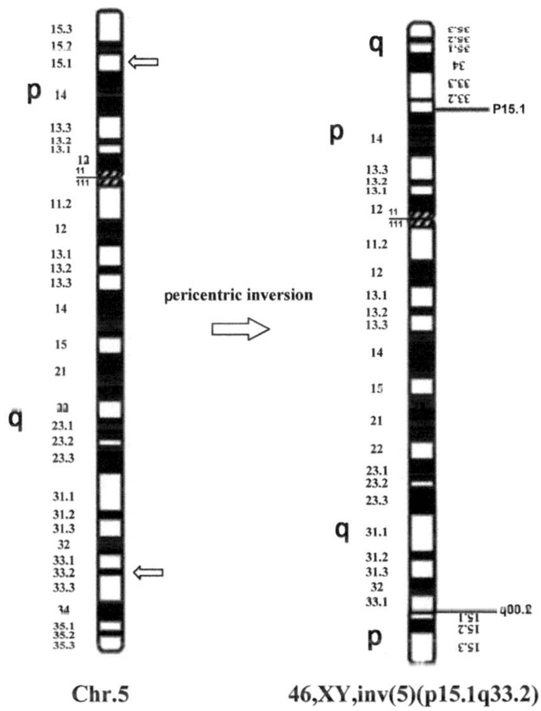

Abb. 6.5 (Fortsetzung)

a

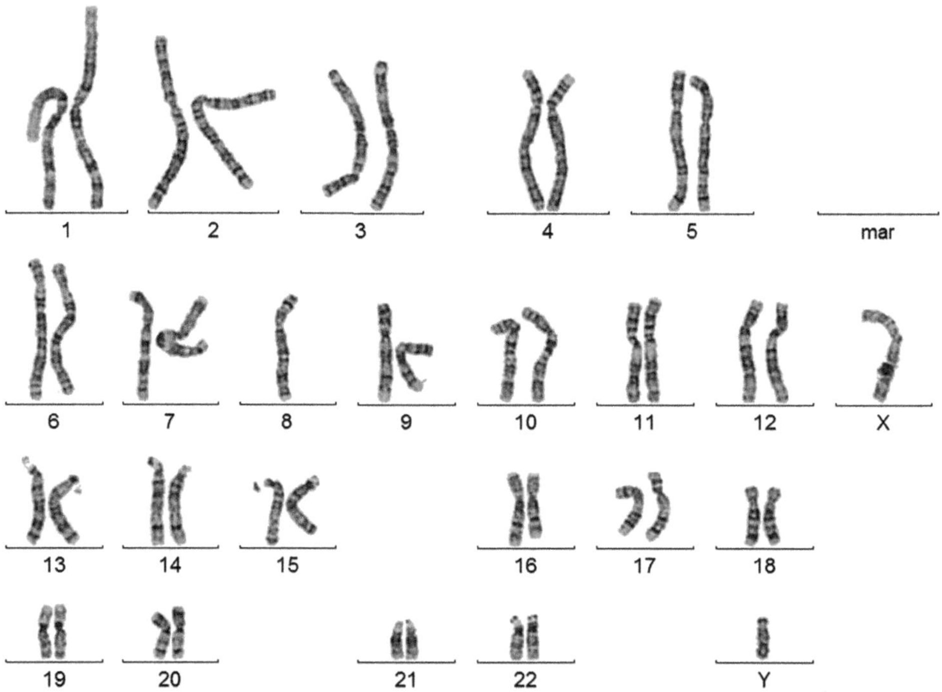

b

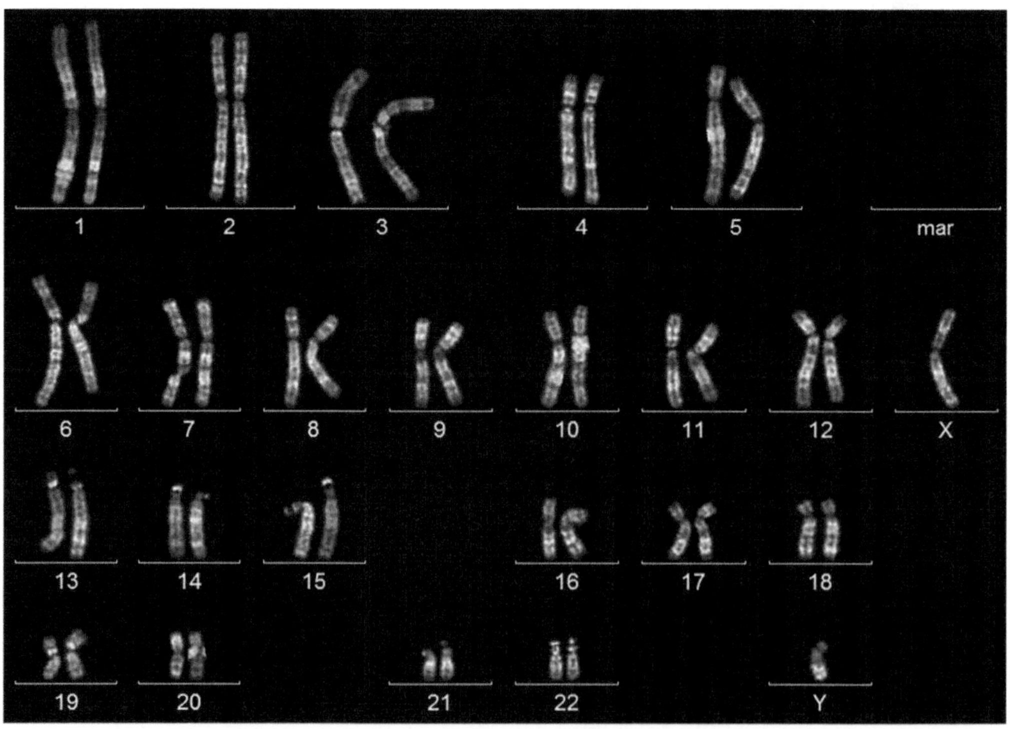

Abb. 6.6 Karyotyp 46,XY,inv(5)(p13.2q13.2). **a** GTG-, **b** QFQ-Bänderung, 550 und 400 Banden pro Genom, **c** QFQ-, **d** GTG-Bänderung, Chromosomen aus verschiedenen Mitosen, *links* normales, *rechts* invertiertes Chromosom 5, **e** Ideogramme: Inversion in proximalen Segmenten

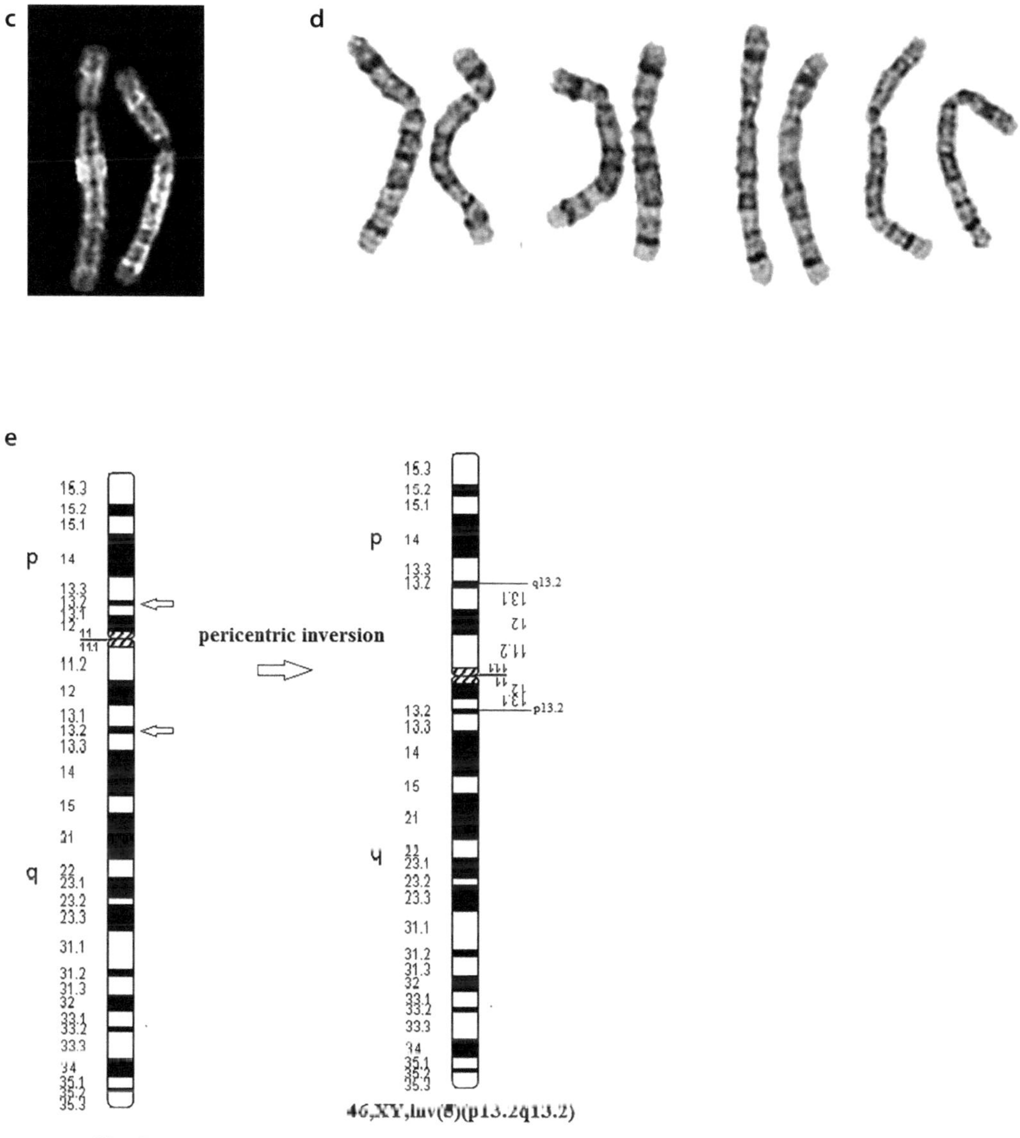

Abb. 6.6 (Fortsetzung)

▪ Fall 7: Karyotyp: 46,XY,inv(7)(p10q11.23)

Indikation zur Chromosomenanalyse: Unerfüllter Kinderwunsch

▪▪ Morphologie

Die kleine perizentrische Inversion hat beide Bruchpunkte in proximalen Regionen lokalisiert. Der Bruchpunkt im kurzen Arm ist im perizentromerischen Heterochromatin lokalisiert. Die Größe des invertierten Segments beträgt etwa 10 % der Gesamtlänge des Chromosoms 7. Der Zentromerindex hat sich von einem Armverhältnis von 34:66 auf 48:52 % geändert, das invertierte Chromosom erscheint fast metazentrisch. Die Inversion ist leicht zu diagnostizieren durch den veränderten Zentromerindex und Bandenmuster. Zur genauen Bruchpunktlokalisation ist eine Auflösung von mindestens 550 Banden pro Genom erforderlich.

▪▪ Cave

Da einer der Bruchpunkte in der heterochromatischen Zentromerregion lokalisiert ist, ist das genetische Risiko durch ein ungleiches crossing over in der Meiose geringer als in Fällen mit beiden Bruchpunkten in euchromatischen Regionen (◘ Abb. 6.7). Nach ergänzenden Familienuntersuchungen ist bei erfolgreicher Therapie eine pränatale Diagnostik zu diskutieren.

▪ Fall 8: Karyotyp: 46,XX,inv(7)(p22q34)

Indikation zur Chromosomenanalyse: Unerfüllter Kinderwunsch

▪▪ Morphologie

Die invertierte Region umfasst etwa 90 % der Gesamtlänge von Chromosom 7. Chromosom 7 gehört zu den drei Chromosomen mit der höchsten Häufigkeit von perizentrischen Inversionen, die anderen beiden sind Chromosom 3 (Fall 3) und Chromosom 8 (Fall 9). Da es bekannt ist, dass das Risiko eines unbalancierten Umbaus mit zunehmender Länge der invertierten Region steigt, muss das Risiko auf etwa 30 % geschätzt werden.

▪▪ Cave

Aufgrund des hohen genetischen Risikos sollten Chromosomenuntersuchungen den Verwandten des Trägers angeboten werden. Allen Trägern sollten pränatale Diagnosen empfohlen werden und die Chromosomenanalysen sind mit Mikroarray-Untersuchung zu kombinieren. Bei Fällen mit einem aberranten Karyotyp sollten Mitteilungen aus der Literatur in die genetische Beratung einbezogen werden (◘ Abb. 6.8).

a

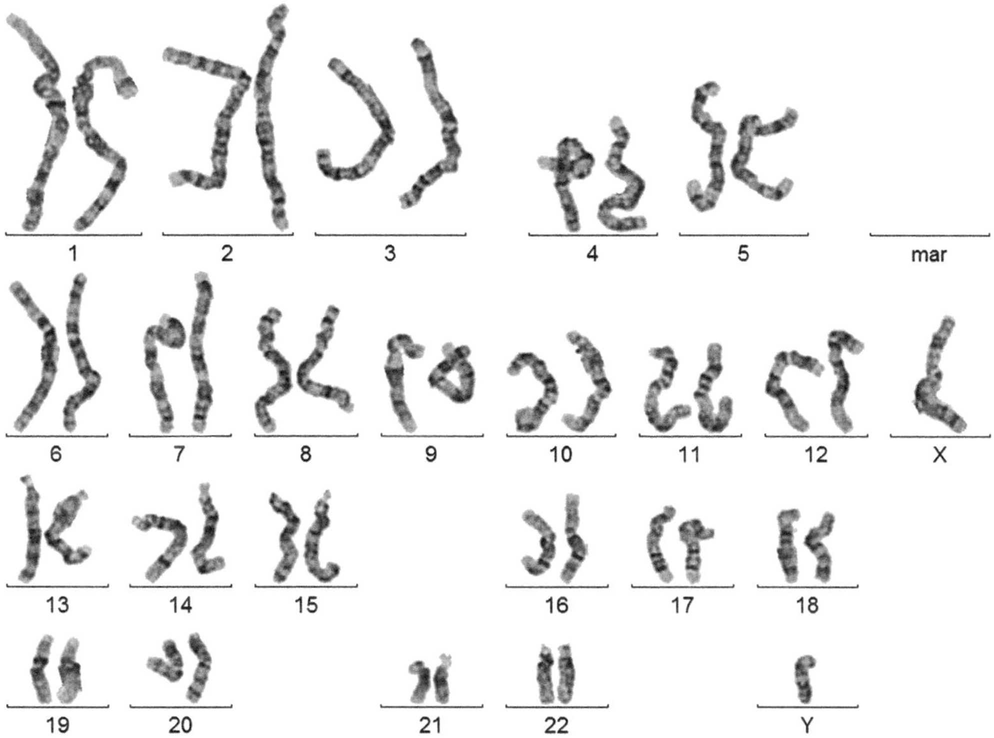

b

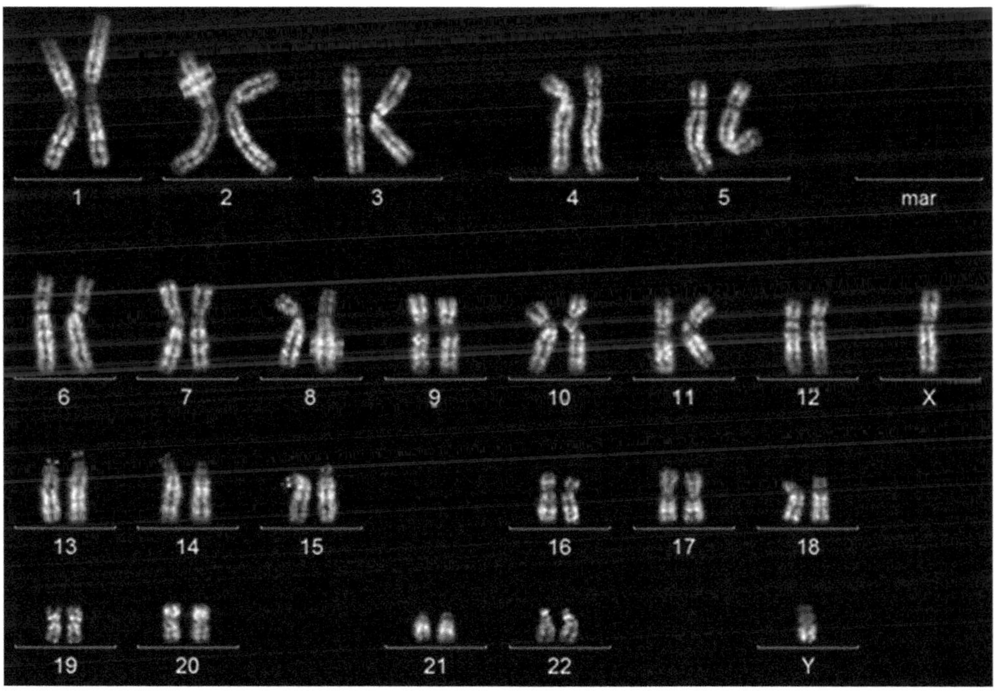

Abb. 6.7 Karyotyp 46,XY,inv(7)(p10q11.23). **a** GTG-, **b** QFQ-Bänderung, 700 und 400 Banden pro Genom, **c** QFQ-, **d** GTG-Bänderung, Chromosomen aus verschiedenen Mitosen, *links* normales, *rechts* invertiertes Chromosom 7, **e** Ideogramme: kleine Inversion mit 1 Bruchpunkt in der heterochromatischen Zentromerregion

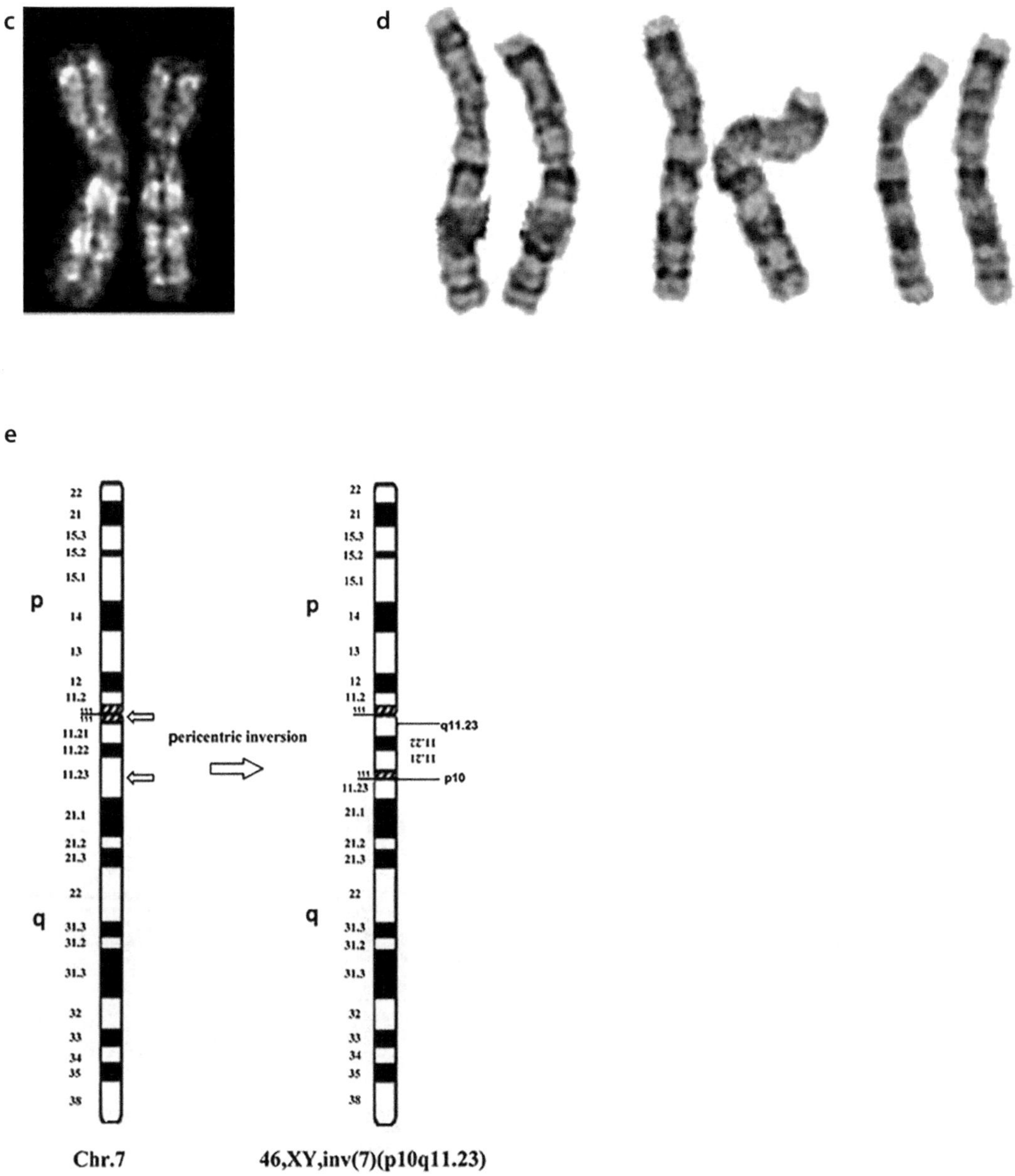

Abb. 6.7 (Fortsetzung)

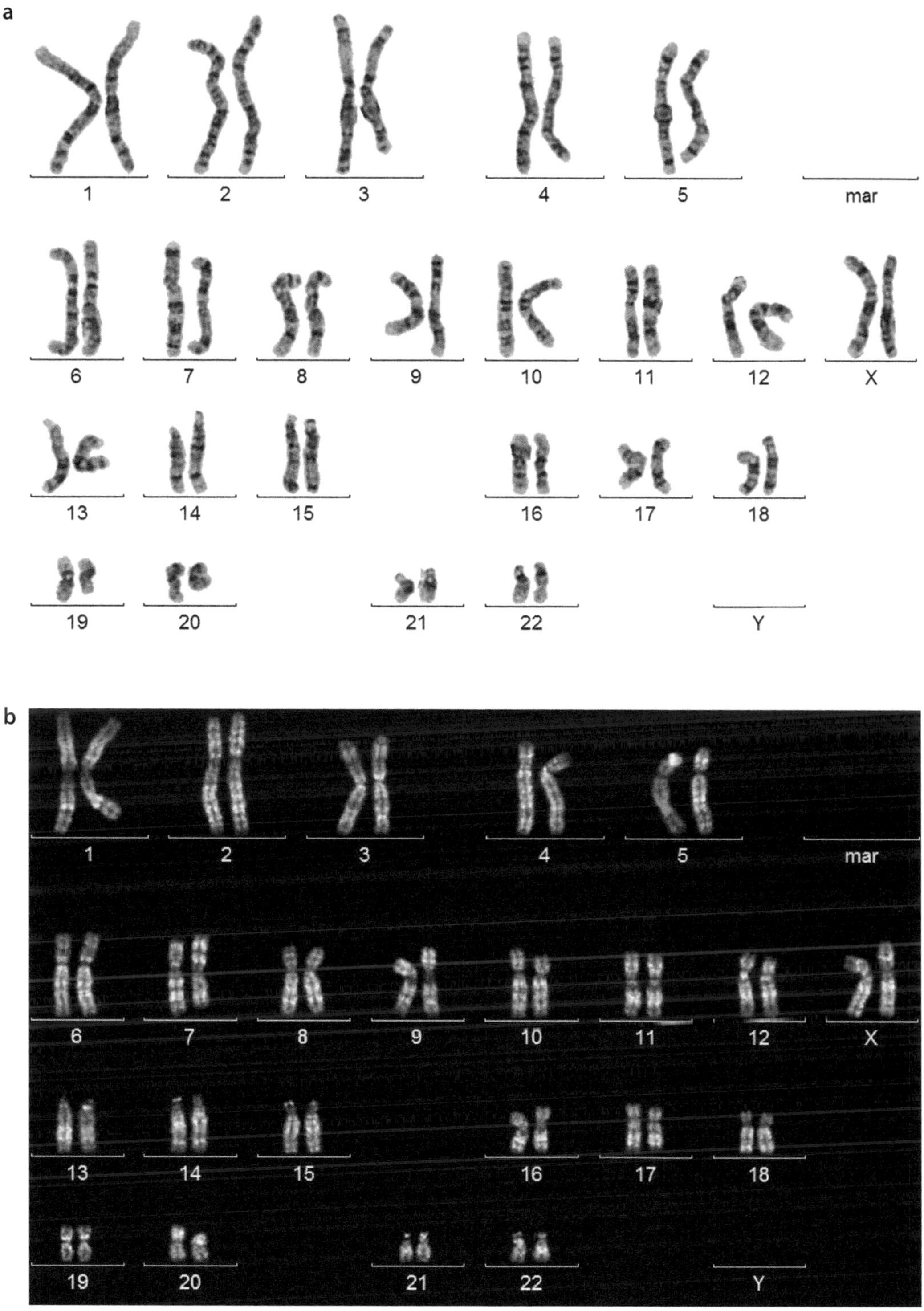

Abb. 6.8 Karyotyp 46,XX,inv(7)(p22q34). **a** GTG-, **b** QFQ-Bänderung, 550 und 400 Banden pro Genom, **c** QFQ-, **d** GTG-Bänderung, Chromosomen aus verschiedenen Mitosen, *links* normal, *rechts* invertiertes Chromosom 7, **e** Ideogramme: extrem großes invertiertes Segment

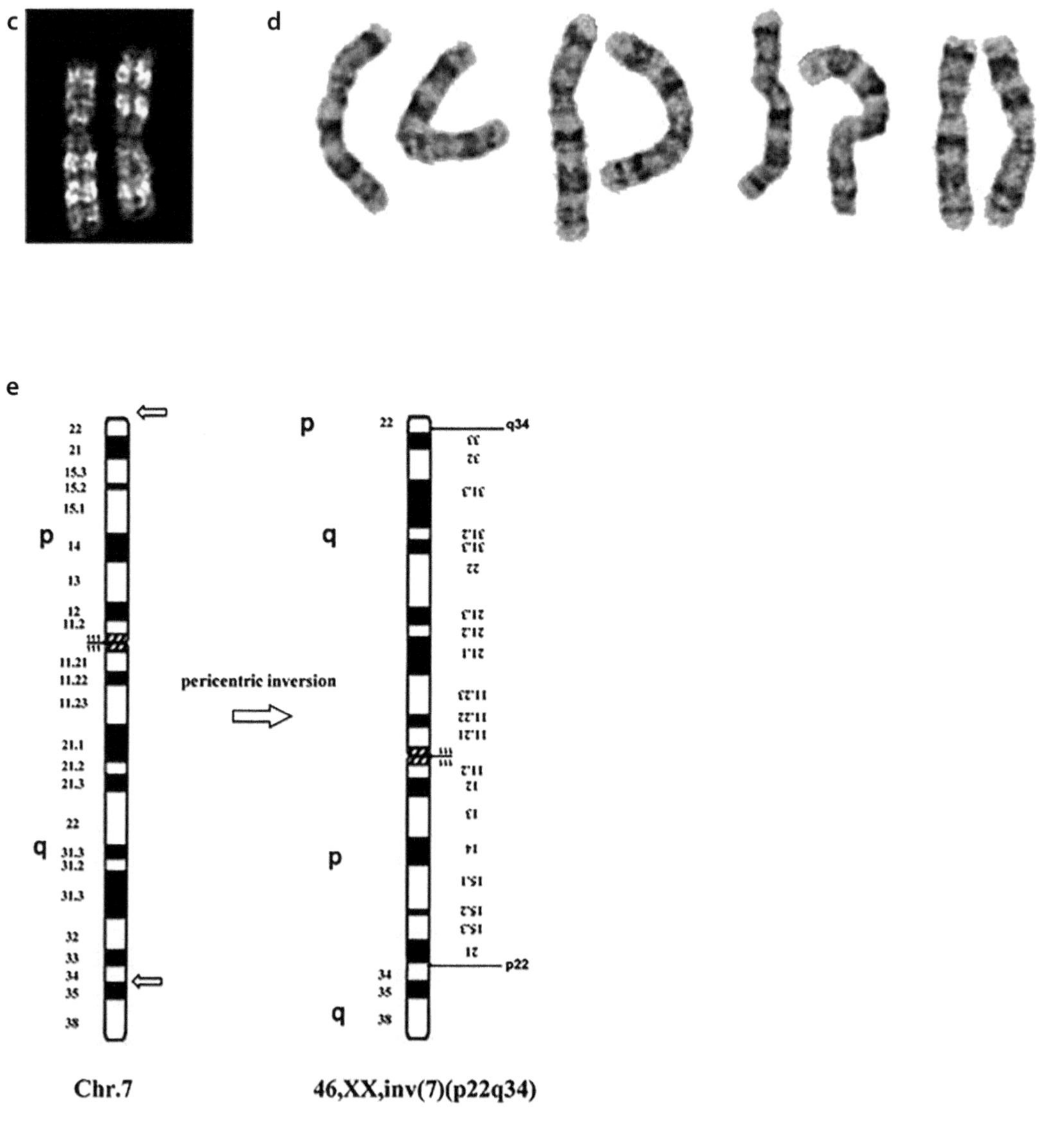

Abb. 6.8 (Fortsetzung)

■ **Fall 9: Karyotyp: 46,XX,inv(8)(p11.2q21.12)**

Indikation zur Chromosomenanalyse: Unerfüllter Kinderwunsch

■■ **Morphologie**

Die hier vorgestellte Inversion 8 umfasst etwa 25 % der Gesamtlänge des Chromosoms. Der Bruchpunkt im kurzen Arm ist lokalisiert in p11.2, einer proximalen GC-reichen Bande, die an das perizentromerische Heterochromatin angrenzt. Der zweite Bruchpunkt ist intermediär in q21.2. Daher hat sich das Armverhältnis p:q von 30:70 auf 50:50 % geändert. Das invertierte Chromosom erscheint metazentrisch. Die genauen

Bruchpunkte können nur bei einer Auflösung von etwa 700 Banden pro Genom bestimmt werden. Dieser Fall ist ein gutes Beispiel dafür, dass eine hohe Bandauflösung bei schwierigen Chromosomenumbauten erforderlich ist.

▪▪ Cave

Untersuchungen zu perizentrischen Inversionen vergleichbarer Größe führen zu einem mittleren genetischen Risiko für Träger der Inversion. Untersuchungen der Familie, genetische Beratung und pränatale Diagnosen sind angezeigt (◘ Abb. 6.9).

▪ Fall 10: Karyotyp: 46,XX,inv(10)(p11.2q21.2)

Indikation zur Chromosomenanalyse: Unerfüllter Kinderwunsch

▪▪ Morphologie

Diese Inversion ist ein stabiler Chromosomenumbau, der laut Literatur in den beteiligten Familien ohne Auftreten von unbalancierten Karyotypen vererbt wird. Die invertierte Region umfasst etwa 20 % der Gesamtlänge des Chromosoms 10. Die Verlagerung der AT-reichen Bande q21.1 verändert das Bandenmuster auf charakteristische Weise, sodass diese Inversion leicht zu diagnostizieren ist (ca. 550 Banden pro Genom).

▪▪ Cave

Bei dieser Inversion dürfen Familienuntersuchungen oder pränatale Analysen nur diskutiert werden (◘ Abb. 6.10)

▪ Fall 11: Karyotyp: 46,XY,inv(11)(p13q21),inv(9)(p12q12)

Indikation zur Chromosomenanalyse: Unerfüllter Kinderwunsch

▪▪ Morphologie

Der Proband weist zwei perizentrische Inversionen auf:

1. inv(9)(p12q12): Typ II,
   Die Bruchpunkte dieser perizentrischen Inversion sind beide in heterochromatischen Regionen lokalisiert. Der heterochromatische Block q12 wurde proximal in den kurzen Arm verlagert. Diese Art von Inversion wird als Polymorphismus ohne genetische Relevanz definiert. Seine Häufigkeit in der europäischen Bevölkerung beträgt etwa 1 % (siehe: ► Abschn. 15.6).
2. inv(11)(p13q21).
   Diese perizentrische Inversion umfasst etwa 50 % der Gesamtlänge von Chromosom 11, beide Bruchpunkte befinden sich in intermediären Regionen. Die Analyse des Umbaus ist aufgrund der Verschiebung der AT-reichen Bande q14 vom langen in den kurzen Arm leicht durchzuführen.

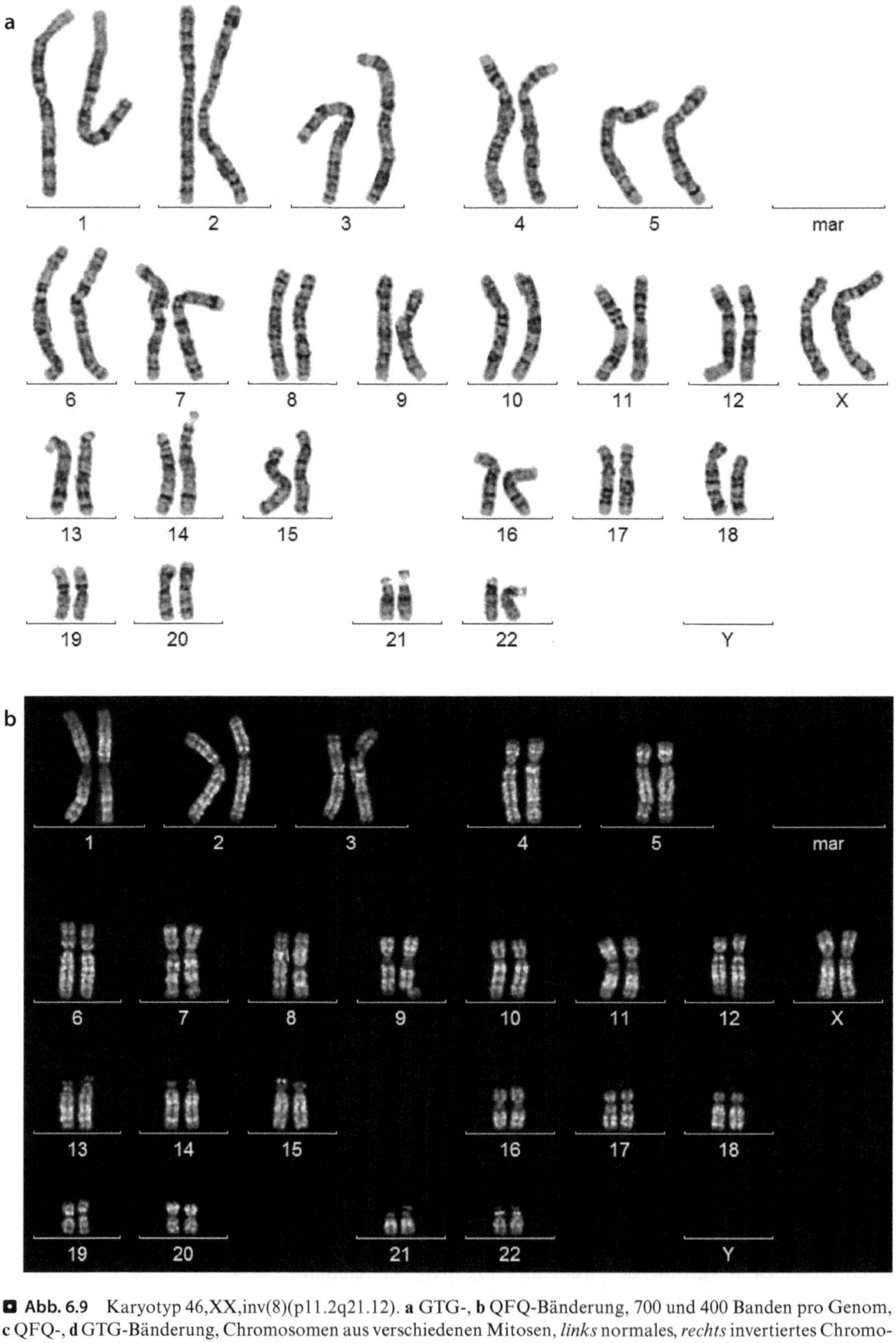

Abb. 6.9 Karyotyp 46,XX,inv(8)(p11.2q21.12). **a** GTG-, **b** QFQ-Bänderung, 700 und 400 Banden pro Genom, **c** QFQ-, **d** GTG-Bänderung, Chromosomen aus verschiedenen Mitosen, *links* normales, *rechts* invertiertes Chromosom 8, **e** Ideogramme: mittelgroßes invertiertes Segment

c

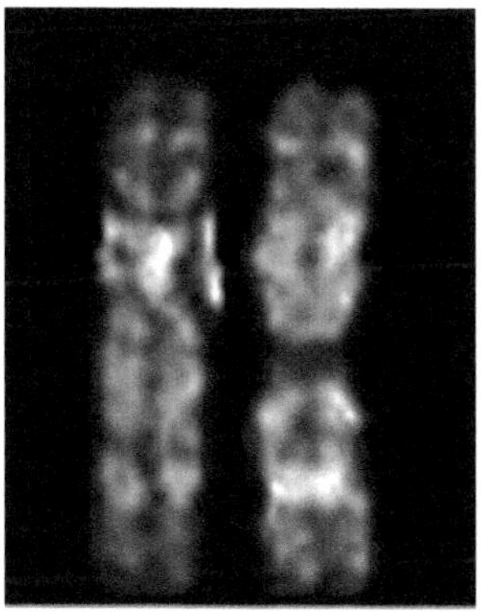

d

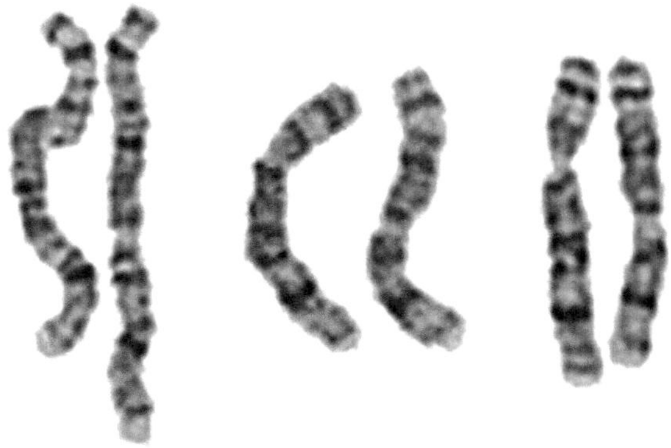

e

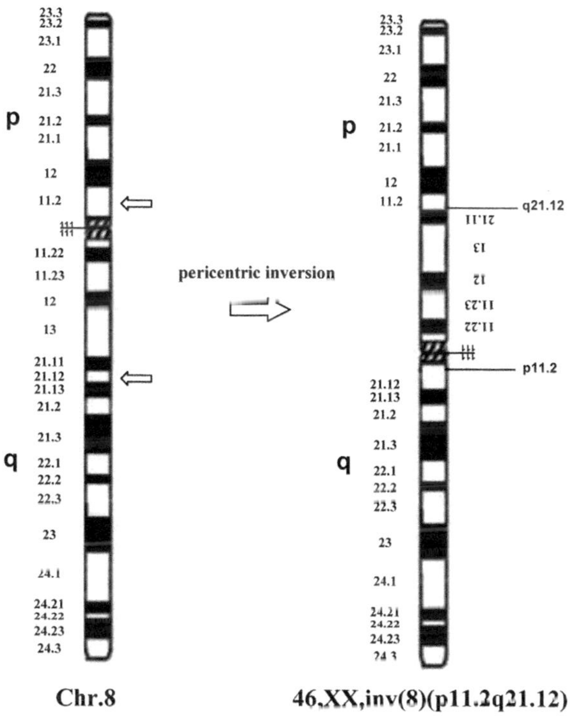

Abb. 6.9 (Fortsetzung)

a

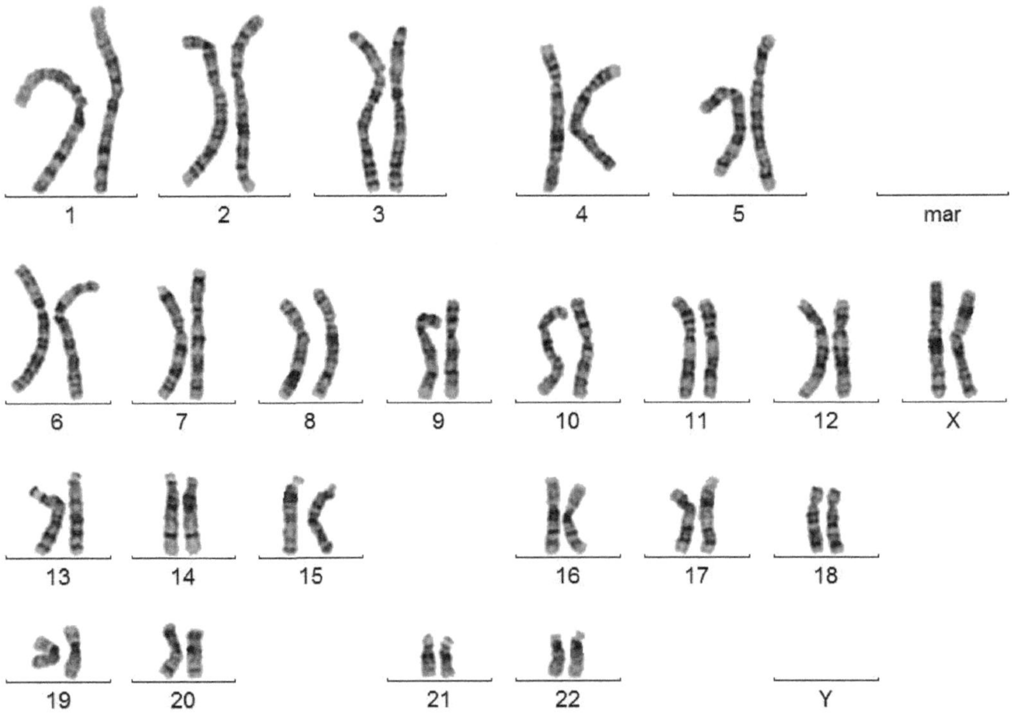

b

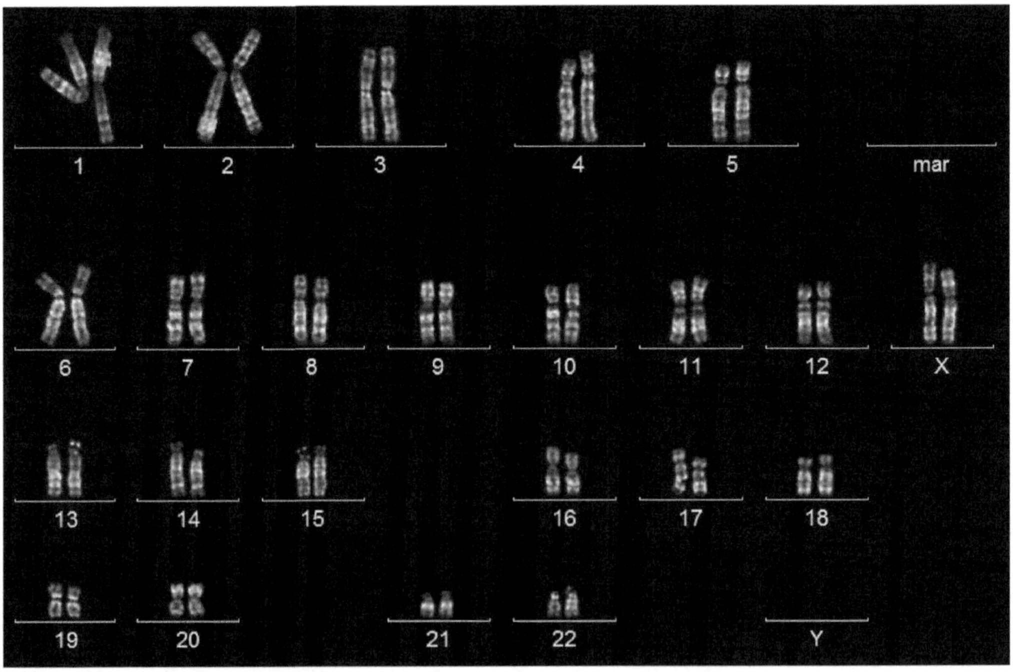

Abb. 6.10 Karyotyp 46,XX,inv(10)(p11.2q21.2). **a** GTG-, **b** QFQ-Bänderung, 600 und 400 Banden pro Genom, **c** QFQ-, **d** GTG-Bänderung, Chromosomen aus verschiedenen Mitosen, *links* normal, *rechts* invertiertes Chromosom 10, **e** Ideogramme: proximale Bruchpunkte des invertierten Segmentes

c

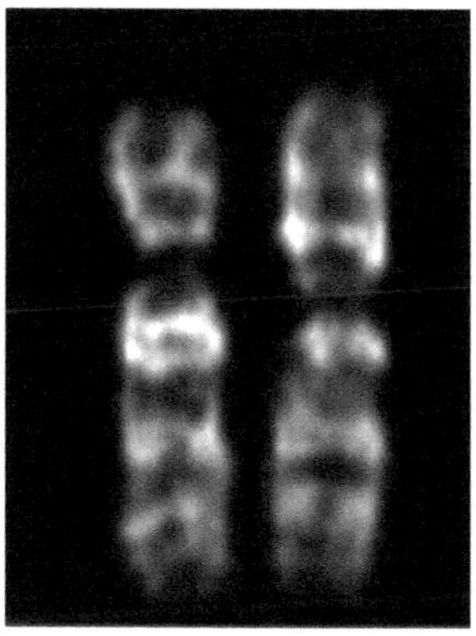

d

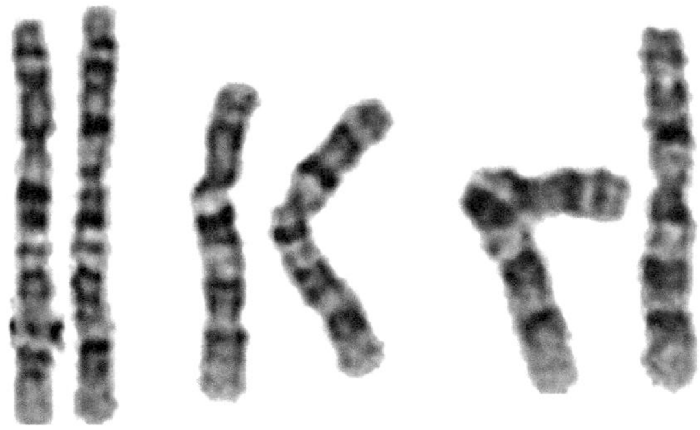

e

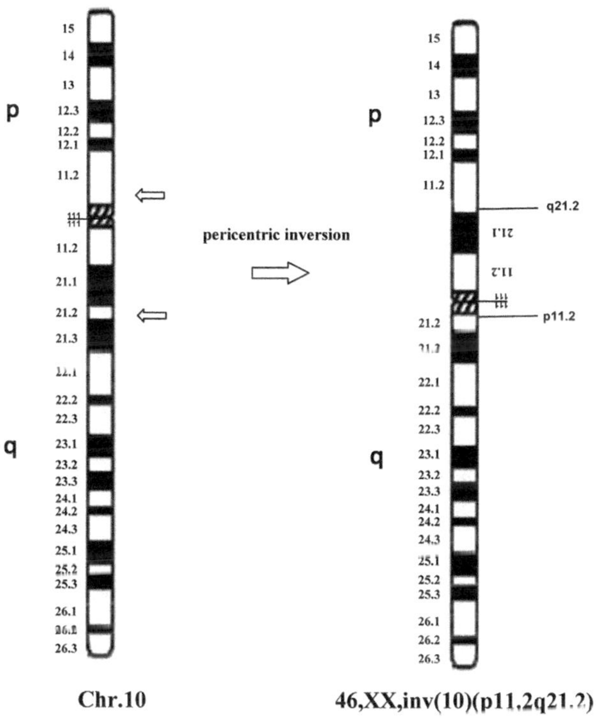

Abb. 6.10 (Fortsetzung)

▪▪ Cave

Die genetische Beratung nach Untersuchung der Verwandten beinhaltet die Diskussion pränataler Untersuchungen. Nach Literaturangaben ist diese Inversion stabil in der Vererbung und das genetische Risiko ist daher gering (Abb. 6.11).

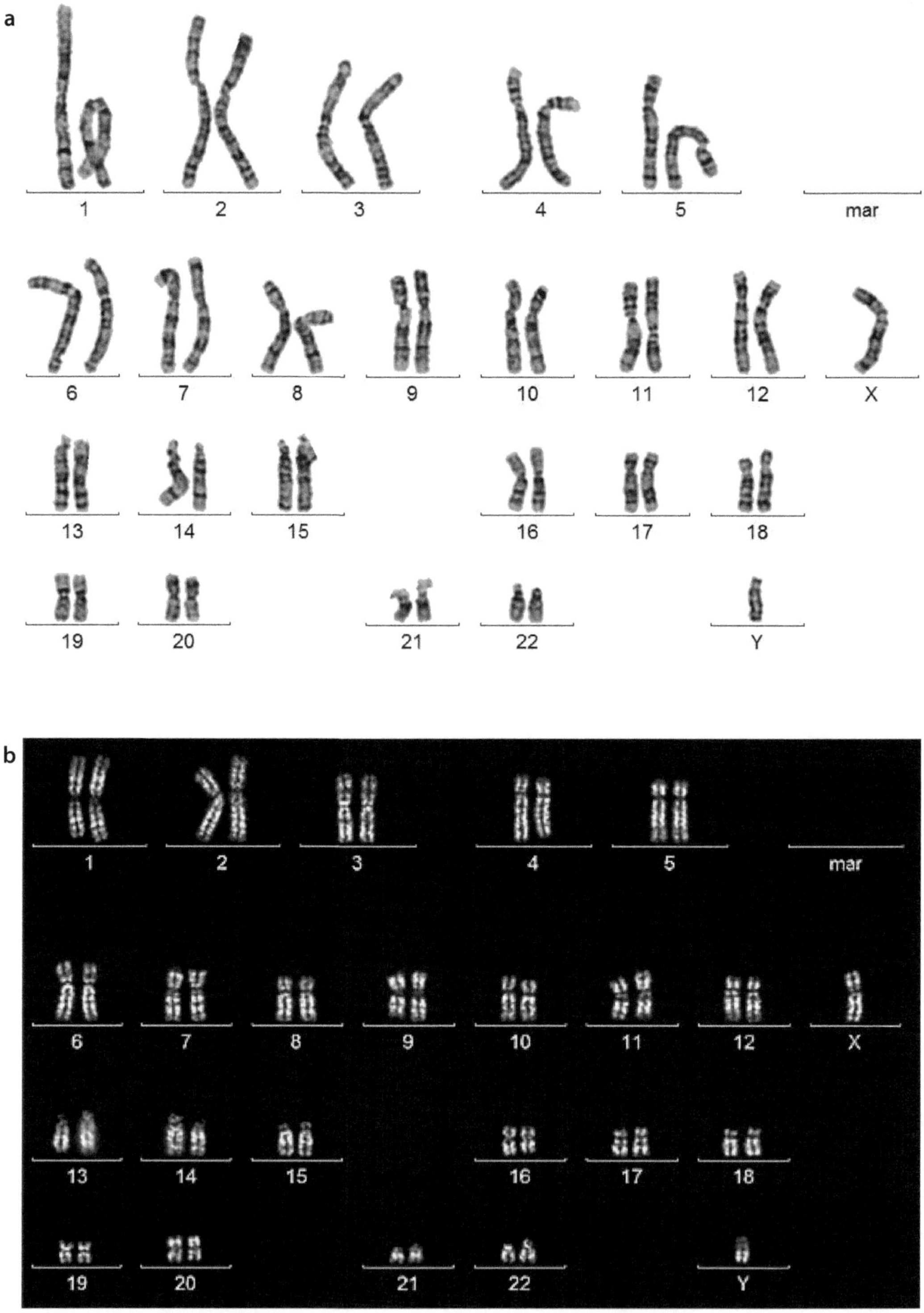

Abb. 6.11 Karyotyp 46,XY,inv(11)(p13q21),inv(9)(p12q12). **a** GTG-, **b** QFQ-Bänderung, 600 und 400 Bänder pro Genom, **c** CBG-, **d** QFQ-, **e** GTG-Bänderung, Chromosomen aus verschiedenen Mitosen, Chromosom 9: *links* normal, *rechts* teilweise invertiertes Chromosom, Chromosom 11: *links* normales, *rechts* invertiertes Chromosom 11, **f** Ideogramme der Chromosomen 9 und 11

c

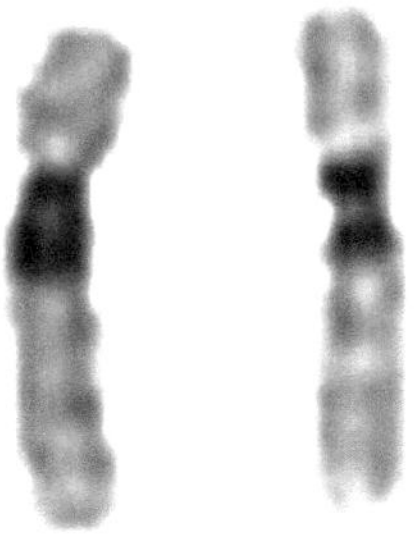

d

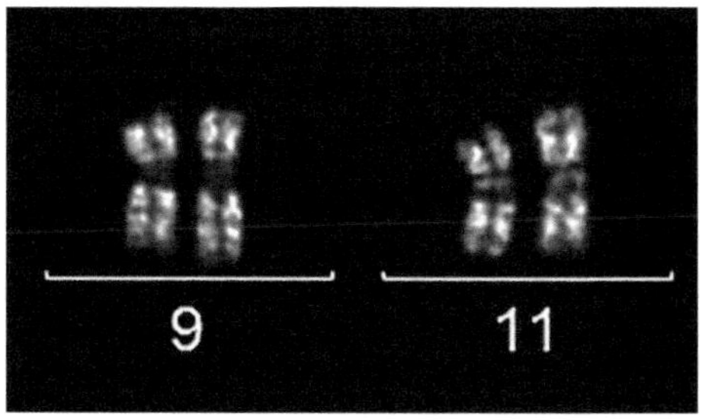

e

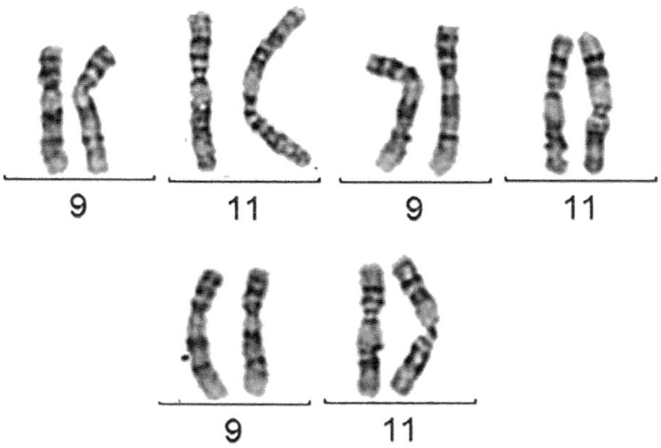

f

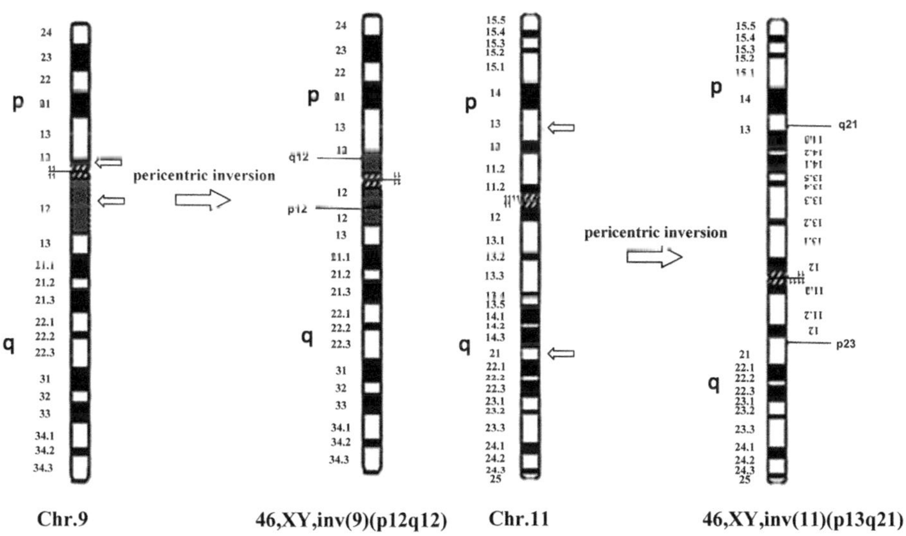

◼ **Abb. 6.11** (Fortsetzung)

- **Fall 12: Karyotyp: 46,XX,inv(16)(p13.2q11.1)**

Indikation zur Chromosomenanalyse: Unerfüllter Kinderwunsch

▪▪ Morphologie

Die invertierte Region umfasst etwa 40 % der Gesamtlänge von Chromosom 16. Das Armverhältnis hat sich von p:q = 40:60 auf 3:97 % geändert. Das invertierte Chromosom 16 erscheint telozentrisch wie die Chromosomen 13, 14, 15. In diesem Fall ist die CBG-Bänderung von großer diagnostischer Hilfe, da nur mit dieser Technik die Position des Zentromers und des heterochromatischen Blocks q11.2 eindeutig definiert werden können.

▪▪ Cave

Nach unserem Wissen existieren vergleichbare Fälle in der Literatur nicht. Es wäre hilfreich, so viele Inversionsträger wie möglich in der Familie zu finden und Schwangerschaften und Nachkommen aller Träger zu analysieren.

Allen Trägern sollten pränatale Untersuchungen, einschließlich Mikroarray, empfohlen werden. Bei einem pathologischen Schwangerschaftsverlauf – Abort, Totgeburt – sollte der möglicherweise unbalancierte Karyotyp analysiert und der Phänotyp des Feten dokumentiert werden (◘ Abb. 6.12).

- **Fall 13: Karyotyp: 46,XY,inv(16)(p12q12.2)**

Indikation zur Chromosomenanalyse: Unerfüllter Kinderwunsch

▪▪ Morphologie

Wie im vorherigen Fall (Fall 12) wurde der gesamte heterochromatische Block 16 q11.2 in seiner Position vom langen in den kurzen Arm verlagert. Die invertierte Region umfasst etwa 40 % der Gesamtlänge des Chromosoms, das Armverhältnis hat sich nicht signifikant verändert. Beide Bruchpunkte befinden sich in kleinen, AT-reichen Bändern. CBG-Bänderung veranschaulicht diese Änderung.

▪▪ Cave

Das Risiko eines ungleichen meiotischen crossing over, das zu einem unbalancierten Karyotyp führt, ist gegeben. Daher sollten nach einer Familienuntersuchung eine genetische Beratung und einepränatale Diagnose angeboten werden (◘ Abb. 6.13).

- **Fall 14: Karyotyp: 46,XX,inv(20)(p13q13.2)**

Indikation zur Chromosomenanalyse: Unerfüllter Kinderwunsch

▪▪ Morphologie

Das invertierte Segment umfasst etwa 70 % der Gesamtlänge des Chromosoms 20. Das Inversionsprodukt hat eine ver-

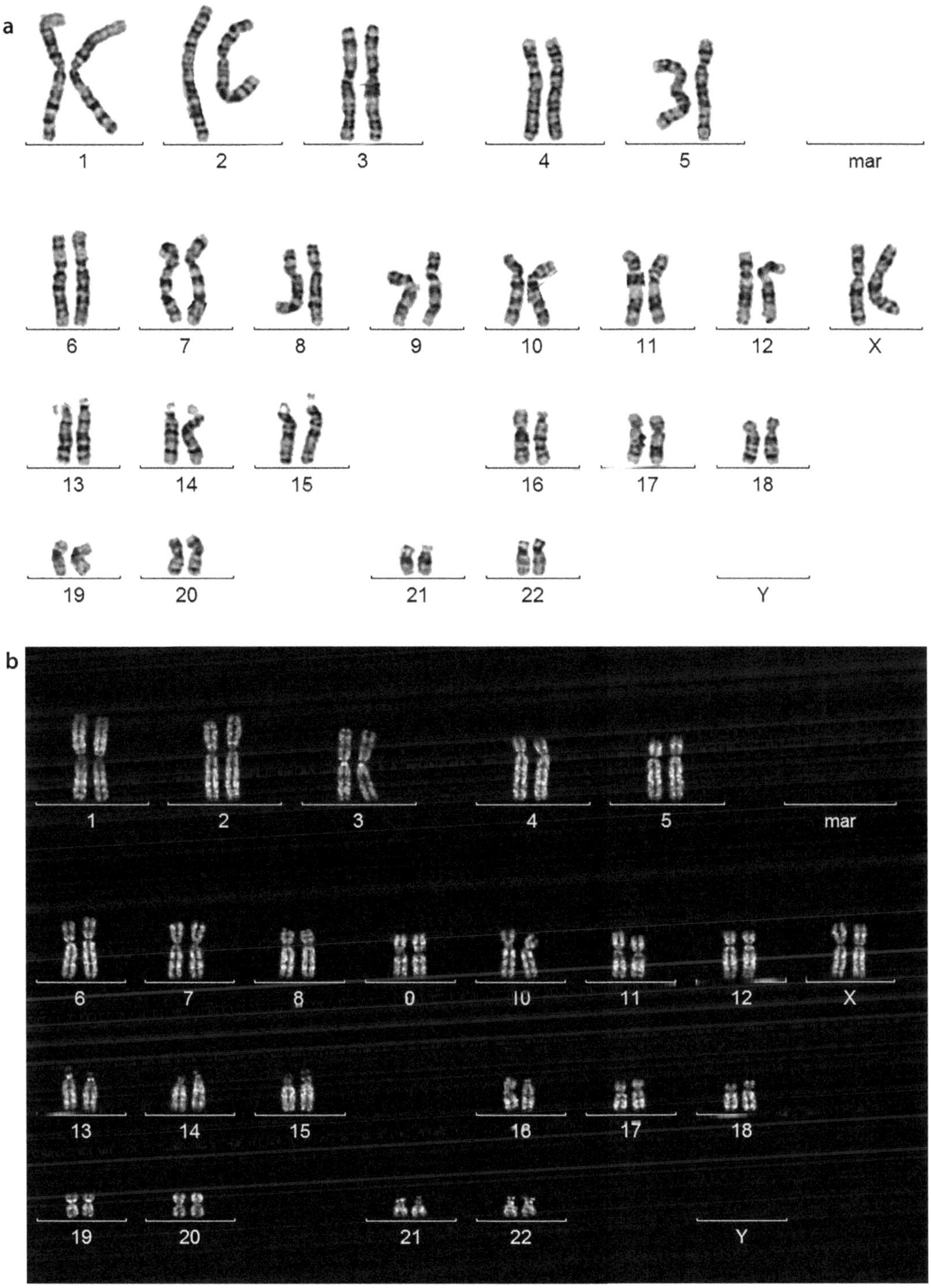

Abb. 6.12 Karyotyp 46,XX,inv(16)(p13.2q11.1). **a** GTG-Bänderung, 600 Bänder pro Genom, **b** QFQ-Bänderung 400 Banden pro Genom, **c** CBG-, **d** QFQ-, **e** GTG-Bänderung, Chromosomen aus verschiedenen Mitosen: *links* normales, *rechts* invertiertes Chromosom 16, **f** Ideogramme: Verlagerung der zentromerischen Region q11.1 distal in den kurzen Arm

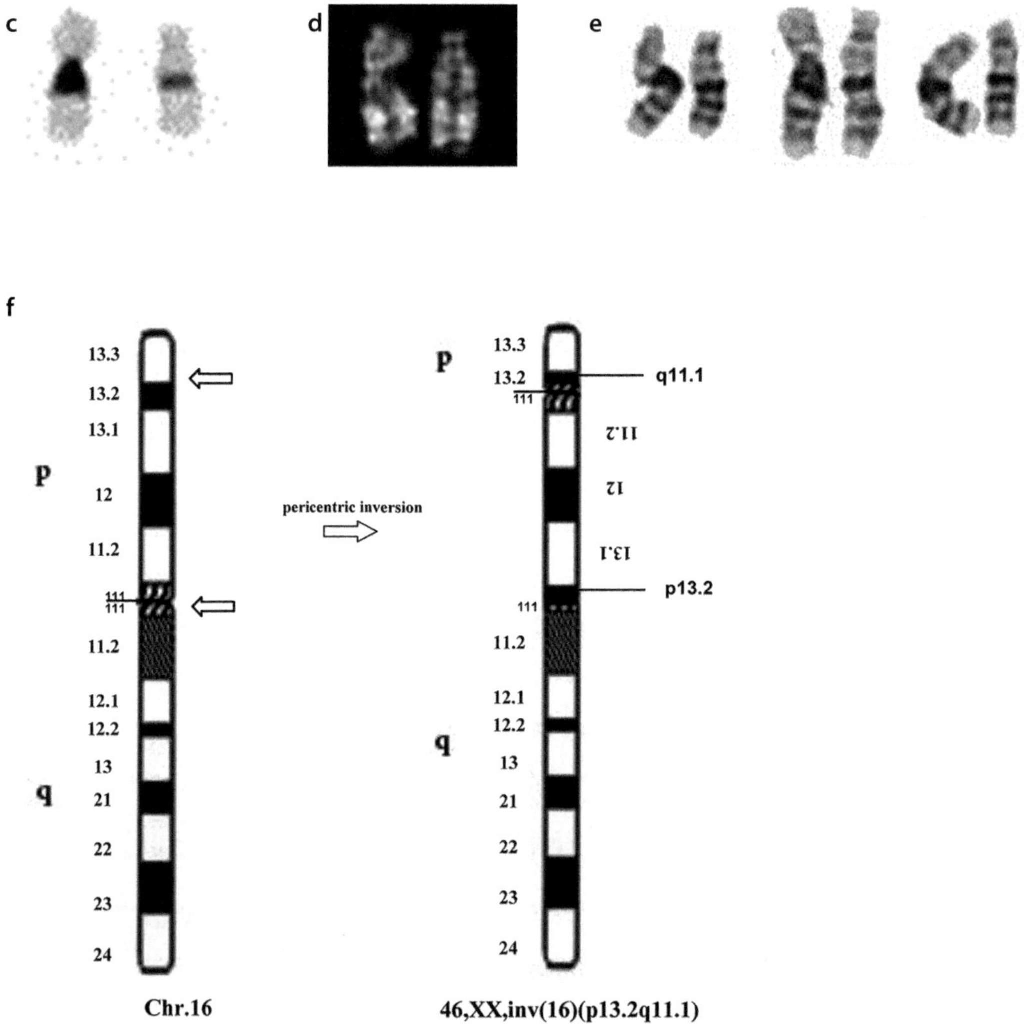

■ **Abb. 6.12** (Fortsetzung)

änderte Zentromerposition und erscheint daher submetazentrisch. Das Hauptband des kurzen Arms (p12) wurde in die proximale Region des langen Arms transloziert. Die Morphologie des aberranten Chromosoms zeigt eine veränderte Bänderung, die selbst bei einer Auflösung von weniger als 550 Bändern pro Genom leicht erkannt werden kann.

▪▪ Cave

Diese Inversion gehört zur Gruppe der Umbauten, die eine invertierte Region von mehr als 60 % der Gesamtlänge des Chromosoms umschließen und wird daher mit einem hohen genetischen Risiko verbunden. Alle möglichen Inversionsträger in der Familie sollten untersucht werden. Eine pränatale Diagnostik ist indiziert, einschließlich eines Mikroarray (■ Abb. 6.14).

a
b
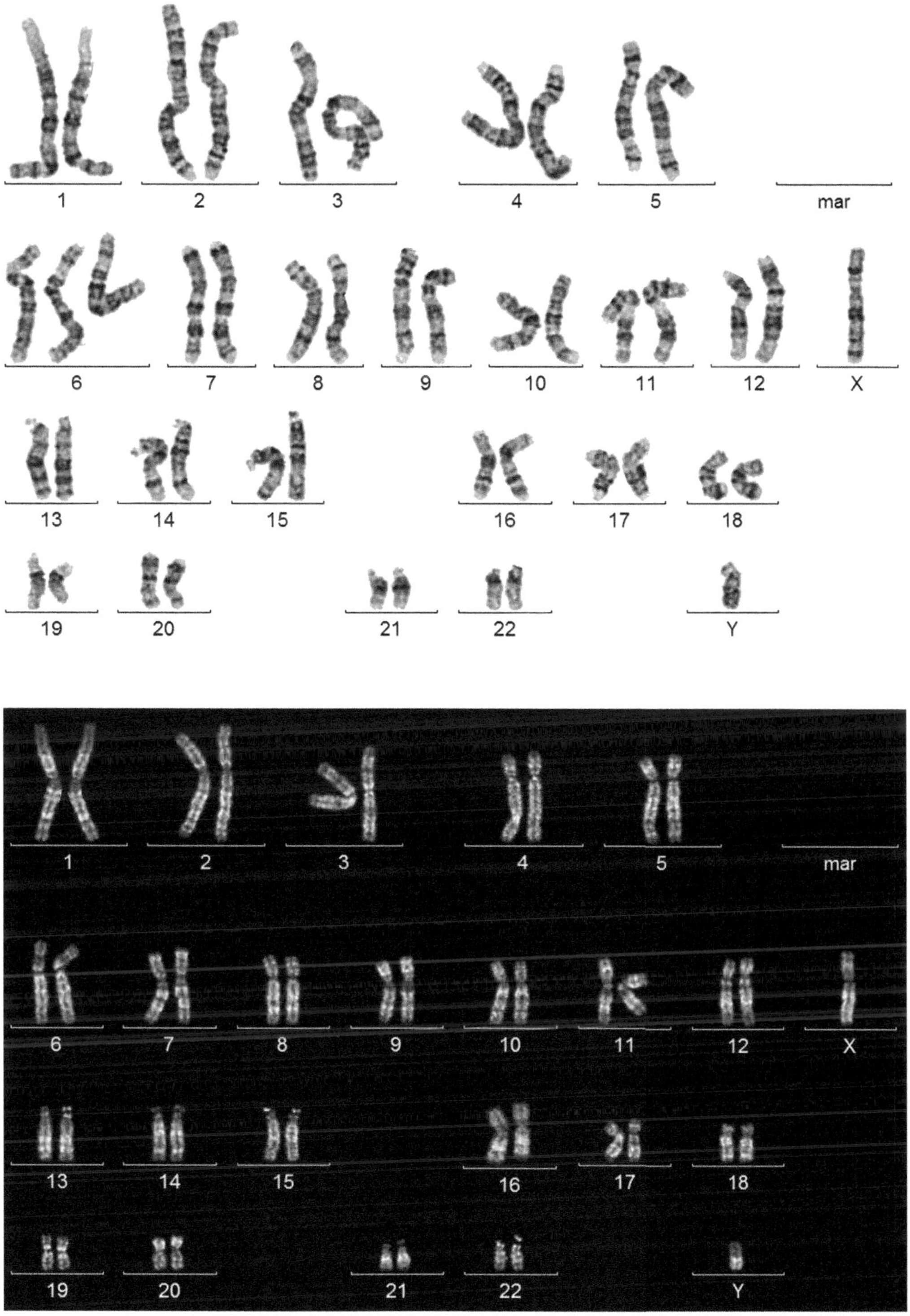

Abb. 6.13 Karyotyp 46,XY,inv(16)(p12q12.2). **a** GTG-Bänderung, 700 Bänder pro Genom, einzelne pathologische Zelle mit zusätzlichem Chromosom 6, **b** QFQ-Bänderung, 400 Banden pro Genom, **c** QFQ-, **d** GTG-Bänderung, Chromosomen aus verschiedenen Mitosen, *links* normales, *rechts* invertiertes Chromosom 16, **e** Ideogramme: Transposition des Heterochromatinblocks proximal in den kurzen Arm

c

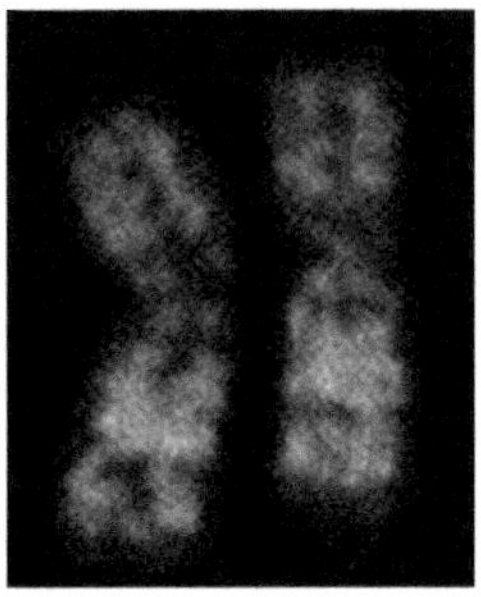

d

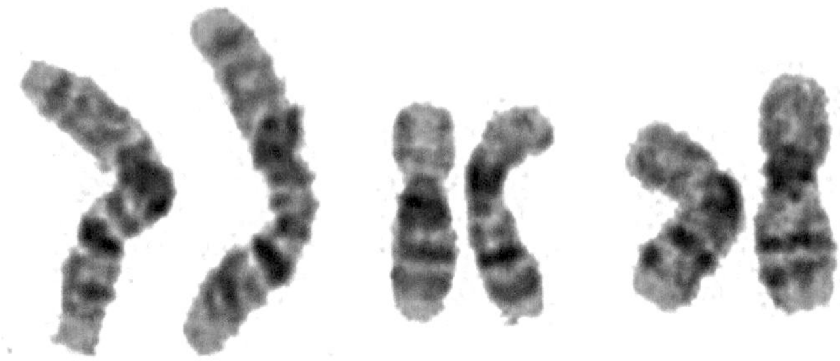

e

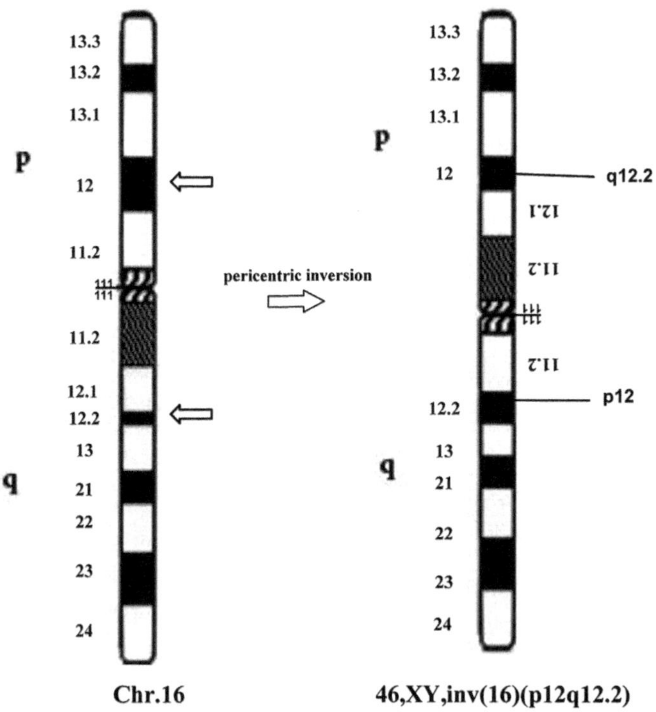

Abb. 6.13 (Fortsetzung)

■ **Fall 15: Karyotyp: 46,X,inv(X)(p22.1q26)**

Indikation zur Chromosomenanalyse: Unerfüllter Kinderwunsch

■■ **Morphologie**

Die invertierte Region umfasst etwa 80 % der Gesamtlänge des X-Chromosoms. Das Armverhältnis änderte sich von etwa 35:65 auf 80:20 %. Dies und die Translokation der AT-reichen Bande q21 vom langen in den kurzen Arm machen die Diagnose auch bei einer Auflösung von 550 Banden pro Genom einfach.

a

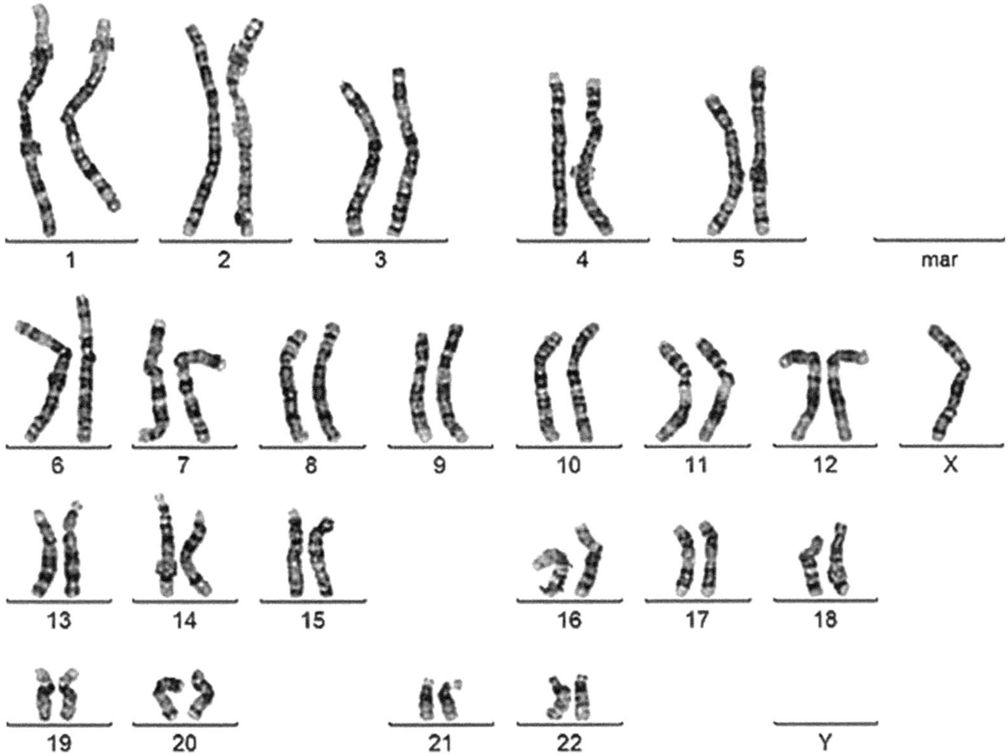

b

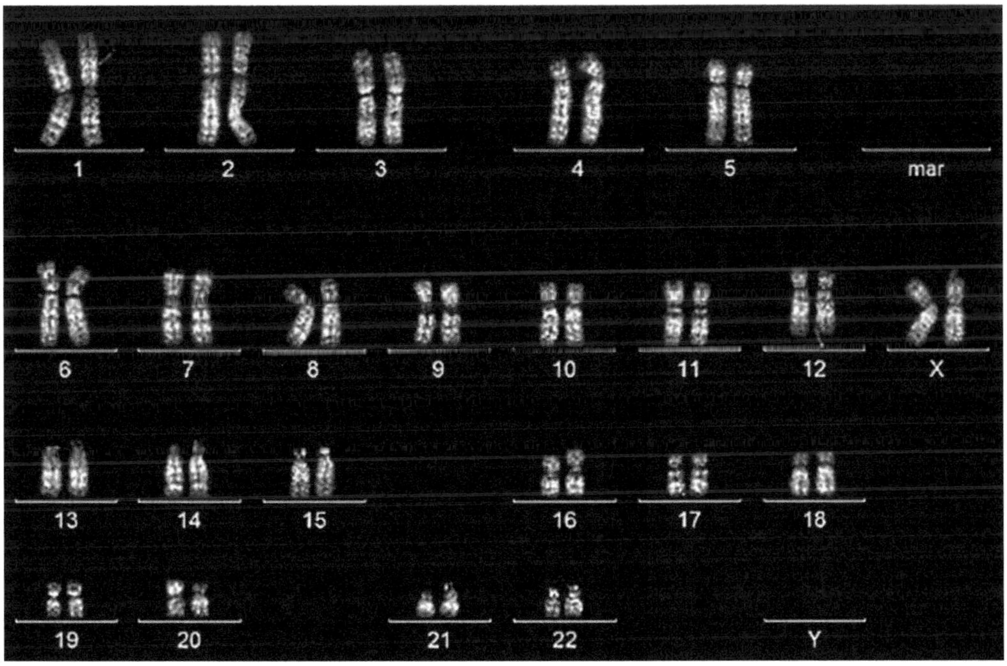

Abb. 6.14 Karyotyp 46,XX,inv(20)(p13q13.2). **a** GTG-Bänderung, 1 Chromosom X durch die Aufarbeitung verloren, **b** QFQ-Bänderung, 700 und 400 Banden pro Genom, **c** GTG-Bänderung, Chromosomen aus verschiedenen Mitosen, *links* normales, *rechts* invertiertes Chromosom 20, **d** Ideogramme: großes invertiertes Segment

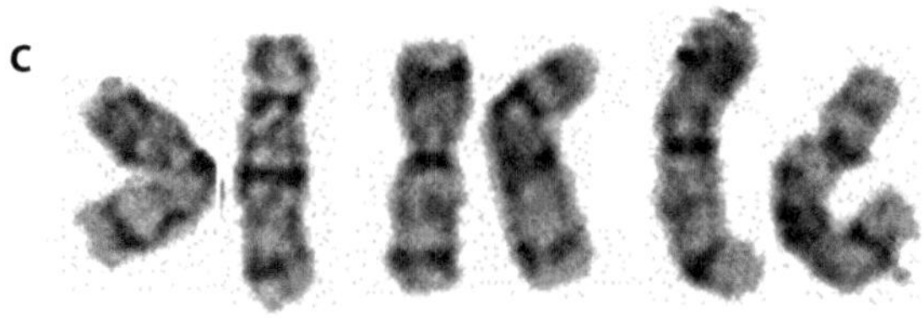

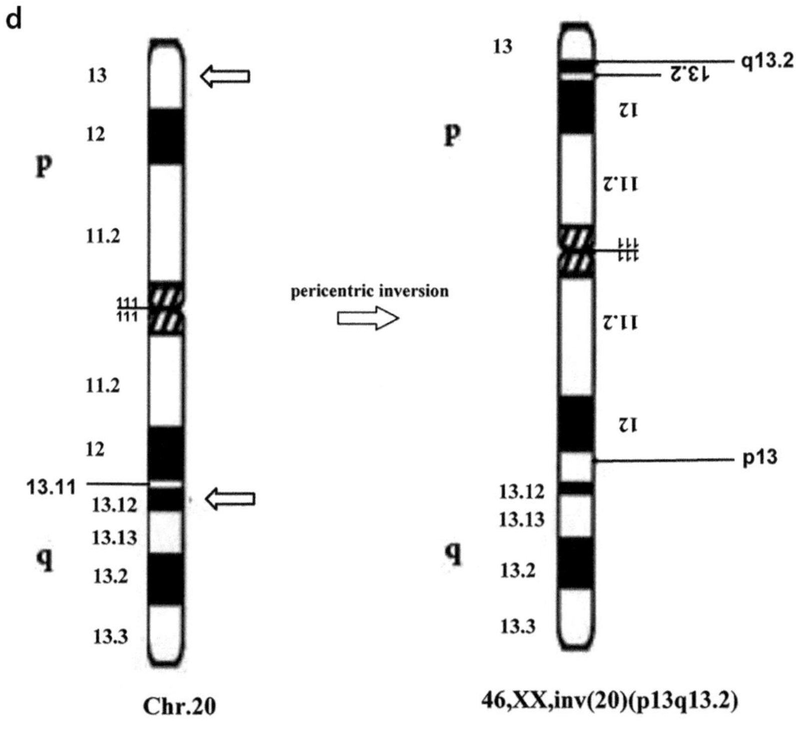

Abb. 6.14 (Fortsetzung)

Cave

Das Risiko eines ungleichen crossing-over in der Meiose ist hoch aufgrund der Größe des invertierten Segments. Die phänotypischen Veränderungen werden bei Männern (1 X-Chromosom), die das aberrante X-Chromosom erben, schwerwiegender sein als bei Frauen (2 X-Chromosomen). In der letzteren Gruppe können die klinischen Symptome, die durch einen unbalancierten Karyotyp verursacht werden, aufgrund einer möglichen ungleichen Inaktivierung der X-Chromosomen große Variabilität aufweisen.

Ein zusätzlicher Risikofaktor besteht, wenn der Bruchpunkt in Xq zwischen q13 und q26 lokalisiert ist, da dies bei der weiblichen Trägerin primäre oder sekundäre Amenorrhoe induzieren kann (Abb. 6.15).

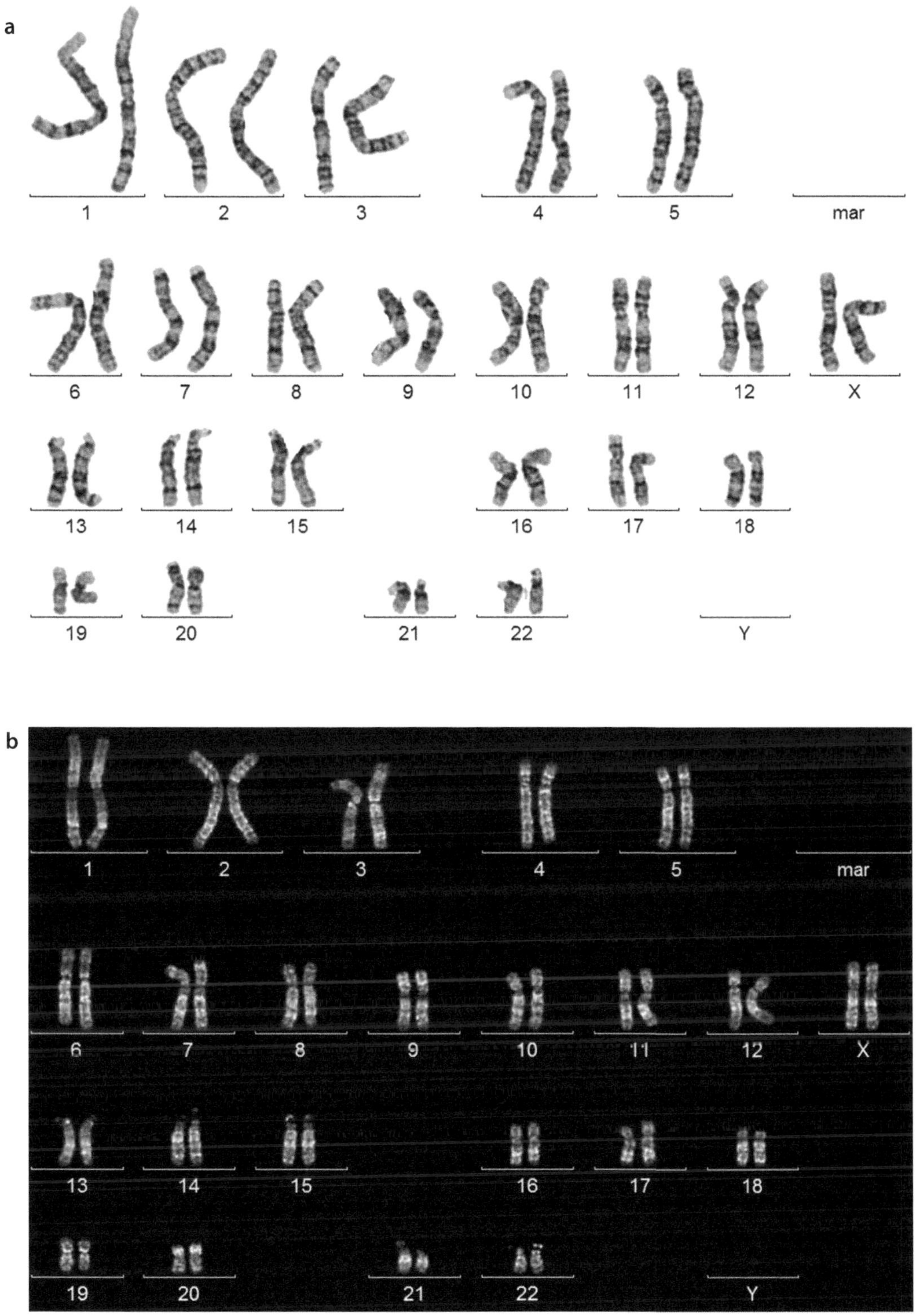

Abb. 6.15 Karyotyp 46,X,inv(X)(p22.1q26). **a** GTG-, **b** QFQ-Bänderung, 700 und 400 Banden pro Genom, **c** QFQ-, **d** GTG-Bänderung, Chromosomen aus verschiedenen Mitosen, *links* normal, *rechts* invertiertes X-Chromosom, **e** Ideogramme: großes invertiertes Segment

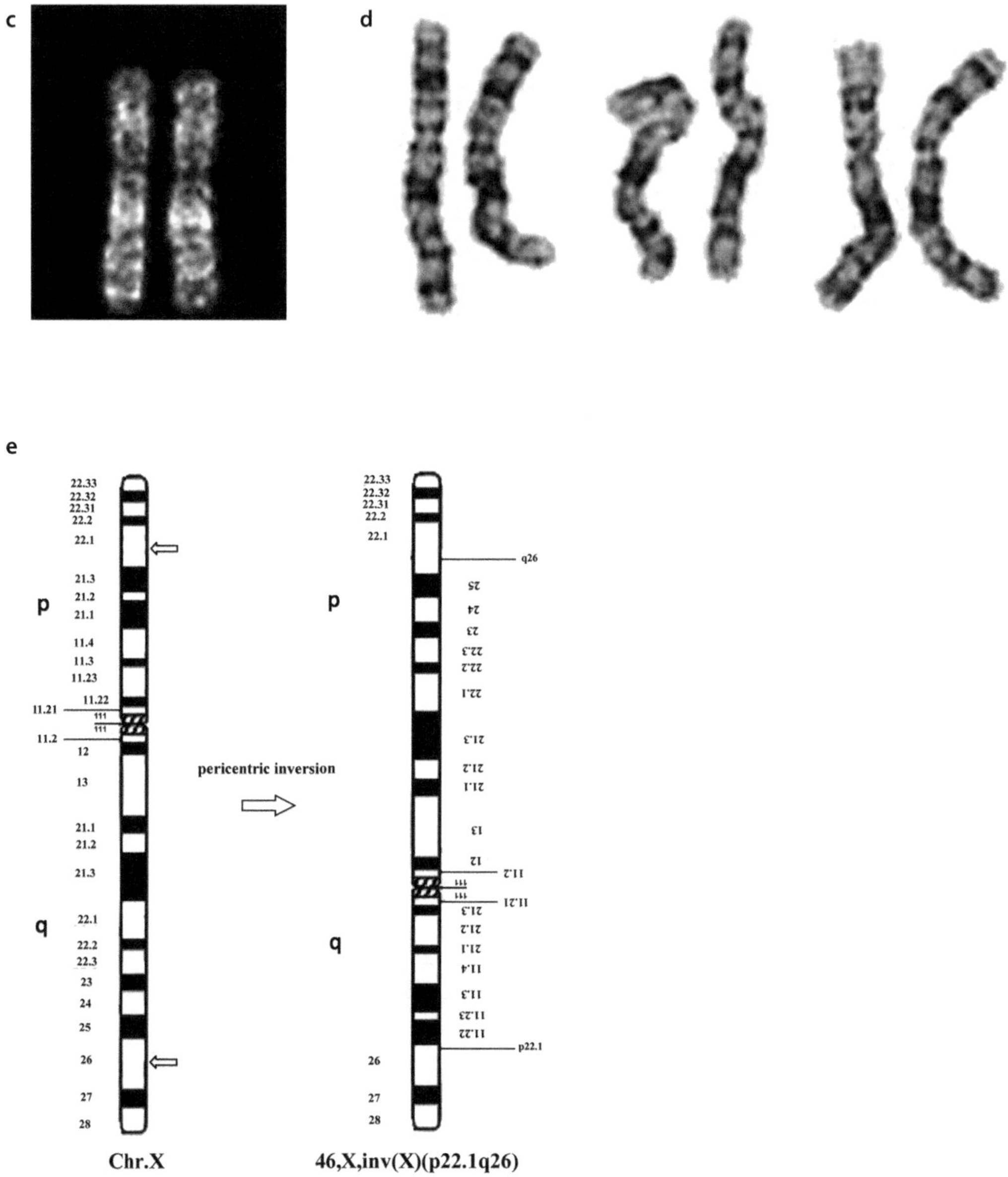

Abb. 6.15 (Fortsetzung)

■ **Fall 16: Karyotyp: 46,X,inv(X)(p22.13q24),inv(3)(p11.2q12)**

Indikation zur Chromosomenanalyse: Unerfüllter Kinderwunsch

Die Probandin hat zwei perizentrische Inversionen: eine im X-Chromosom mit zwei Bruchpunkten in euchromatischen Regionen und eine im Chromosom 3, wobei diese Inversion auf das konstitutive Heterochromatin beschränkt ist.

■■ **Morphologie**

1. inv(3)(p11.2q12),
   Die perizentrische Inversion 3 beinhaltet keine euchromatischen Segmente und wird daher als Polymorphismus definiert. Sie kann nur nach QFQ-Bänderung diagnostiziert werden. Ihre Häufigkeit in der europäischen Bevölkerung beträgt etwa 2 % (siehe: ► Abschn. 15.4).
2. inv(X)(p22.13q24).
   Die Bruchpunkte befinden sich beide in den distalen Regionen des kurzen und des langen Armes. Das große invertierte Segment umfasst etwa 70 % der Gesamtlänge des Chromosoms X. Das Armverhältnis hat sich wie im vorherigen Fall (Fall 15) von 35:65 auf 55:45 % geändert und das aberrante X erscheint fast metazentrisch. Neben dem veränderten Bandenmuster zeichnet es sich durch die Translokation der AT-reichen Banden p22.1 bis 22.3 vom kurzen in den langen Arm und q21.1, q21.3 vom langen in den kurzen Arm aus. Daher ist die Diagnose bei einer Auflösung von 550 Banden pro Genom durchführbar.

■■ **Cave**

Die gleichen genetischen Risikofaktoren müssen berücksichtigt werden wie im vorherigen Fall (Fall 15) (◘ Abb. 6.16).

■ **Fall 17: Karyotyp: 46,X,inv(Y)(p11.2q11.23)**

Indikation zur Chromosomenanalyse: Unerfüllter Kinderwunsch

■■ **Morphologie**

Die hier vorgestellte perizentrische Inversion zeigt eine vollständige Umlagerung der distalen heterochromatischen Bande q12 vom langen in den kurzen Arm. Das aberrante Chromosom ist metazentrisch. In diesem Fall umfasst die invertierte Region etwa 50 % der Gesamtlänge des Y-Chromosoms. Aufgrund der Variation in der Länge von q12 bei verschiedenen

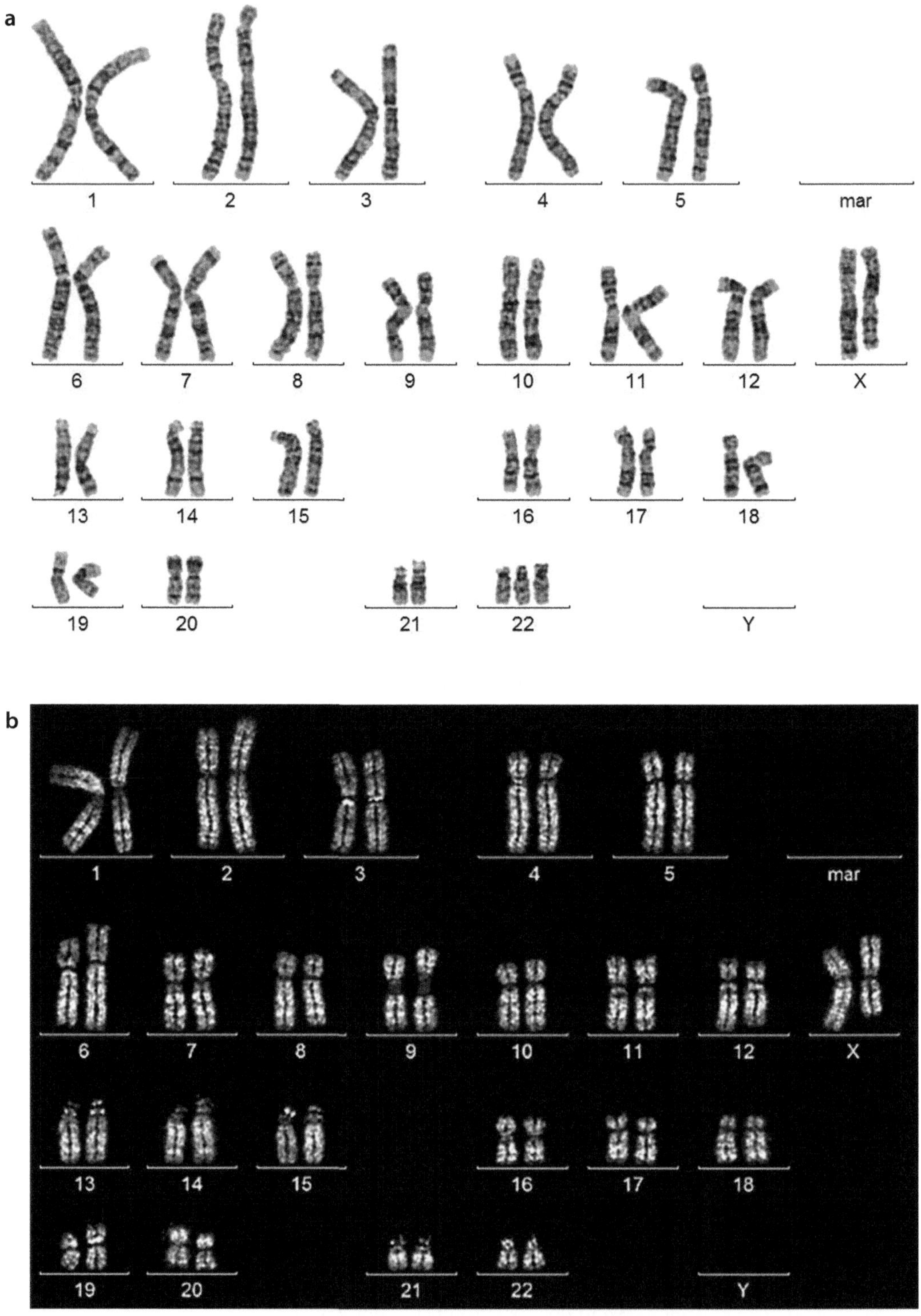

Abb. 6.16 Karyotyp 46,X,inv(X)(p22.13q24),inv(3)(p11.2q12). **a** GTG-Bänderung, einzige pathologische Zelle mit zusätzlichem Chromosom 22, **b** QFQ-Bänderung, 700 und 400 Banden pro Genom, **c** QFQ-, **d** GTG-Bänderung, Chromosom 3 und X aus verschiedenen Mitosen, *links* normale, *rechts* invertierte Chromosomen, **e**, **f** normale und invertierte Ideogramme von Chromosom 3 und X

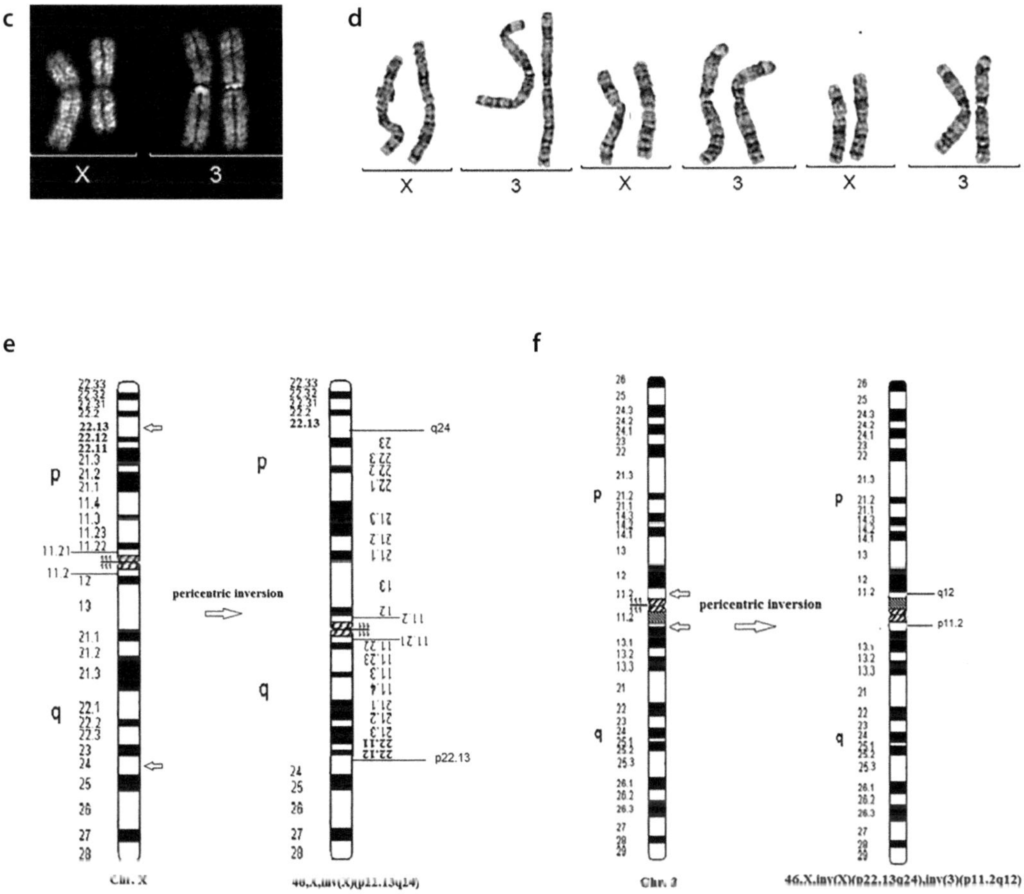

Abb. 6.16 (Fortsetzung)

Probanden kann dieser Index nur für den individuellen Träger bestimmt werden. Die spezifische Darstellung des invertierten Chromosoms sollte nicht nur durch QFQ, sondern auch durch DA/DAPI-Banden erfolgen, da die proximale heterochromatische Region von Yq12 nur durch DA/DAPI analysiert werden kann. Dies ist von diagnostischer Relevanz, da ein Bruchpunkt im proximalen Heterochromatin im Gegensatz zu einem Bruchpunkt im folgenden Euchromatin von keiner genetischen Bedeutung ist.

■■ Cave

Die hier vorgestellte Y-Inversion hat eine Häufigkeit von 1–2 ‰ mit Unterschieden in einzelnen ethnischen Gruppen. Es gibt eine große Variabilität in phänotypischen Besonderheiten, die durch mögliche Paarungsanomalien von X und Y verursacht und beim Träger zu Oligo- und Azoospermie führen können (Abb. 6.17).

a

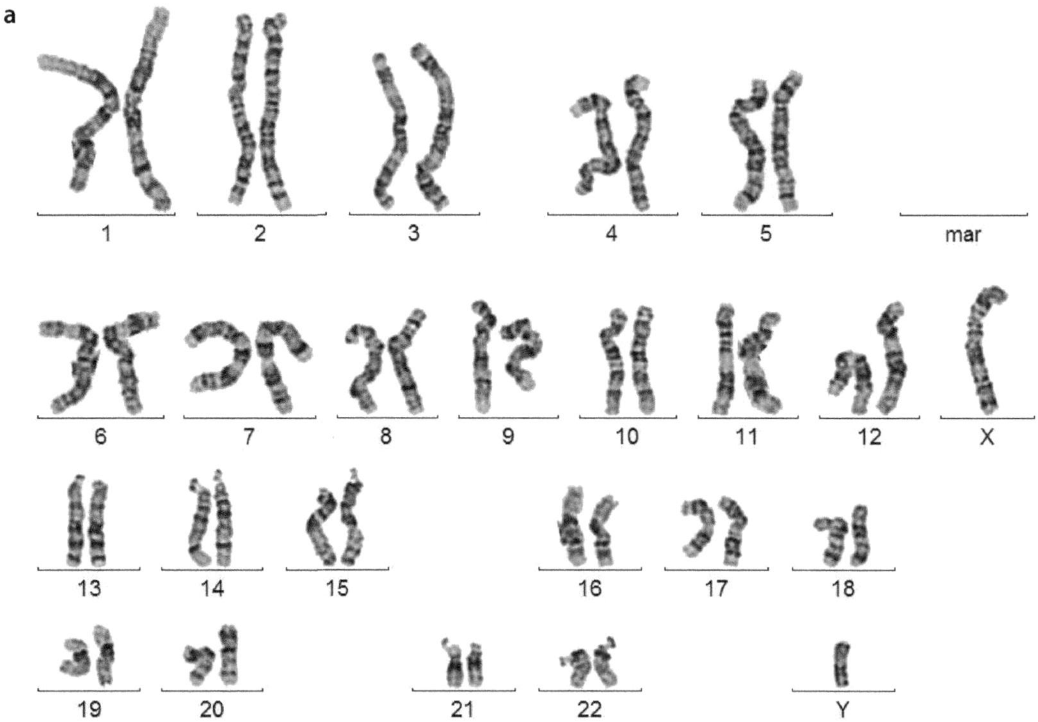

b

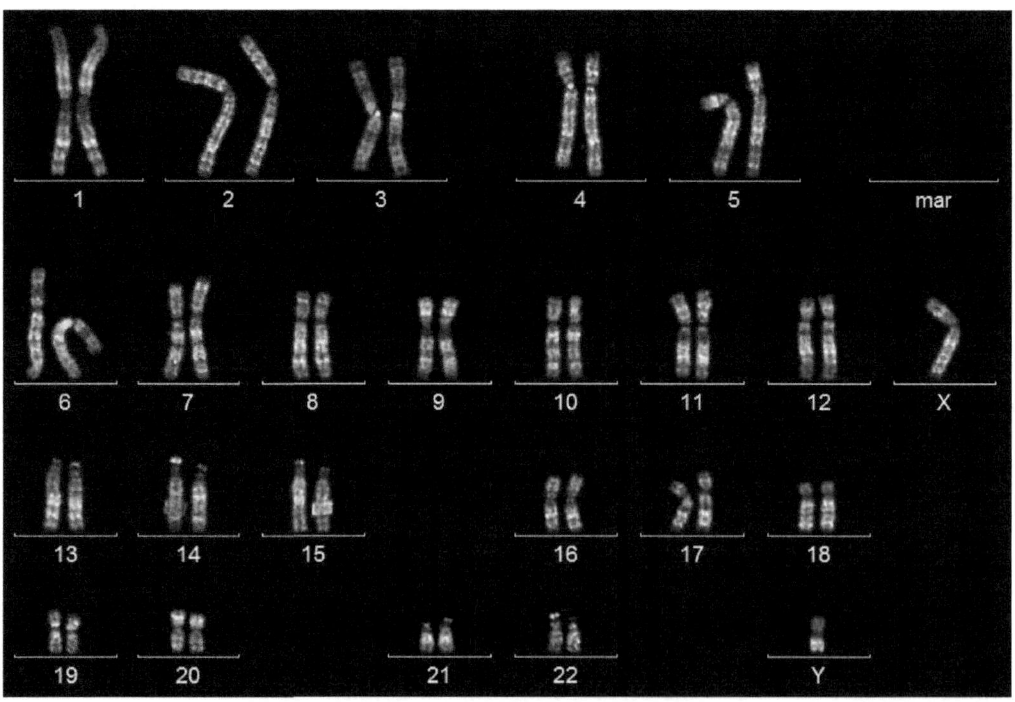

Abb. 6.17 Karyotyp 46,X,inv(Y)(p11.2q11.23). **a** GTG-, **b** QFQ-Bänderung, 700 und 400 Banden pro Genom, **c** CBG-, **d** QFQ-, **e** GTG-Bänderung, Y-Chromosom aus verschiedenen Mitosen, **d/1** : Y-Chromosom von einer normalen Kontrollperson, **f** Ideogramme des Y-Chromosoms, das invertierte Segment führt zu einer metazentrischen Morphologie

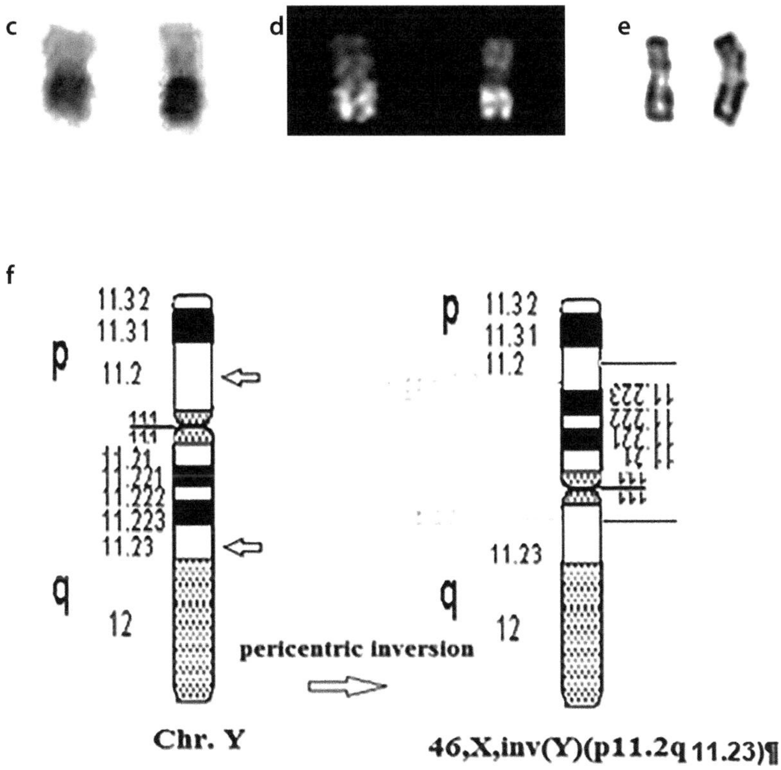

Abb. 6.17 (Fortsetzung)

6.2 Parazentrische Inversionen

18. 46,XY,inv(1)(p32.1p36.1)
19. 46,XY,inv(1)(q11.1q24.2)
20. 46,XX,inv(2)(q14.2q21.1)
21. 46,XY,inv(3)(p22.2p25)
22. 46,XY,inv(4)(q13.2q27–q28.2)
23. 46,XY,inv(5)(p11p15.1)
24. 46,XX,inv(6)(q16.2q24.2)
25. 46,XY,inv(6)(q23.3q25.3)
26. 46,XX,inv(6)(q25.1q25.3)
27. 46,XX,inv(7)(p14.2p21.2)
28. 46,XY,inv(8)(q13q24.22)
29. 46,XY,inv(9)(q32q34.3)
30. 46,XX,inv(11)(q21q23.3)
31. 46,XX,inv(12)(q21.1q24.1)
32. 46,XX,inv(13)(q12.1q22)
33. 46,XY,inv(13)(q13q32)
34. 46,XX,inv(13)(q21.2q31)
35. 46,XX,inv(14)(q23.3q32.2),inv(3)(p11.2q12)(x2)
36. 46,XX,inv(15)(q24q26.3)
37. 46,XY,inv(19)(p12p13.13)

38. 46,XX,inv(19)(q13.31q13.42)
39. 46,X,inv(X)(p11.3p22.32)
40. 46,X,inv(Y)(q11.21q12),inv(9)(p12q12),inv(9)(p12q13).

6.2.1 Detaillierte Darstellung der Kasuistiken

▪ Fall 18: Karyotyp: 46,XY,inv(1)(p32.1p36.1)

Indikation zur Chromosomenanalyse: Unerfüllter Kinderwunsch

▪▪ Morphologie

Der hier vorgestellte Fall zeigt eine kleine distale Inversion im kurzen Arm (p), die nur etwa 10–15 % der Gesamtlänge von Chromosom 1 umfasst. Diese Inversion ist trotz ihrer geringen Ausdehnung leicht zu identifizieren, da die AT-reichen Banden in das distale GC-reiche Segment verschoben wurden. Eine weitere Besonderheit des invertierten Chromosoms ist die Aufteilung des heterochromatischen Blocks q12 in 3 Untereinheiten. Dies ist ein Polymorphismus ohne genetische Relevanz (siehe: ► Abschn. 15.6).

▪▪ Cave

Die Region 1p36 enthält einen Aberrations-Hotspot. Wenn eine Mikrodeletion (del < 5 Mb) an diesem Locus auftritt, zeigt der Träger ein charakteristisches schweres Fehlbildungssyndrom. Aufgrund dieser Beobachtung sollte allen Trägern des hier vorgestellten Aberrationstyps in jeder Schwangerschaft eine pränatale Diagnose empfohlen werden, wegen des Risikos eines ungleichen crossing-over in der Meiose, und diese Untersuchung muss Mikroarray- oder FISH Analysen (LSI-Sonden) einschließen. Verwandten des Trägers sollte empfohlen werden, Chromosomenanalysen durchführen zu lassen (◘ Abb. 6.18).

▪ Fall 19: Karyotyp: 46,XY,inv(1)(q11.1q24.2)

Indikation zur Chromosomenanalyse: Unerfüllter Kinderwunsch

▪▪ Morphologie

Das invertierte Segment umfasst etwa 50 % des langen Arms (q) von Chromosom 1. Seine Größe entspricht fast 22 % der Länge dieses Chromosoms. Der proximale Bruchpunkt befindet sich in der peripheren Region des Zentromers (q11.1) und daher in einem nicht-kodierenden Segment. Das Phänotyp des invertierten Chromosoms ist besonders durch die Verschiebung des heterochromatischen Blocks q12 von seiner perizentromerischen Position in die Zwischenbande q24.2 gekennzeichnet. In diesem Fall gibt die CBG-Bänderung die beste Darstellung des umgeordneten heterochromatischen Blocks.

a

b

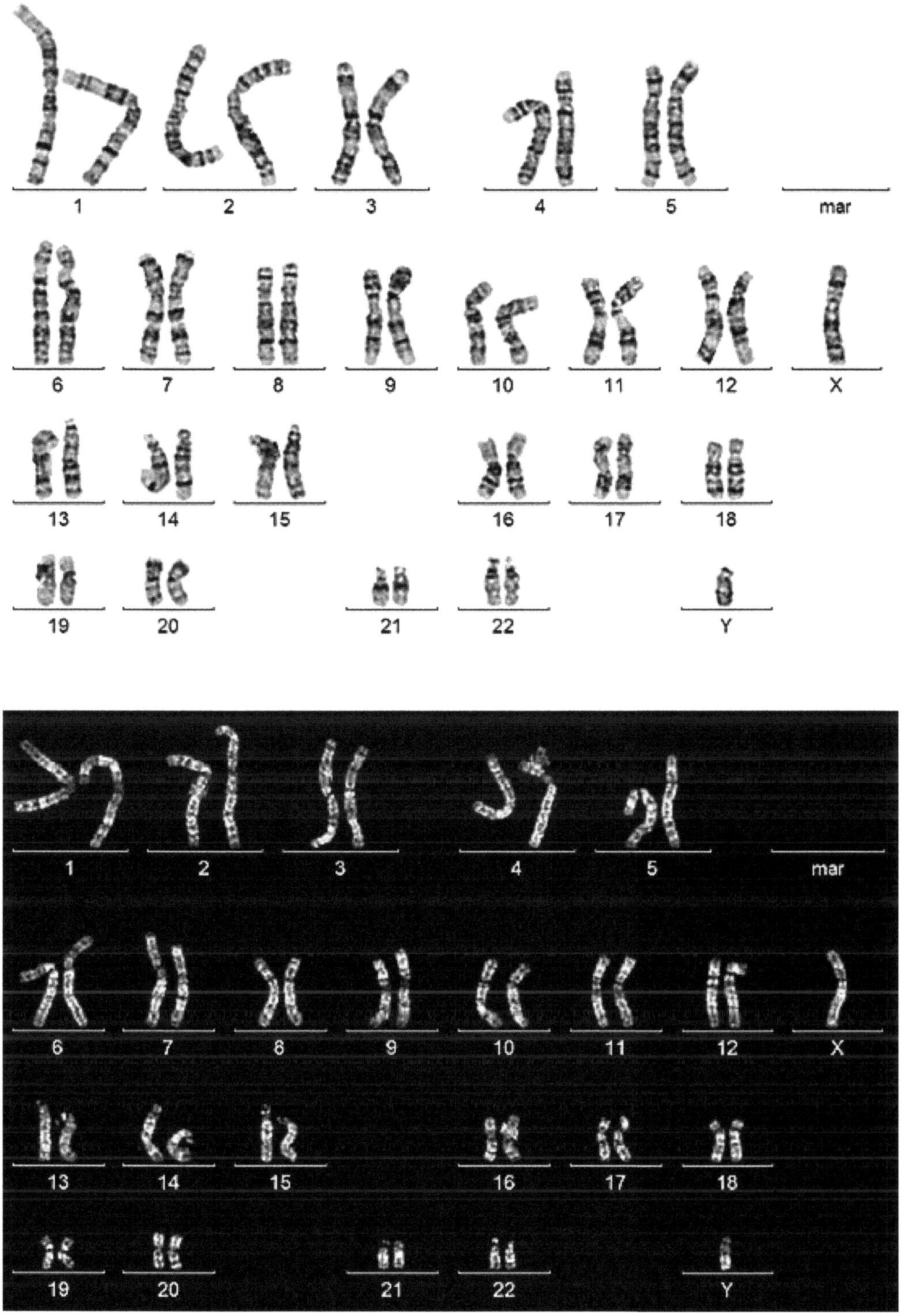

Abb. 6.18 Karyotyp 46,XY,inv(1)(p32.1p36.1). **a** GTG-, **b** QFQ-Bänderung, 700 und 500 Banden pro Genom, **c** QFQ-, **d** GTG-Bänderung, Chromosomen aus verschiedenen Mitosen, *links* normales, *rechts* invertiertes Chromosom 1, **e** Ideogramme: kleines invertiertes Segment im kurzen Arm

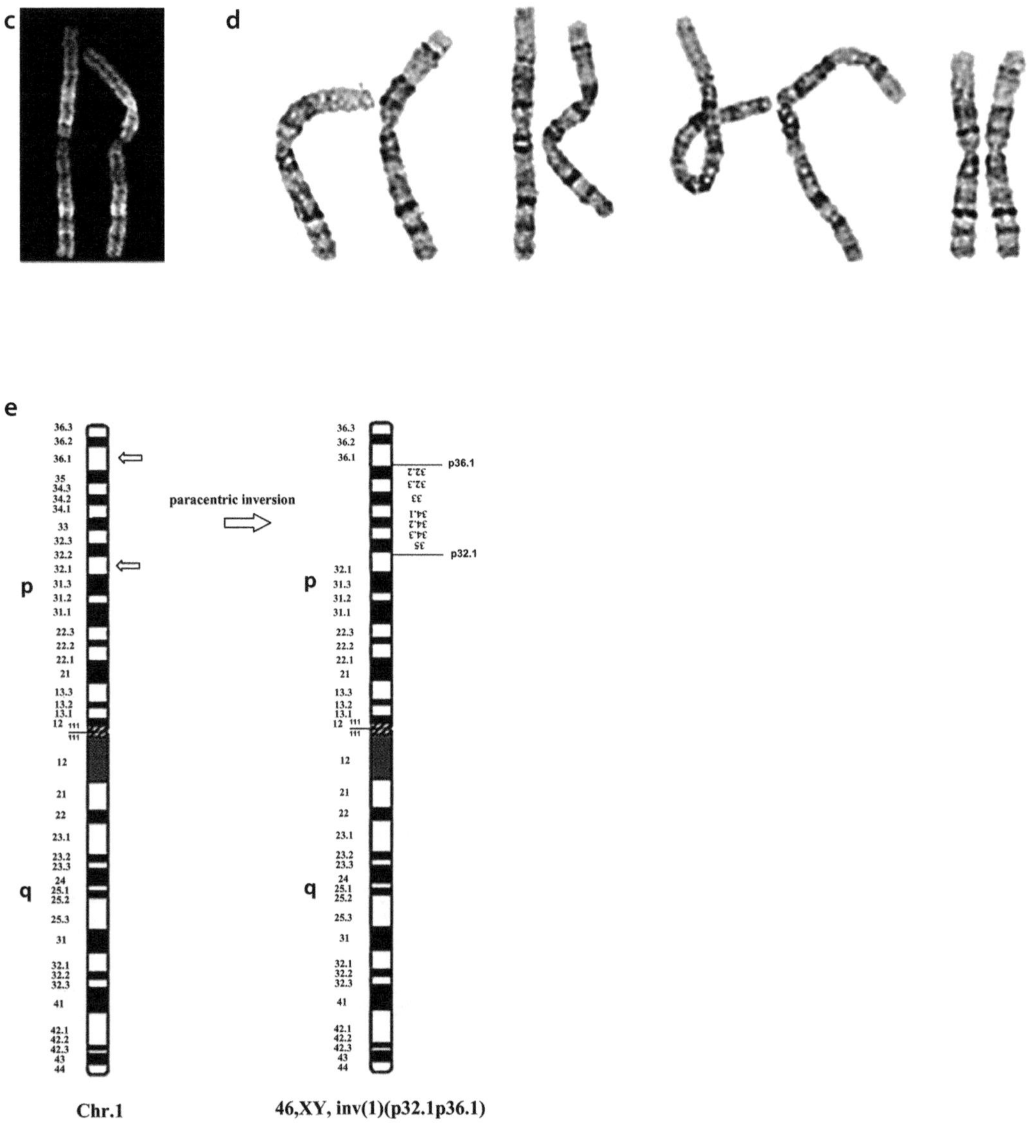

Abb. 6.18 (Fortsetzung)

Cave

Der hier vorgestellte Fall ist ein seltener Typ der parazentrischen Inversionen. Daher ist das genetische Risiko, das durch ein ungleiches meiotisches crossing-over verursacht wird, nicht leicht zu beurteilen. Im Rahmen der genetischen Beratung des Trägers und seiner Familie sollten potenzielle Inversionsträger untersucht werden und allen Probanden sollten pränatale Analysen empfohlen werden (Abb. 6.19).

Fall 20: Karyotyp: 46,XX,inv(2)(q14.2q21.1)

Indikation zur Chromosomenanalyse: Unerfüllter Kinderwunsch

a

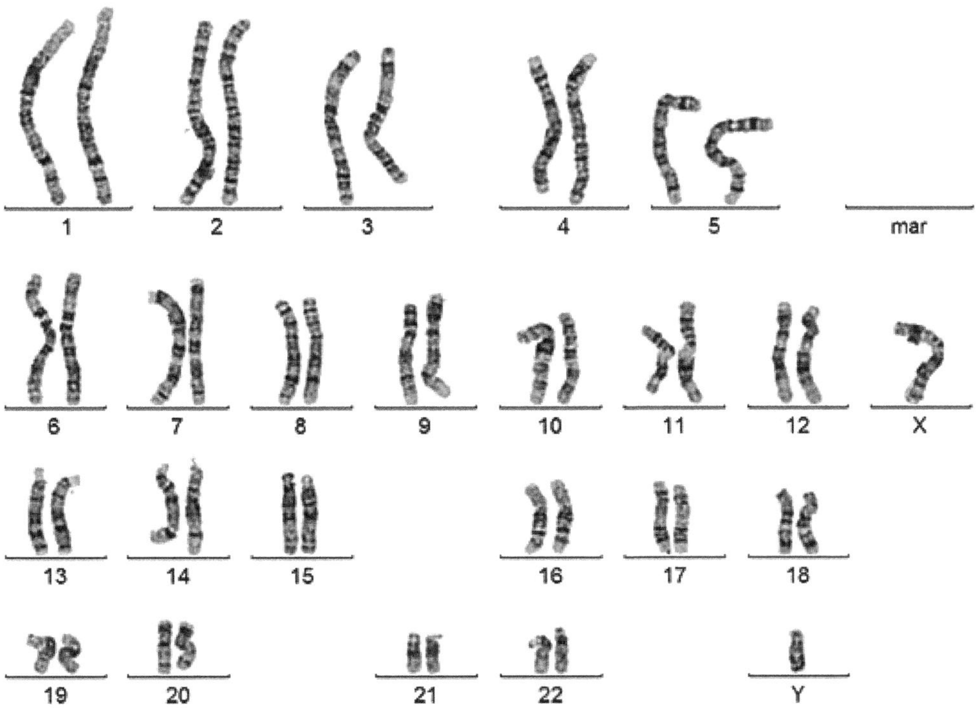

b

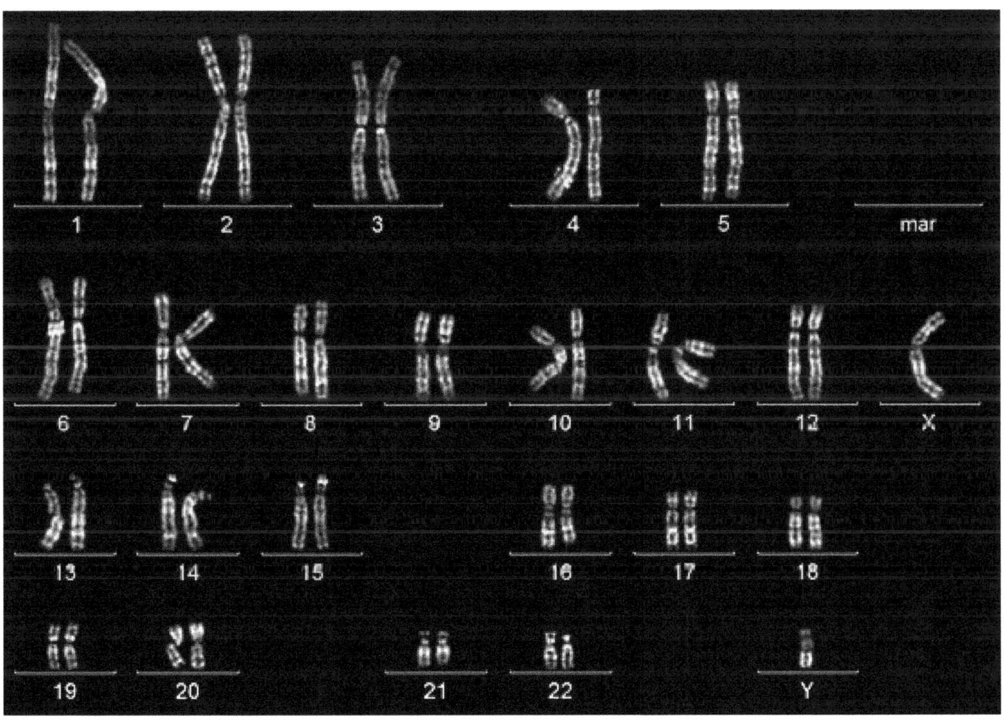

Abb. 6.19 Karyotyp 46,XY,inv(1)(q11.1q24.2). **a** GTG-, **b** QFQ-Bänderung, 700 und 550 Banden pro Genom, **c** CBG-, **d** QFQ-, **e** GTG-Bänderung, Chromosomen aus verschiedenen Mitosen, *links* normales, *rechts* invertiertes Chromosom 1, **f** Ideogramme: Veränderter Phänotyp durch Verlagerung des heterochromatischen Blocks

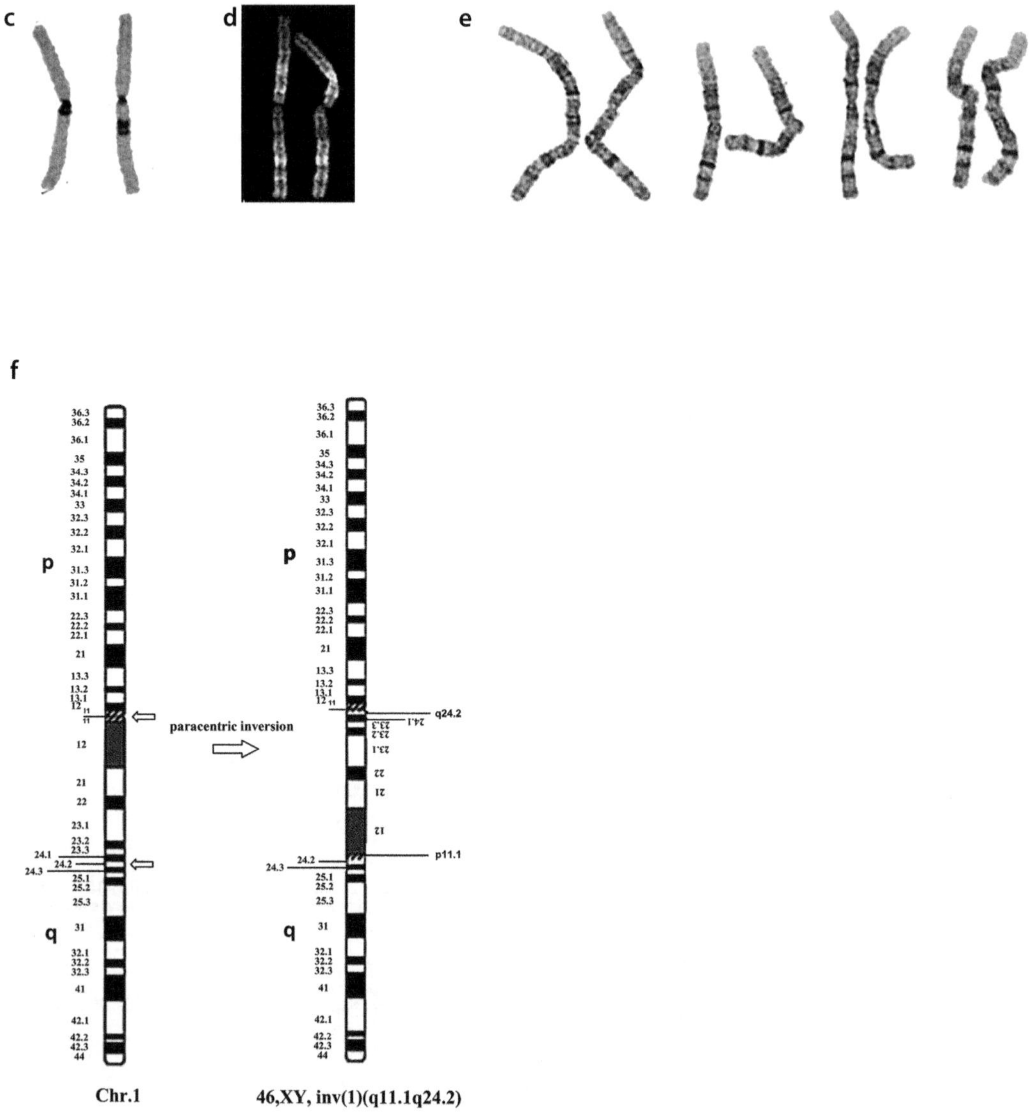

◘ Abb. 6.19 (Fortsetzung)

▪▪ Morphologie

Die kleine parazentrische Inversion, die intermediär im langen Arm lokalisiert ist, umfasst nur etwa 4 % der Gesamtlänge von Chromosom 2. Die Identifizierung dieser Inversion erfordert eine hohe Bänderungsauflösung von 700 bis 850 Bändern, wie aus dem GTG-Karyotyp hervorgeht.

▪▪ Cave

Wie in den vorherigen Fällen sind genetische Beratung und pränatale Diagnose indiziert für die Inversionsträgerin und nach Familienuntersuchungen für ihre betroffenen Angehörigen. (◘ Abb. 6.20).

a
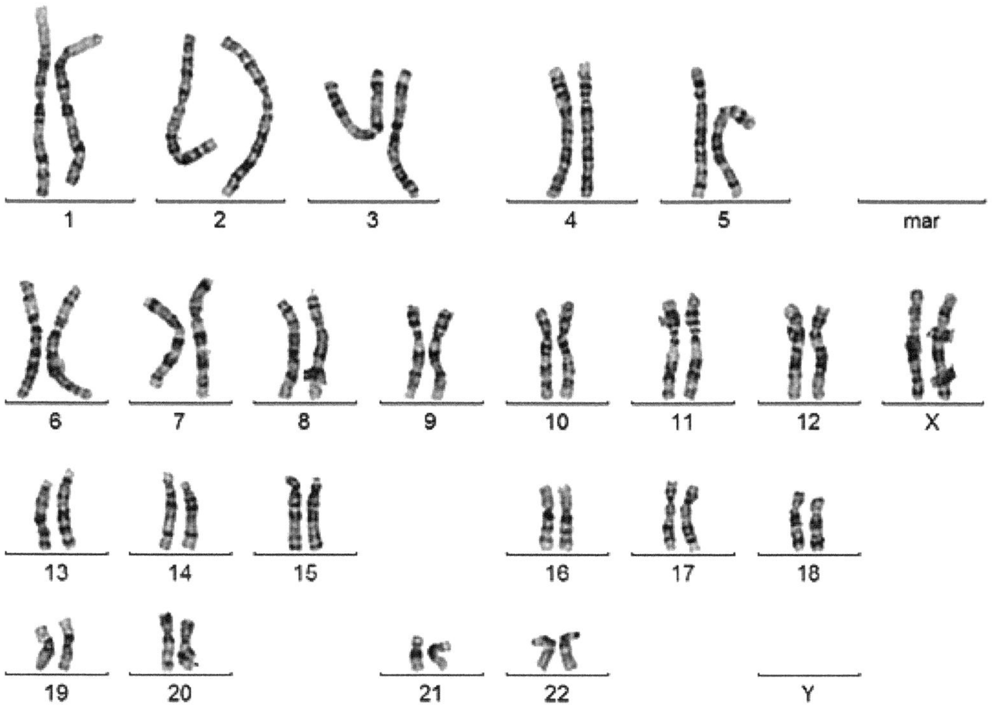

b
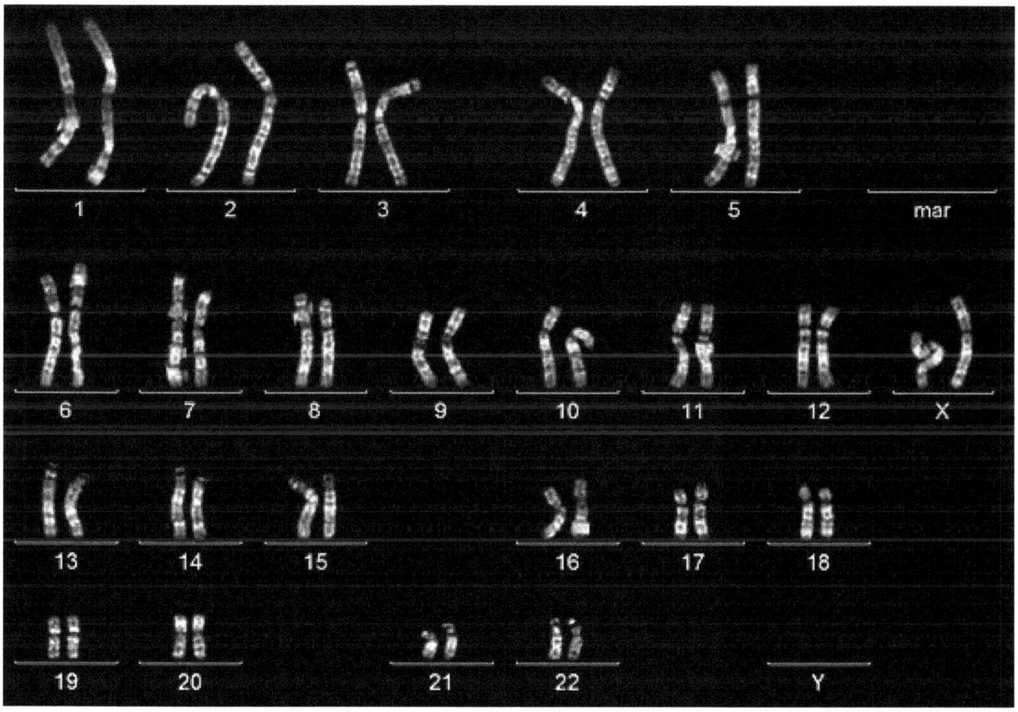

Abb. 6.20 Karyotyp 46,XX,inv(2)(q14.2q21.1). **a** GTG-, **b** QFQ-Bänderung, 700 und 550 Banden pro Genom, **c** QFQ-, **d** GTG-Bänderung, Chromosomen aus verschiedenen Mitosen, *links* normales, *rechts* invertiertes Chromosom 2, **e** Ideogramme: kleines invertiertes Segment proximal im langen Arm

c

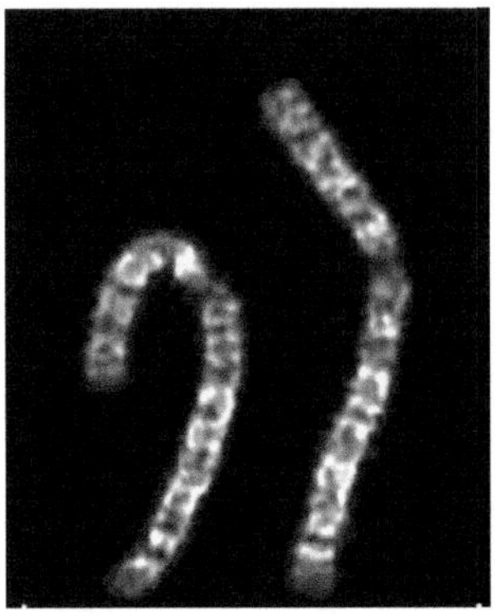

d

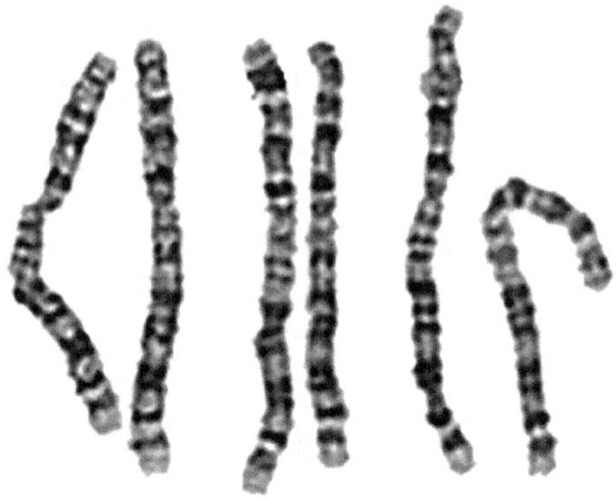

e

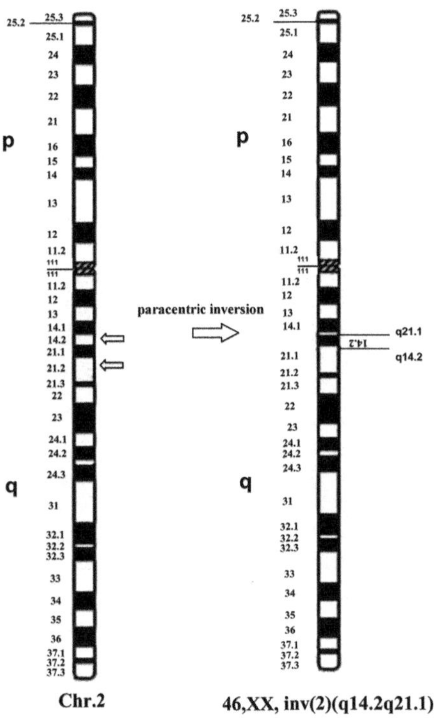

Abb. 6.20 (Fortsetzung)

■ **Fall 21: Karyotyp: 46,XY,inv(3)(p22.2p25)**
Indikation zur Chromosomenanalyse: Unerfüllter Kinderwunsch

■■ **Morphologie**
Das invertierte Segment befindet sich im distalen Teil des kurzen Arms von Chromosom 3. Die Länge der Inversion beträgt etwa 12 % der Gesamtlänge von Chromosom 3. Die genaue Lokalisierung der Bruchpunkte ist nur bei einer Auflösung von 550–700 Bändern pro Genom möglich. Unter den parazentrischen Inversionen ist Chromosom 3 häufig beteiligt und der Locus p25 ist ein häufiger Bruchpunkt. Familienuntersuchungen und eine genetische Beratung sind zu empfehlen.

■■ **Cave**
Das genetische Risiko wird als gering eingeschätzt, aber genaue Zahlen können nicht gegeben werden, da bisher nur eine geringe Anzahl von Fällen veröffentlicht wurde (◘ Abb. 6.21).

■ **Fall 22: Karyotyp: 46,XY,inv(4)(q13.2q27–q28.2)**
Indikation zur Chromosomenanalyse: Unerfüllter Kinderwunsch

■■ **Morphologie**
Die parazentrische Inversion im langen Arm (q) von Chromosom vier umfasst etwa 30 % seiner Gesamtlänge. Die Analyse der Umlagerung wird primär durch die Überprüfung der Verschiebung des distalen Bandes (q13.2) Teil des AT-reichen Doppelbandes q13 durchgeführt. Für eine erfolgreiche Diagnose wird eine Auflösung von 550–700 Bändern pro Genom empfohlen.

■■ **Cave**
Es gibt keine Risikofaktoren für diesen Inversionstyp in der Literatur. Dennoch sollte der Befund im Rahmen einer genetischen Beratung diskutiert werden (◘ Abb. 6.22).

■ **Fall 23: Karyotyp: 46,XY,inv(5)(p11p15.1)**
Indikation zur Chromosomenanalyse: Unerfüllter Kinderwunsch

■■ **Morphologie**
Das invertierte Segment umfasst etwa 70 % des kurzen Arms und 15 % der Gesamtlänge von Chromosom 5. Der proximale Bruchpunkt befindet sich in der perizentromerischen, heterochromatischen Region, der distale in der GC-reichen Bande p15.1. Das AT-reiche Band p14 liegt nun proximaler und führt zu einem veränderten Bandenmuster und daher kann diese Inversion sogar bei einer Auflösung von 400–550 Banden pro Genom diagnostiziert werden.

a

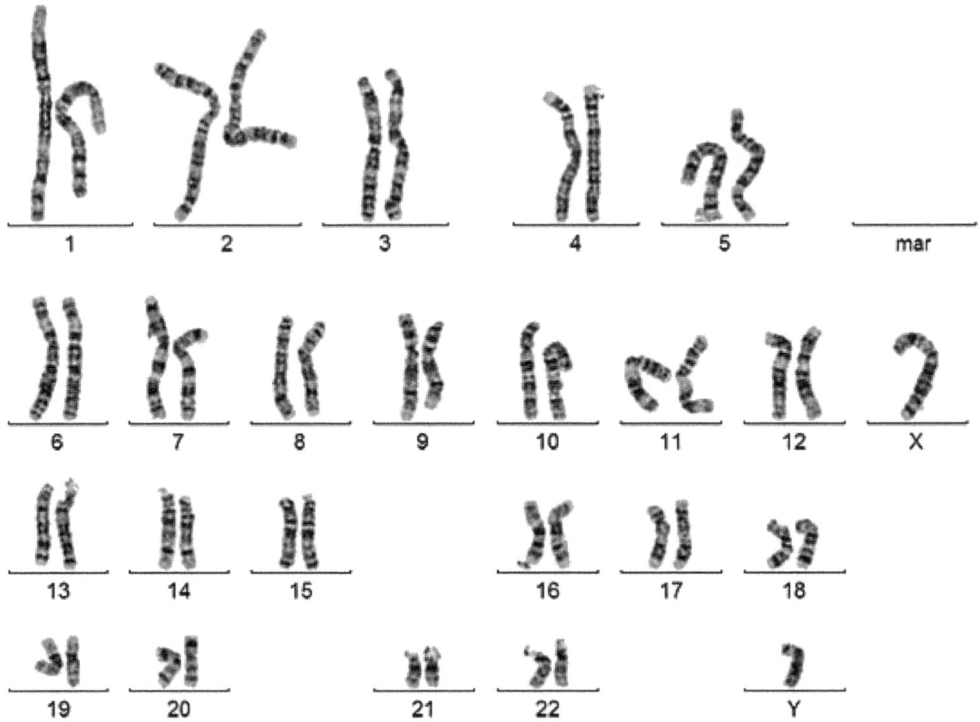

b

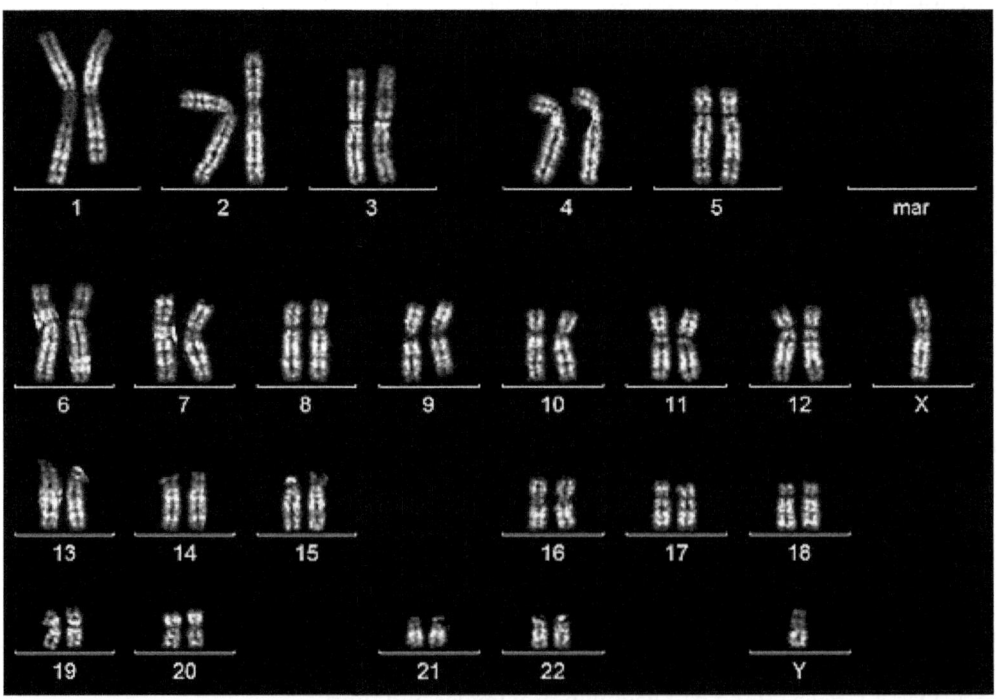

Abb. 6.21 Karyotyp 46,XY,inv(3)(p22.2p25). **a** GTG-, **b** QFQ-Bänderung, 600 und 400 Banden pro Genom, **c** QFQ-, **d** GTG-Bänderung, Chromosomen aus verschiedenen Mitosen, *links* normales, *rechts* invertiertes Chromosom 3, **e** Ideogramme: kleines, distales Segment invertiert im kurzen Arm

c d e

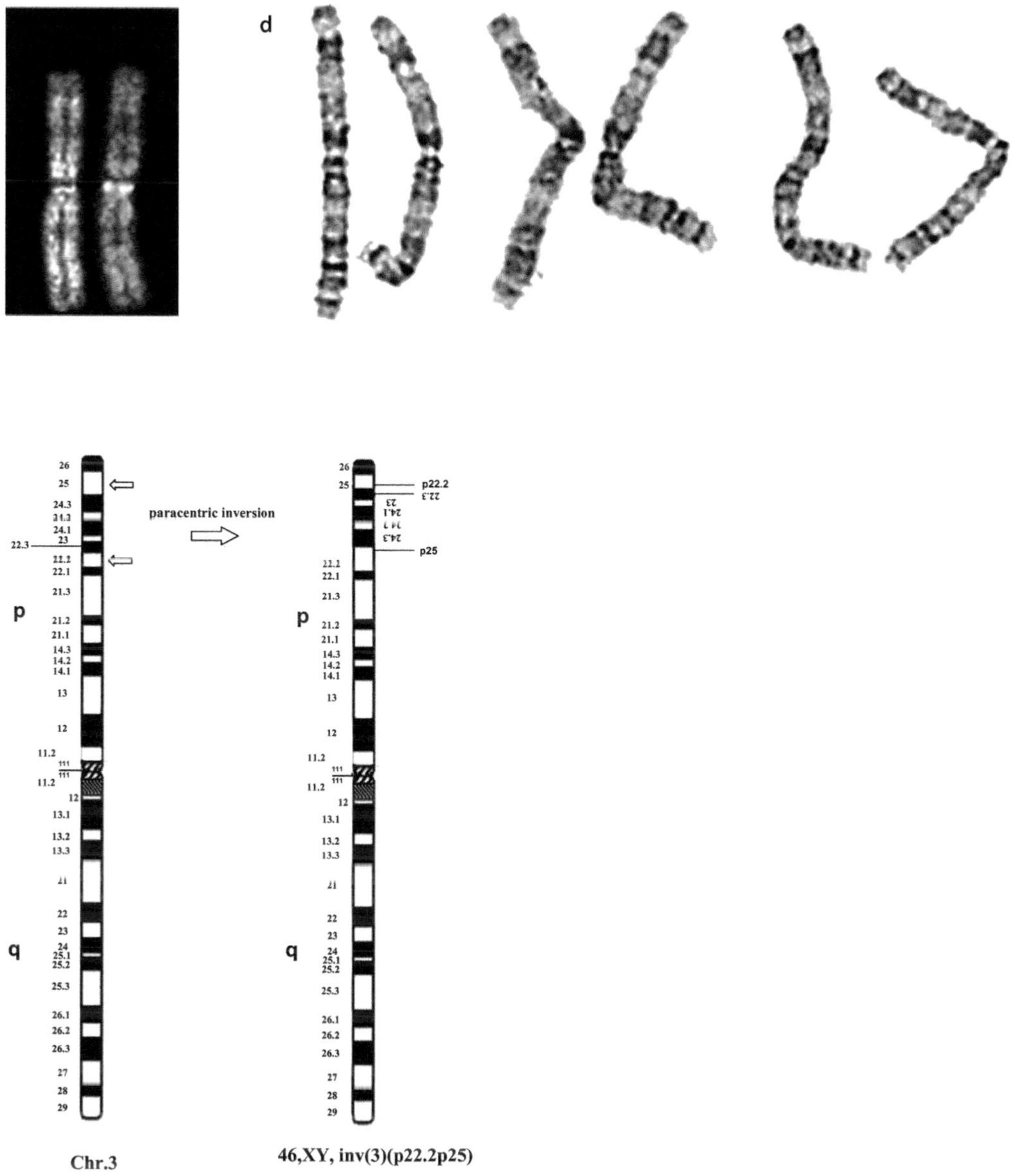

Abb. 6.21 (Fortsetzung)

a

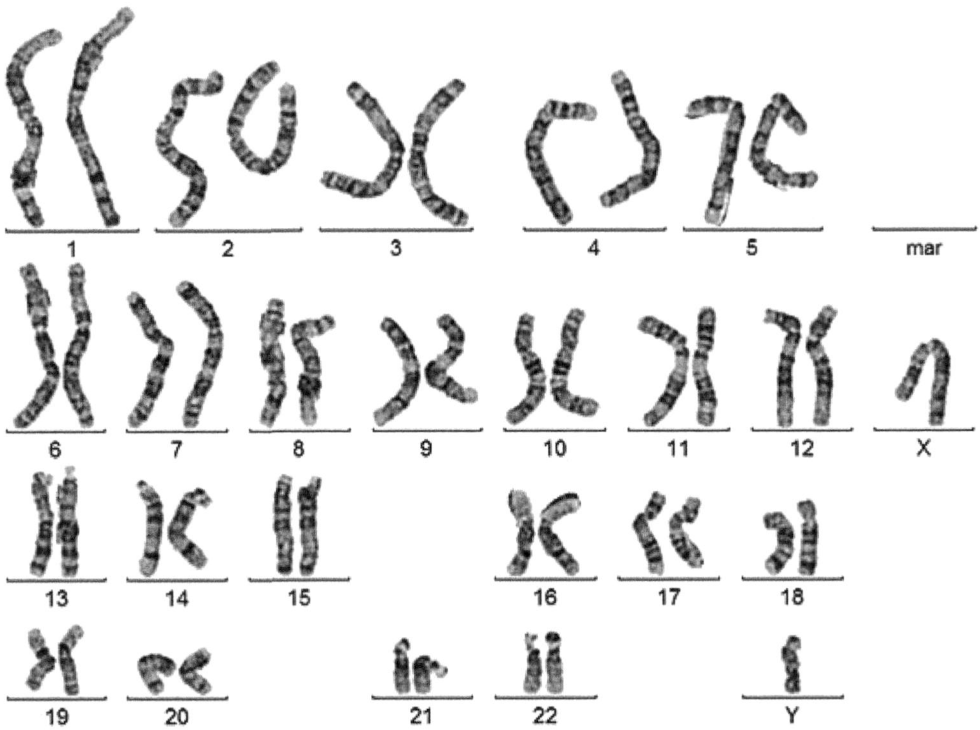

b

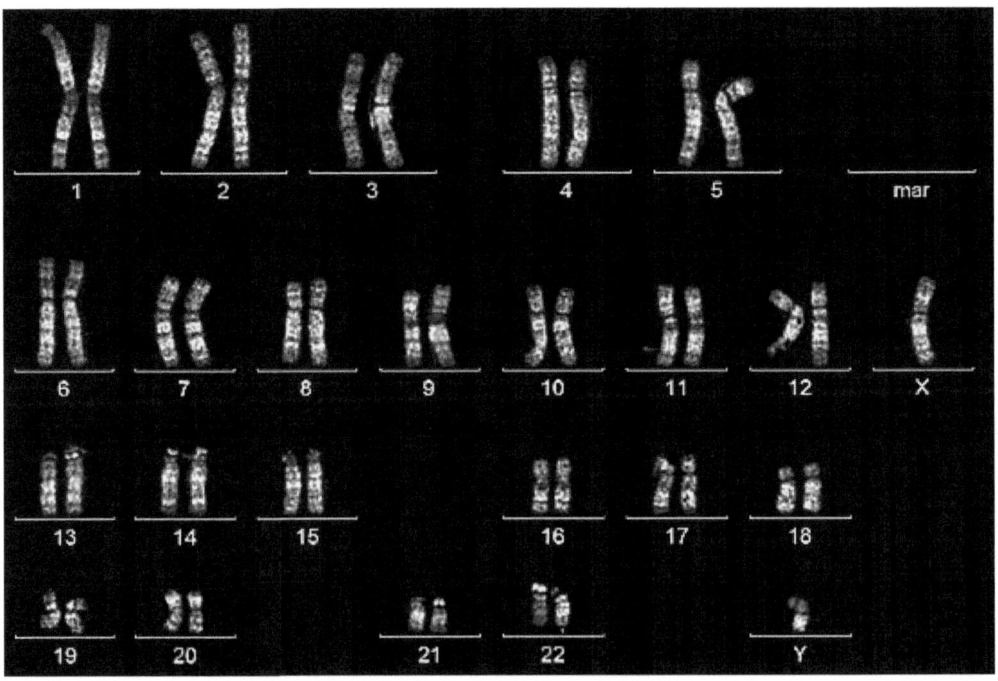

Abb. 6.22 Karyotyp 46,XY,inv(4)(q13.2q27–q28.2). **a** GTG-, **b** QFQ-Bänderung, 700 und 400 Banden pro Genom, **c** GTG-Bänderung, Chromosomen aus verschiedenen Mitosen, *links* normal, *rechts* invertiertes Chromosom 4, **d** Ideogramme: invertiertes Segment im langen Arm

c

d

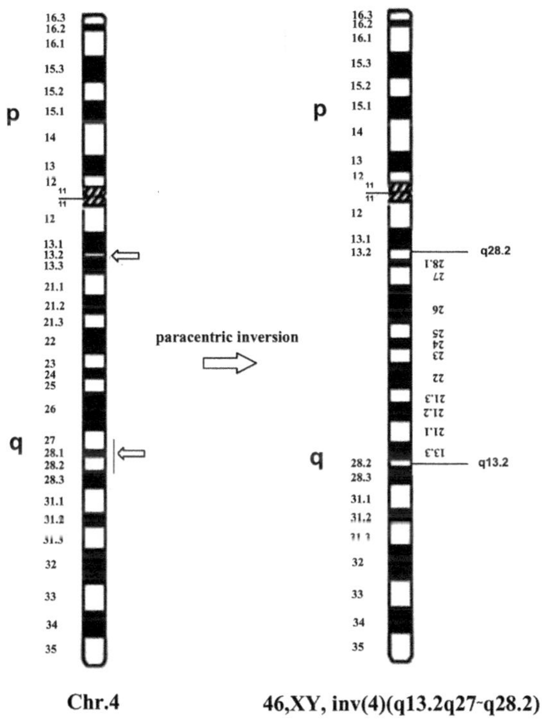

Abb. 6.22 (Fortsetzung)

Cave

Laut Literatur stellt diese kleine parazentrische Inversion nur ein geringes genetisches Risiko dar, aber es muss berücksichtigt warden, dass die gesamte Cri-du-chat kritische Region eingeschlossen ist, und dies muss im Rahmen einer genetischen Beratung besprochen werden (Abb. 6.23).

Fall 24: Karyotyp: 46,XX,inv(6)(q16.2q24.2)

Indikation zur Chromosomenanalyse: Unerfüllter Kinderwunsch

Morphologie

Der Umbau erfolgte in einem mittleren Segment des langen Armes von Chromosom 6. Die invertierte Region umfasst etwa

a

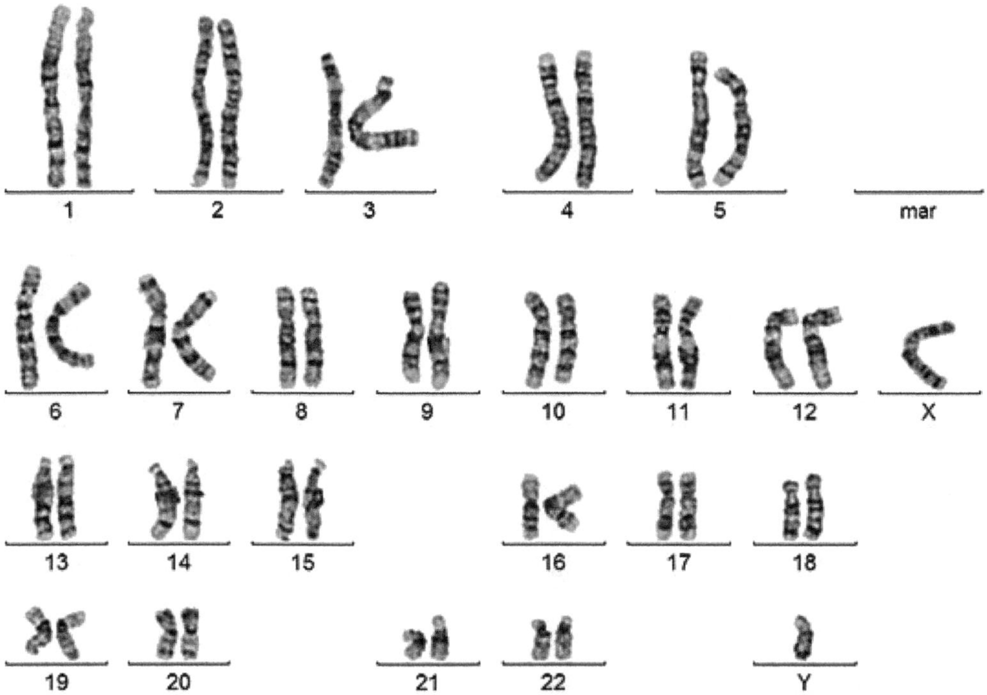

b

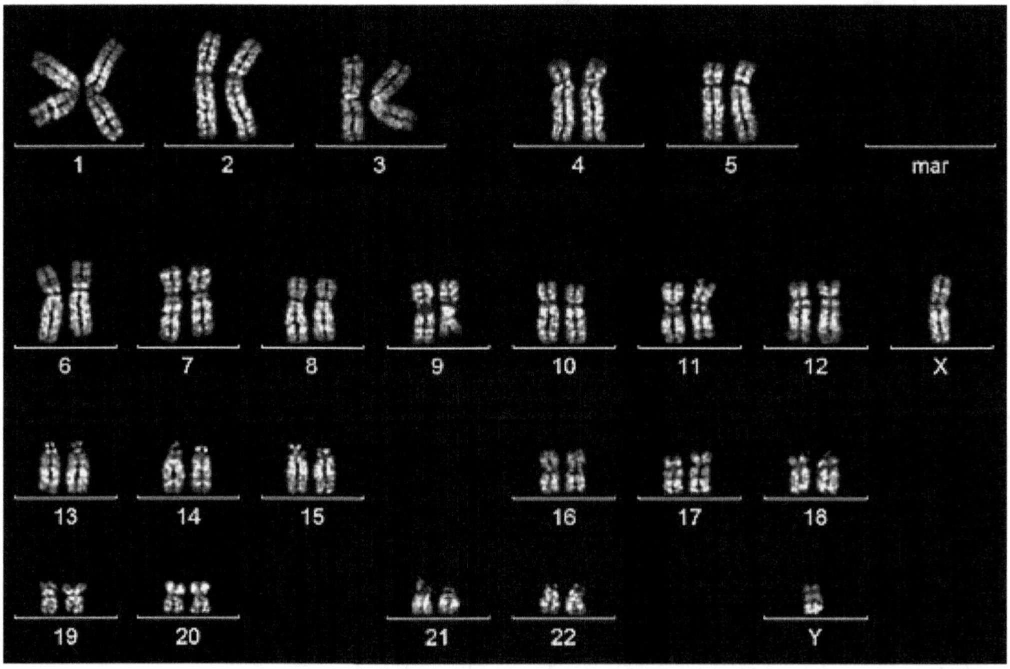

Abb. 6.23 Karyotyp 46,XY,inv(5)(p11p15.1). **a** GTG-, **b** QFQ-Bänderung, 550 und 400 Banden pro Genom, **c** QFQ-, **d** GTG-Bänderung, Chromosomen aus verschiedenen Mitosen, *links* normales, *rechts* invertiertes Chromosom 5, **e** Ideogramme: proximaler Bruchpunkt im perizentromerischen Heterochromatin, distaler im intermediären Euchromatin

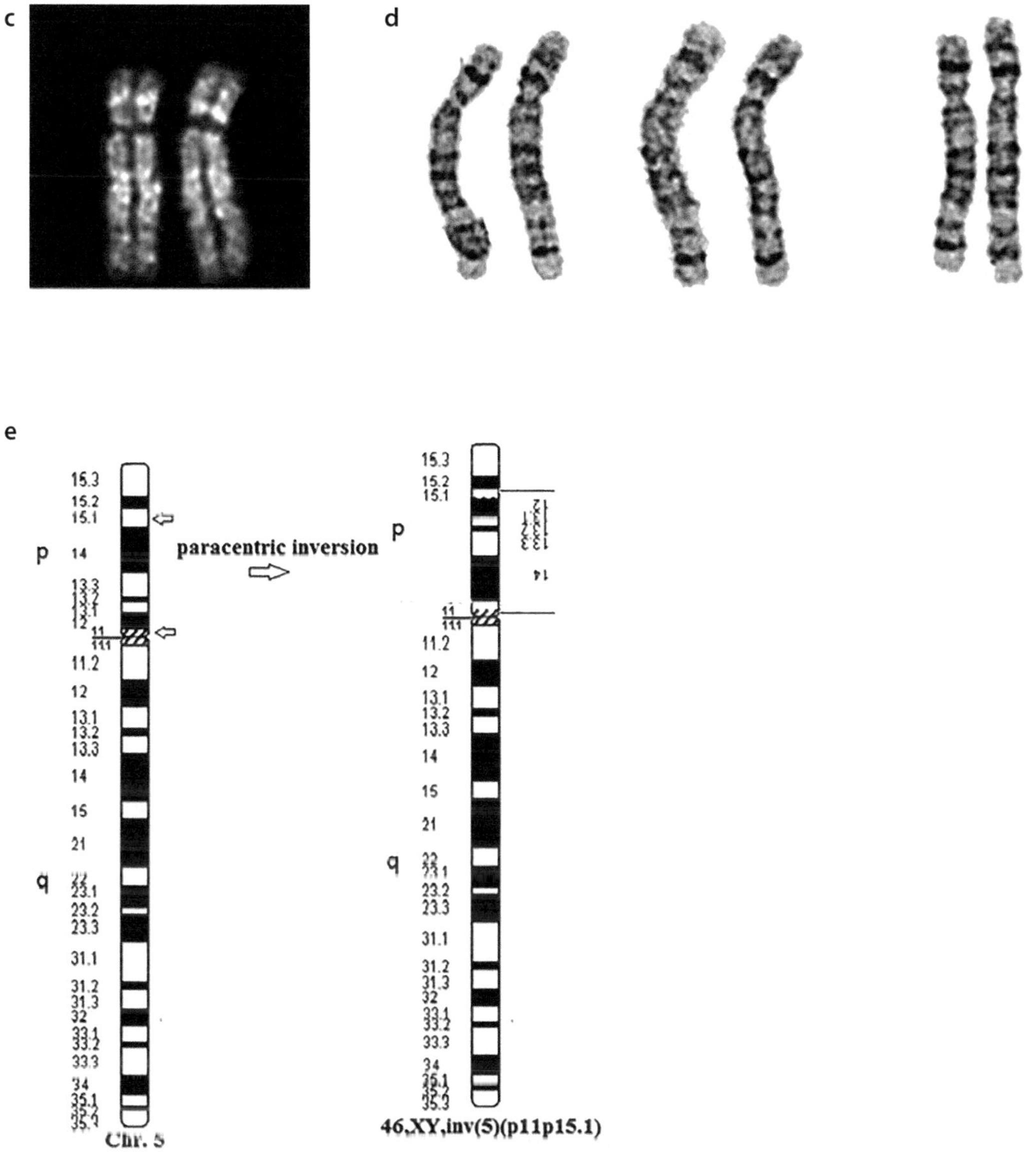

■ **Abb. 6.23** (Fortsetzung)

25 % der Gesamtlänge von Chromosom 6. Diese Inversion ist ein hervorragendes Beispiel, um die Bedeutung einer hohen Bandenauflösung zur Analyse einer Inversion in einem fast homogen gebänderten Segment zu demonstrieren. Die genaue Diagnose erfordert eine Auflösung von 700–850 Bändern pro Genom.

■■ Cave

Laut Literatur zu parazentrischen Inversionen wird diese seltene Art von Umbau als ein geringes genetisches Risiko eingeschätzt. Aber spezifische Daten sind nicht verfügbar. Der Befund ist im Rahmen einer genetischen Beratung zu diskutieren (■ Abb. 6.24).

a

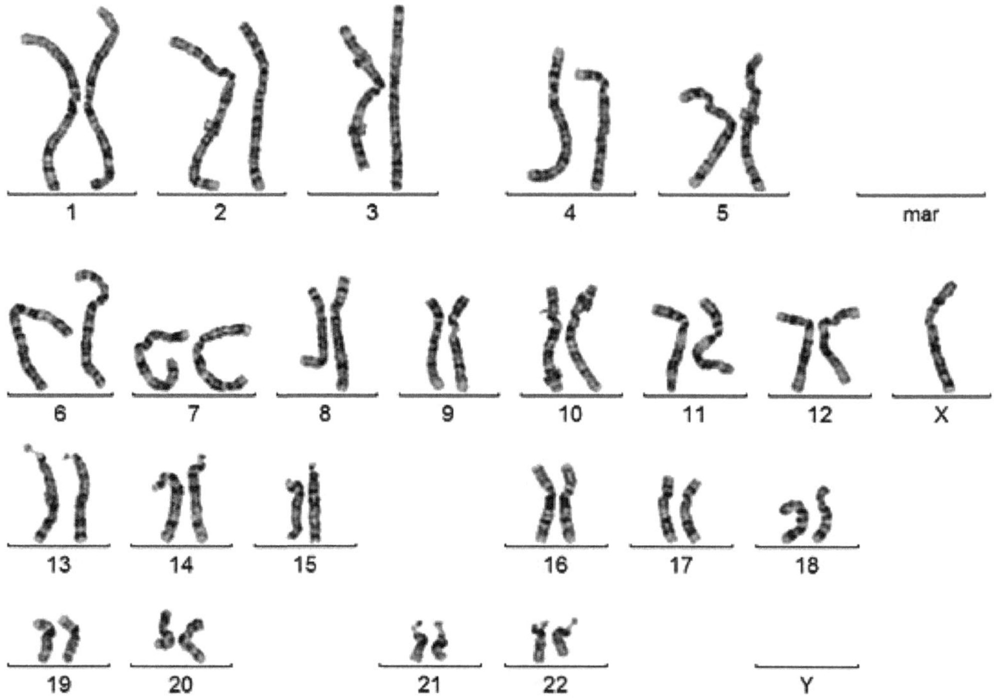

b

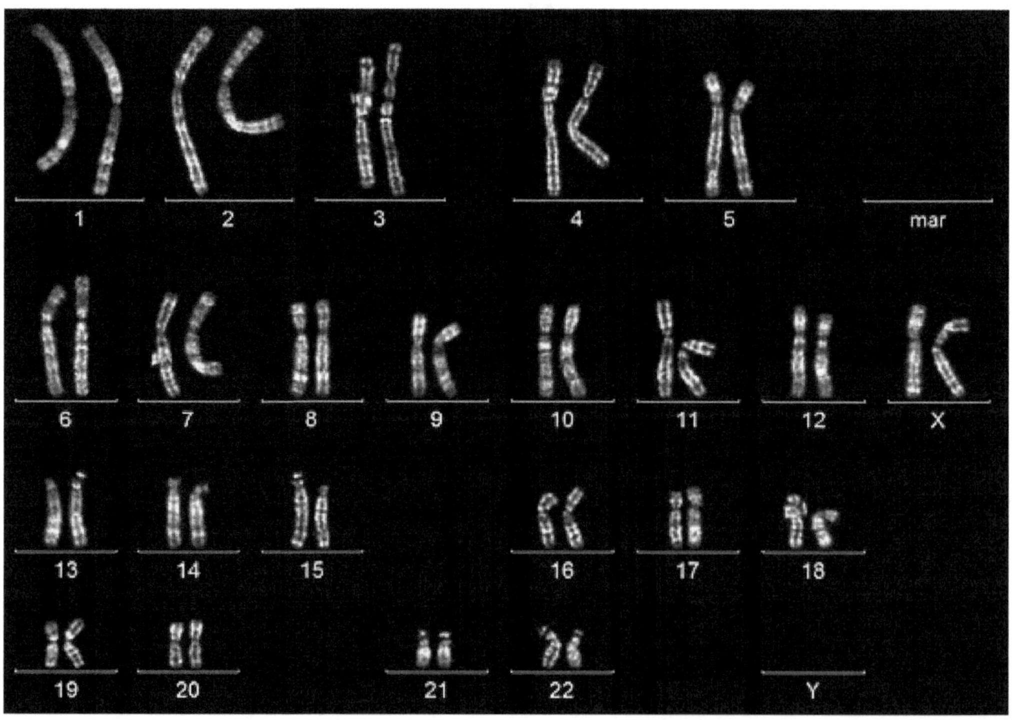

Abb. 6.24 Karyotyp 46,XX,inv(6)(q16.2q24.2). **a** GTG-Bänderung, 1 X-Chromosom ging bei der Präparation verloren, **b** QFQ-Bänderung, 700 und 550 Banden pro Genom, **c** QFQ-, **d** GTG-Bänderung, Chromosomen aus verschiedenen Mitosen, *links* normales, *rechts* invertiertes Chromosom 6, **e** Ideogramme: intermediäre Position des invertierten Segments im langen Arm

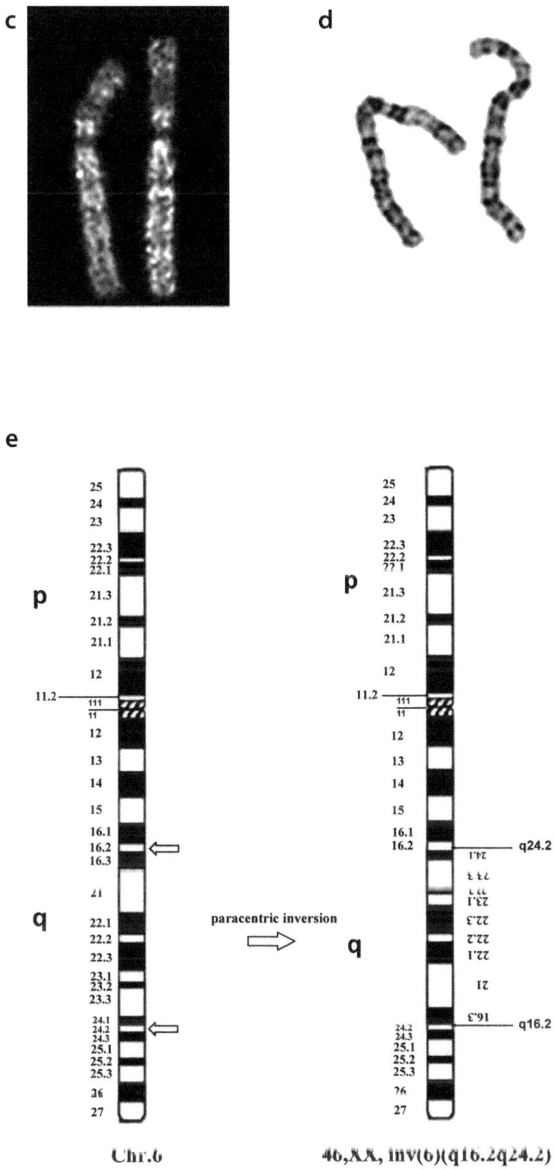

■ **Abb. 6.24** (Fortsetzung)

▪ Fall 25: Karyotyp: 46,XY,inv(6)(q23.3q25.3)

Indikation zur Chromosomenanalyse: Unerfüllter Kinderwunsch

▪▪ Morphologie

Es wird eine kleine Inversion im distalen Teil des langen Armes von Chromosom 6 vorgestellt. Die invertierte Region hat eine Größe von etwa 12 % der Gesamtlänge des Chromosoms. Für die Diagnose muss eine Auflösung von mindestens 550 Bändern pro Genom gewählt werden. Beide Bruchpunkte in 6q wurden wiederholt in Fällen von perizentrischen Inversionen und reziproken Translokationen beobachtet.

▪▪ Cave

Untersuchungen aus der Literatur über parazentrische Inversionen vergleichbarer Größe zeigen eine hohe genetische Stabilität und daher ein geringes genetisches Risiko für den Träger. Dies sollte mit dem Träger besprochen werden (◘ Abb. 6.25).

▪ Fall 26: Karyotyp: 46,XX,inv(6)(q25.1q25.3)

Indikation zur Chromosomenanalyse: Unerfüllter Kinderwunsch

▪▪ Morphologie

Diese parazentrische Inversion im distalen Teil des langen Arms ist eine der kleinsten in der eigenen Untersuchungsgruppe und umfasst nur 4 % der Gesamtlänge des Chromosoms 6. Sie konnte nur in Metaphasen mit einer Auflösung von mehr als 700 Bändern pro Genom analysiert werden. Die Untersuchung von Inversionschromosomen 6 aus unterschiedlich differenzierten Mitosen machte dies deutlich.

▪▪ Cave

Es gibt keine ausreichenden Informationen über parazentrische Inversionen des Chromosoms 6 in dieser geringen Größe. Basierend auf dem allgemeinen Risiko von Chromosomen Umbauten vergleichbarer Größe mit euchromatischen Bruchpunkten wird dieses auf etwa 3–7 % geschätzt, verursacht durch ein ungleiches crossing-over in der Meiose. Der Befund sollte mit der Probandin diskutiert werden (◘ Abb. 6.26).

▪ Fall 27: Karyotyp: 46,XX,inv(7)(p14.2p21.2)

Indikation zur Chromosomenanalyse: Unerfüllter Kinderwunsch

▪▪ Morphologie

Die vorgestellte parazentrische Inversion umfasst etwa 50 % der Länge des kurzen Arms und 18 % der Gesamtlänge des Chromosoms. Die Diagnose der Umlagerung erfolgt in einem

a

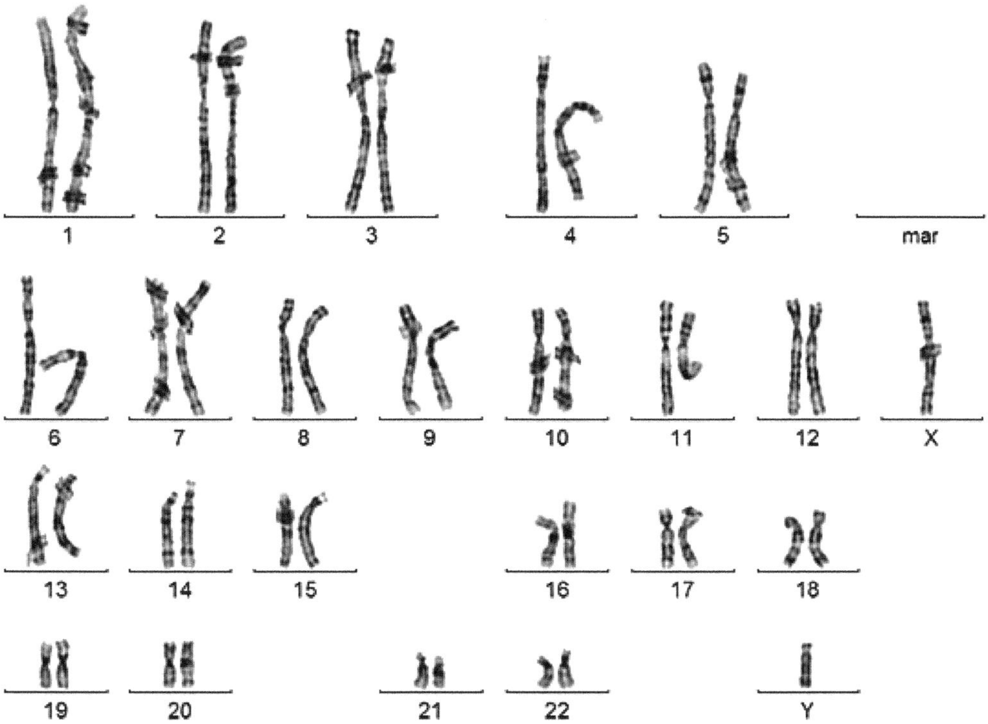

b

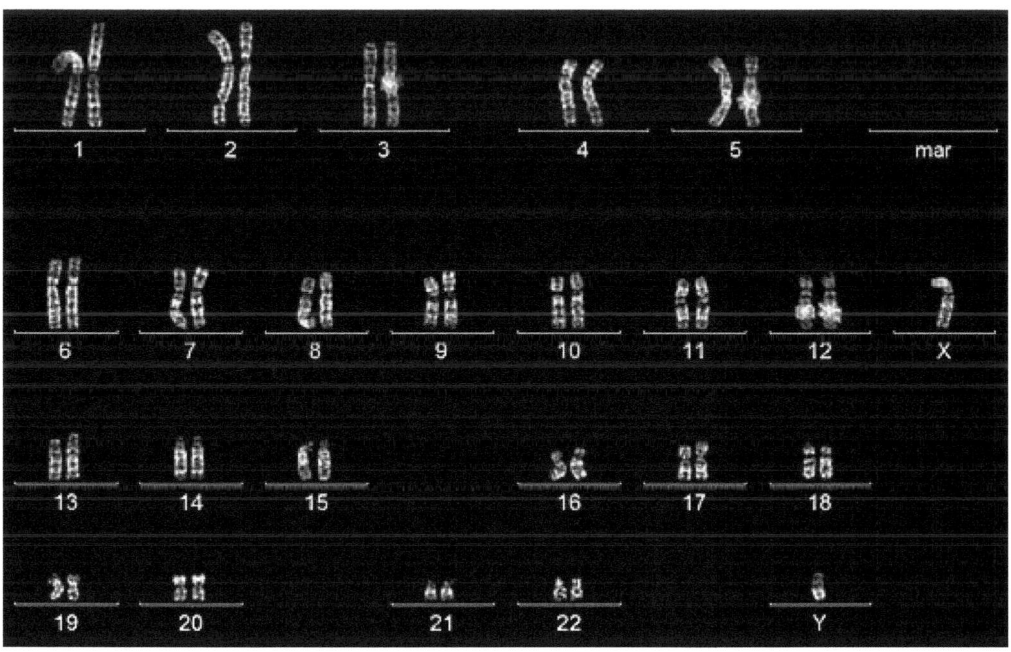

Abb. 6.25 Karyotyp 46,XY,inv(6)(q23.3q25.3). **a** GTG-, **b** QFQ-Bänderung, 550 und 400 Banden pro Genom, **c** QFQ-, **d** GTG-Bänderung, Chromosomen aus verschiedenen Mitosen, *links* normales, *rechts* invertiertes Chromosom 6, **e** Ideogramme: kleine, distale Inversion im langen Arm

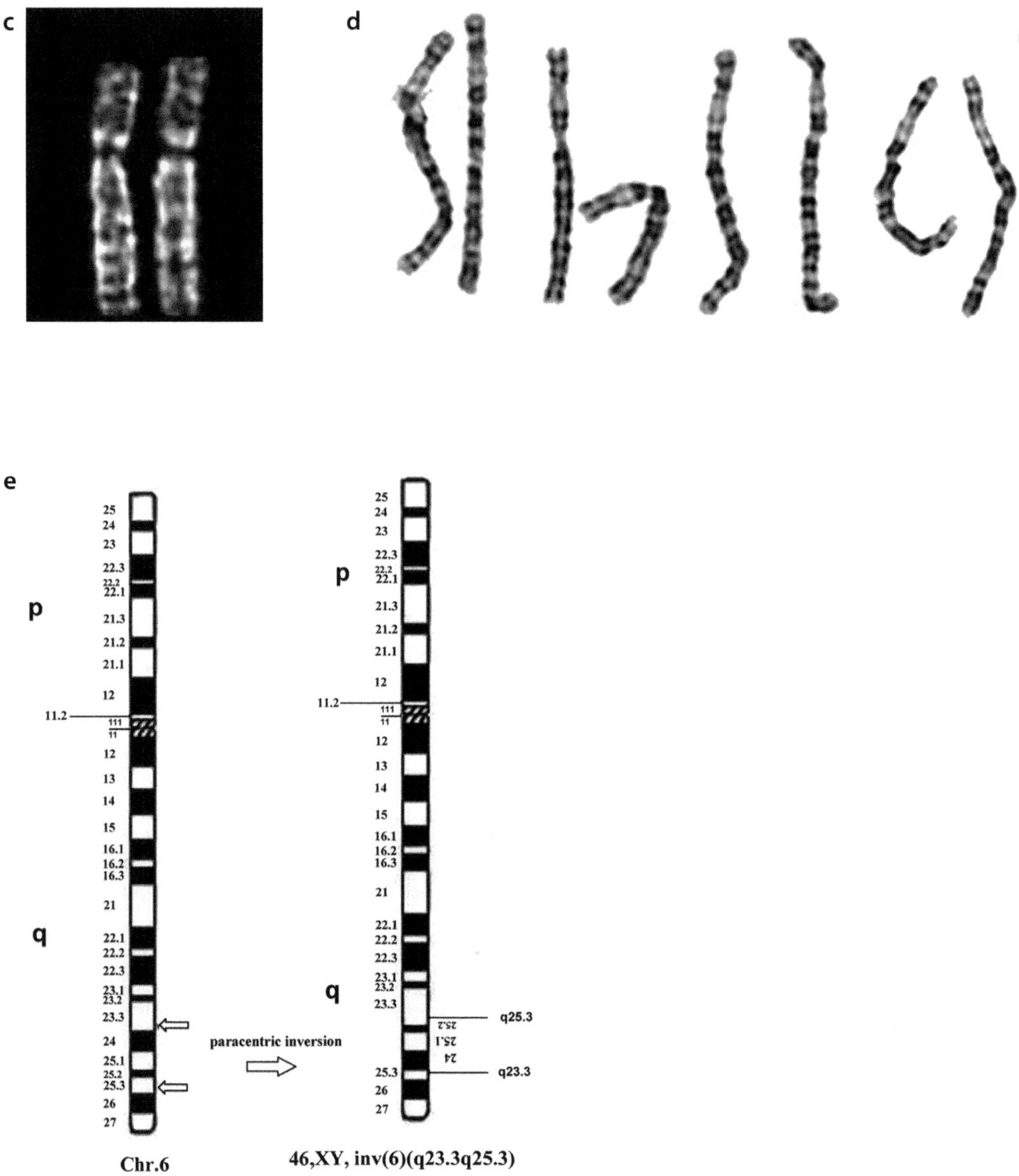

Abb. 6.25 (Fortsetzung)

a

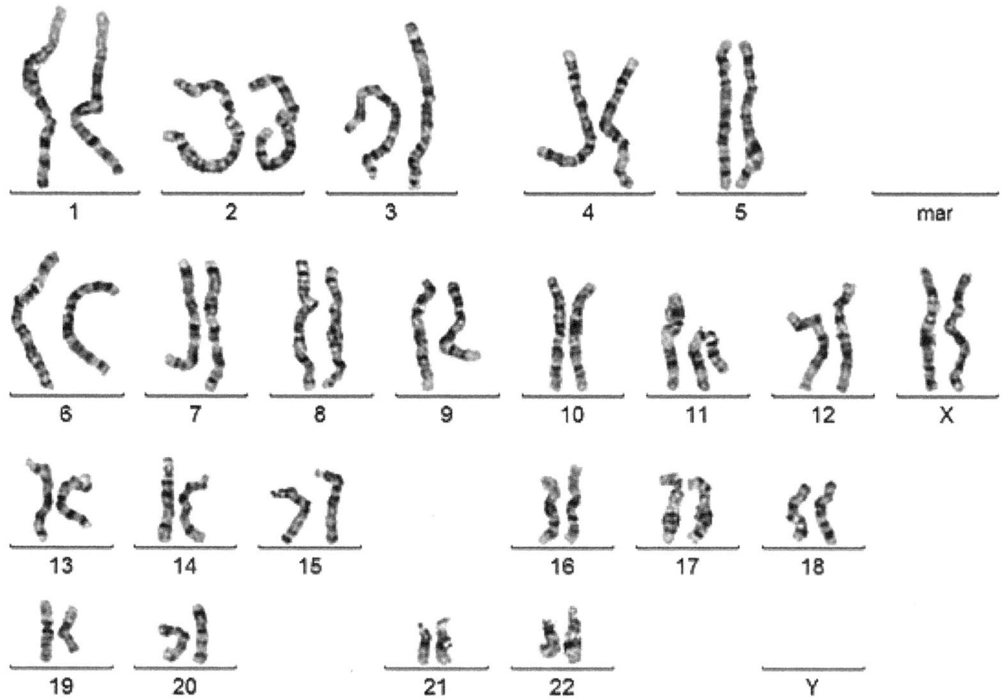

b

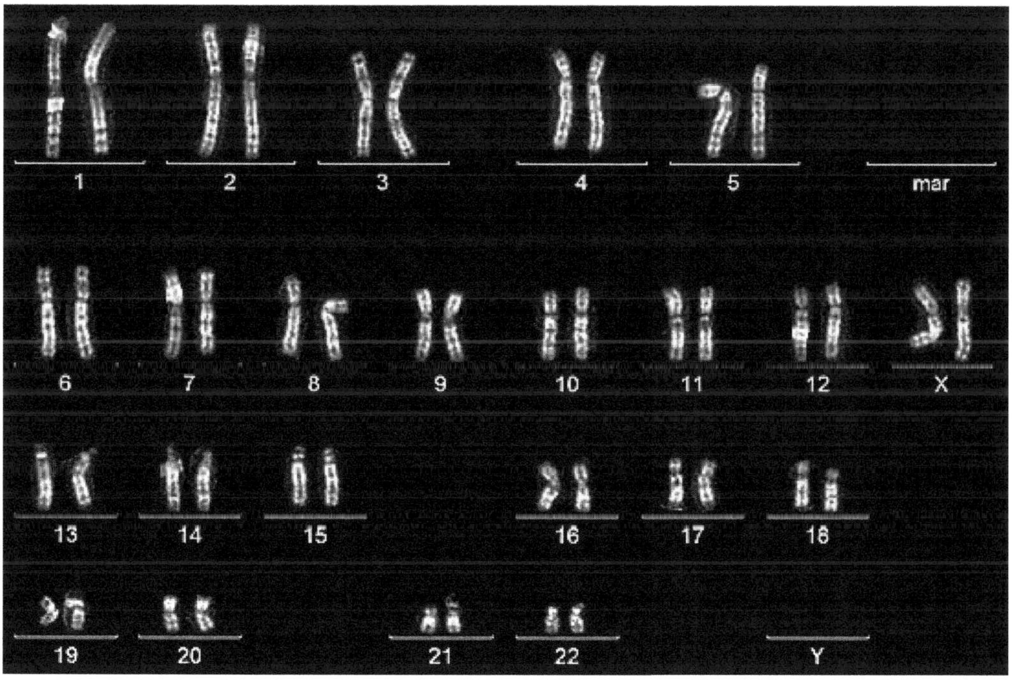

Abb. 6.26 Karyotyp 46,XX,inv(6)(q25.1q25.3). **a** GTG-, **b** QFQ-Bänderung, 600 und 400 Banden pro Genom, **c** QFQ-, **d** GTG-Bänderung, Chromosomen aus verschiedenen Mitosen, *links* normales, *rechts* invertiertes Chromosom 6, **e** Ideogramme: sehr kleine Inversion distal im langen Arm

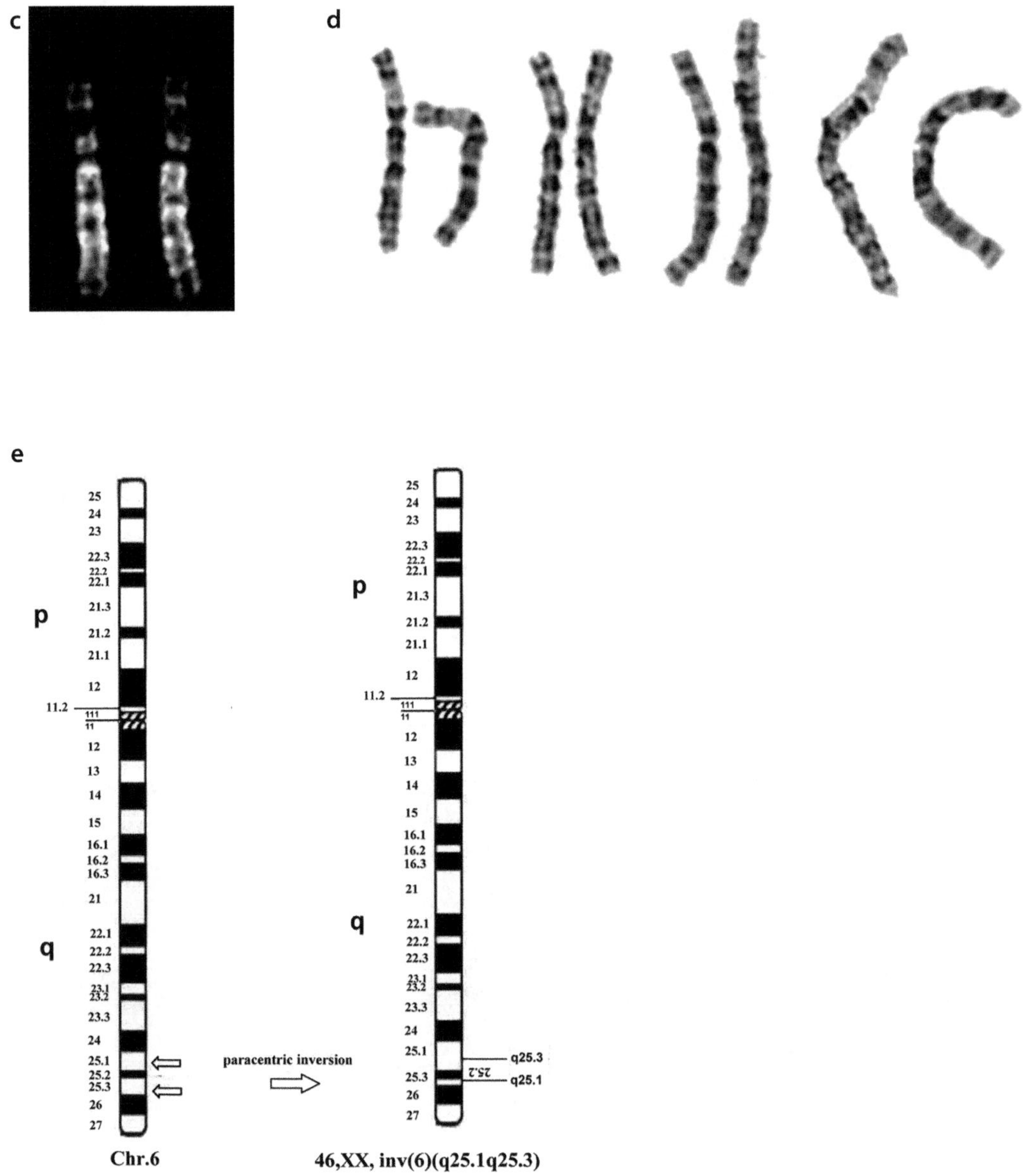

Abb. 6.26 (Fortsetzung)

ersten Schritt durch eine veränderte Position der Bande p21.2 zu einer proximaleren Lokalisation. Für die Analyse des zweiten Bruchpunkts p14.2 ist eine Auflösung von 550–700 Bändern pro Genom notwendig.

Cave

Bei der Abgrenzung des genetischen Risikos der Trägerin müssen auch mögliche epigenetische Veränderungen berücksichtigt werden. In diesem Fall wird empfohlen, Kollegen zu kontaktieren, deren Arbeit sich auf dieses Gebiet konzentriert (Abb. 6.27).

a

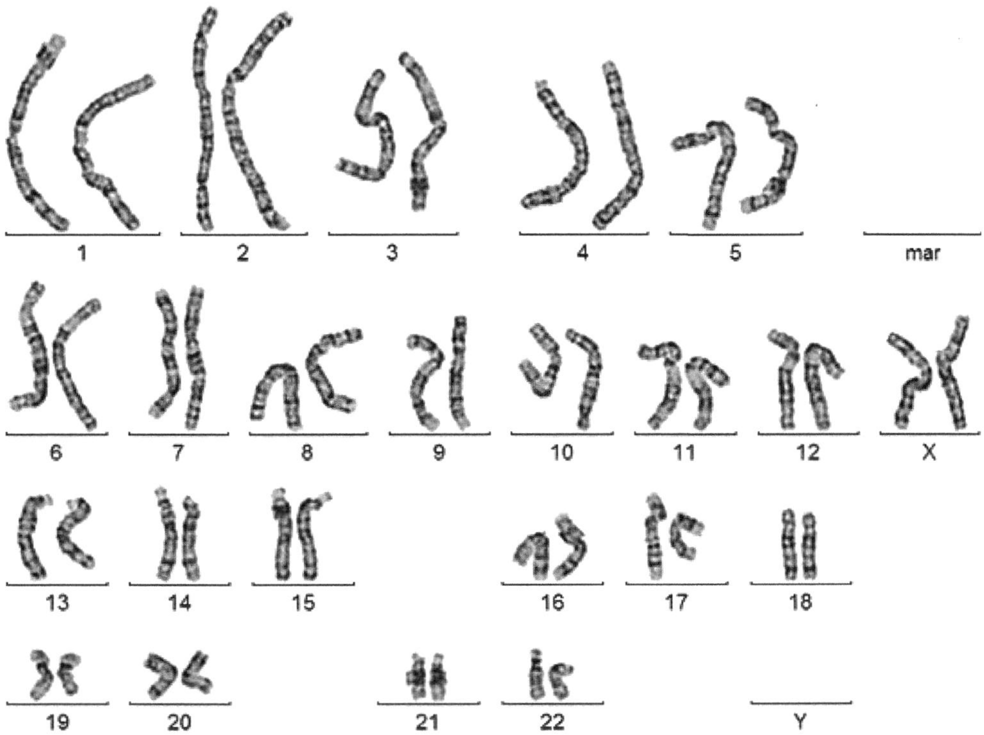

b

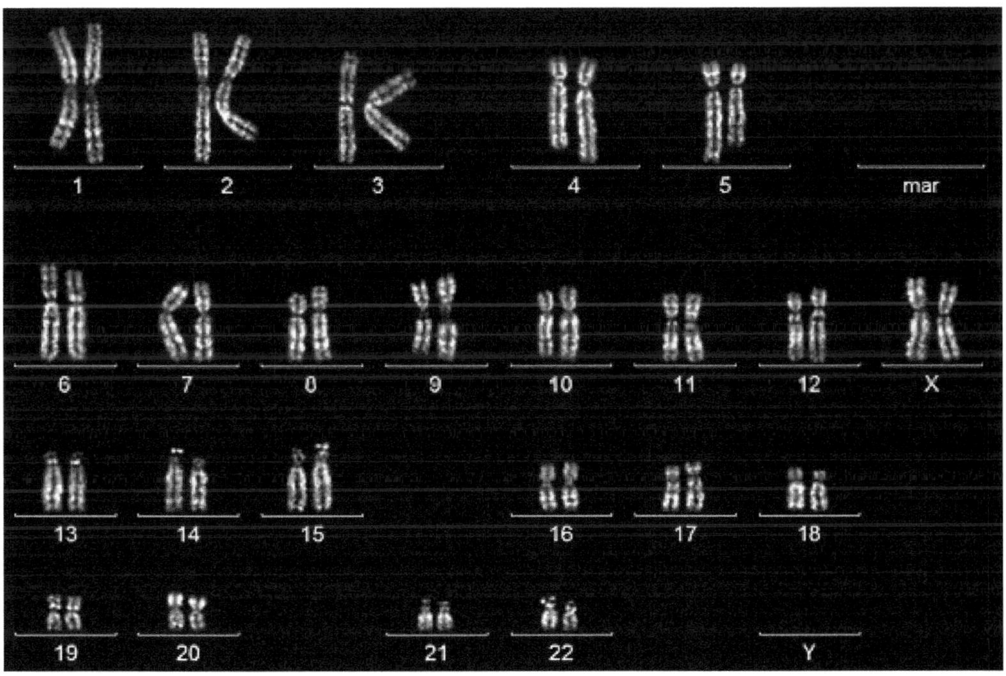

Abb. 6.27 Karyotyp 46,XX,inv(7)(p14.2p21.2). **a** GTG-, **b** QFQ-Bänderung, 700 und 400 Banden pro Genom, **c** QFQ-, **d** GTG-Bänderung, Chromosomen aus verschiedenen Mitosen, *links* normales, *rechts* invertiertes Chromosom 7, **e** Ideogramme: invertiertes Segment mittlerer Größe, Position intermediär bis distal

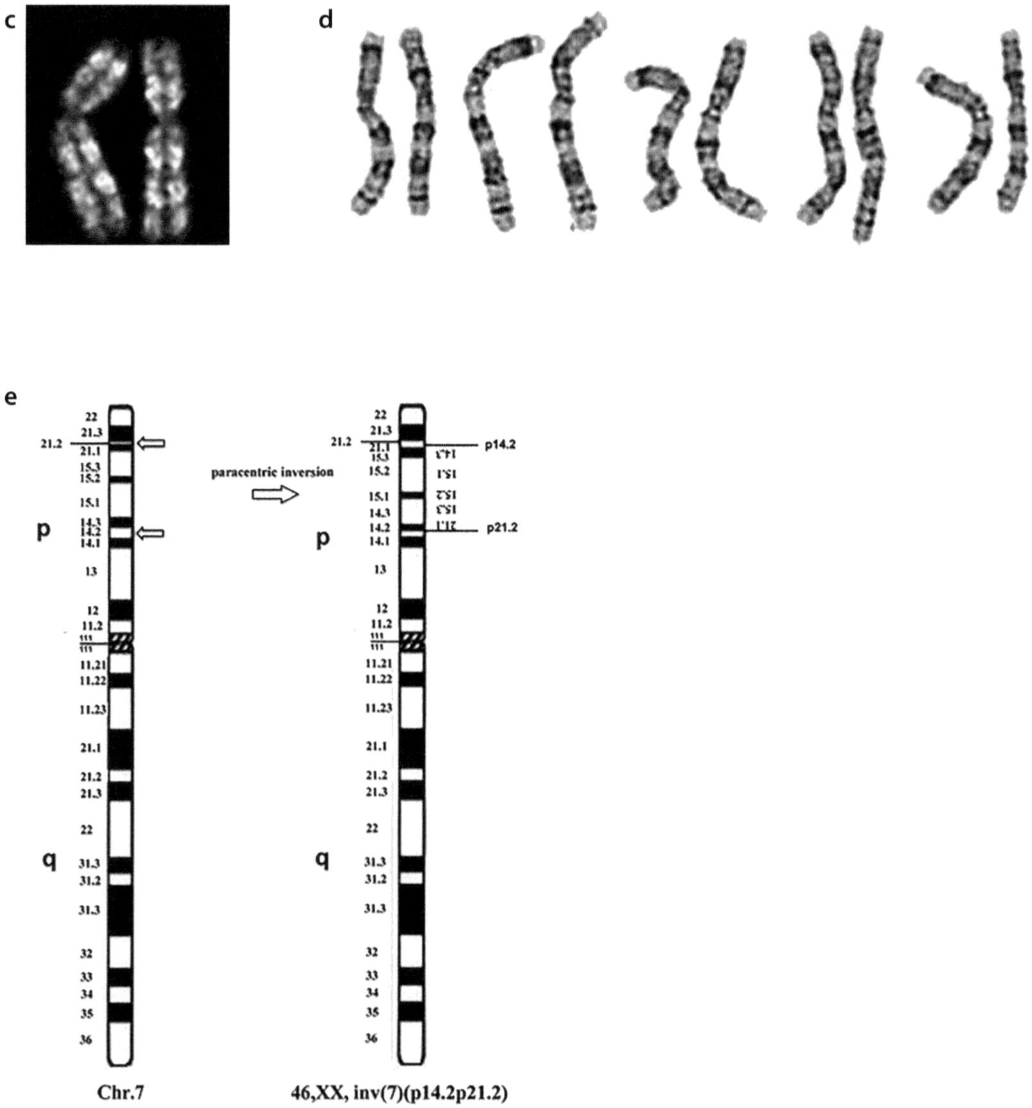

Abb. 6.27 (Fortsetzung)

▪ Fall 28: Karyotyp: 46,XY,inv(8)(q13q24.22)

Indikation zur Chromosomenanalyse: Unerfüllter Kinderwunsch

▪▪ Morphologie

Der invertierte Bereich im langen Arm umfasst etwa 40 % der Gesamtlänge des Chromosoms 8. Ein charakteristisches Merkmal dieser Inversion ist die veränderte Position von 8q23 zu einer proximaleren Lokalisation, die eine schnelle und sichere Diagnose ermöglicht. Der distale Bruchpunkt scheint ein Hotspot für die Induktion von Aberrationen zu sein, da verschiedene Typen von Umbauten wie Deletionen, Ringe und Translokationen mit diesem Bruchpunkt beschrieben wurden.

▪▪ Cave
In der Region 8q24.11q24.13 ist die Mutation, hauptsächlich eine Deletion des Langer-Giedion-Syndroms, lokalisiert. Es ist bei der Analyse einer Inversion, die diese Region einschließt, von besonderer Bedeutung zu untersuchen, ob die Position eines Bruchpunktes innerhalb oder außerhalb der kritischen Region liegt. Daher sollte bei der Analyse einer vergleichbaren Inversion die Auflösung der Chromosomenbänder 550–700 Bänder pro Genom betragen. Wenn der Bruchpunkt in der kritischen Region lokalisiert werden kann, muss eine zusätzliche Mikroarray-Analyse durchgeführt werden. Eine genetische Beratung muss empfohlen werden und eine pränatale Untersuchung sollte immer durch ein Mikroarray ergänzt werden (◘ Abb. 6.28).

▪ Fall 29: Karyotyp: 46,XY,inv(9)(q32q34.3)
Indikation zur Chromosomenanalyse: Unerfüllter Kinderwunsch

▪▪ Morphologie
Diese distal lokalisierte parazentrische Inversion 9 umfasst etwa 15 % der Gesamtlänge des Chromosoms. Verursacht durch die Dislokation der AT-reicher Band q33, kann diese Inversion sogar bei einer Auflösung von weniger als 550 Banden pro Genom diagnostiziert werden. Aber die genaue Lokalisierung der Bruchpunkte erfordert eine Auflösung von 700 Banden.

▪▪ Cave
Der distale Bruchpunkt q34.3 ist ein Hotspot für Aberrationen. Eines der drei häufigsten Mikrodeletionssyndrome ist in dieser Region lokalisiert. Darüber hinaus ist das Band q34 ein häufiger Bruchpunkt bei Umbauten die bei verschiedenen Tumorerkrankungen auftreten. Eine differenzierte genetische Beratung und Familienuntersuchungen sind indiziert (◘ Abb. 6.29).

▪ Fall 30: Karyotyp: 46,XX,inv(11)(q21q23.3)
Indikation zur Chromosomenanalyse: Unerfüllter Kinderwunsch

▪▪ Morphologie
Die invertierte Region im langen Arm umfasst etwa 15 % der gesamten Länge von Chromosom 11. Die parazentrische Inversion mit den Bruchpunkten unseres Falles wurde weltweit in verschiedenen ethnischen Populationen dokumentiert. Dabei wurde ein Foundereffekt festgestellt.

▪▪ Cave
In zahlreichen Familienstudien wurde diese Inversion als stabil und als balanciert bei der Vererbung dokumentiert. Daher stellt diese Inversion nach unserem derzeitigen Wissen kein er-

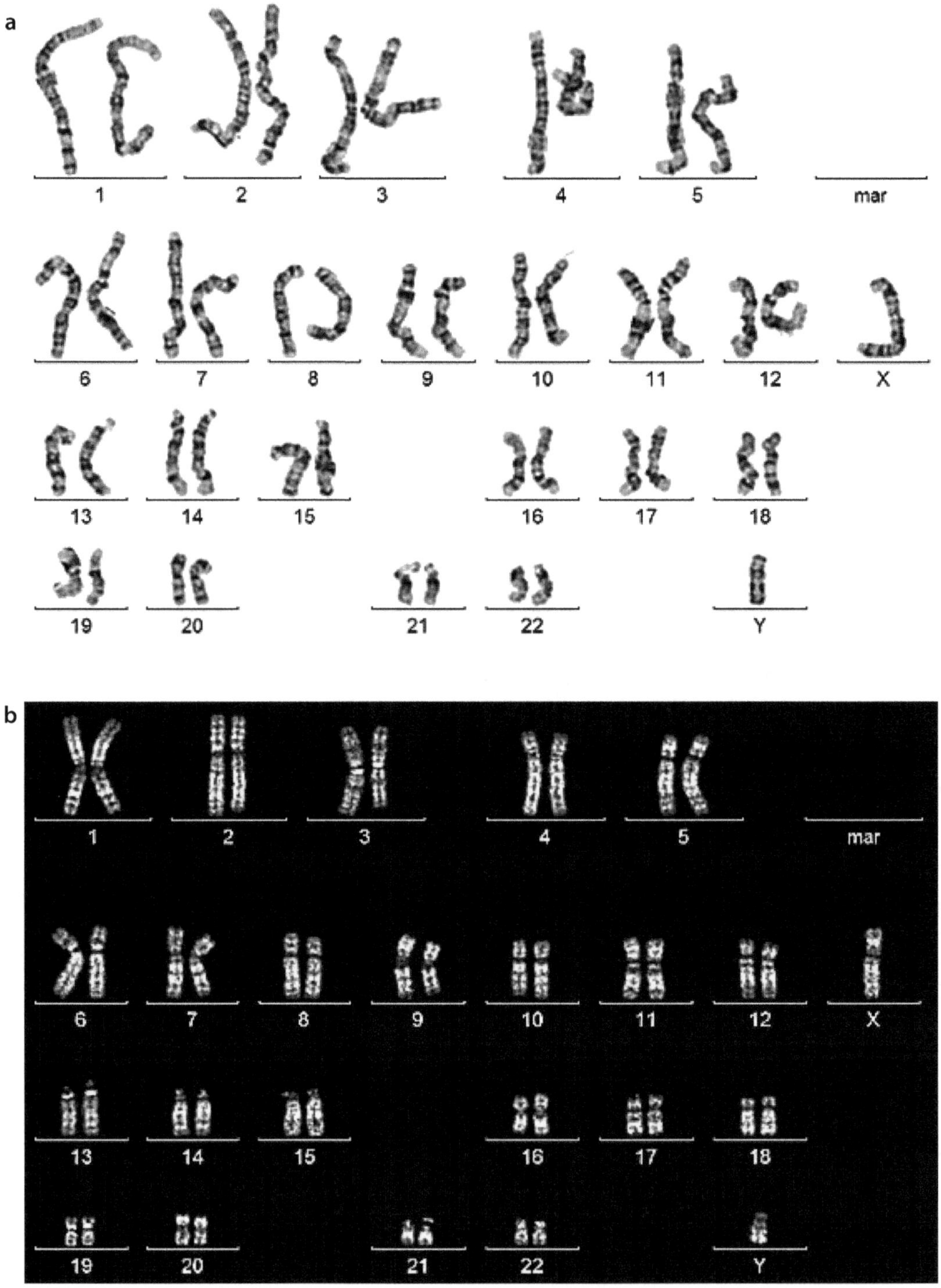

Abb. 6.28 Karyotyp 46,XY,inv(8)(q13q24.22). **a** GTG-, **b** QFQ-Bänderung, 600 und 400 Banden pro Genom, **c** QFQ-, **d** GTG-Bänderung, Chromosomen aus verschiedenen Mitosen, *links* normales, *rechts* invertiertes Chromosom 8, **e** Ideogramme: große Länge des invertierten Segments

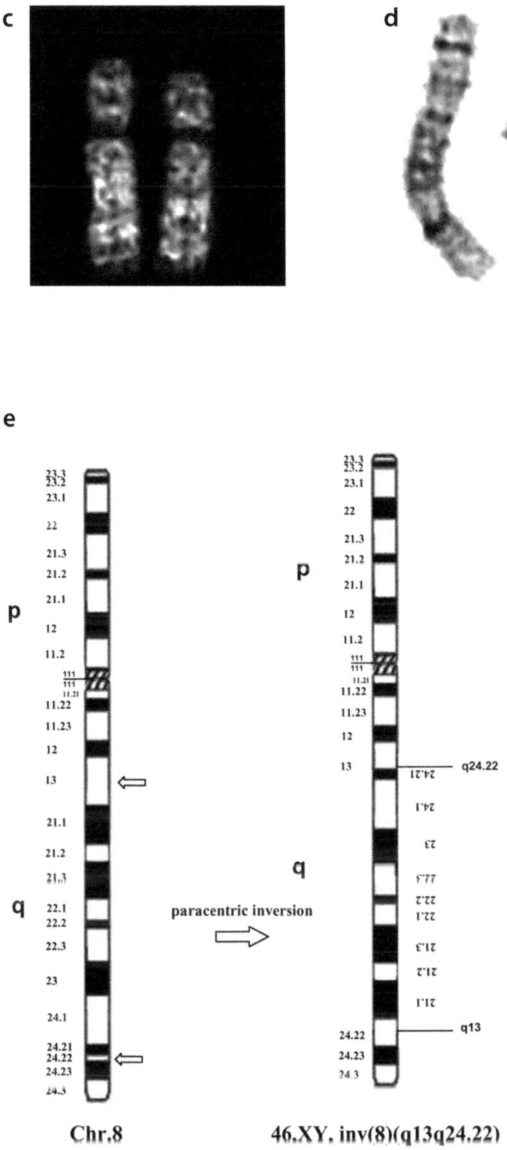

Abb. 6.28 (Fortsetzung)

a

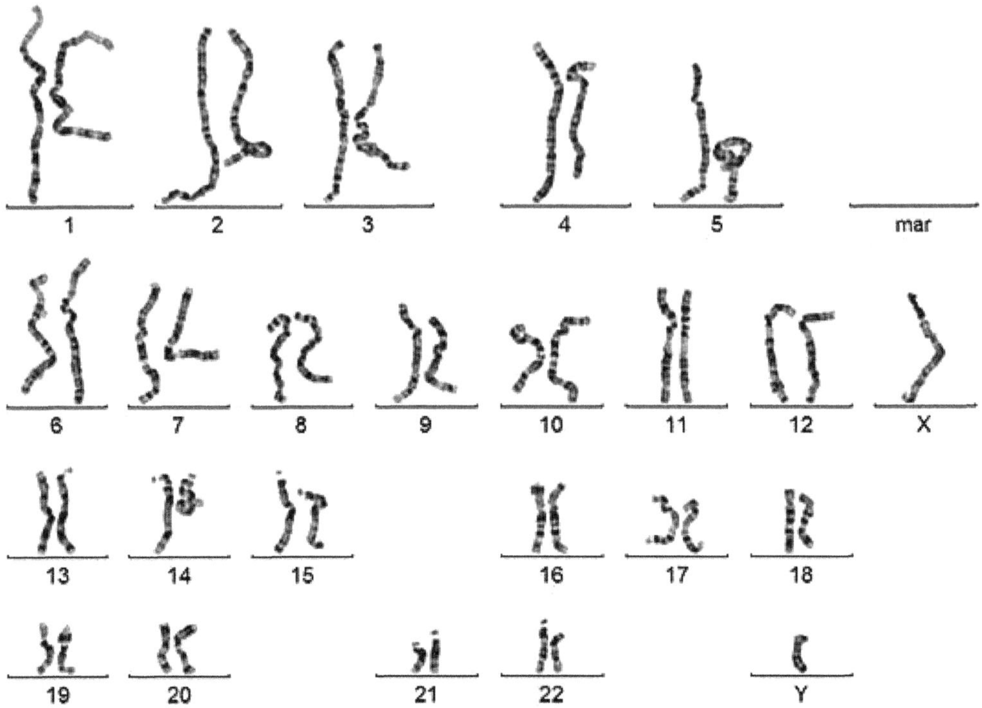

b

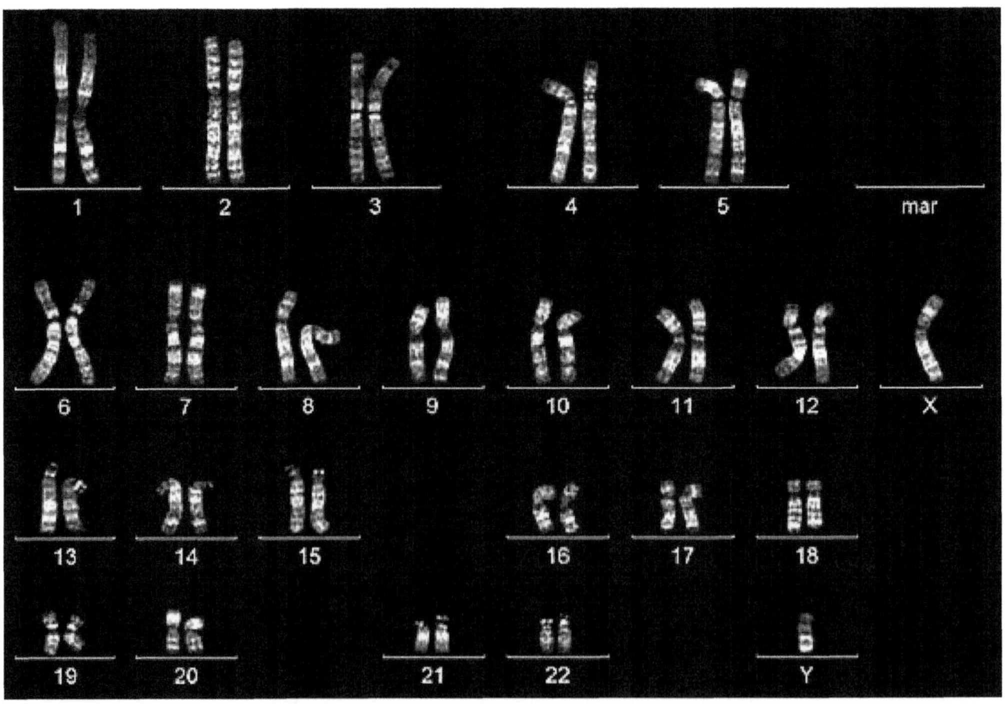

Abb. 6.29 Karyotyp 46,XY,inv(9)(q32q34.3). **a** GTG-, **b** QFQ-Bänderung, 700 und 400 Banden pro Genom, **c** QFQ-, **d** GTG-Bänderung, Chromosomen aus verschiedenen Mitosen, *links* normales, *rechts* invertiertes Chromosom 9, **e** Ideogramme: kleines bis mittleres distales Inversionssegment

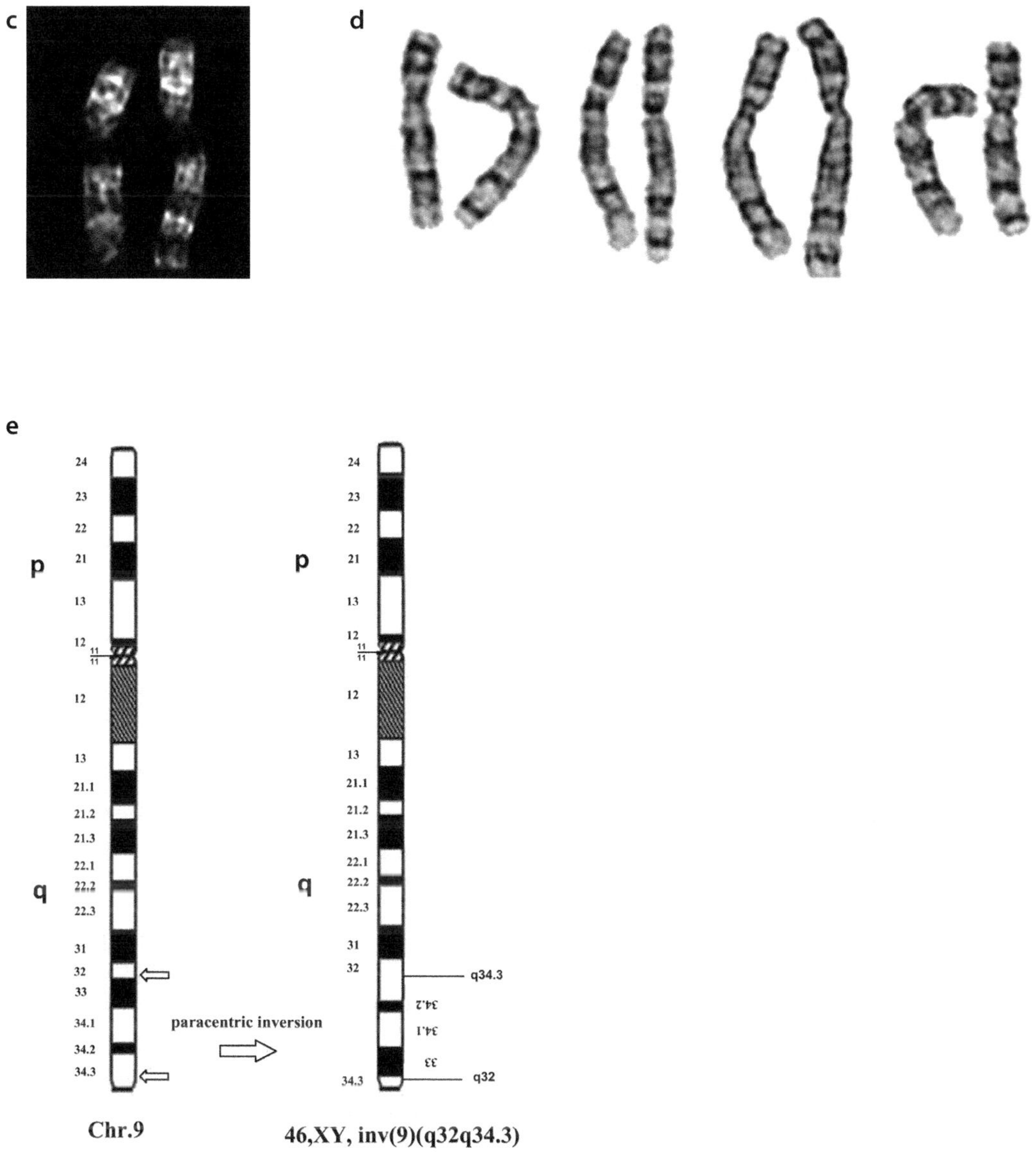

■ **Abb. 6.29** (Fortsetzung)

höhtes genetisches Risiko dar. Untersuchungen von Verwandten eines Trägers oder pränatale Analysen sind nicht indiziert (■ Abb. 6.30).

▪ **Fall 31: Karyotyp: 46,XX,inv(12)(q21.1q24.1)**

Indikation zur Chromosomenanalyse: Unerfüllter Kinderwunsch

▪▪ **Morphologie**

Es wird eine mittelgroße, intermediäre Inversion im langen Arm des Chromosoms 12 vorgestellt, die etwa 25 % der gesam-

a

b

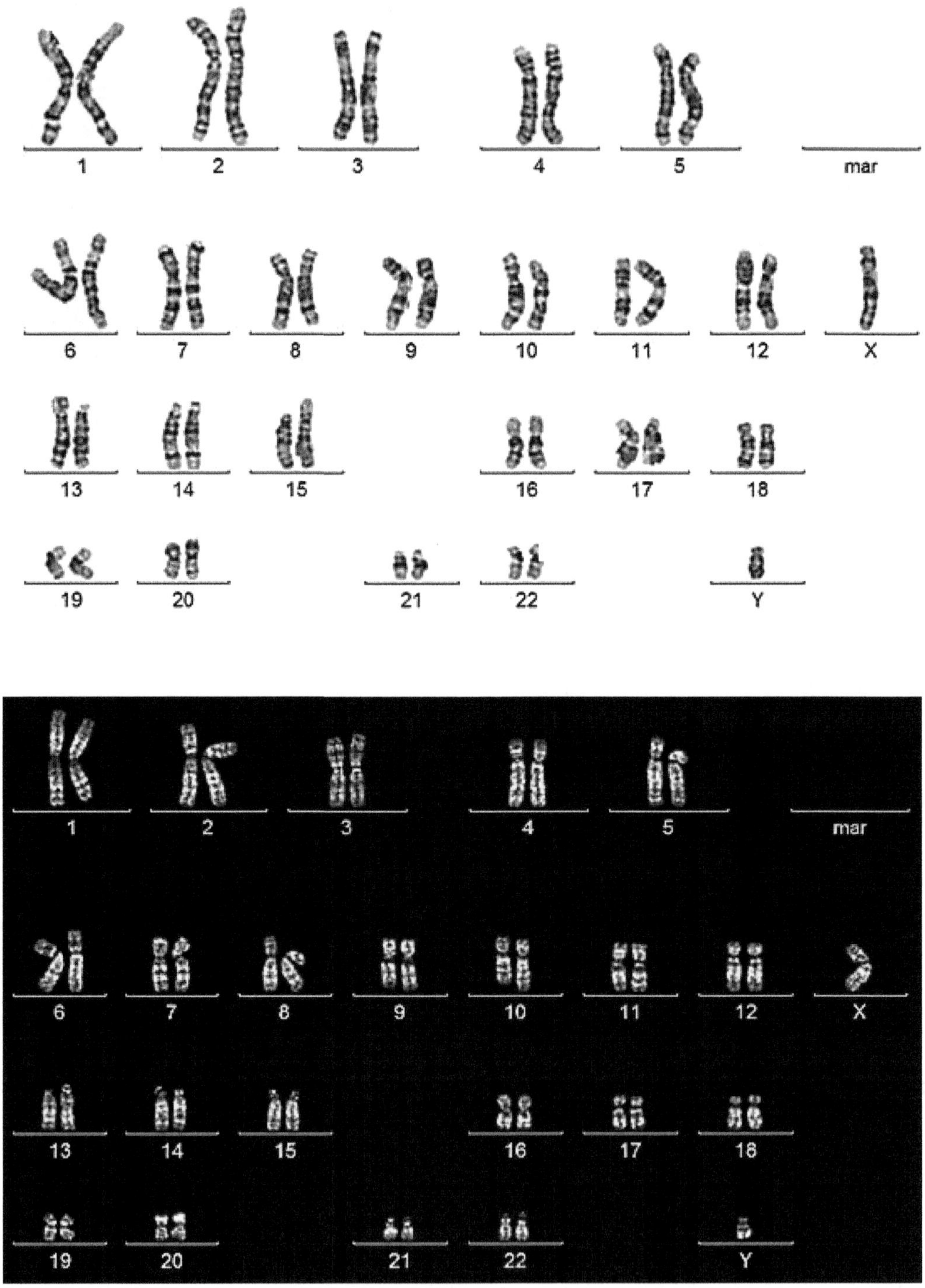

Abb. 6.30 Karyotyp 46,XX,inv(11)(q21q23.3). **a** GTG-, **b** QFQ-Bänderung, 550 und 400 Banden pro Genom, **c** QFQ-, **d** GTG-Bänderung, Chromosomen aus verschiedenen Mitosen, *links* normales, *rechts* invertiertes Chromosom 11, **e** Ideogramme: charakteristische häufige Bruchpunkte, kleines bis mittleres Segment, in distaler Position

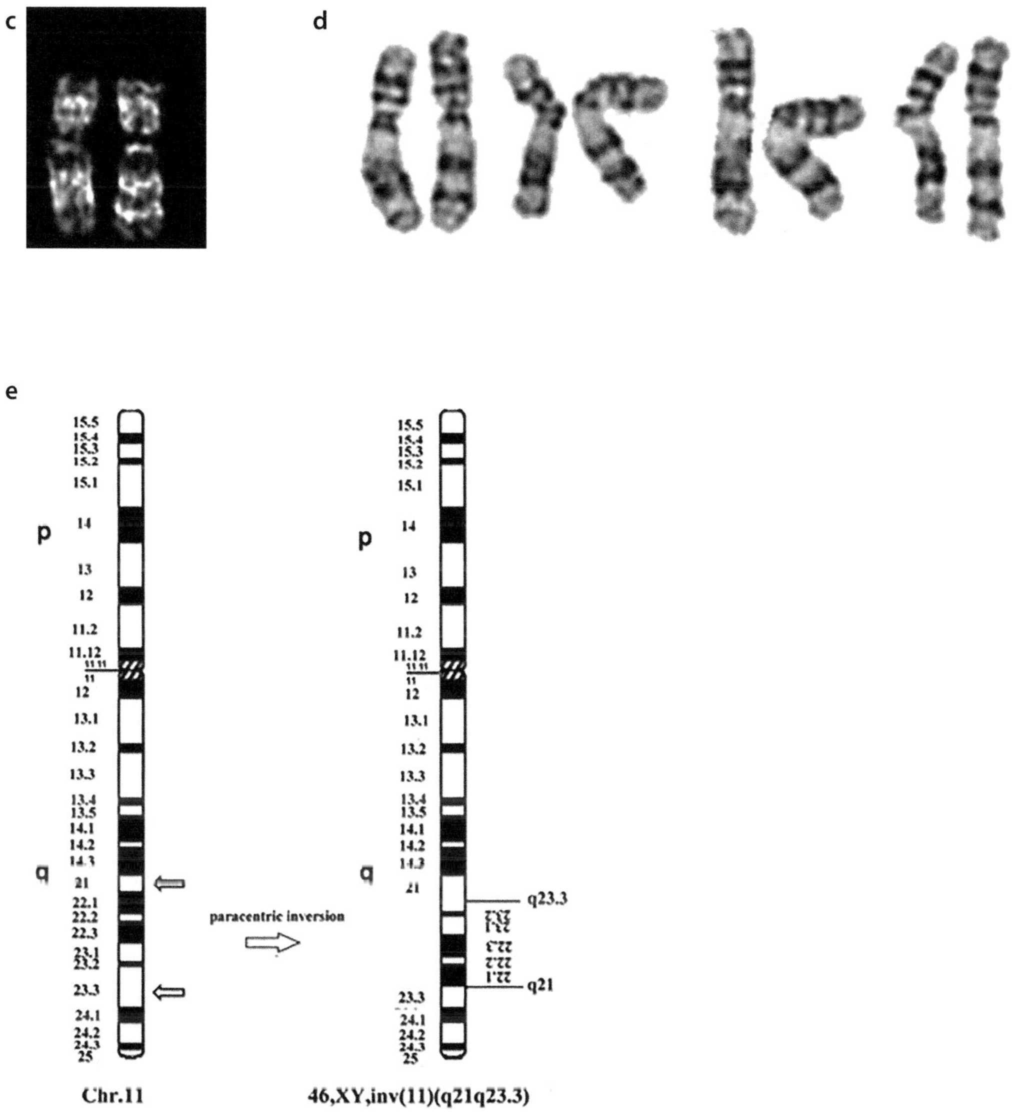

Abb. 6.30 (Fortsetzung)

ten Länge des Chromosoms umfasst. Die Verlagerung der Bande q23 führt zu einem auffällig veränderten Bandenmuster, das bereits bei einer Auflösung von 400–550 Banden pro Genom erkennbar ist, die genaue Lokalisierung der Bruchpunkte erfordert aber eine höhere Auflösung von mindestens 700 Banden.

Cave

Nach der Literatur ist das genetische Risiko für die Trägerin gering. Dies muss berücksichtigt werden, wenn die Probandin und ihre Familie beraten werden (Abb. 6.31).

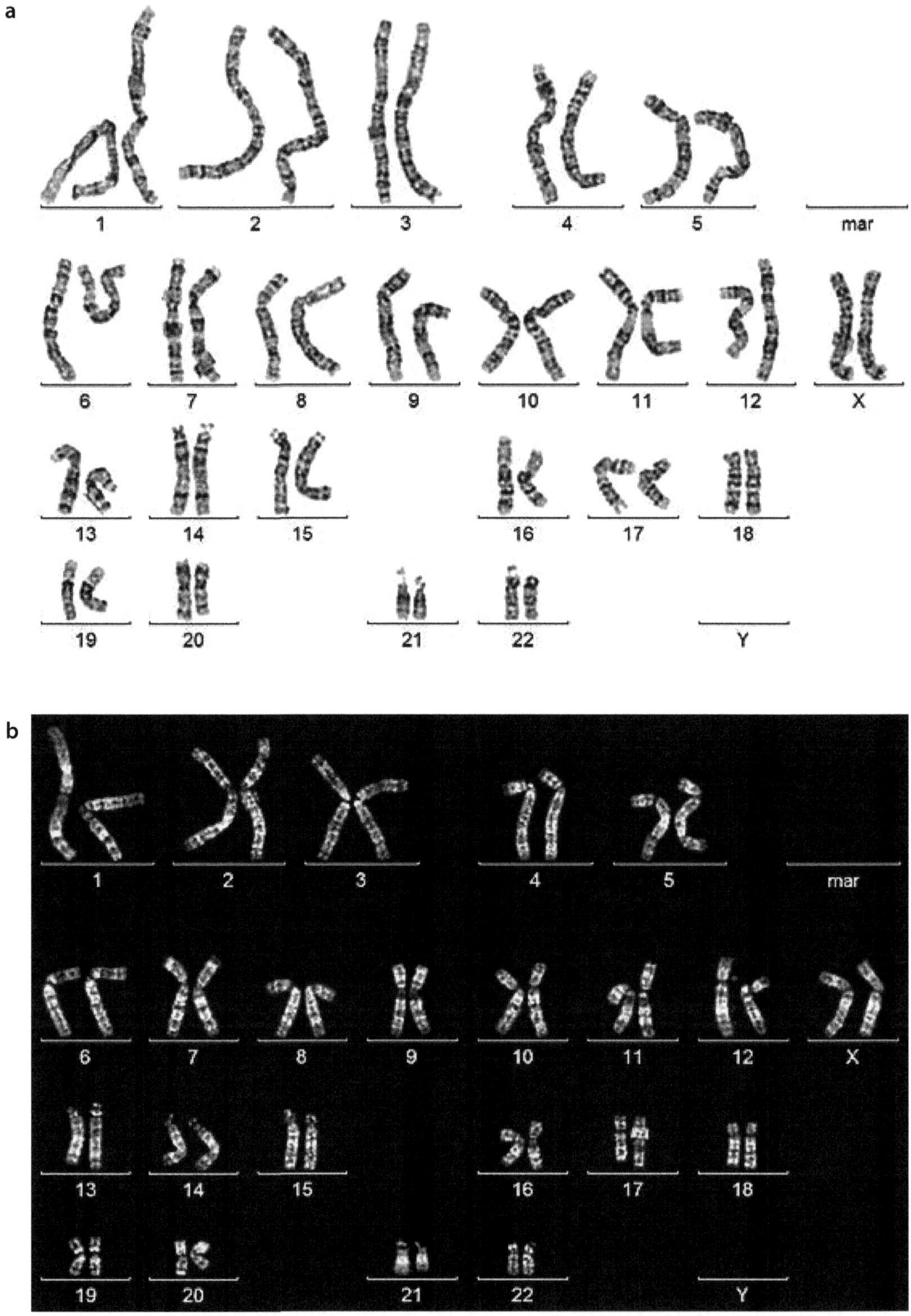

Abb. 6.31 Karyotyp 46,XX,inv(12)(q21.1q24.1). **a** GTG-, **b** QFQ-Bänderung, 700 und 500 Banden pro Genom, **c** QFQ-, **d** GTG-Bänderung, Chromosomen aus verschiedenen Mitosen, *links* normales, *rechts* invertiertes Chromosom 12, **e** Ideogramme: intermediäre Bruchpunkte im langen Arm

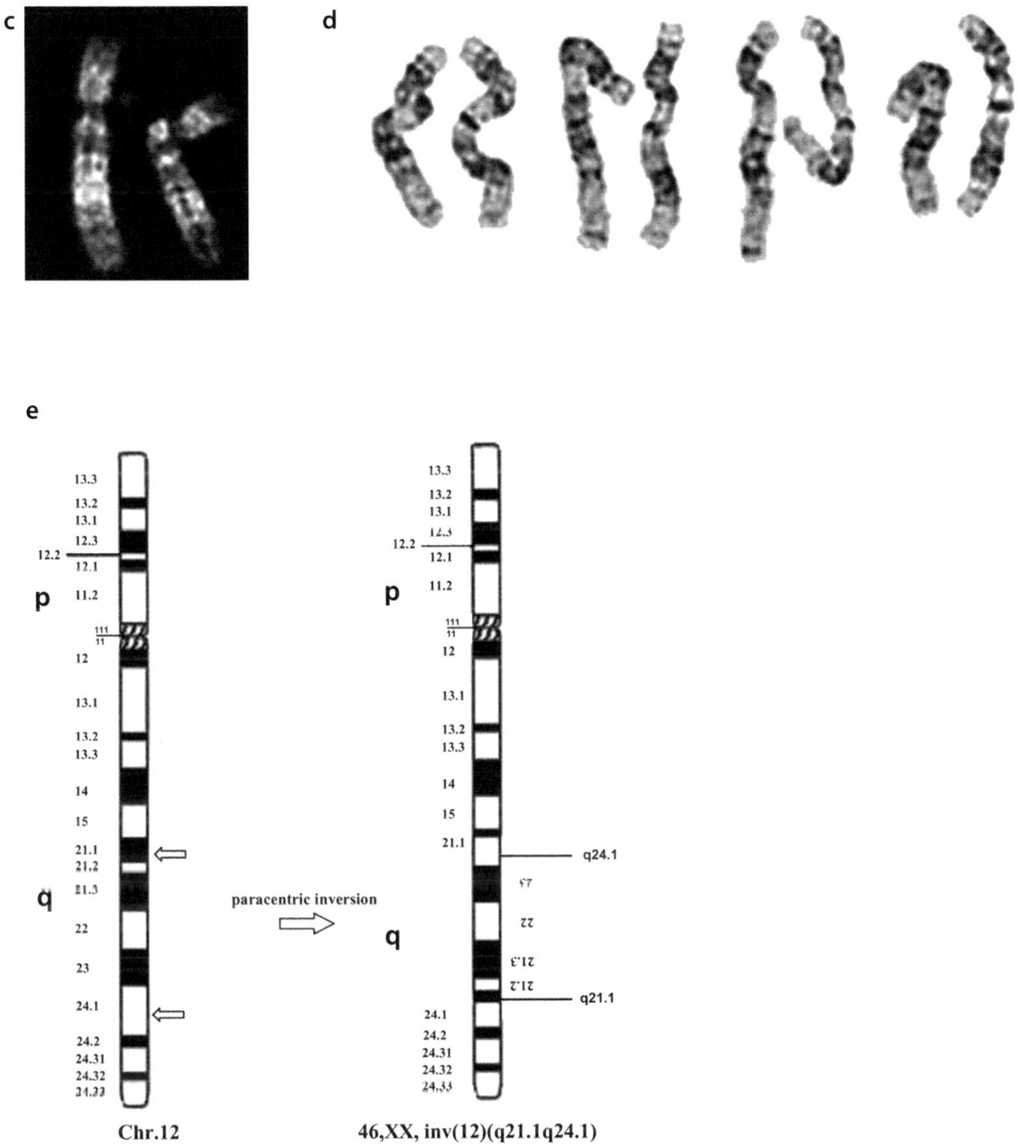

Abb. 6.31 (Fortsetzung)

▪ Fall 32: Karyotyp: 46,XX,inv(13)(q12.1q22)

Indikation zur Chromosomenanalyse: Unerfüllter Kinderwunsch

▪▪ Morphologie

Die Inversion umfasst etwa 50 % des euchromatischen langen Arms und 40 % der gesamten Länge des Chromosoms 13.

Durch das veränderte Bandenmuster im proximalen und intermediären Bereich ist die Inversion identifizierbar bei 550–700 Banden pro Genom.

▪▪ Cave

Nach der Literatur ist das genetische Risiko der Trägerin gering. Daher sollten die Möglichkeiten der pränatalen Diagnose diskutiert werden, aber es gibt keine Indikation für eine Empfehlung (◘ Abb. 6.32).

▪ Fall 33: Karyotyp: 46,XY,inv(13)(q13q32)

Indikation zur Chromosomenanalyse: Unerfüllter Kinderwunsch

▪▪ Morphologie

Die parazentrische intermediäre Inversion 13 umfasst etwa 60 % der Länge des euchromatischen langen Armes und 50 % der gesamten Länge des Chromosoms. Das Bandenmuster wird charakteristisch verändert durch die Verschiebung der AT-reichen Banden q21 und q31.

▪▪ Cave

Die invertierte Region in diesem Fall ist größer als in dem vorherigen, daher wird sie in der Literatur Fällen mit erhöhtem genetischen Risiko zugeordnet. Die genetische Beratung sollte den Rat zur Untersuchung von Verwandten und zur pränatalen Diagnose umfassen (◘ Abb. 6.33).

▪ Fall 34: Karyotyp: 46,XX,inv(13)(q21.2q31)

Indikation zur Chromosomenanalyse: Unerfüllter Kinderwunsch

▪▪ Morphologie

Diese parazentrische Inversion 13 zeigt einen Umbau im intermediären Bereich des langen Armes. Das invertierte Segment umfasst etwa 25 % des eukromatischen langen Armes und etwa 20 % der Gesamtlänge des Chromosoms. Die AT-reichen Bänder q21 und q31 haben ihre Position geändert und führen zu einem veränderten Bandenmuster. Für die Analyse der Inversion ist eine Auflösung von700 Banden pro Genom notwendig; ansonsten ist die relevante Differenzierung von q21 in die Unterbanden q21.1, q21.2, q21.3 nicht möglich.

a

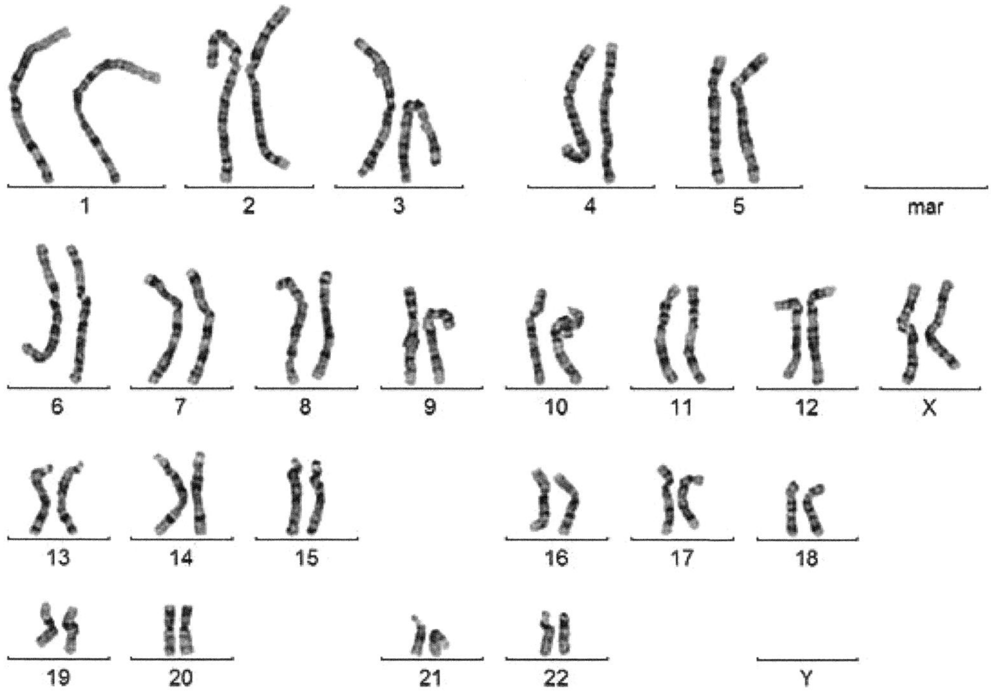

b

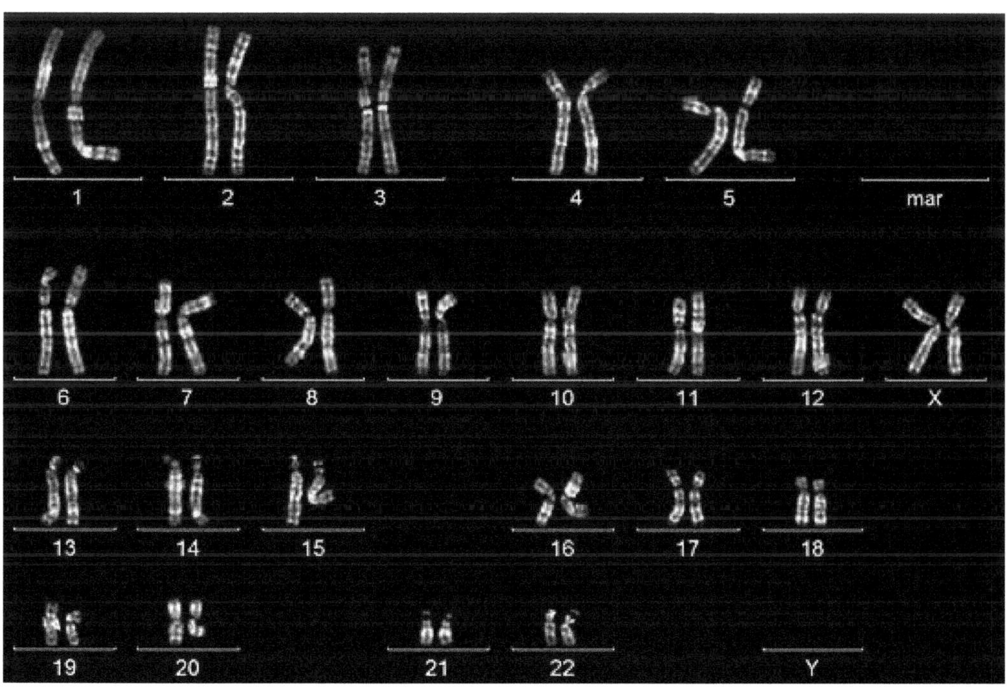

Abb. 6.32 Karyotyp 46,XX,inv(13)(q12.1q22). **a** GTG-, **b** QFQ-Bänderung, 700 und 550 Banden pro Genom, **c** QFQ-, **d** GTG-Bänderung, Chromosomen aus verschiedenen Mitosen, *links* normales, *rechts* invertiertes Chromosom 13, **e** Ideogramme: großes invertiertes Segment

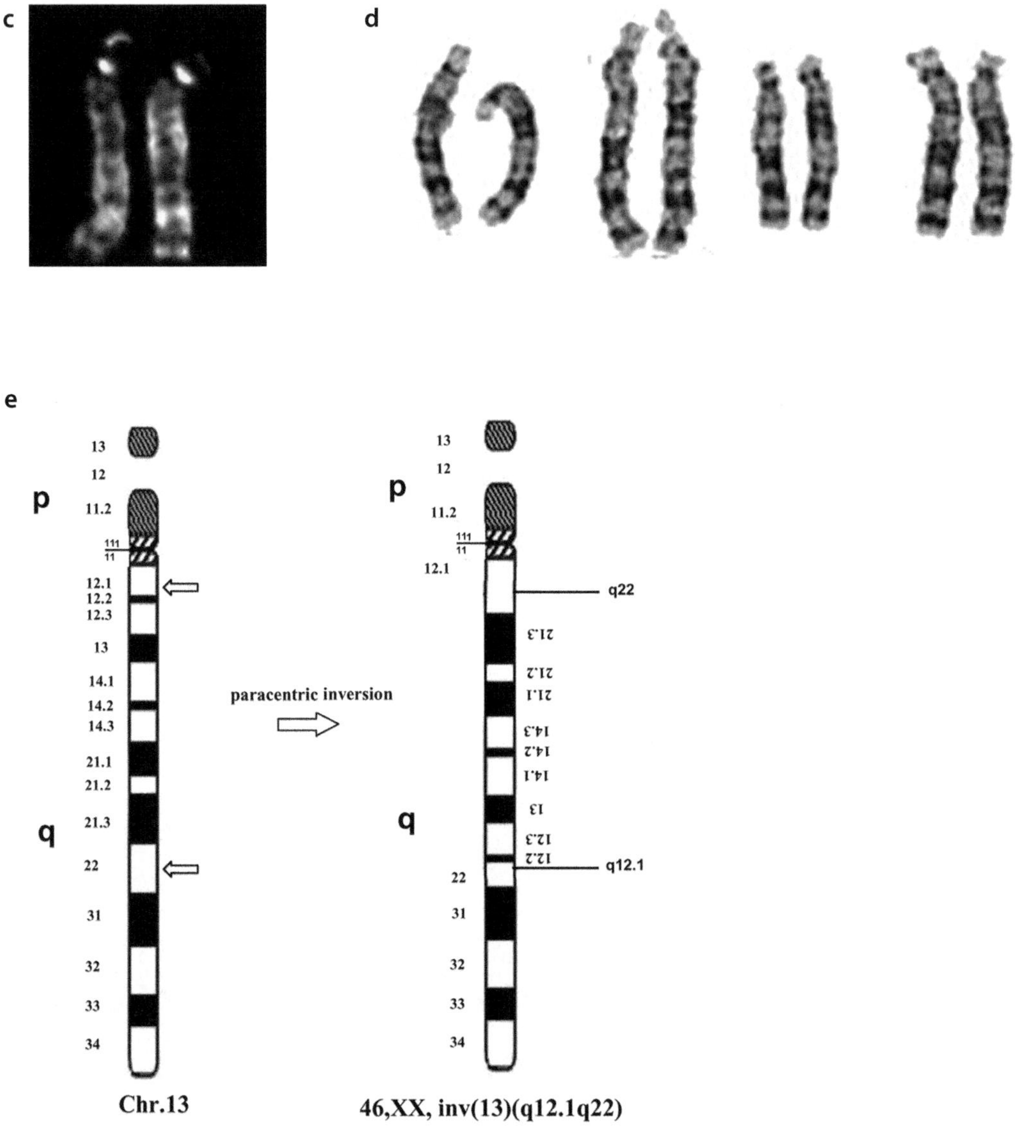

■ **Abb. 6.32** (Fortsetzung)

a

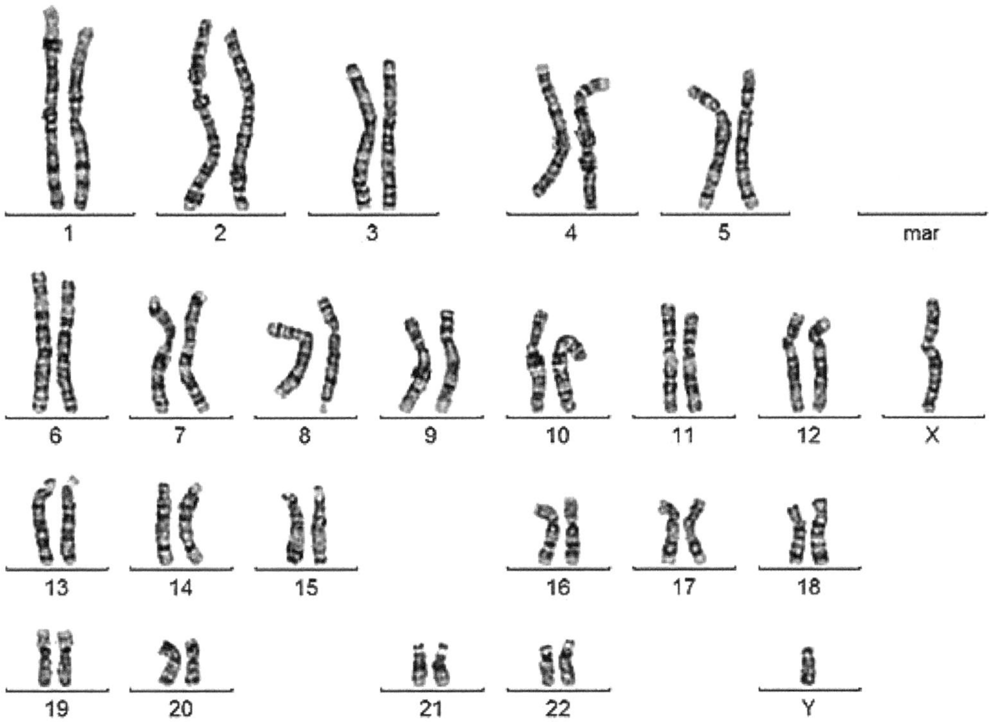

b

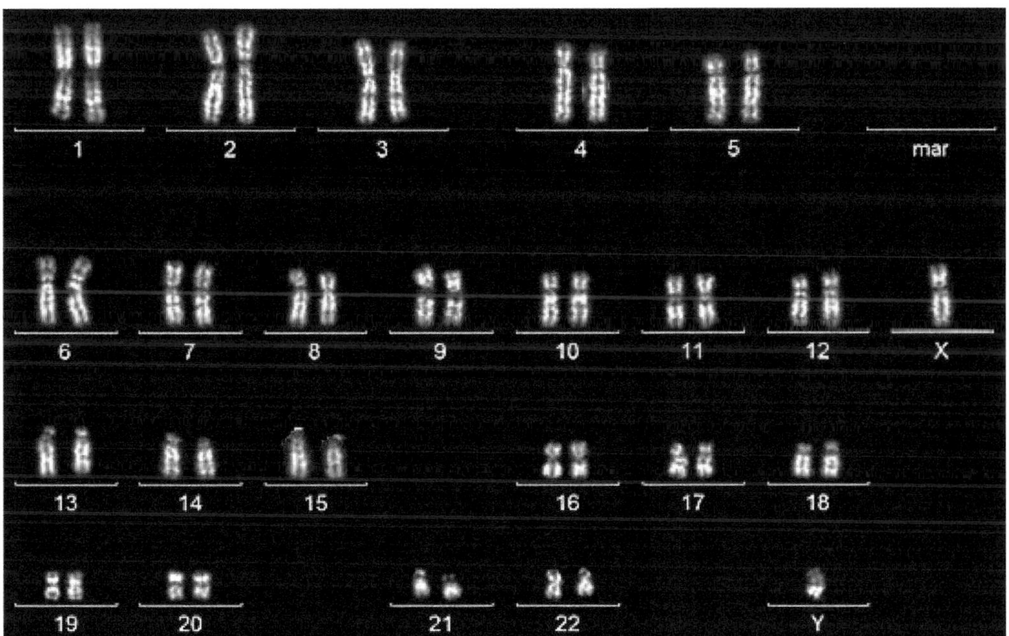

Abb. 6.33 Karyotyp 46,XY,inv(13)(q13q32). **a** GTG-, **b** QFQ-Bänderung, 600 und 400 Bänder pro Genom, **c** QFQ-, **d** GTG-Bänderung, Chromosomen aus verschiedenen Mitosen, *links* normales, *rechts* invertiertes Chromosom 13, **e** Ideogramme: großes, invertiertes Segment

c

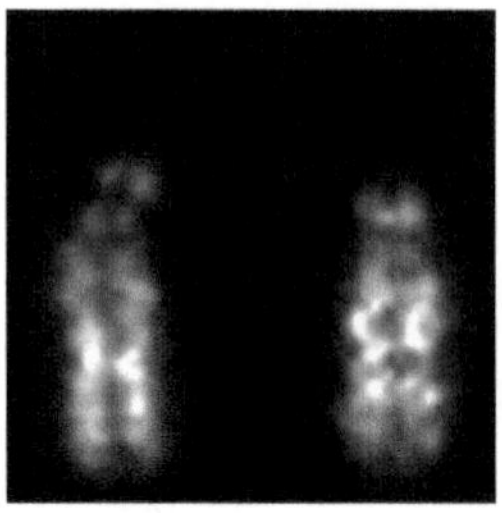

d

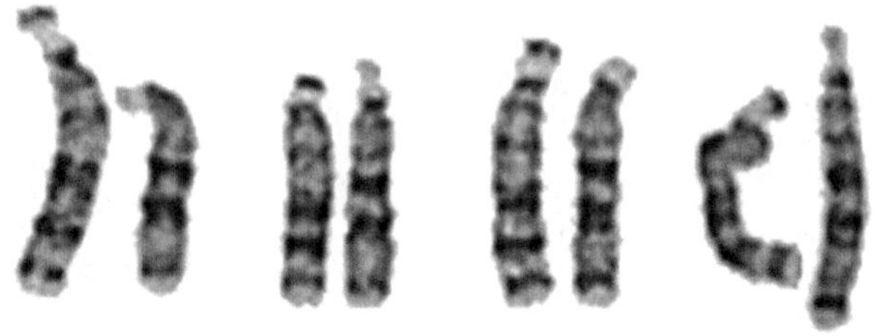

6

e

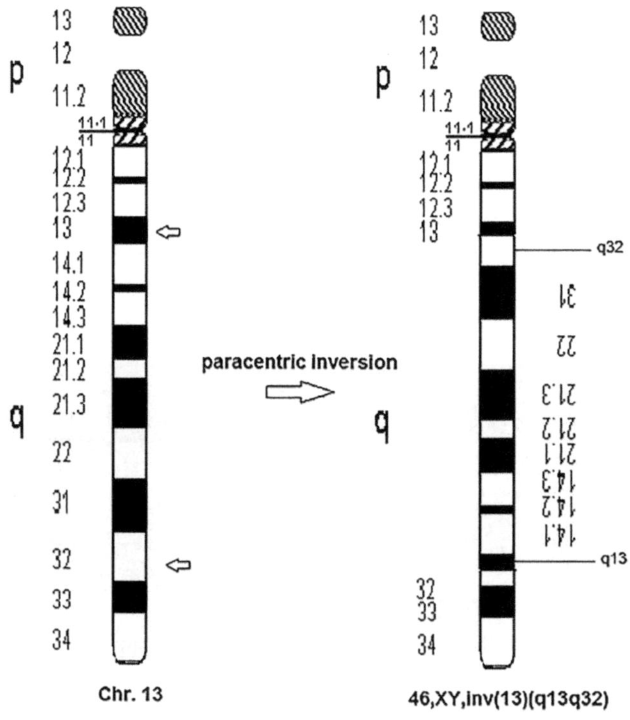

Abb. 6.33 (Fortsetzung)

Cave

Das genetische Risiko für die Trägerin ist nach Literaturmitteilungen gering (**Abb.** 6.34).

- **Fall 35: Karyotyp: 46,XX,inv(14)(q23.3q32.2),inv(3)(p11.2q12)(x2)**

Indikation zur Chromosomenanalyse: Unerfüllter Kinderwunsch

Die Probandin zeigt drei Inversionen (zwei in heterochromatischen und eine in euchromatischen Regionen).

a
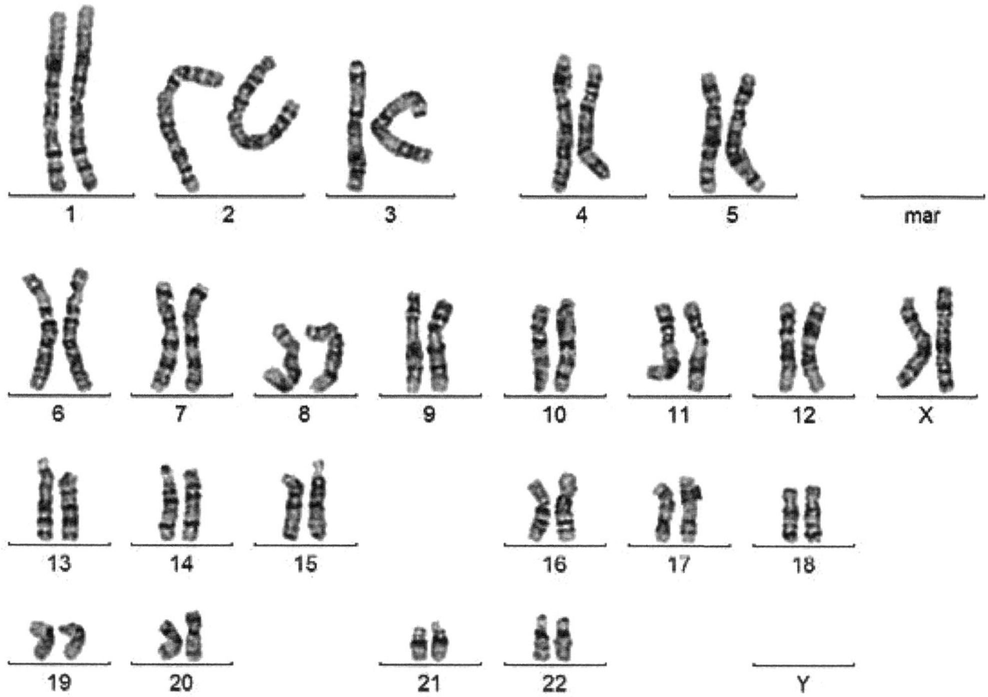

b
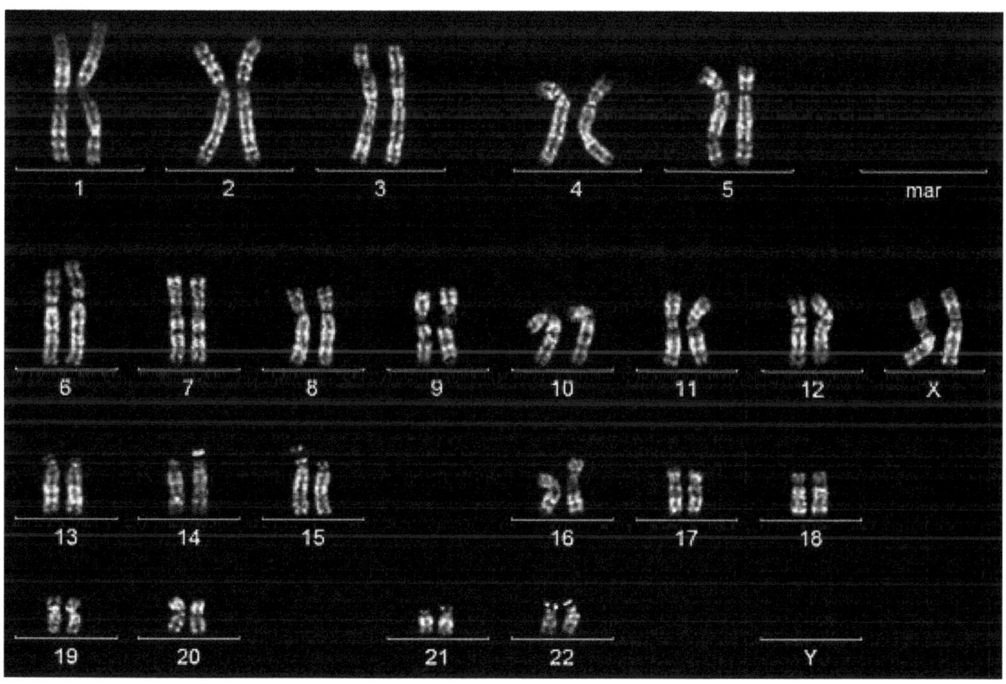

Abb. 6.34 Karyotyp 46,XX,inv(13)(q21.2q31). **a** GTG-, **b** QFQ-Bänderung, 500 und 400 Banden pro Genom, **c** QFQ-, **d** GTG-Bänderung, Chromosomen aus verschiedenen Mitosen, *links* normales, *rechts* invertiertes Chromosom 13, **e** Ideogramme: mittelgroßes invertiertes Segment in intermediärer Position

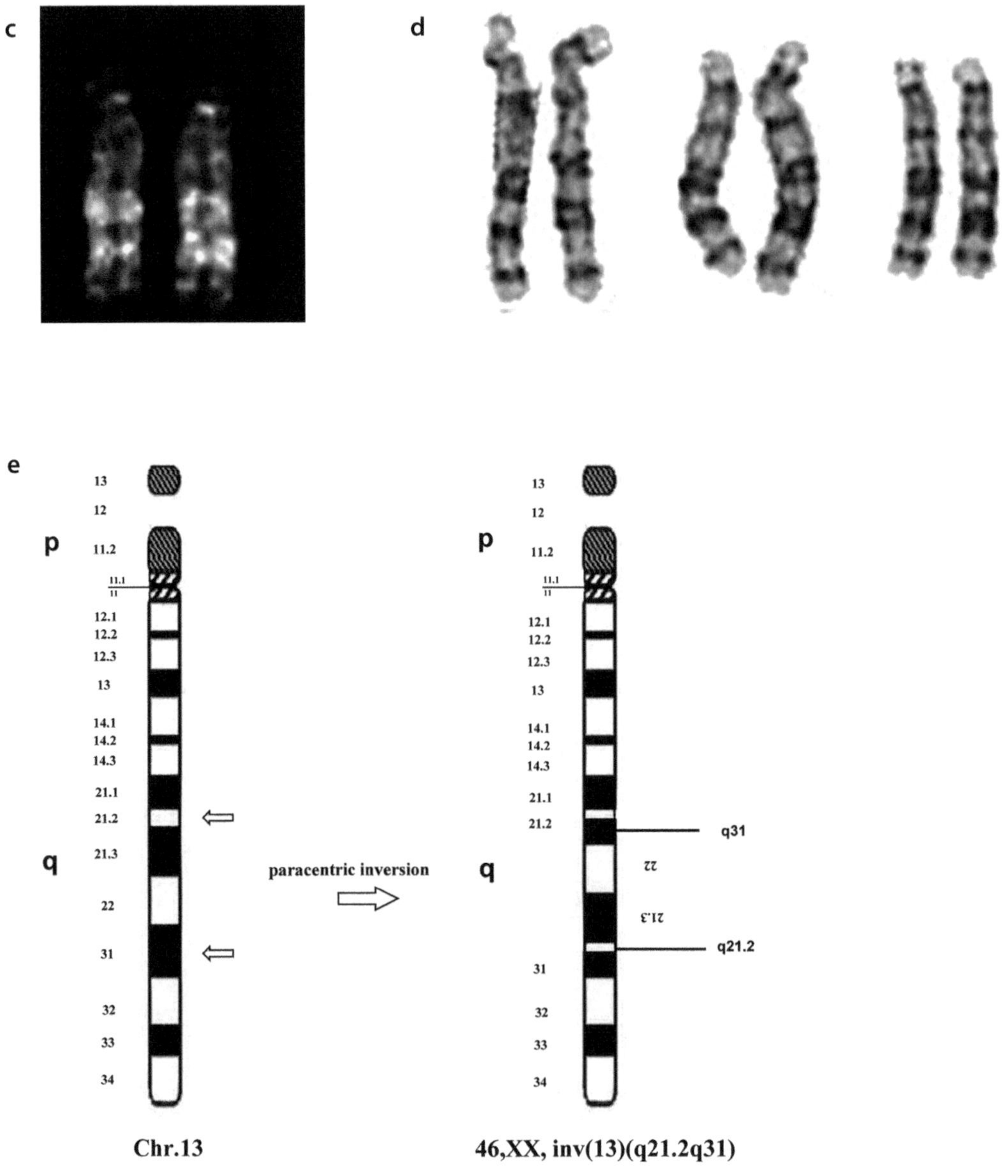

Abb. 6.34 (Fortsetzung)

▪▪ Morphologie

1. inv(3)(p11.2q12)(x2),
   Diese Art von Umbau liegt in beiden Chromosomen 3 vor. Die Trägerin ist damit homozygot für die Inversion. Die Darstellung des an das Zentromer angrenzenden heterochromatischen Blocks erfolgt in der Regel durch QFQ-Bänderung und führt zu einer brillanten Fluoreszenz der Region (Fluoreszenzintensität i(5) nach ISCN). Die Inversionsfrequenz in diesem genetisch nicht relevanten Segment in der europäischen Bevölkerung beträgt etwa 2 % (siehe:▶ Abschn. 15.6).
2. inv(14)(q23.3q32.2).
   Der Umbau ist in der mittleren bis distalen Region des langen Arms lokalisiert. Er umfasst etwa 40 % des euchromatischen langen Armes und 30 % der Gesamtlänge des Chromosomess. Das Bandenmuster hat sich durch die Verlagerung der Unterbänder der AT-reichen Region q21 und q31 geändert.

▪▪ Cave

Die Analyse einer Homozygotie der invertierten Banden von Chromosom 3 könnte ein Hinweis darauf sein, dass die Trägerin aus einer Verwandtenehe stammt. Dies sollte im Rahmen der genetischen Beratung diskutiert werden. Im vorliegenden Fall muss das geringe genetische Risiko der parazentrischen Inversion 14 im Rahmen der Beratung besprochen werden (◘ Abb. 6.35).

▪ Fall 36: Karyotyp: 46,XX,inv(15)(q24q26.3)

Indikation zur Chromosomenanalyse: Unerfüllter Kinderwunsch

▪▪ Morphologie

Diese parazentrische Inversion 15 ist in der distalen Region des langen Armes lokalisiert. Die Inversion umfasst etwa 30 % des eukromatischen langen Arms und 25 % der Gesamtlänge des Chromosoms. Beide Bruchpunkte sind in GC-reichen Regionen lokalisiert, und q26.3 ist ein Hotspot für Aberrationen verschiedener Typen von Umbauten.

▪▪ Cave

Nach Literaturangaben wird diese Art von Inversion in etwa 99 % der Fälle in balancierter Form vererbt und kann daher als ein geringfügiges genetisches Risiko für die Trägerin angesehen werden (◘ Abb. 6.36).

a

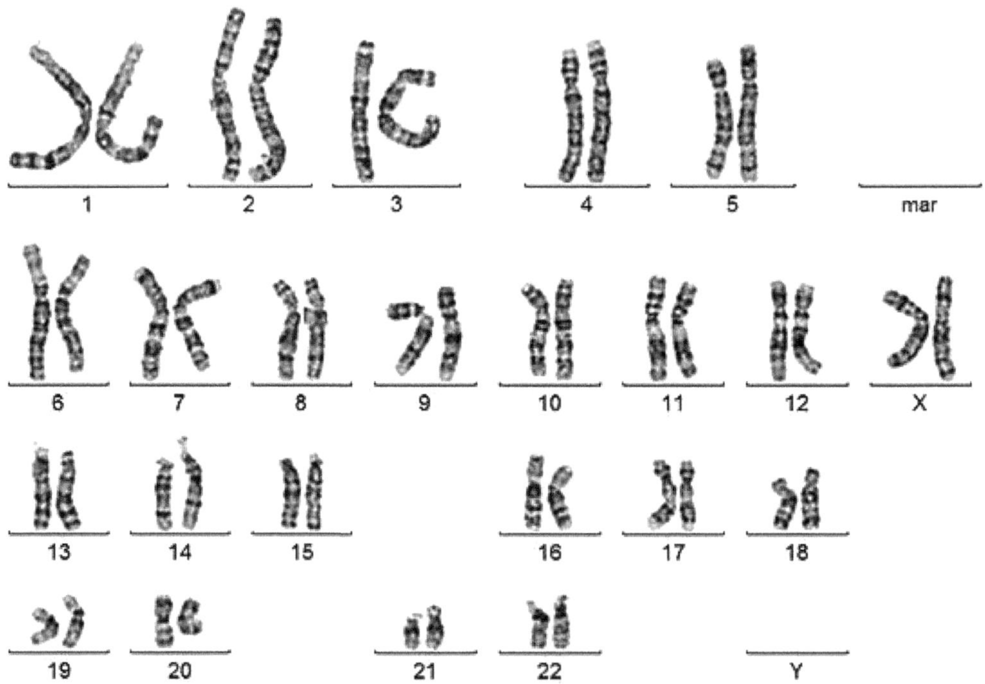

b

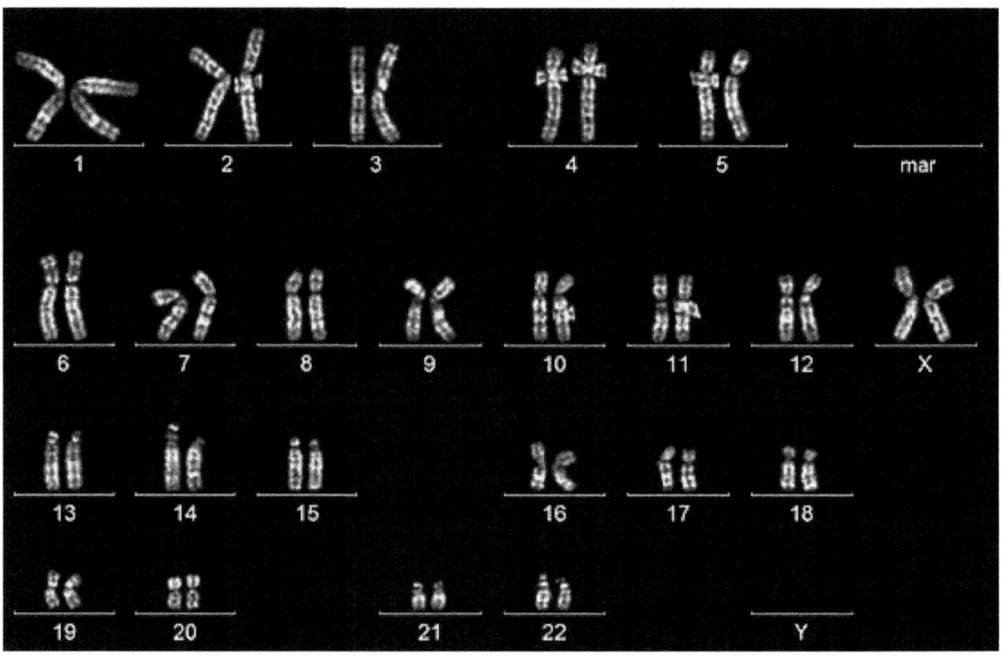

◘ Abb. 6.35 Karyotyp 46,XX,inv(14)(q23.3q32.2),inv(3)(p11.2q12)(x2). **a** GTG-, **b** QFQ-Bänderung, 500 und 400 Banden pro Genom, **c** , **d** QFQ-, **e** GTG-Bänderung, Chromosomen aus verschiedenen Mitosen, **c** beide Chromosomen 3 zeigen die perizentrische Inversion des Heterochromatinblocks; **d** , **e** Chromosom 14: *links* normales, *rechts* invertiertes Chromosom, **f** Ideogramme der Chromosomen 3 und 14, inv(3) beschränkt auf das perizentromerische Heterochromatin in beiden Homologen, inv(14) mittelgroß im intermediären bis distalen Bereich

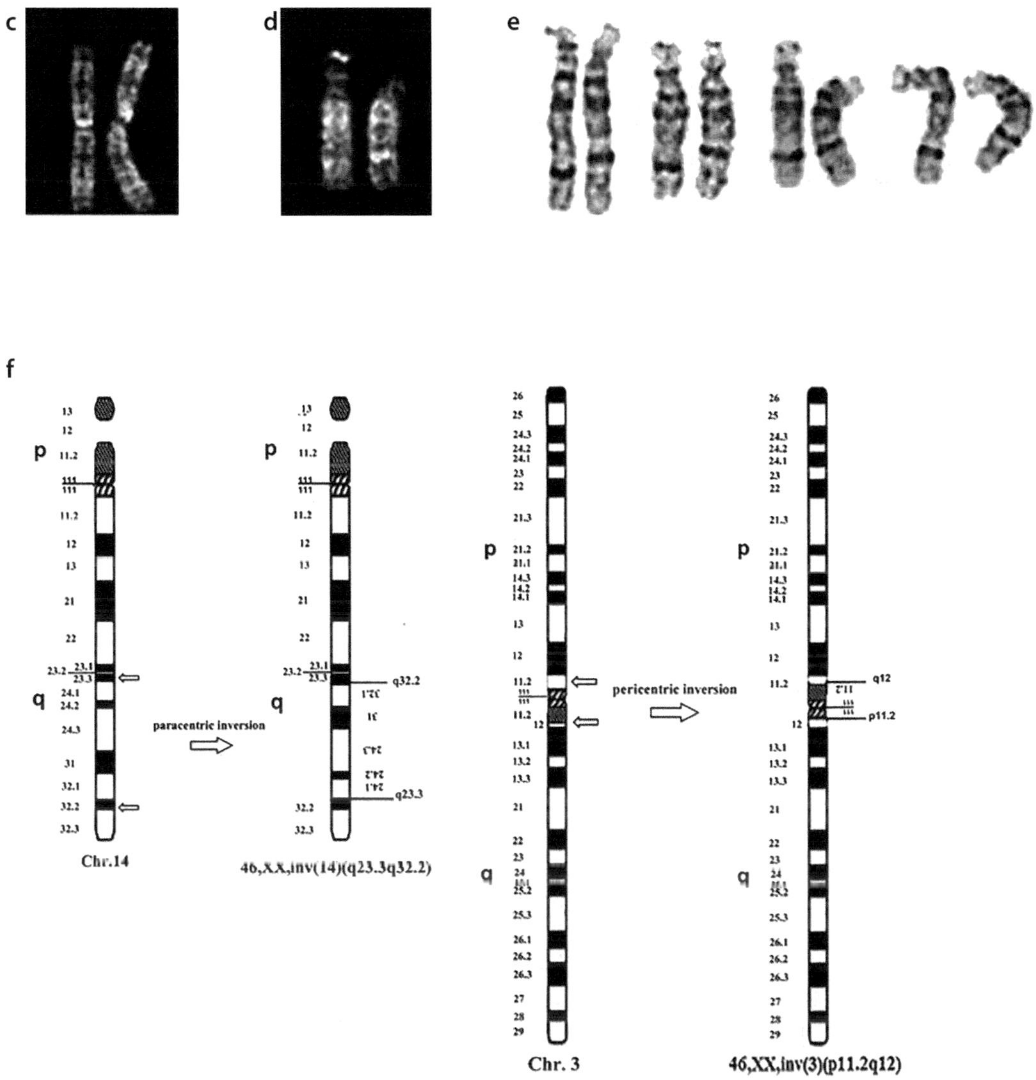

Abb. 6.35 (Fortsetzung)

- **Fall 37: Karyotyp: 46,XY,inv(19)(p12p13.13)**

Indikation zur Chromosomenanalyse: Unerfüllter Kinderwunsch

▪▪ Morphologie

Die parazentrische Inversion im kurzen Arm des Chromosoms 19 umfasst etwa 15–20 % der Gesamtlänge des Chromosoms. Der proximale Bruchpunkt ist im perizentromerischen Heterochromatin lokalisiert. Die Verschiebung dieser Bande in eine distalere Position führt zu einer auffälligen Veränderung des Bandenmusters. Sie erhielt eine Position in einer intermediären, GC-reichen Region. Die Analyse dieser Inversion wird ermöglicht durch eine Auflösung von 700–850 Banden pro Genom.

a

b

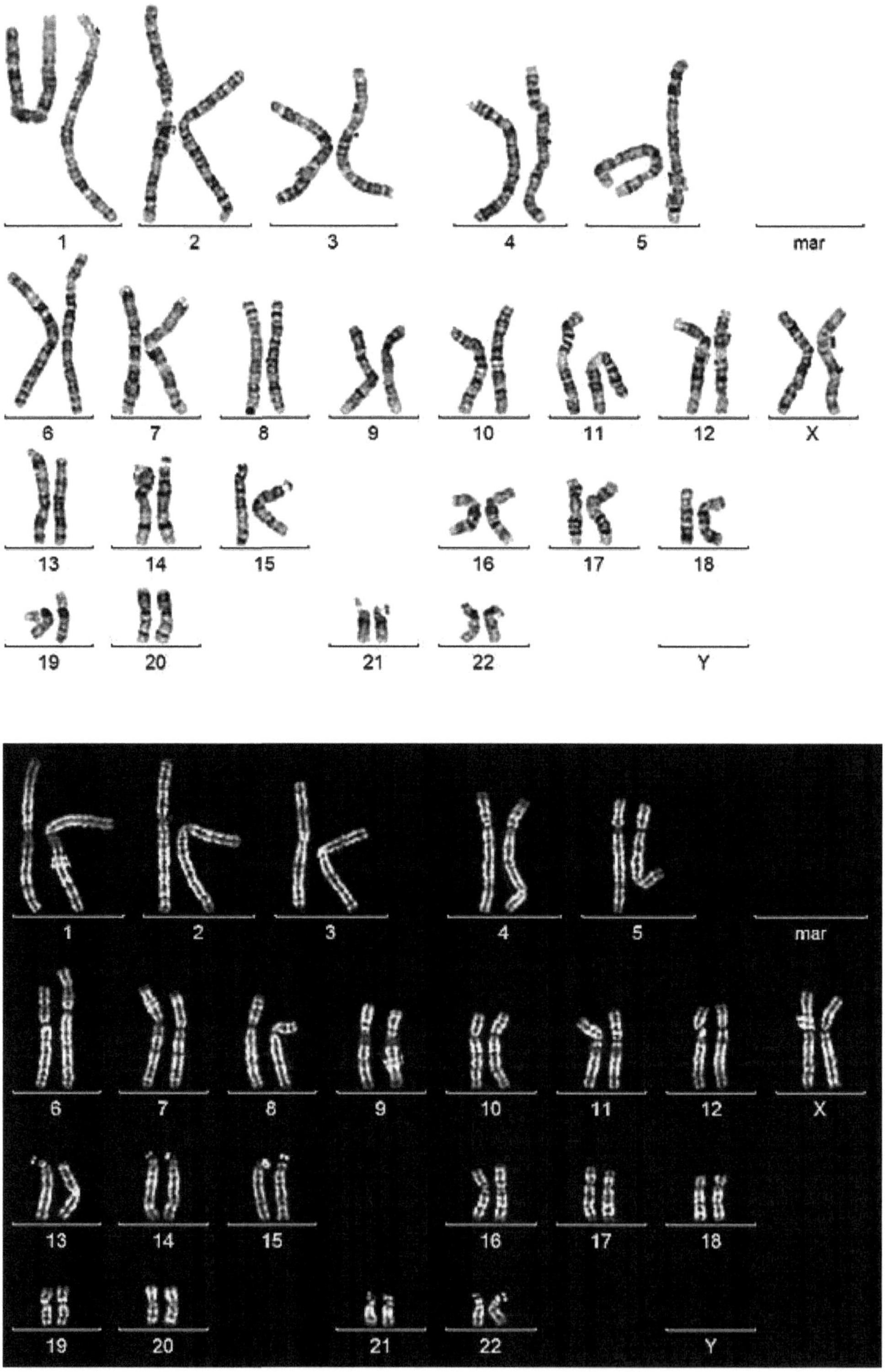

Abb. 6.36 Karyotyp 46,XX,inv(15)(q24q26.3). **a** GTG-, **b** QFQ-Bänderung, 700 und 550 Banden pro Genom, **c** QFQ-, **d** GTG-Bänderung, Chromosomen aus verschiedenen Mitosen, *links* normales, *rechts* invertiertes Chromosom 15, **e** Ideogramme: distale Position des invertierten Segments

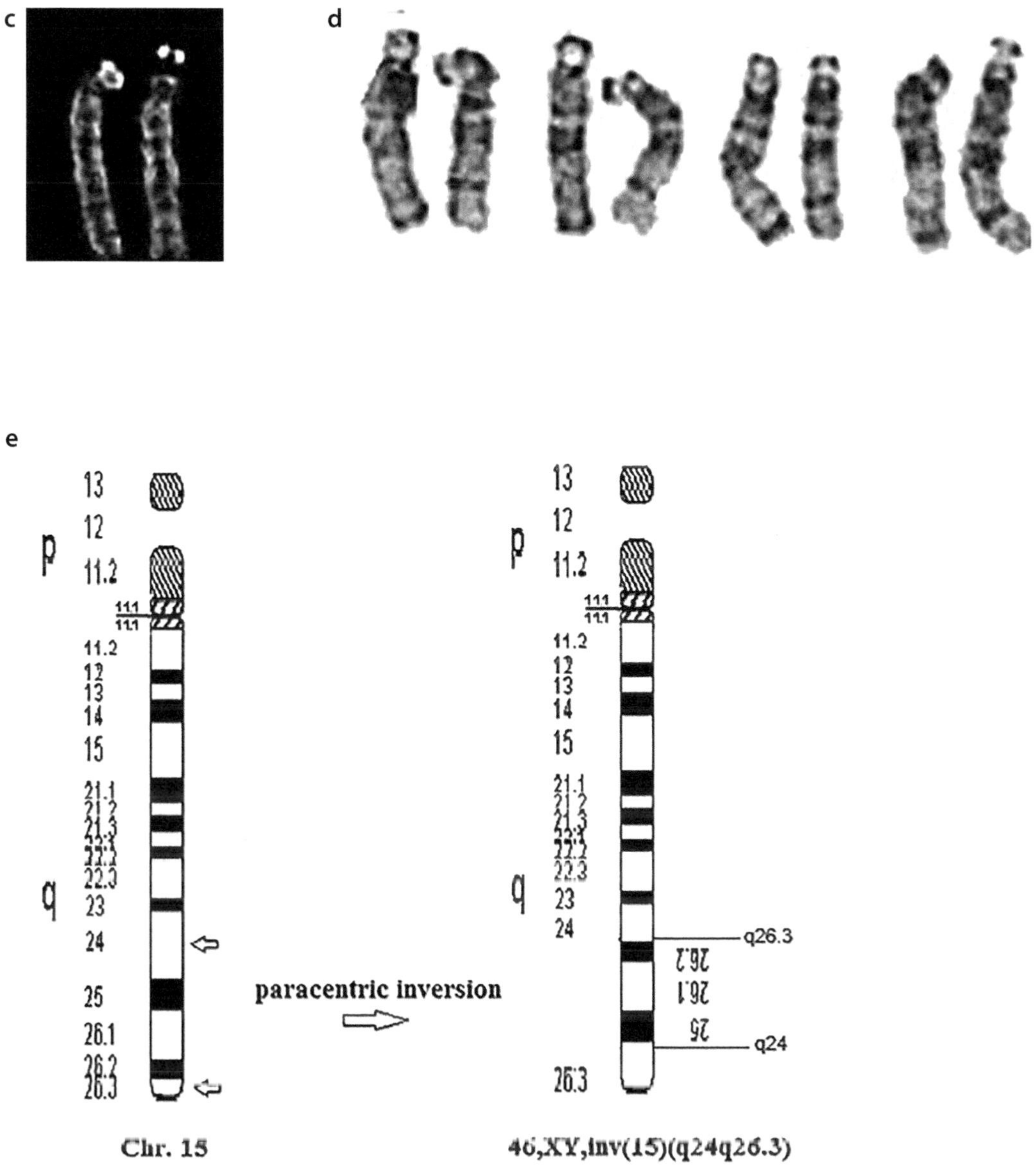

Abb. 6.36 (Fortsetzung)

Cave

Die invertierte Region ist relativ klein und das geringe genetische Risiko wird weiter reduziert durch die Position eines Bruchpunkts (p12) in einem heterochromatischen Segment. Das niedrige genetische Risiko ist bei der Beratung zu berücksichtigen. (Abb. 6.37).

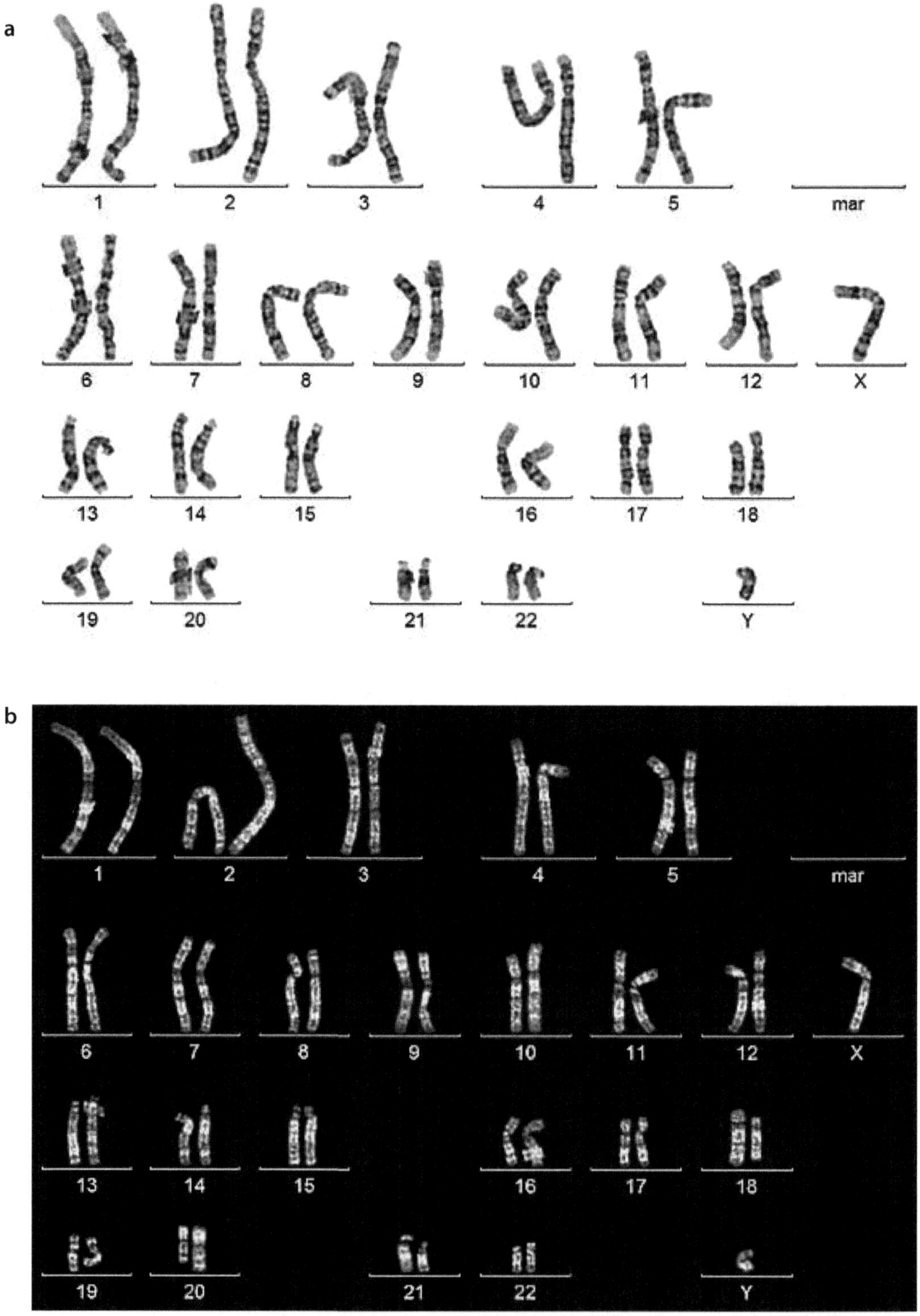

Abb. 6.37 Karyotyp 46,XY,inv(19)(p12p13.13). **a** GTG-, **b** QFQ-Bänderung, 700 und 500 Banden pro Genom, **c** CBG-, **d** QFQ-, **e** GTG-Bänderung, Chromosomen aus verschiedenen Mitosen, *links* normales, *rechts* invertiertes Chromosom 19, **f** Ideogramme: das invertierte Chromosom 19 ist durch die Translokation von perizentromerem Heterochromatin in das Euchromatin des distalen kurzen Armes gekennzeichnet

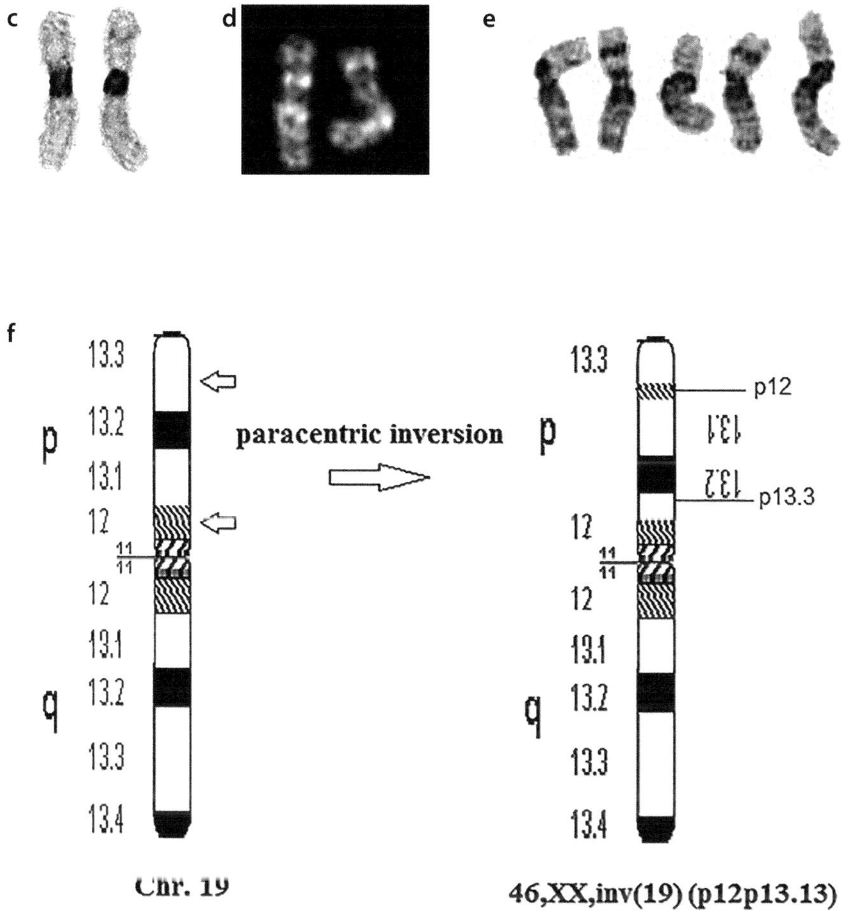

Abb. 6.37 (Fortsetzung)

▪ **Fall 38: Karyotyp: 46,XX,inv(19)(q13.31q13.42)**
Indikation zur Chromosomenanalyse: Unerfüllter Kinderwunsch

▪▪ Morphologie

Eine parazentrische Inversion im intermediären bis distalen Bereich des langen Arms des Chromosoms 19 wird vorgestellt, die etwa 25 % der Gesamtlänge des Chromosoms umfasst. Der Nachweis erfolgt durch das veränderte Bandenmuster, primär durch die Verschiebung der terminalen AT-reichen Bande q13.4 in die proximalere Position. Diese Untersuchung erfordert eine Auflösung von 700–850 Banden pro Genom.

▪▪ Cave

Die Trägerin dieser Inversion wird über ein geringes genetisches Risiko informiert werden (Abb. 6.38).

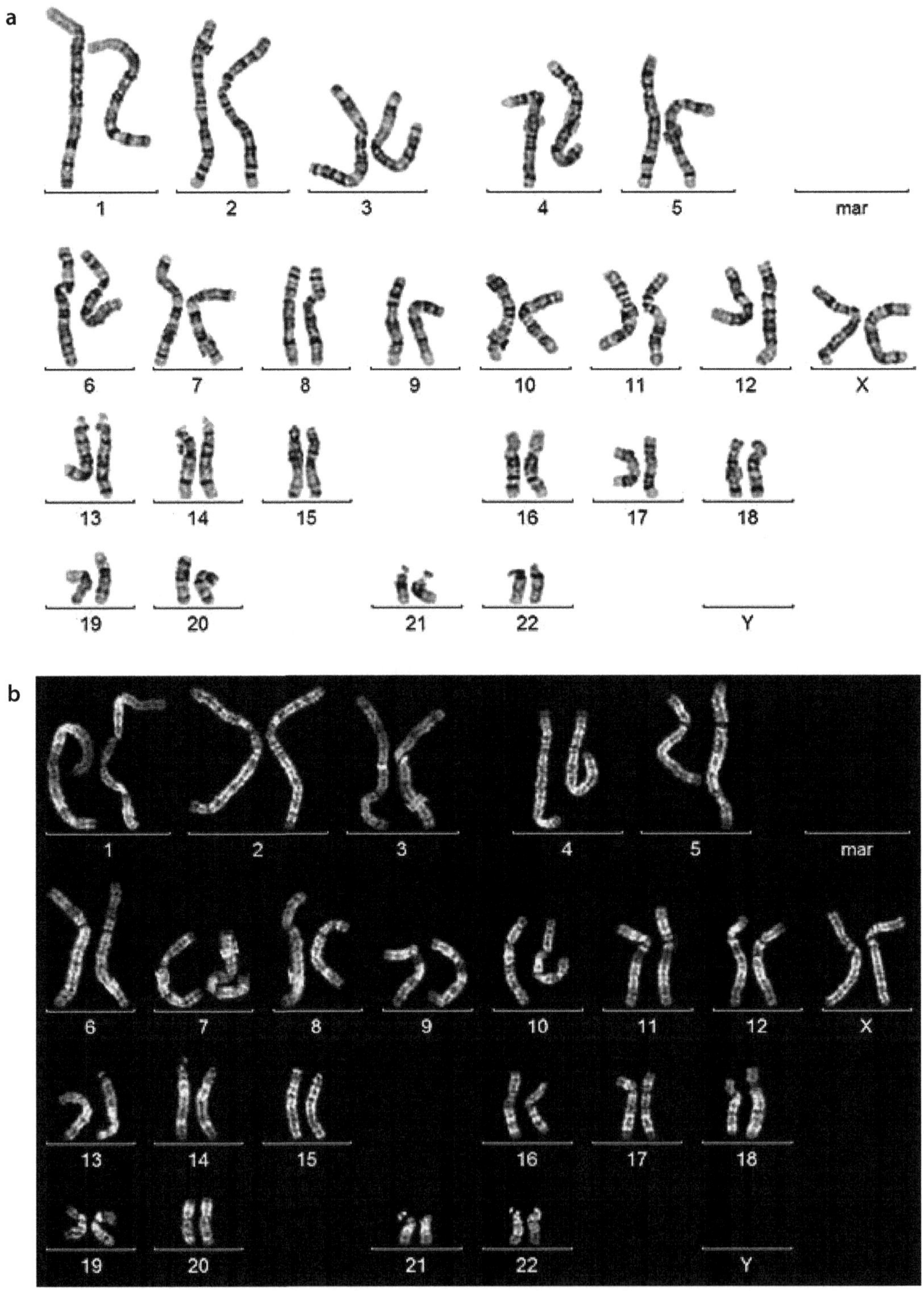

Abb. 6.38 Karyotyp 46,XX,inv(19)(q13.31q13.42). **a** GTG-, **b** QFQ-Bänderung, 800 und 700 Banden pro Genom, **c** QFQ-, **d** GTG-Bänderung, Chromosomen aus verschiedenen Mitosen, *links* normales, *rechts* invertiertes Chromosom 19, **e** Ideogramme: intermediäre bis distale Inversion im langen Arm

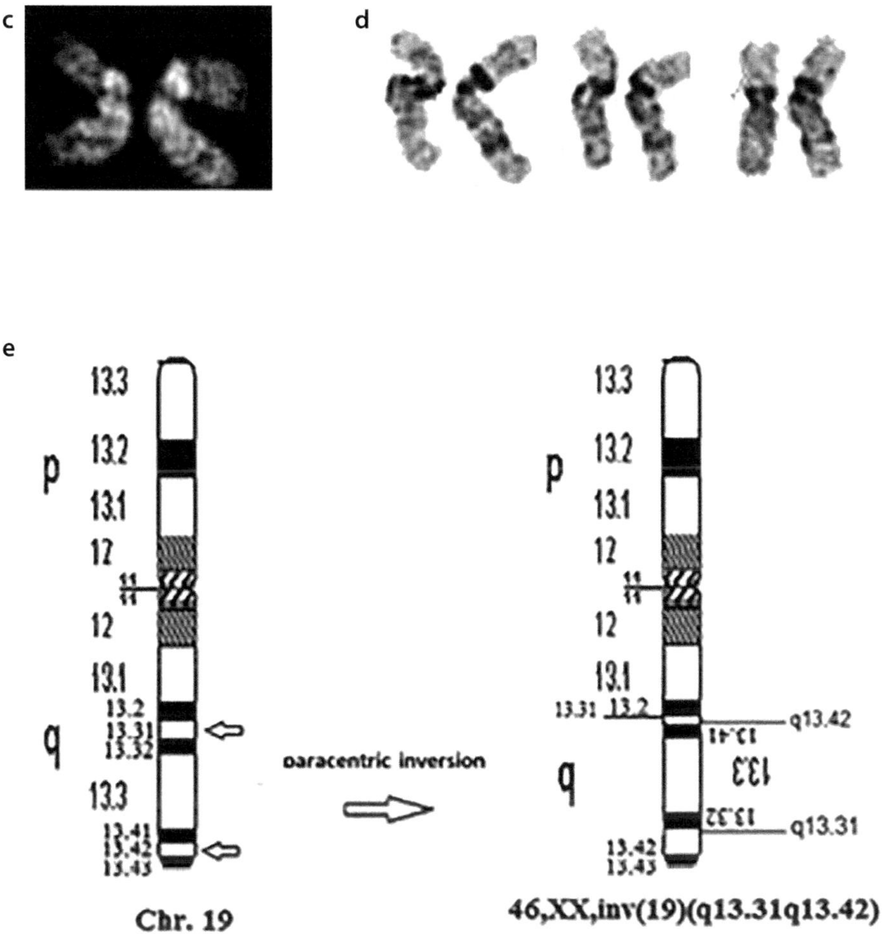

Abb. 6.38 (Fortsetzung)

Fall 39: Karyotyp: 46,X,inv(X)(p11.3p22.32)

Indikation zur Chromosomenanalyse: Unerfüllter Kinderwunsch

Morphologie

Dies ist eine sehr charakteristische und leicht zu diagnostizierende Inversion, da die AT-reiche Leitbande im kurzen Arm nun in einer distaleren Position liegt. Die Länge des invertierten Segments beträgt etwa 25 % der Gesamtlänge des X-Chromosoms.

Cave

Der kurze Arm des X-Chromosoms ist eine genreiche Region, daher ist eine pränatale Diagnose bei allen Inversionsträgern indiziert, und zusätzlich sollte ein Mikroarray durchgeführt werden, insbesondere bei männlichen Trägern, um ein ungleiches crossing-over gefolgt von einer Deletion auszuschließen, was besonders relevant bei hemizygoten männlichen Trägern sein kann (Abb. 6.39).

a

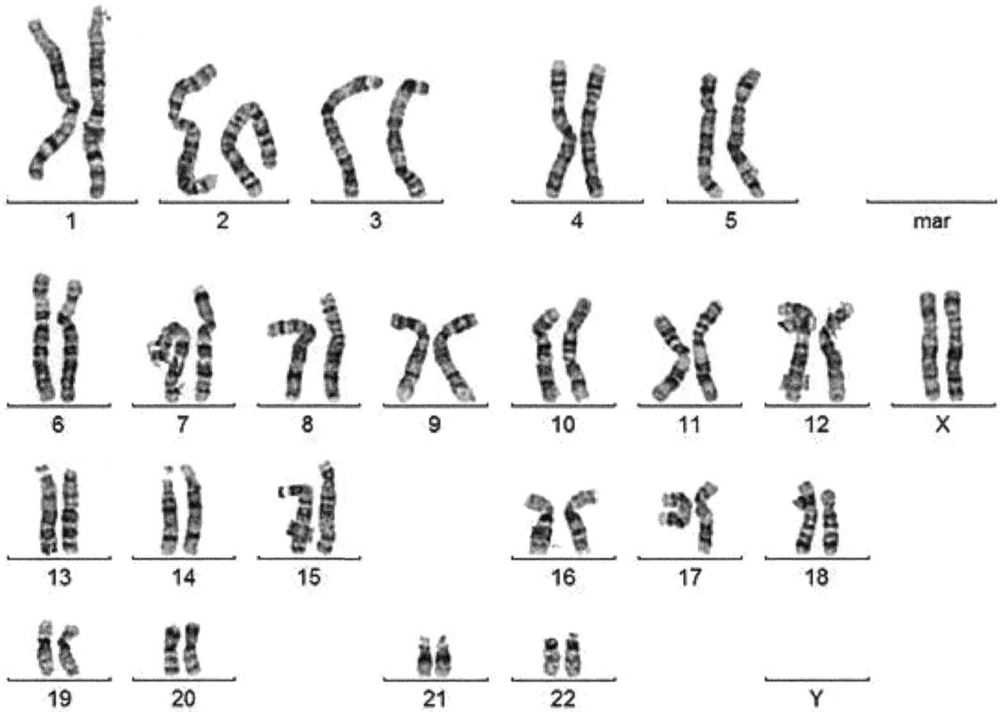

b

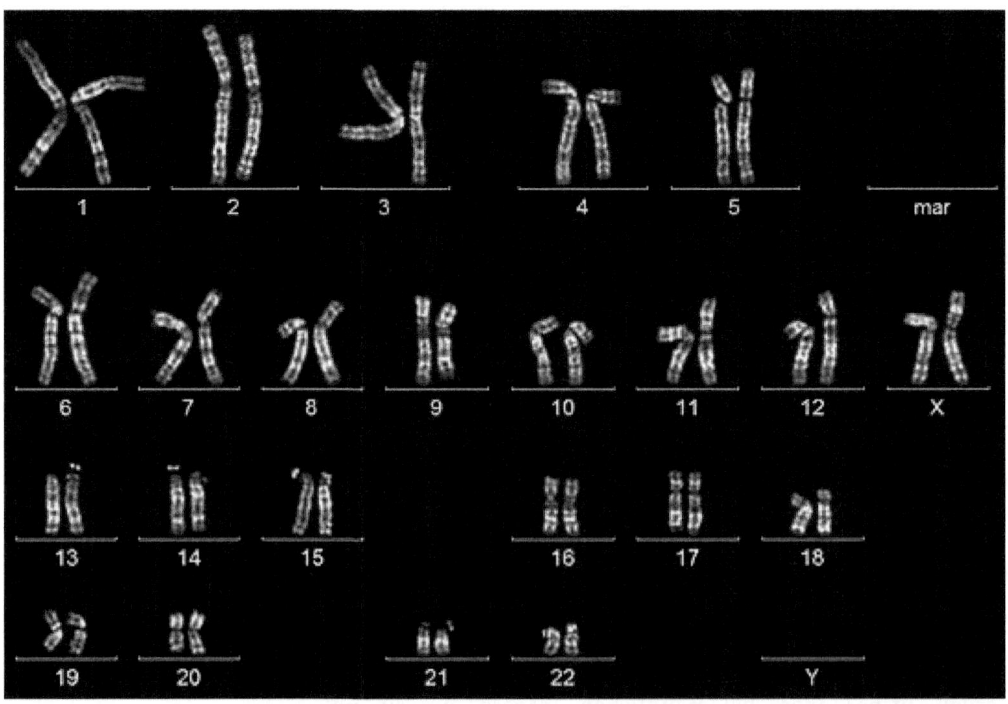

Abb. 6.39 Karyotyp 46,X,inv(X)(p11.3p22.32). **a** GTG-, **b** QFQ-Bänderung, 700 und 500 Banden pro Genom, **c** QFQ-, **d** GTG-Bänderung, Chromosomen aus verschiedenen Mitosen, *links* normales, *rechts* invertiertes X-Chromosom, **e** Ideogramme: die Inversion umfasst fast den gesamten kurzen Arm

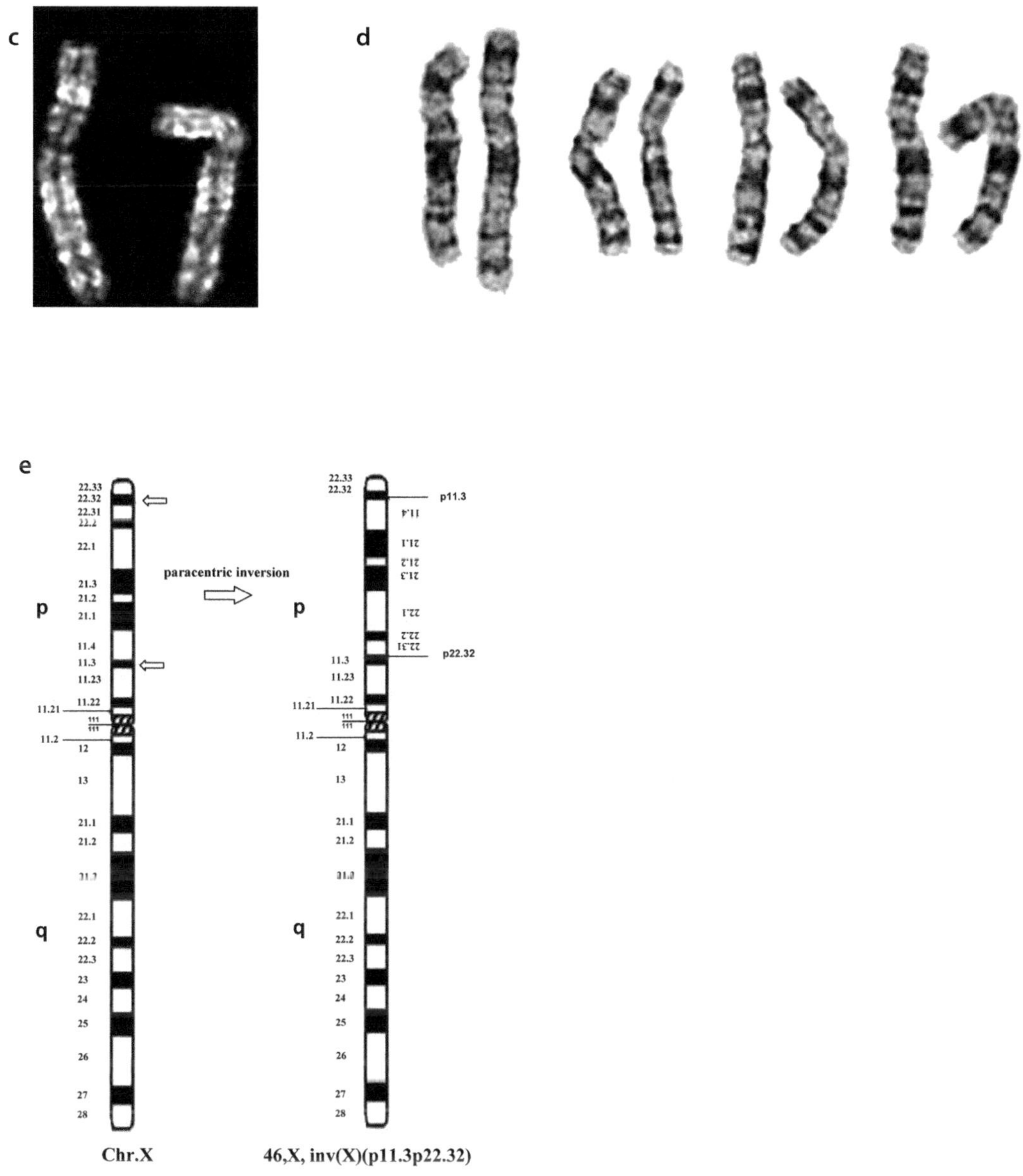

Abb. 6.39 (Fortsetzung)

- **Fall 40: Karyotyp: 46,X,inv(Y)(q11.21q12),inv(9)(p12q12),inv(9)(p12q13)**

Indikation zur Chromosomenanalyse: Unerfüllter Kinderwunsch

Der Proband hat drei verschiedene Inversionen, zwei davon in heterochromatischen Regionen und eine kombiniert im Euchromatin und Heterochromatin.

Morphologie

1. inv (Y)(q11.21q12),
   Die parazentrische Inversion im langen Arm des Y-Chromosoms hat einen Bruchpunkt in der proximalen AT-reichen Bande q11.21 und den zweiten in dem heterochromatischen Block q12. Das Segment umfasst etwa 45 % der Gesamtlänge des Y-Chromosoms, was der individuelle Prozentsatz in dem vorliegenden Fall ist, da die Länge von q12 sehr variabel ist. Die Analyse der Inversion wird durch eine Kombination von GTG-, QFQ- und CBG-Banden durchgeführt, da der distale heterochromatische Block disloziert ist und das Bandenmuster im Euchromatin verändert hat. Die Aberration ist einfach nachweisbar, aber die Bestimmung der Bruchpunkte erfordert eine Auflösung von mindestens 550 Banden pro Genom.
2. Typ I: inv(9)(p12q13) und Typ II: inv(9)(p12q12).
   Beide Chromosomen 9 zeigen, klassifiziert als Heteromorphismen oder Varianten, perizentrische Inversionen des Heterochromatins. Während die eine von ihnen eine vollständige Inversion des heterochromatischen Blocks q12 ist (Typ I, Häufigkeit in der europäischen Bevölkerung 1 %) zeigt die zweite eine partielle Inversion des Heterochromatins (Typ II, Häufigkeit in der europäischen Bevölkerung 10 %) (siehe: ► Abschn. 15.6).

Cave

Die Heterochromatin-Inversionen des Chromosoms 9 bedeuten kein erhöhtes genetisches Risiko. Die parazentrische Inversion Y kann zu männlichen Fertilitätsproblemen führen (◘ Abb. 6.40).

a

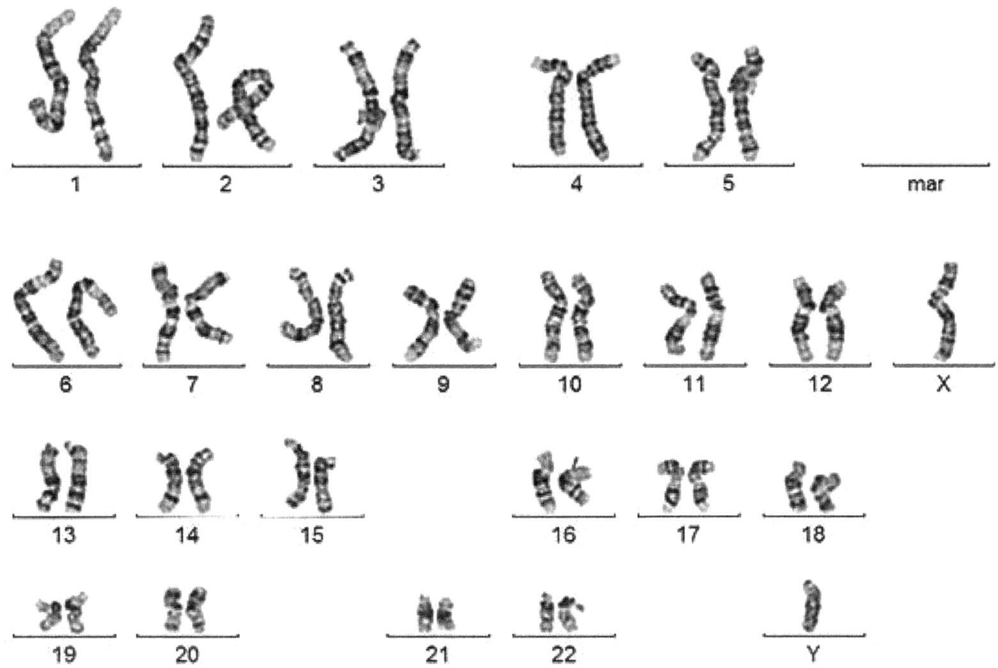

b

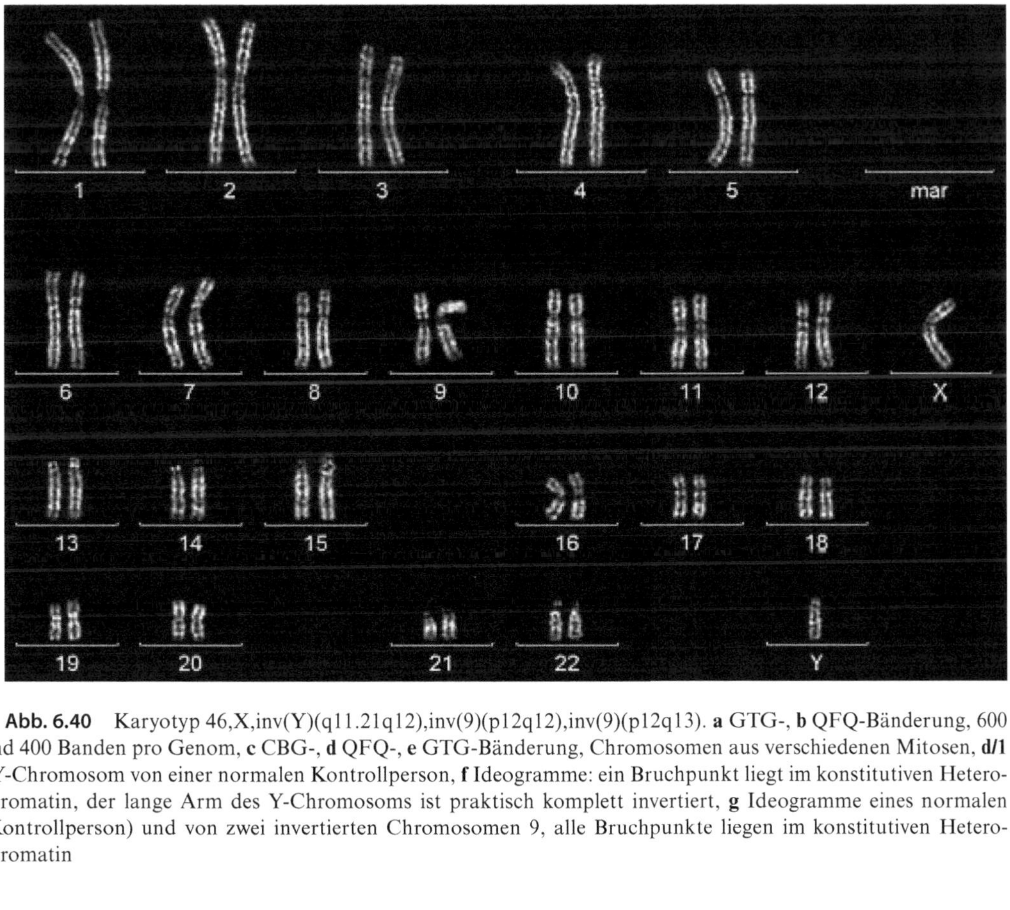

Abb. 6.40 Karyotyp 46,X,inv(Y)(q11.21q12),inv(9)(p12q12),inv(9)(p12q13). **a** GTG-, **b** QFQ-Bänderung, 600 und 400 Banden pro Genom, **c** CBG-, **d** QFQ-, **e** GTG-Bänderung, Chromosomen aus verschiedenen Mitosen, **d/1** : Y-Chromosom von einer normalen Kontrollperson, **f** Ideogramme: ein Bruchpunkt liegt im konstitutiven Heterochromatin, der lange Arm des Y-Chromosoms ist praktisch komplett invertiert, **g** Ideogramme eines normalen (Kontrollperson) und von zwei invertierten Chromosomen 9, alle Bruchpunkte liegen im konstitutiven Heterochromatin

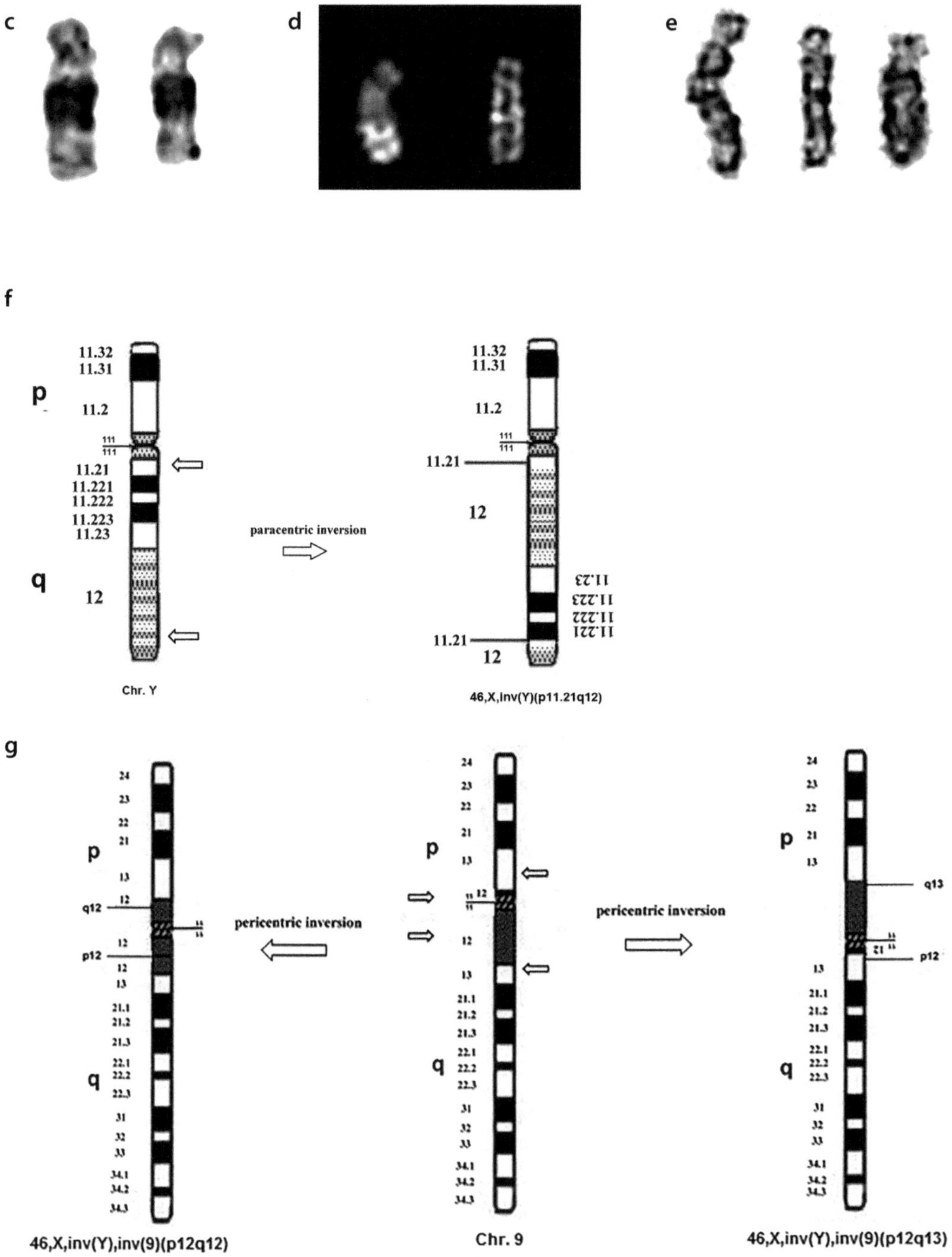

Abb. 6.40 (Fortsetzung)

6.3 Zusammenfassung

Die hier vorgestellte Sammlung umfasst 47 Inversionen. Aus Platzgründen wurden nur 40 von ihnen im Detail beschrieben. Die gesamte Untersuchungsgruppe beinhaltet parazentrische und perizentrische Inversionen in Frequenzen von 58 % und 42 %. Dies bedeutet, dass parazentrische Inversionen in der Untersuchungsgruppe häufiger waren als perizentrische. Darüber hinaus wurde eine ungleiche interchromosomale Verteilung der beteiligten Chromosomen festgestellt: Die großen Chromosomen 1–12 und das X-Chromosom umfassten 73 % der Inversionen, die Chromosomen 13–22 und das Y nur 27 % und in der letzteren Gruppe wiesen die Chromosomen 17, 18, 21 und 22 keine Inversionen auf.

Bei perizentrischen Inversionen waren die Bruchpunkte etwa gleichmäßig in proximalen, intermediären und distalen Chromosomenregionen verteilt, während bei parazentrischen Inversionen etwa 52 % intermediär, 33 % distal und nur 15 % proximal lokalisiert waren.

Die Größe der invertierten Regionen reicht von 4 % bis zu einem Maximum von 80 % der Gesamtlänge des beteiligten Chromosoms.

Alle gezeigten Inversionen konnten sicher durch das veränderte Bandenmuster von Insertionen unterschieden werden.

Die Geschlechtsverteilung war bei beiden Inversionsgruppen etwa gleich.

Deletionen

Inhaltsverzeichnis

C. Behrend et al., *Atlas der Menschlichen Chromosomen*,
https://doi.org/10.1007/978-3-032-13717-3_7

7.1 Deletionen

41. 46,XY,del(1)(p36.3)
42. 46,XY,del(2)(q31q32.1),inv(4)(p12q11.2)
43. 46,XY,del(4)(q31.3)
44. 46,XX,del(5)(p14.2)
45. 46,XX,del(5)(p15.1)
46. 46,XY,del(8)(p23) [40]/46,XY[1]
47. 46,XX,del(9)(p22p24),inv(4)(p12q11.2)
48. 46,XX,del(10)(p13p15.1)
49. 46,XY,del(13)(q21.2q31)
50. 46,XY,del(15)(q11.2q13),inv(4)(p12q11.2)
51. 46,XY,del(17)(p11.2),inv(4)(p12q11.2)
52. 46,XX,del(17)(q23.1q23.3),inv(3)(p11.1q11.2)2x
53. 46,XX,del(18)(p11.2),dup(7)(q36)t der(18),t(7;18)(q36;p11.2) (D18S552-,7QTEL20 +),inv(9)(p12q13)
54. 46,XX,del(18)(q21.3),inv(4)(p12q11.2)
55. 46,X,del(X)(p11.23)
56. 46,X,del(X)(p22.1)
57. 46,X,del(X)(p22.1p22.2),inv(4)(p12q11.2)
58. 46,X,del(X)(q21.2)
59. 46,X,del(X)(q27.2)
60. 46,X,del(Y)(q11.22).

7.1.1 Detaillierte Darstellung der Kasuistiken

▪ Fall 41: Karyotyp: 46,XY,del(1)(p36.3)

Indikation für die Chromosomenanalyse: Charakteristische Symptome der 1p36-Deletion.

▪▪ Morphologie

Das deletierte Chromosom endet mit der AT-Bande p36.2. Eine Auflösung von 550–700 Banden pro Genom war notwendig, um eine genaue Diagnose bei dem hier vorgestellten Fall zu erhalten.

▪▪ Cave

Chromosomenuntersuchungen bei den Eltern sollten durchgeführt werden, um das Vorhandensein einer balancierten reziproken Translokation bei einem von ihnen auszuschließen. Nach diesen zusätzlichen Analysen sollte ihnen eine detaillierte genetische Beratung angeboten werden (◘ Abb. 7.1).

a

b

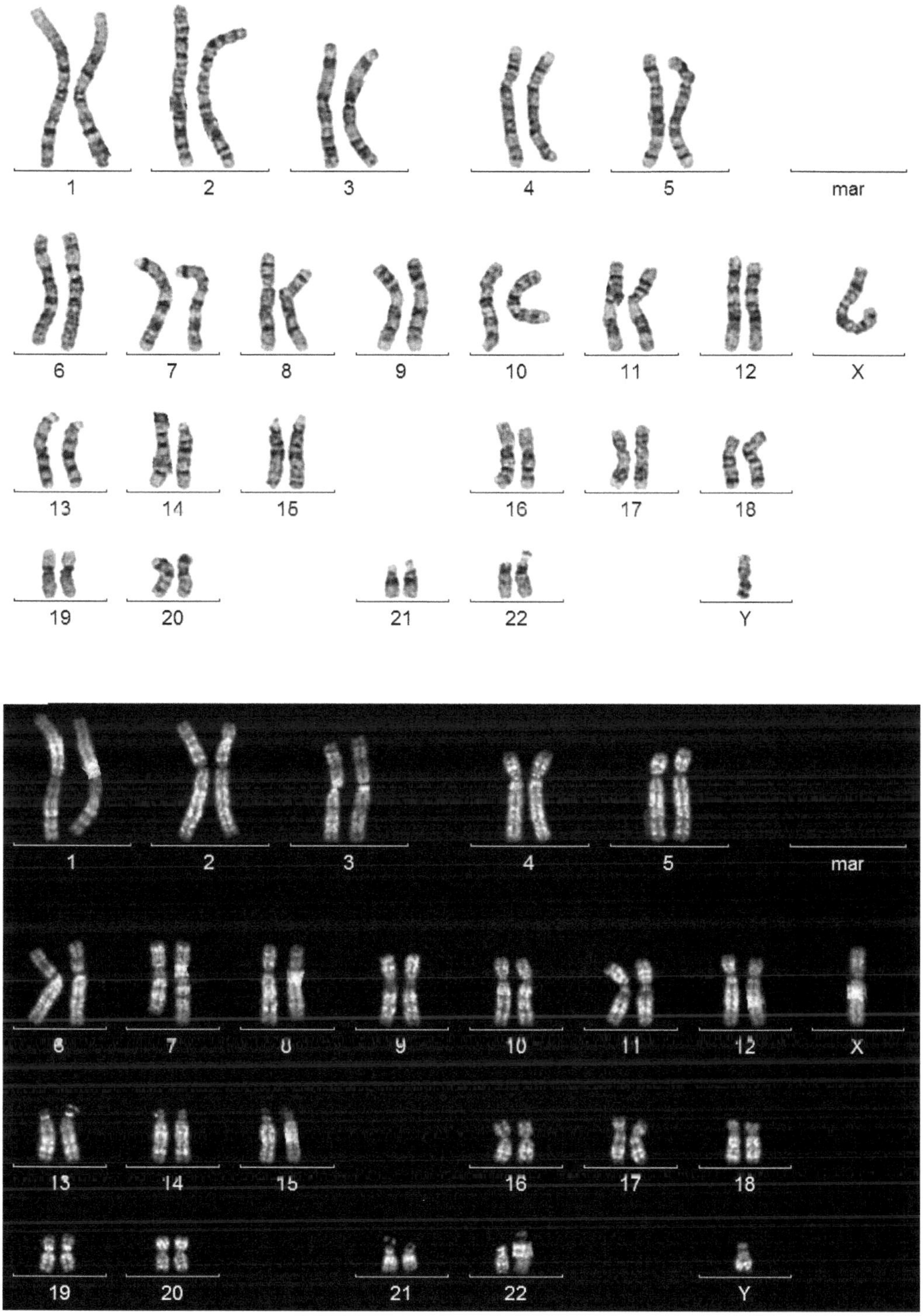

Abb. 7.1 Karyotyp 46,XY,del(1)(p36.3). **a** GTG-, **b** QFQ-Bänderung, 600 und 400 Banden pro Genom, **c** QFQ-, **d** GTG-Bänderung, Chromosomen aus verschiedenen Mitosen, *links* normales, *rechts* deletiertes Chromosom 1, **e** Ideogramme von Chromosom 1, kleine distale Deletion im kurzen Arm des aberranten Chromosoms

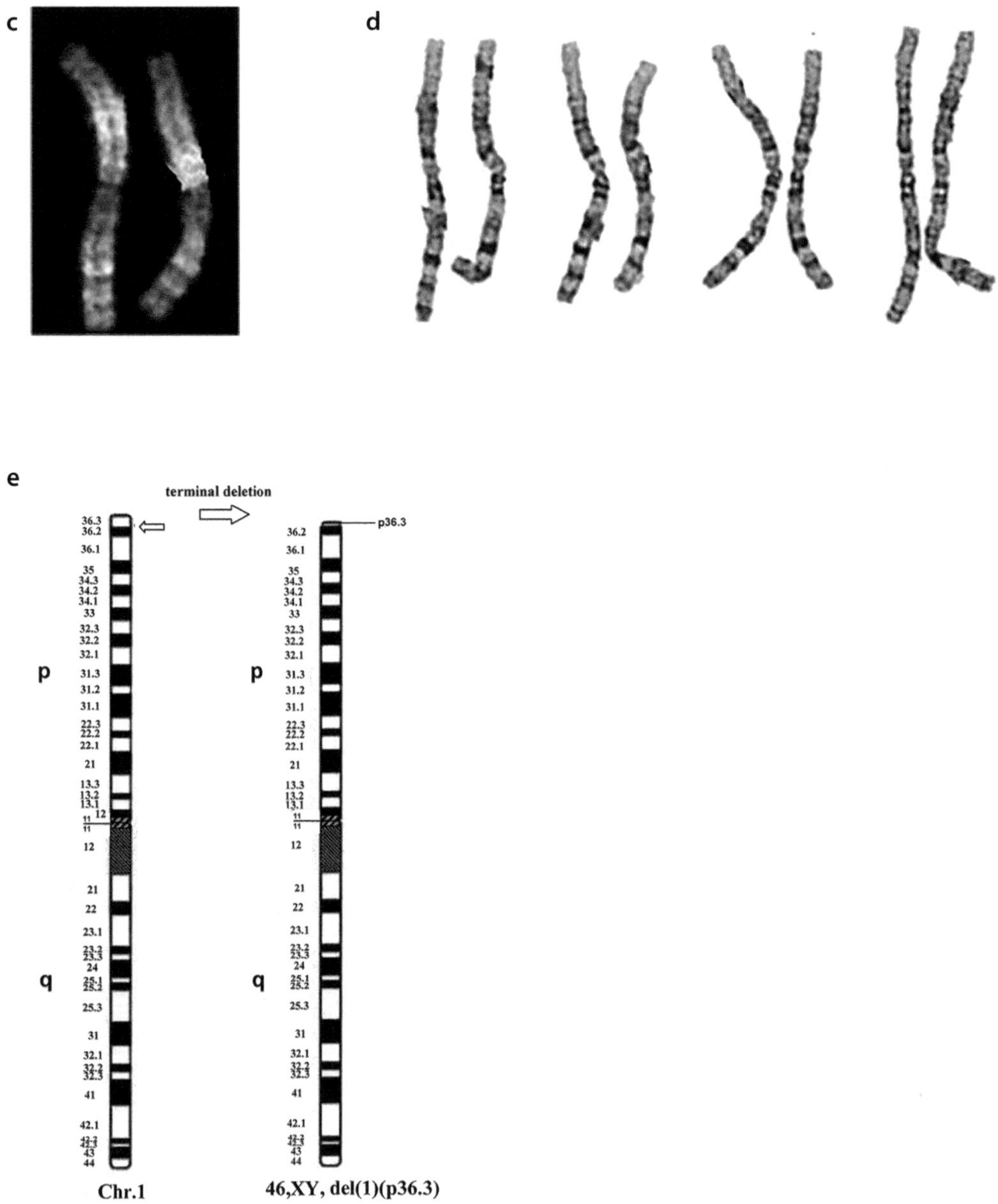

Abb. 7.1 (Fortsetzung)

- **Fall 42: Karyotyp: 46,XY,del(2)(q31q32.1),inv(4)(p12q11.2)**

Der Proband zeigt eine euchromatische Deletion und eine perizentromerische Inversion im Heterochromatinblock von Chromosom 4.

Indikation für die Chromosomenanalyse: Entwicklungsverzögerungdes Sohnes der Ratsuchenden.

▪▪ Morphologie

1. del(2)(q31q32.1)
   Die interstitielle Deletion im langen Arm von Chromosom 2 führt zu einem veränderten Bandenmuster und zu einer Veränderung des Index von langem und kurzem Arm.
2. inv(4)(p12q11.2)
   Diese Inversion betrifft nur heterochromatische Segmente und wird daher als Polymorphismus ohne genetische Relevanz eingestuft. In der europäischen Bevölkerung ist es die häufigste Inversion in einer heterochromatischen Region mit 7,6 % (siehe:Abschn. 15.6).

▪▪ Cave

Die Eltern müssen untersucht werden, um eine Inversion bei einem von ihnen auszuschließen. Eine genetische Beratung ist angezeigt (▪ Abb. 7.2).

▪ Fall 43: Karyotyp: 46,XY,del(4)(q31.3)

Indikation für die Chromosomenanalyse: Charakteristische klinische Symptome des Deletionssyndroms 4q31 beim Probanden.

▪▪ Morphologie

Der lange Arm des deletierten Chromosoms 4 zeigt nur noch etwa 70 % seiner ursprünglichen Länge.

▪▪ Cave

Die Chromosomen der Eltern sollten untersucht werden, um eine reziproke Translokation bei einem von ihnen auszuschließen und ansschließend sollte eine genetische Beratung angeboten werden (▪ Abb. 7.3).

▪ Fall 44: Karyotyp: 46,XX,del(5)(p14.2)

Indikation für die Chromosomenanalyse: Cri-du-chat-Syndrom mit typischem Weinen der Probandin, charakteristische Gesichtszüge und mäßige Entwicklungsretardierung.

▪▪ Morphologie

Die Deletion der Patientin umfasst etwa 50 % des kurzen Arms von Chromosom 5 und 15 % seiner Gesamtlänge.

▪▪ Cave

In etwa 8–15 % der Fälle leitet sich die 5p-Deletion aus der unbalancierten Vererbung einer elterlichen Translokation ab. Daher sollten die Chromosomen der Eltern untersucht warden vor einer genetischen Beratung (▪ Abb. 7.4).

a

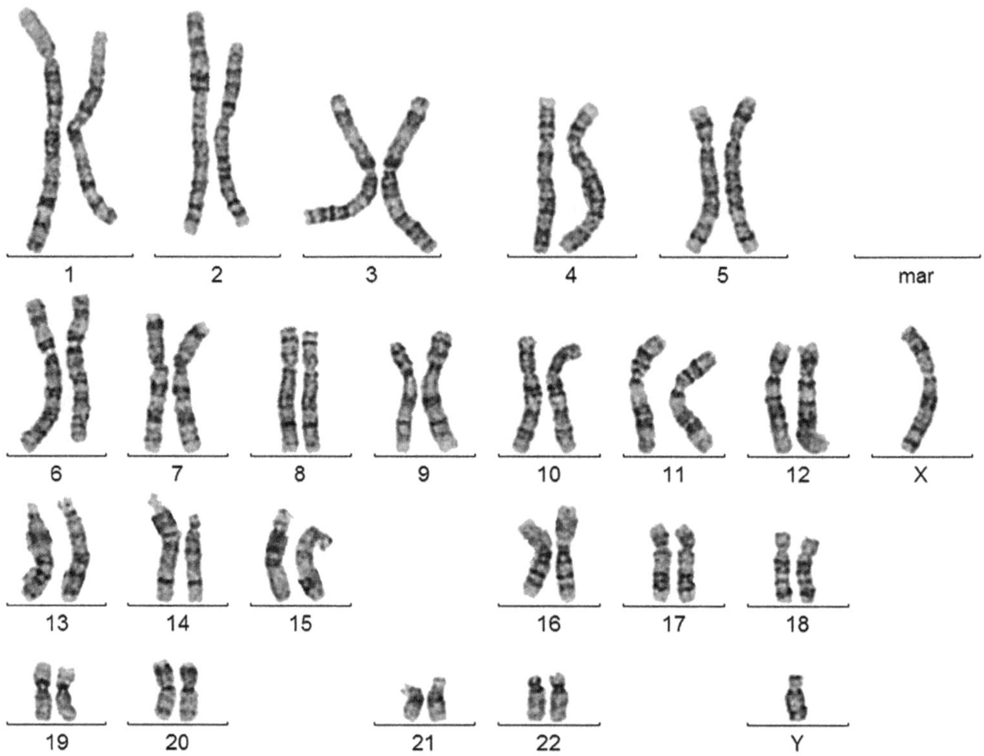

b

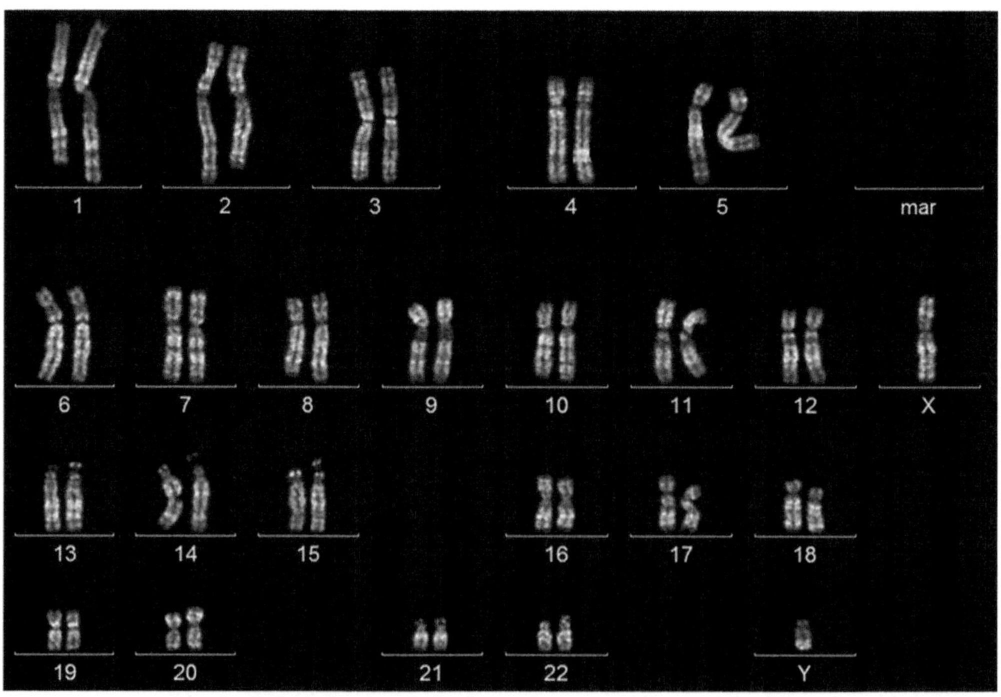

Abb. 7.2 Karyotyp 46,XY,del(2)(q31q32.1),inv(4)(p12q11.2). **a** GTG-, **b** QFQ-Bänderung, 700 und 400 Banden pro Genom, **c** QFQ-, **d** GTG-Bänderung, Chromosomen aus verschiedenen Mitosen, *links* normales, *rechts* deletiertes Chromosom 2, **e** *links* normales, *rechts* invertiertes Chromosom 4, **f** Ideogramme von Chromosom 2, kurze interstitielle Deletion im langen Arm, **g** Ideogramme von Chromosom 4, perizentrische Inversion beschränkt auf das Heterochromatin

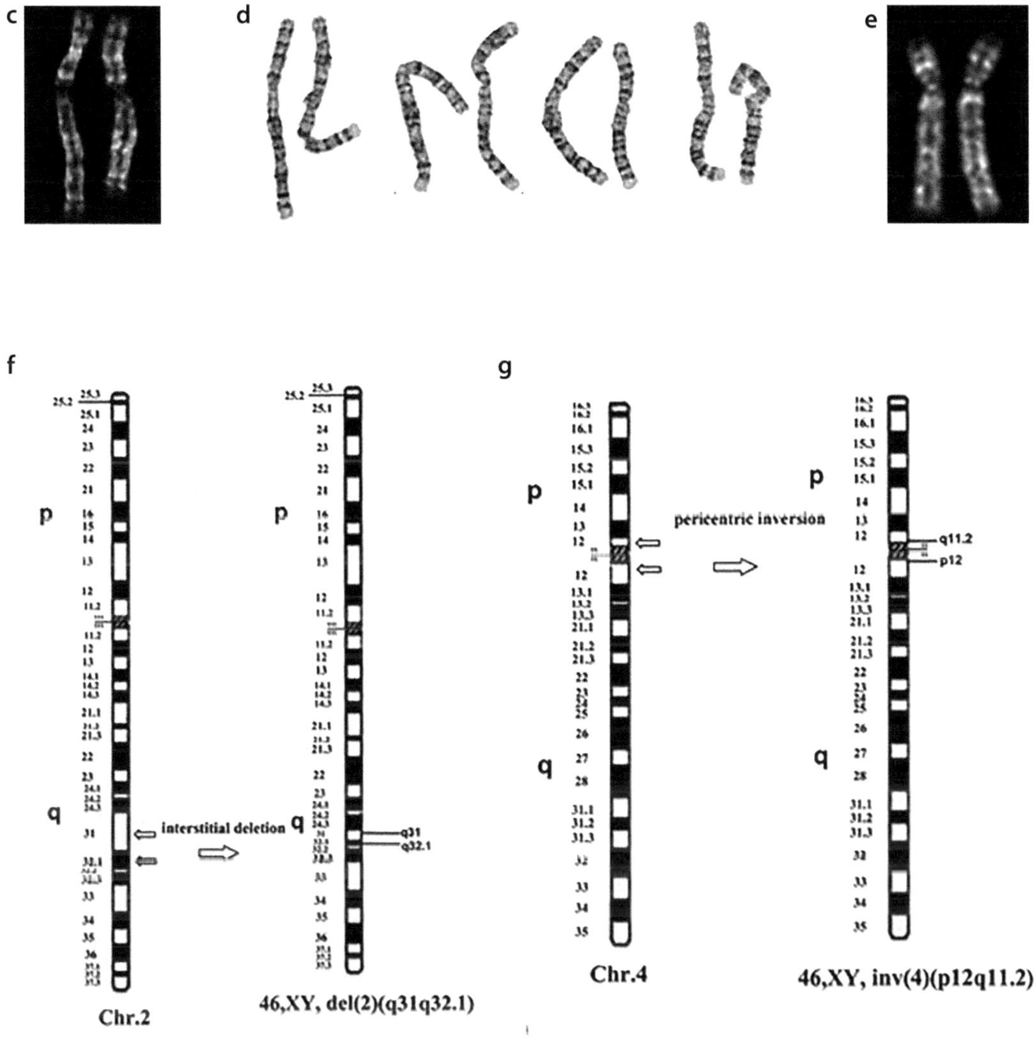

Abb. 7.2 (Fortsetzung)

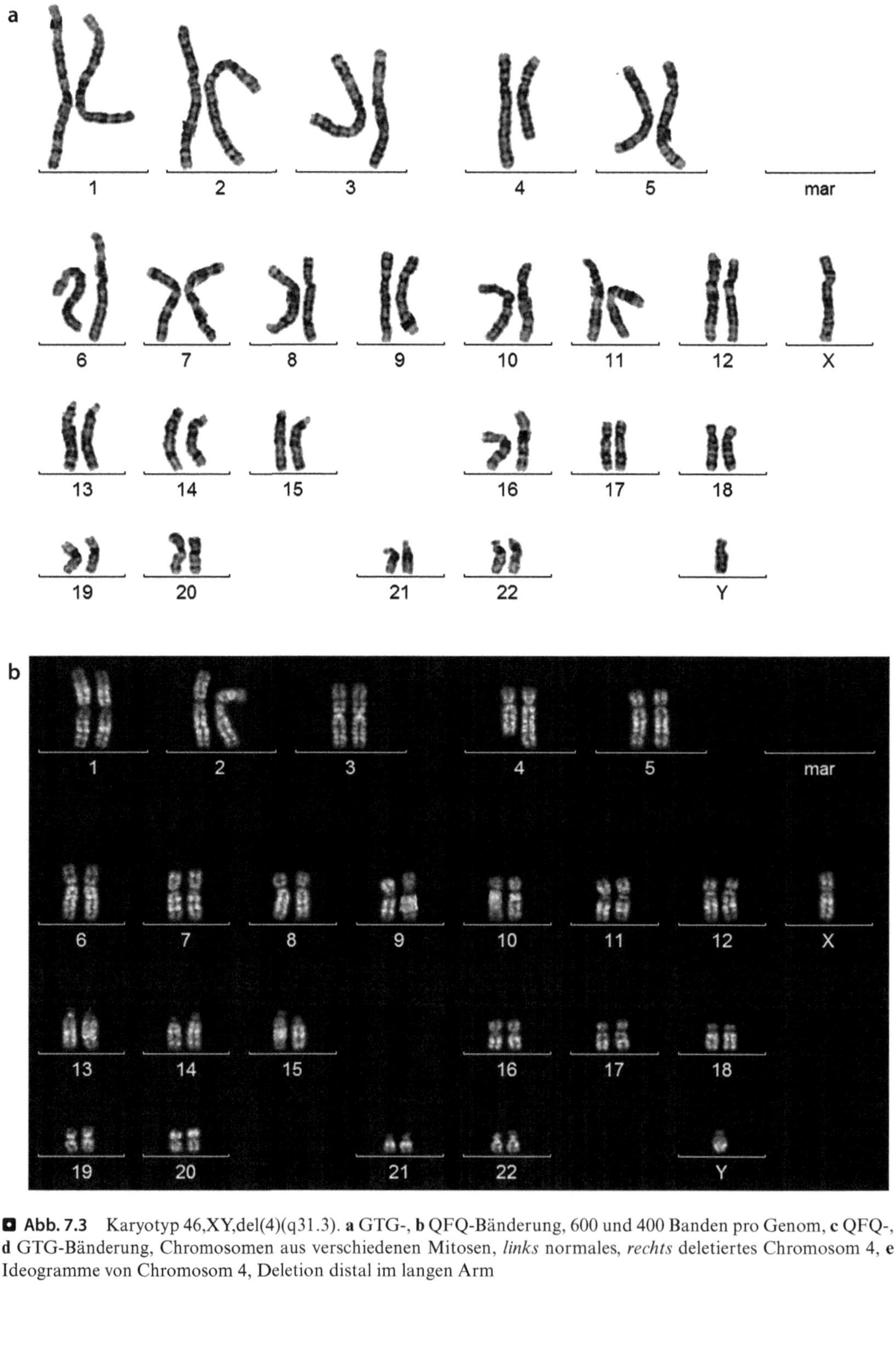

Abb. 7.3 Karyotyp 46,XY,del(4)(q31.3). **a** GTG-, **b** QFQ-Bänderung, 600 und 400 Banden pro Genom, **c** QFQ-, **d** GTG-Bänderung, Chromosomen aus verschiedenen Mitosen, *links* normales, *rechts* deletiertes Chromosom 4, **e** Ideogramme von Chromosom 4, Deletion distal im langen Arm

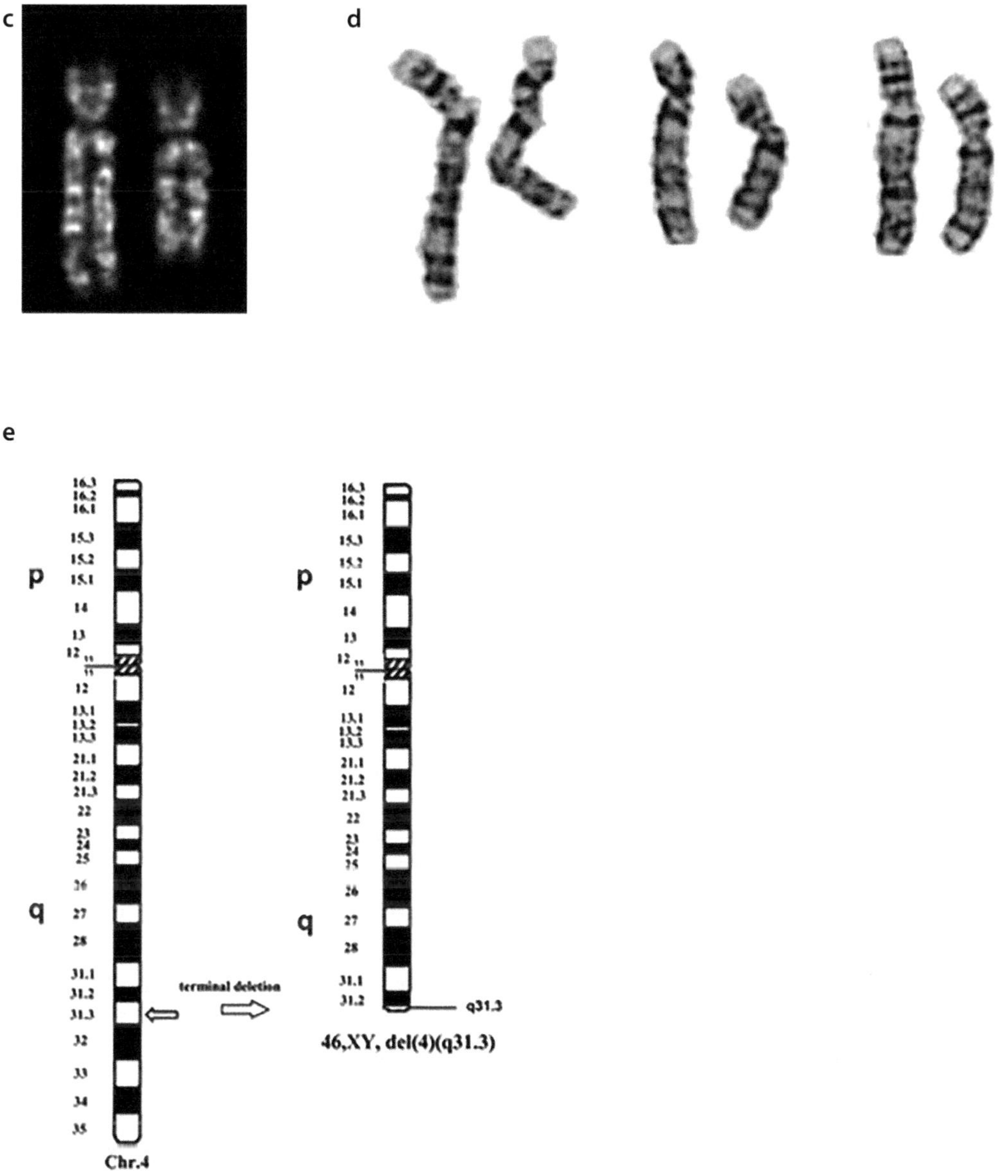

Abb. 7.3 (Fortsetzung)

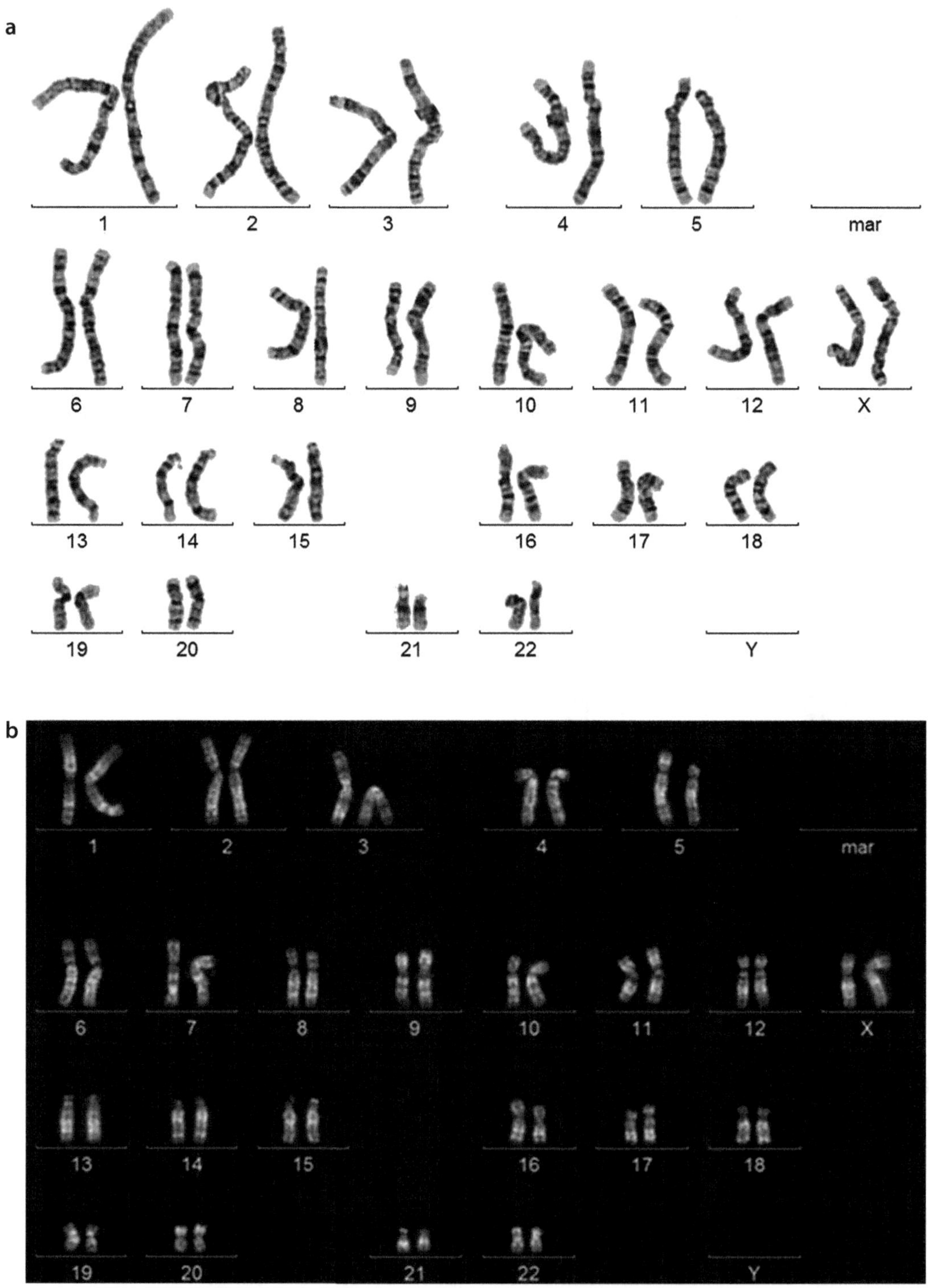

Abb. 7.4 Karyotyp 46,XX,del(5)(p14.2). **a** GTG-, **b** QFQ-Bänderung, 600 und 400 Banden pro Genom, **c** QFQ-, **d** GTG-Bänderung, Chromosomen aus verschiedenen Mitosen, *links* normales, *rechts* deletiertes Chromosom 5, **e** Ideogramme von Chromosom 5. Terminale Deletion von etwa 30 % des kurzen Arms

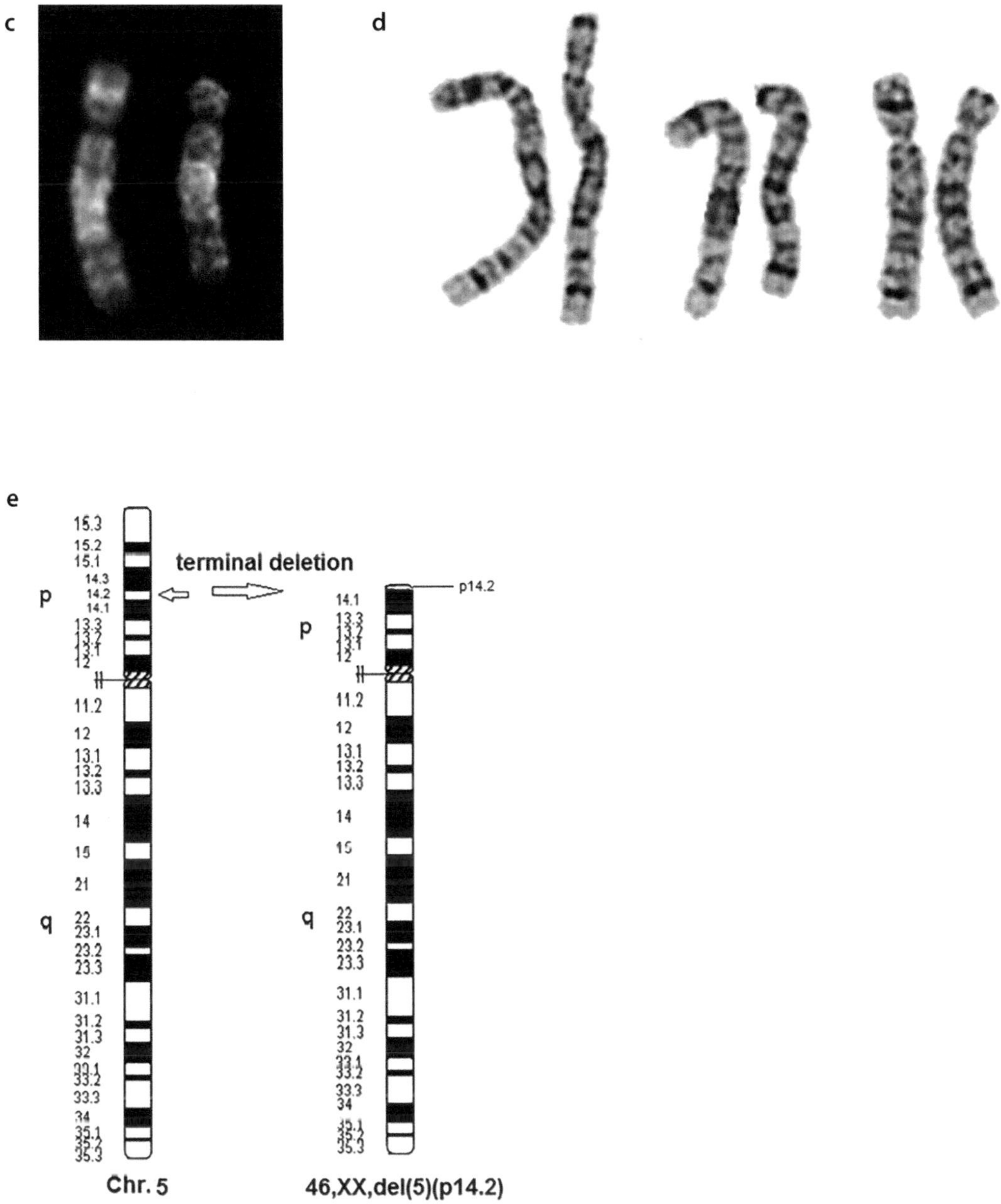

Abb. 7.4 (Fortsetzung)

- **Fall 45: Karyotyp: 46,XX,del(5)(p15.1)**

Indikation zur Chromosomenanalyse: Weinen der Probandin wie bei Kindern mit Cri-du-chat-Syndrom, aber nicht die typischen Gesichtszüge des Syndroms, leichte bis mäßige Entwicklungsretardierung.

■■ Morphologie

Die Deletion zeigt einen distaleren Bruchpunkt als im vorherigen Fall, was der Grund für den weniger schweren Phänotyp der Patientin sein kann. In beiden Fällen (44 und 45) muss die Bandenauflösung mindestens 550 Banden pro Genom betragen. Andernfalls können die Bruchpunkte nicht sicher bestimmt werden. Aber dies ist relevant für eine Prognose der Entwicklung.

■■ Cave

Die gleichen Kriterien müssen berücksichtigt werden wie im Fall 44 (◘ Abb. 7.5).

■ Fall 46: Karyotyp: mos46,XY,del(8)(p23) [40]/46,XY[1]

Indikation zur Chromosomenanalyse: Pathologischer Schwangerschaftsverlauf, spontaner Abort im ersten Trimenon.

■■ Morphologie

Die Chromosomenanalyse basiert auf einer Chorionzottenprobe. Die distale Deletion im kurzen Arm des Chromosoms 8 liegt als Mosaik vor. Daher muss die Deletion postzygotischen Ursprungs sein, verursacht durch eine Anomalie im Zellzyklus, und sie entstand de novo im pathologischen Konzeptus. Da die Analyse an einer Biopsie des Abortmaterials durchgeführt wurde, waren quantitative Analysen der beiden Karyotypen nicht möglich, ebenso wenig wie ihre Verteilung in verschiedenen somatischen Zellsystemen.

Die terminale Deletion 8p umfasst etwa 15 % des kurzen Arms.

■■ Cave

Dieser Fall macht es deutlich, dass Chromosomenuntersuchungen immer die Analyse einer ausreichenden Anzahl von Mitosen erfordern. Zusätzliche Mikroarray-Analysen werden dem Untersucher keine weiteren Informationen liefern (◘ Abb. 7.6).

■ Fall 47: Karyotyp: 46,XX,del(9)(p22p24),inv(4)(p12q11.2)

Zwei Rearrangements werden diagnostiziert, eine im Euchromatin und die zweite im konstitutiven Heterochromatin.

Indikation zur Chromosomenanalyse: Entwicklungsverzögerung.

a

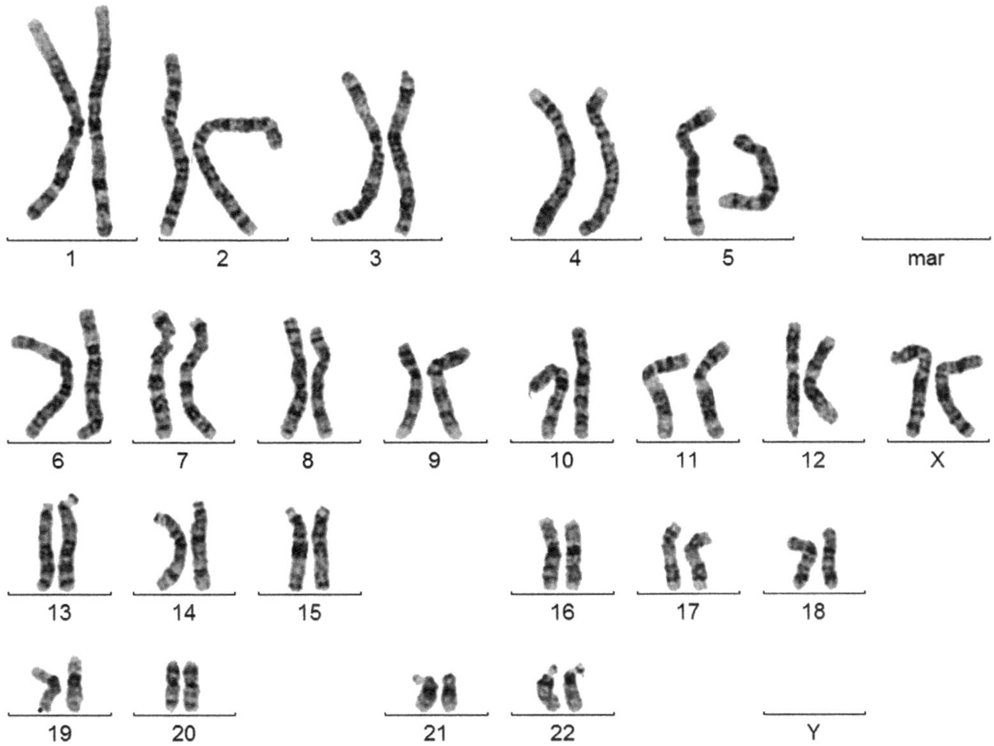

b

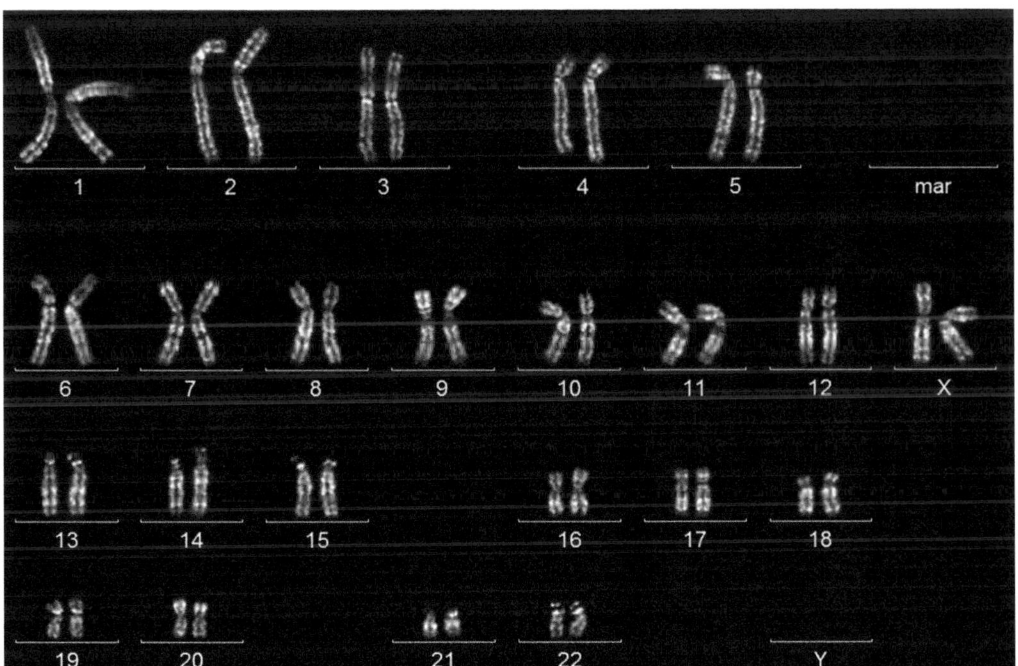

Abb. 7.5 Karyotyp 46,XX,del(5)(p15.1). **a** GTG-, **b** QFQ-Bänderung, 600 und 400 Banden pro Genom, **c** QFQ-, **d** GTG-Bänderung, Chromosomen aus verschiedenen Mitosen, c *links* normales, *rechts* deletiertes Chromosom 5, **e** Ideogramme des Chromosoms 5. Terminale Deletion von etwa 30 % des kurzen Arms und 9 % der Gesamtlänge des Chromosoms 5

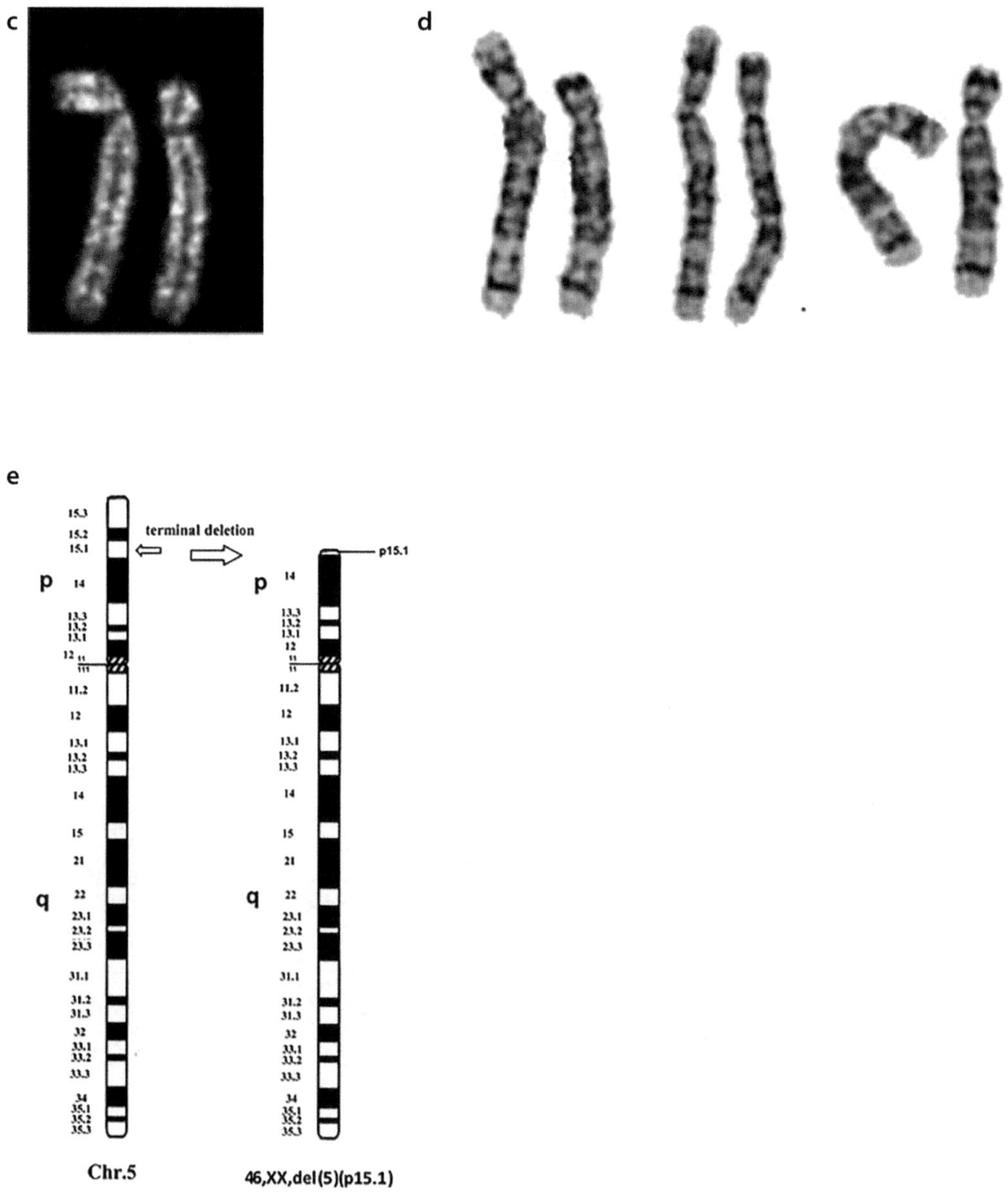

Abb. 7.5 (Fortsetzung)

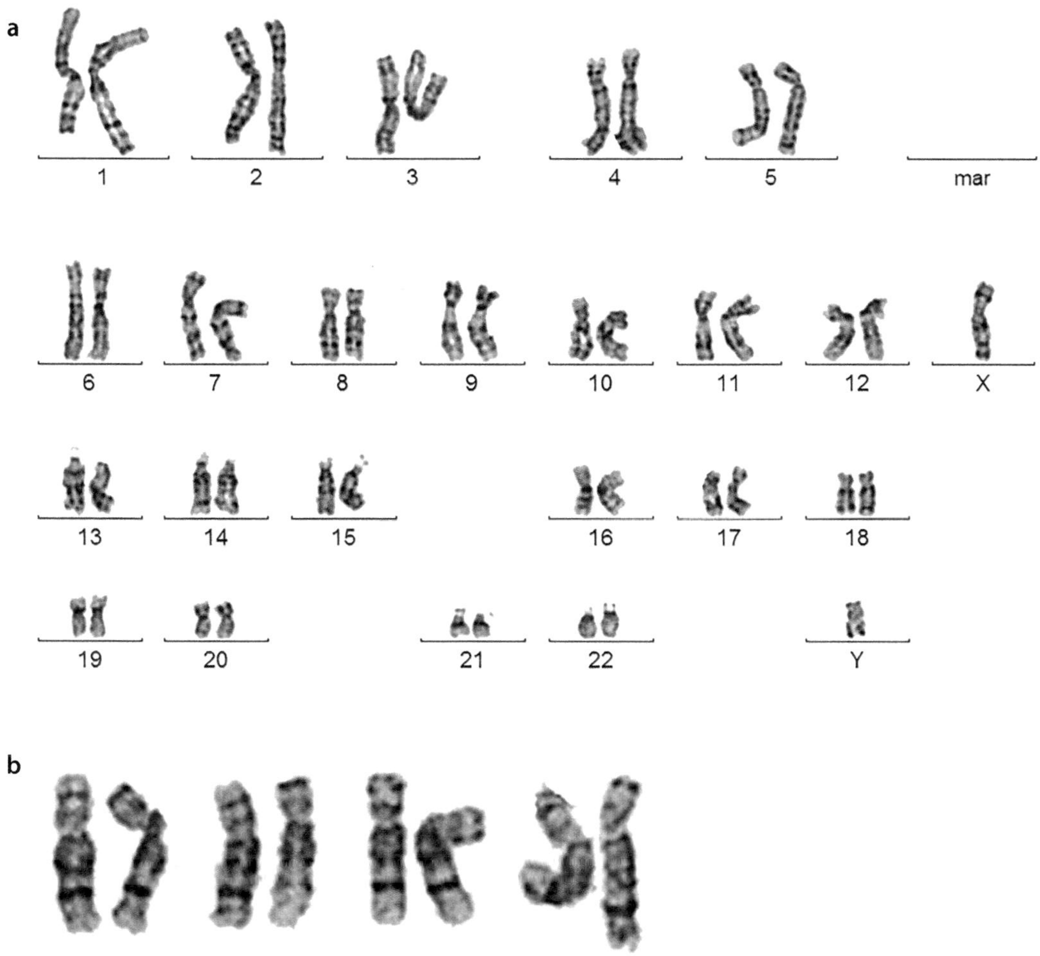

Abb. 7.6 Karyotyp mos 46,XY,del(8)(p23) [40]/46,XY[1]. **a** GTG-Bänderung: 550 Banden pro Genom, **b** GTG-Bänderung, Chromosomen aus verschiedenen Mitosen, *links* normales, *rechts* deletiertes Chromosom 8, **c** Ideogramme des Chromosoms 8, kleine terminale Deletion des kurzen Arms

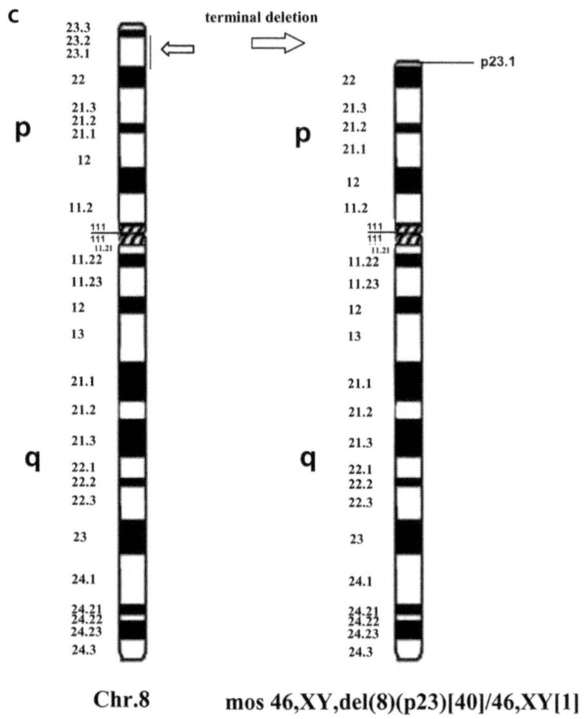

Abb. 7.6 (Fortsetzung)

Morphologie

1. del(9)(p22p24)

   Die interstitielle Deletion im kurzen Arm umfasst etwa 10 % der Gesamtlänge des Chromosoms 9 und etwa 40 % des kurzen Arms. Das Zentromer zeigt eine eher akrozentrische Position und das Bandenmuster im kurzen Arm hat sich geändert; daher ist die Diagnose einfach zu stellen. Aber die Lokalisierung des Bruchpunkts erfordert eine Auflösung von etwa 550 Banden pro Genom.

2. inv(4)(p12q11.2)

   (siehe:Abschn. 15.6).

Cave

Die Chromosomen der Eltern müssen vor der genetischen Beratung untersucht werden, um eine elterliche parazentrische Inversion auszuschließen (Abb. 7.7).

Fall 48: Karyotyp: 46,XX,del(10)(p13p15.1)

Indikation zur Chromosomenanalyse: Entwicklungsverzögerung.

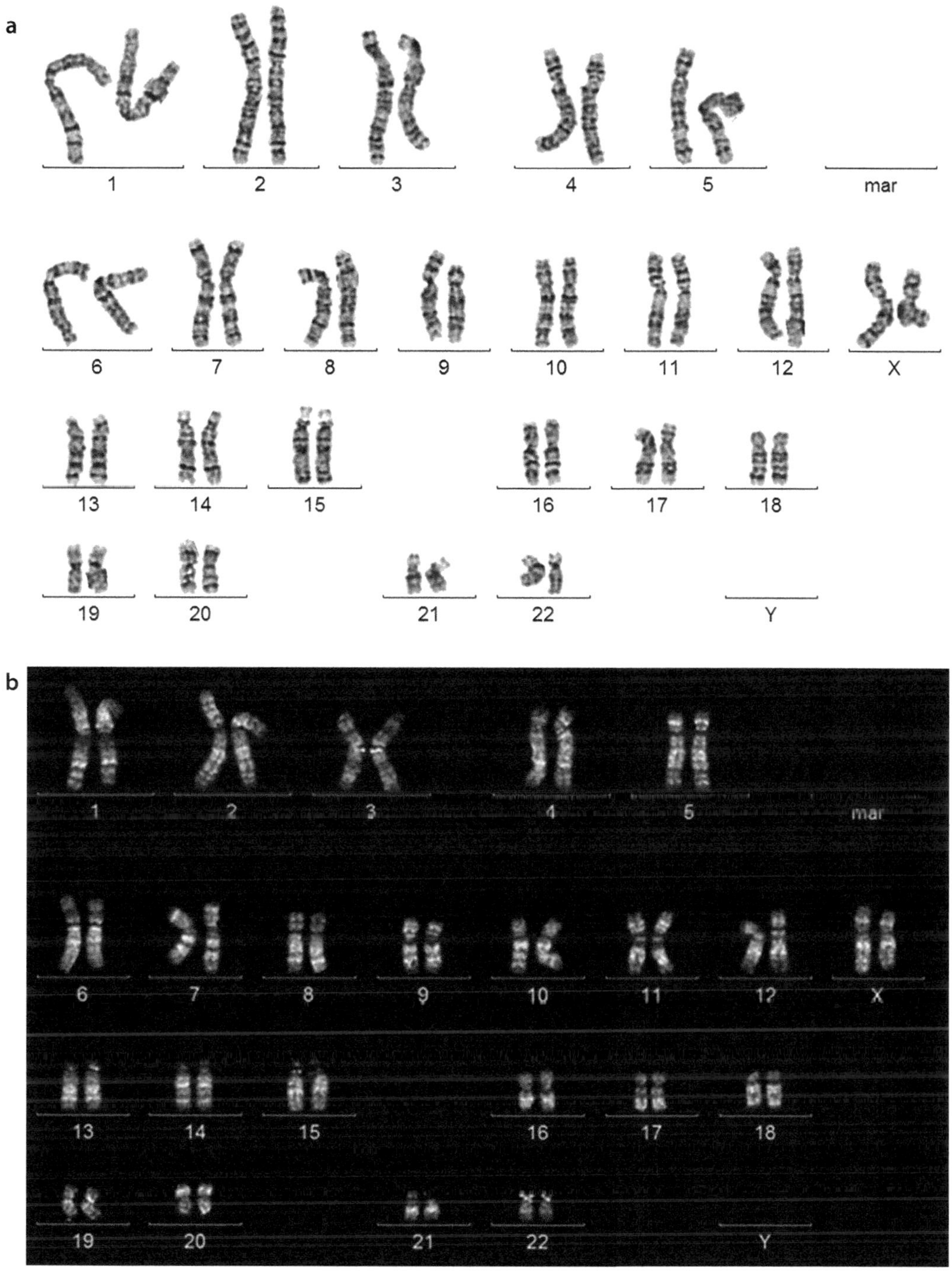

Abb. 7.7 Karyotyp 46,XX,del(9)(p22p24),inv(4)(p12q11.2). **a** GTG-, **b** QFQ-Bänderung, 550 und 400 Banden pro Genom, **c** GTG-Bänderung, Chromosomen aus verschiedenen Mitosen, *links* normales, *rechts* deletiertes Chromosom 9, inv(4) siehe Fall 4, **d** Ideogramme des Chromosoms 9 mit terminaler Deletion im kurzen Arm

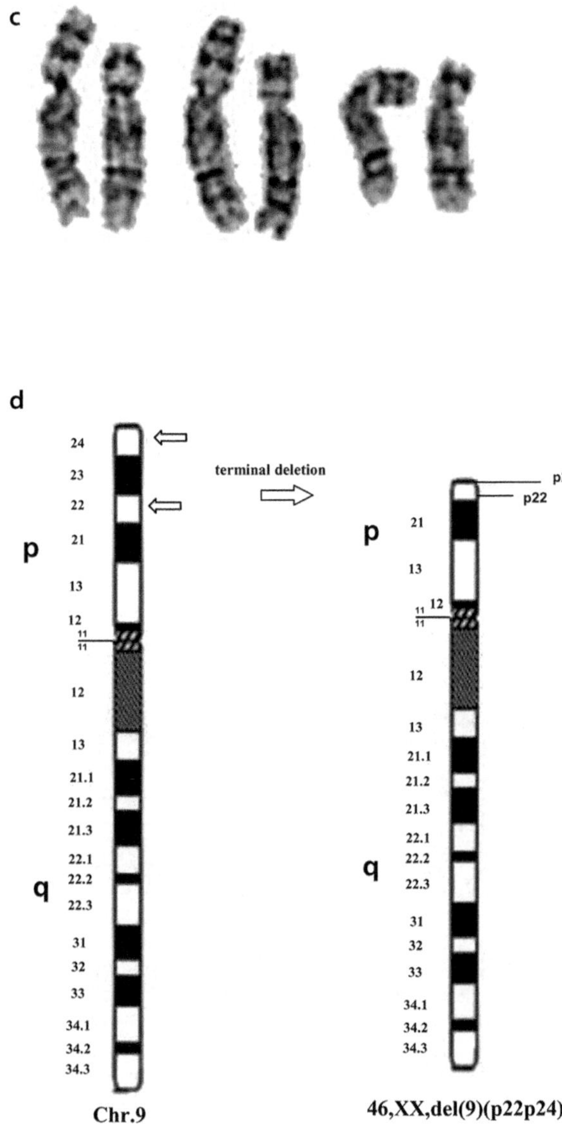

■ **Abb. 7.7** (Fortsetzung)

■■ Morphologie

Die interstitielle Deletion im kurzen Arm des Chromosoms 10 umfasst das AT-reiche Band p14 und ist daher leicht zu diagnostizieren, sie umfasst etwa 30 % des kurzen Arms und 8 % der gesamten Chromosomenlänge.

■■ Cave

Familienuntersuchungen sollten vor der genetischen Beratung durchgeführt werden, um eine elterliche Inversion auszuschließen (■ Abb. 7.8).

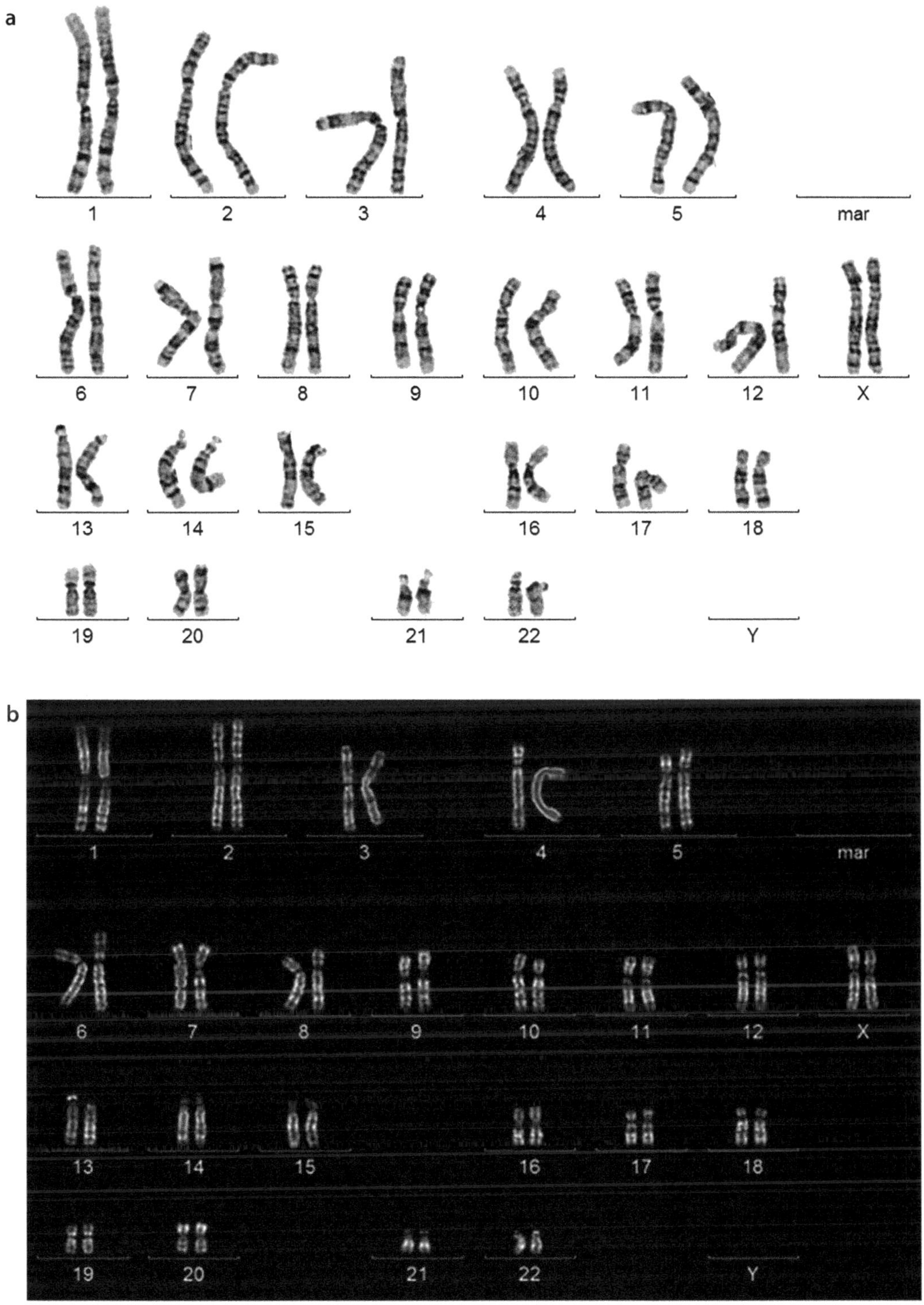

Abb. 7.8 Karyotyp 46,XX,del(10)(p13p15.1). **a** GTG-, **b** QFQ-Bänderung, 600 und 400 Banden pro Genom, **c** QFQ-, **d** GTG-Bänderung, Chromosomen aus verschiedenen Mitosen, *links* normales, *rechts* deletiertes Chromosom 10, **e** Ideogramme des Chromosoms 10 mit der interstitiellen Deletion im kurzen Arm

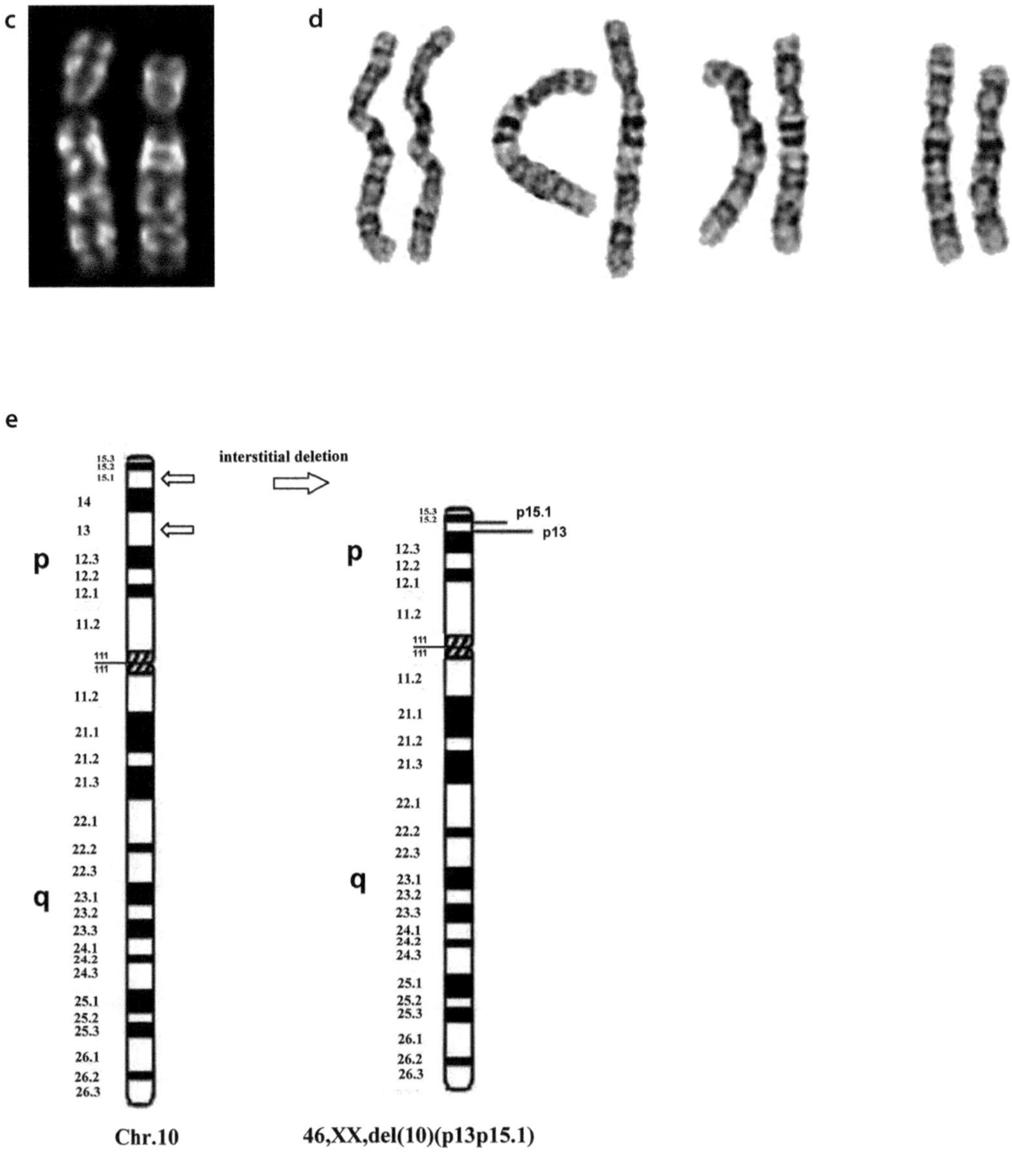

Abb. 7.8 (Fortsetzung)

7

■ Fall 49: Karyotyp: 46,XY,del(13)(q21.2q31)

Indikation zur Chromosomenanalyse: Multiple Fehlbildungen. Das Muster der klinischen Symptome stimmt mit den Befunden aus der Literatur in Fällen ähnlicher Deletionen überein. Die Prognose ist ungünstig.

■■ Morphologie

Die interstitielle Deletion 13q umfasst etwa 25 % der euchromatischen Regionen des langen Arms.

▪▪ Cave

Die Aberration wurde als de novo bestätigt, daher ist das genetische Risiko für die Eltern weniger als 1 %, dies ist durch die Möglichkeit eines gonadalen Mosaiks bei einem von ihnen bedingt (◘ Abb. 7.9).

▪ Fall 50: Karyotyp: 46,XY,del(15)(q11.2q13),inv(4)(p12q11.2)

Indikation zur Chromosomenanalyse: Entwicklungsverzögerung, dysmorphe Merkmale, Phänotyp des Prader-Willi-Syndroms.

Der Proband hat eine euchromatische Deletion 15, kombiniert mit einer perizentromerischen Inversion des heterochromatischen Blocks in Chromosom 4.

▪▪ Morphologie

Die Deletion 15q umfasst etwa 4 % des euchromatischen langen Arms.

1. del(15)(q11.2q13)

   Die proximale Deletion im langen Arm ist die häufigste Aberration bei Chromosom 15. Der Phänotyp des Trägers ist gut definiert.
2. inv(4)(p12q11.2)

   Die Inversion beinhaltet nur das perizentromerische Heterochromatin und ist daher ohne genetische Relevanz (siehe:Abschn. 15.6).

▪▪ Cave

Indikation zur Chromosomenuntersuchungen bei den Eltern ist gegeben und sollte mit FISH unter Verwendung von LSI-Sonden kombiniert werden (◘ Abb. 7.10).

▪ Fall 51: Karyotyp: 46,XY,del(17)(p11.2),inv(4)(p12q11.2)

Indikation zur Chromosomenanalyse: Smith-Magenis-Syndrom.

▪▪ Morphologie

1. Das proximale, GC-reiche Band p11.2 im kurzen Arm von Chromosom 17 ist deletiert, es umfasst etwa 15 % der Gesamtlänge des Chromosoms. Daher hat das folgende AT-Band p12 seine Position von der Mitte des kurzen Arms hin zum perizentromerischen Heterochromatin verlagert. Das Phänotyp des kurzen Arms änderte sich von einer tulpenförmigen Morphologie zu einer U-Form.
2. inv(4)(p12q11.2) (siehe:Abschn. 15.6).

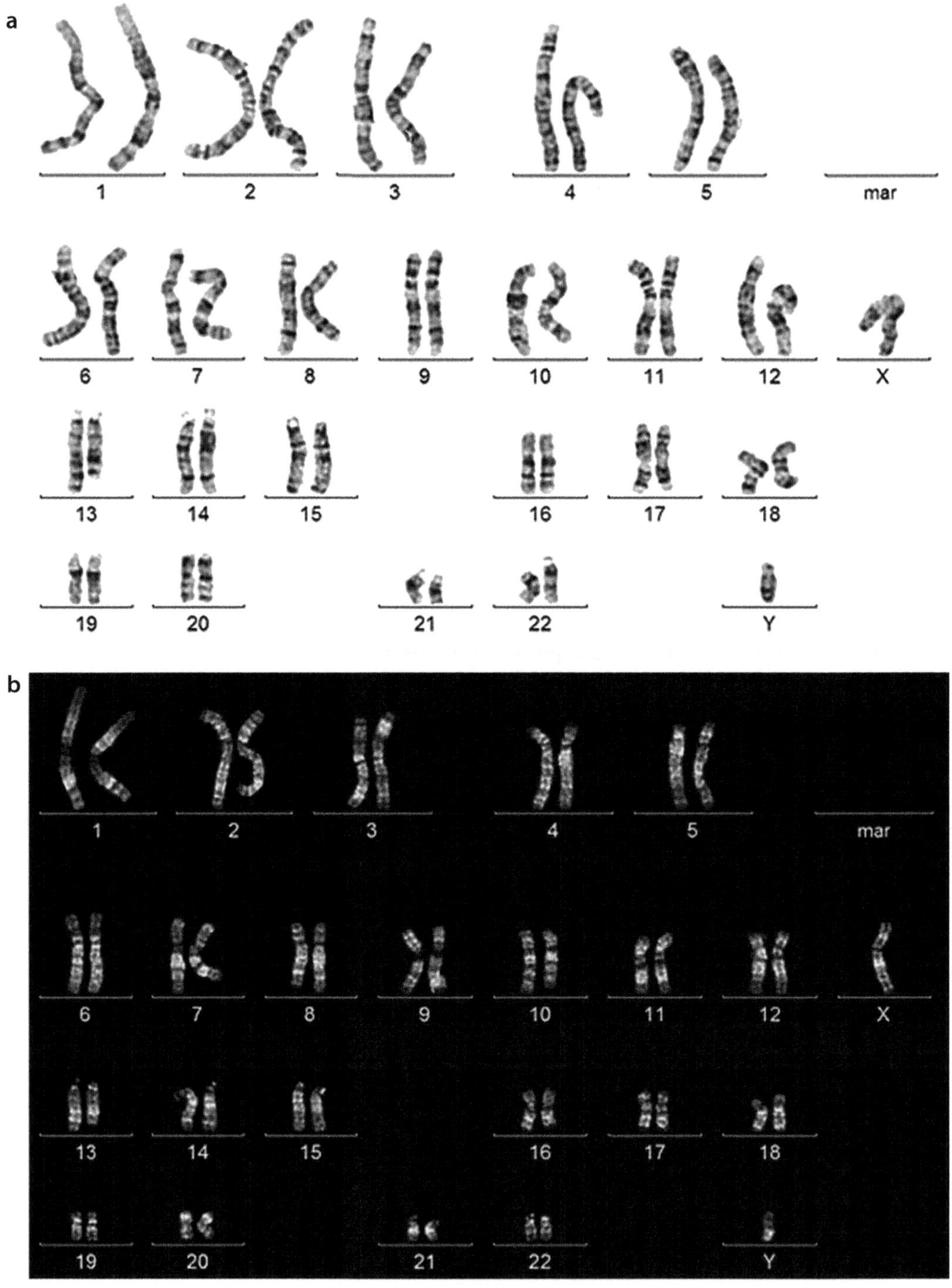

Abb. 7.9 Karyotyp 46,XY,del(13)(q21.2q31). **a** GTG-, **b** QFQ-Bänderung, 550 und 400 Banden pro Genom, **c** QFQ-, **d** GTG-Bänderung, Chromosomen aus verschiedenen Mitosen, *links* normal, *rechts* deletiertes Chromosom 13, **e** Ideogramme des Chromosoms 13, interstitielle Deletion mittig im langen Arm

c

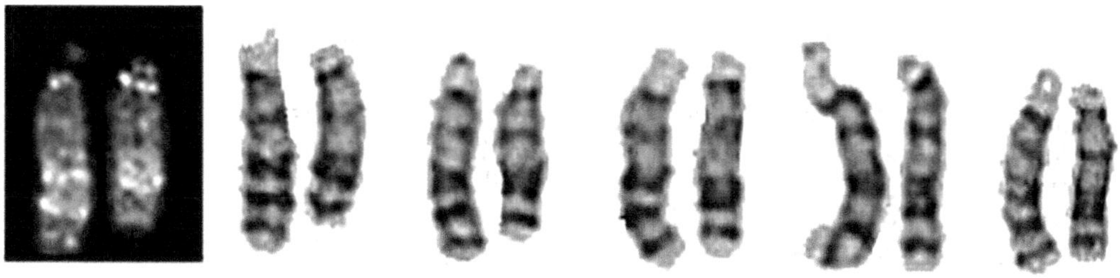

d

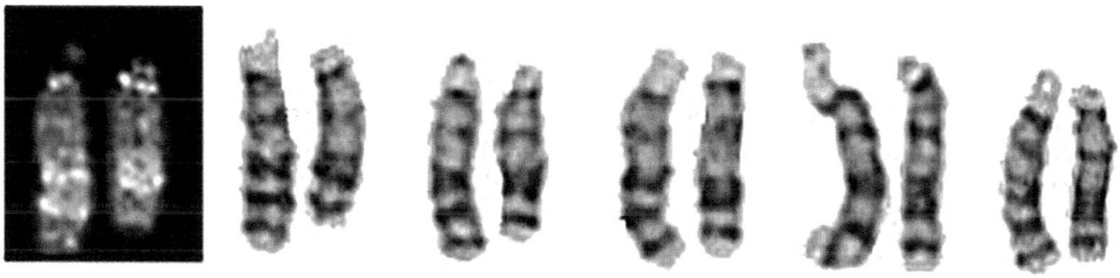

e

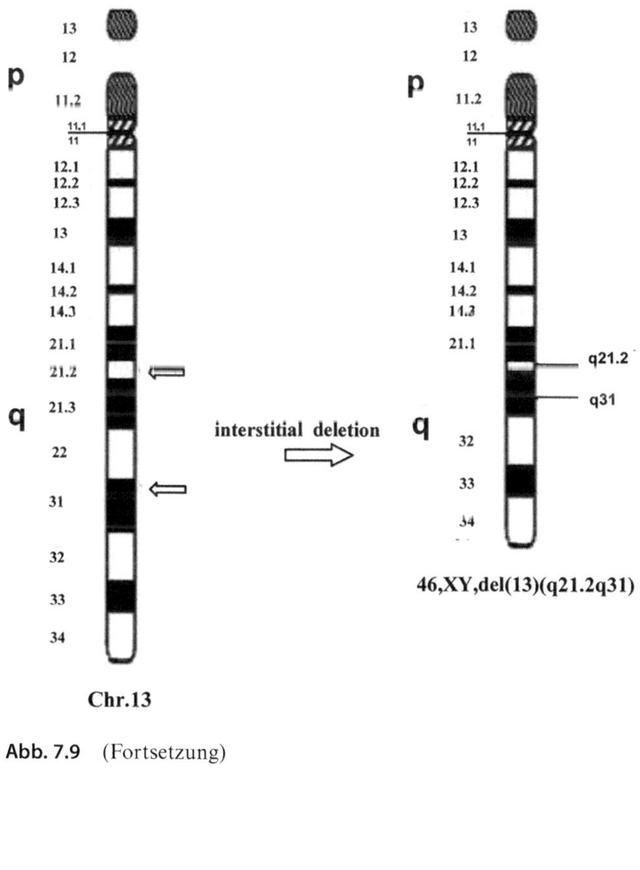

Abb. 7.9 (Fortsetzung)

a

b

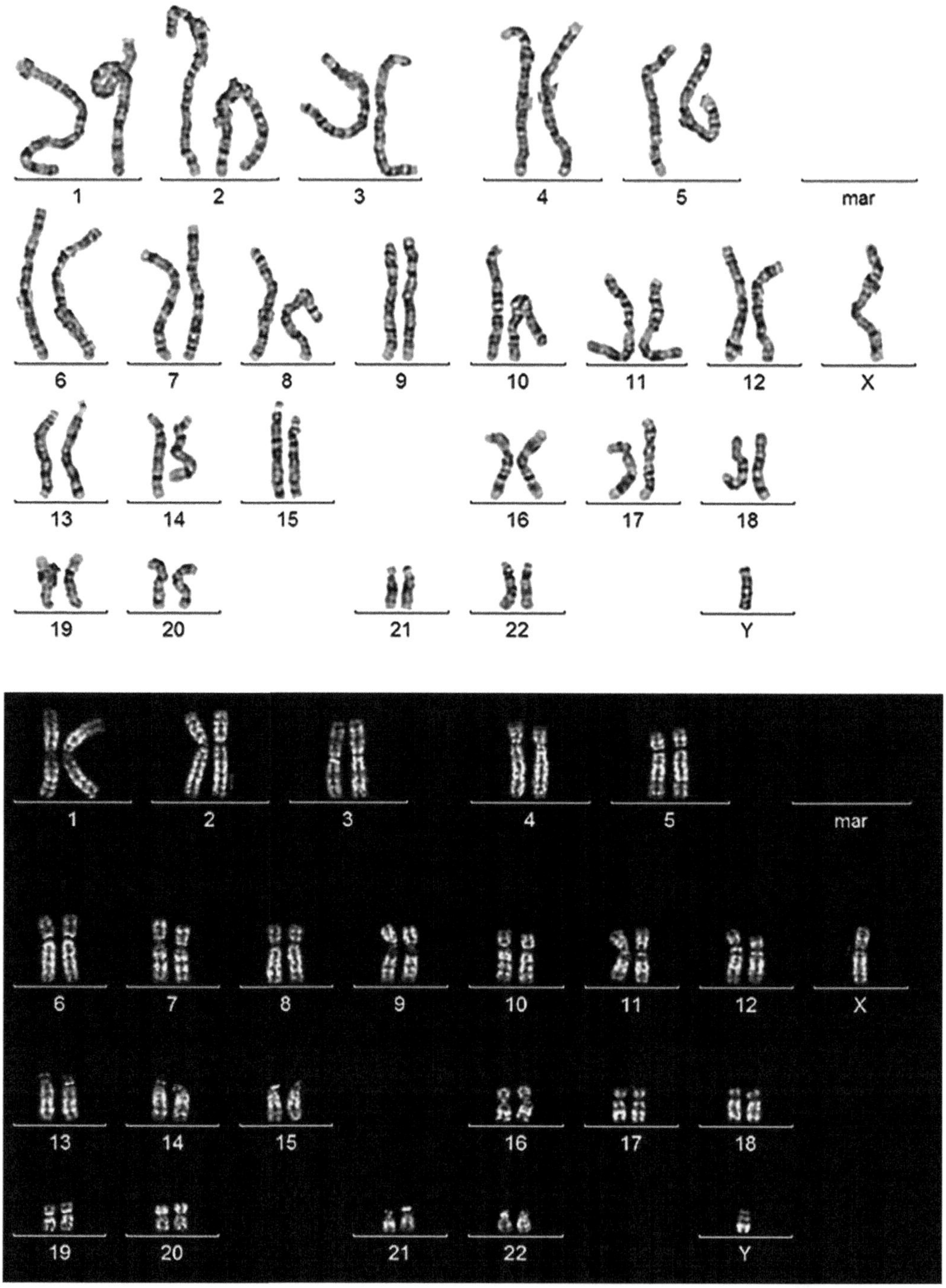

Abb. 7.10 Karyotyp 46,XY,del(15)(q11.2q13),inv(4)(p12q11.2). **a** GTG-, **b** QFQ-Bänderung, 700 und 400 Banden pro Genom, **c** GTG-Bänderung, Chromosomen aus verschiedenen Mitosen, *links* normales, *rechts* deletiertes Chromosom 15, inv(4) siehe Fall 4, **d** Ideogramme des Chromosoms 15, kleine proximale Deletion

c

d

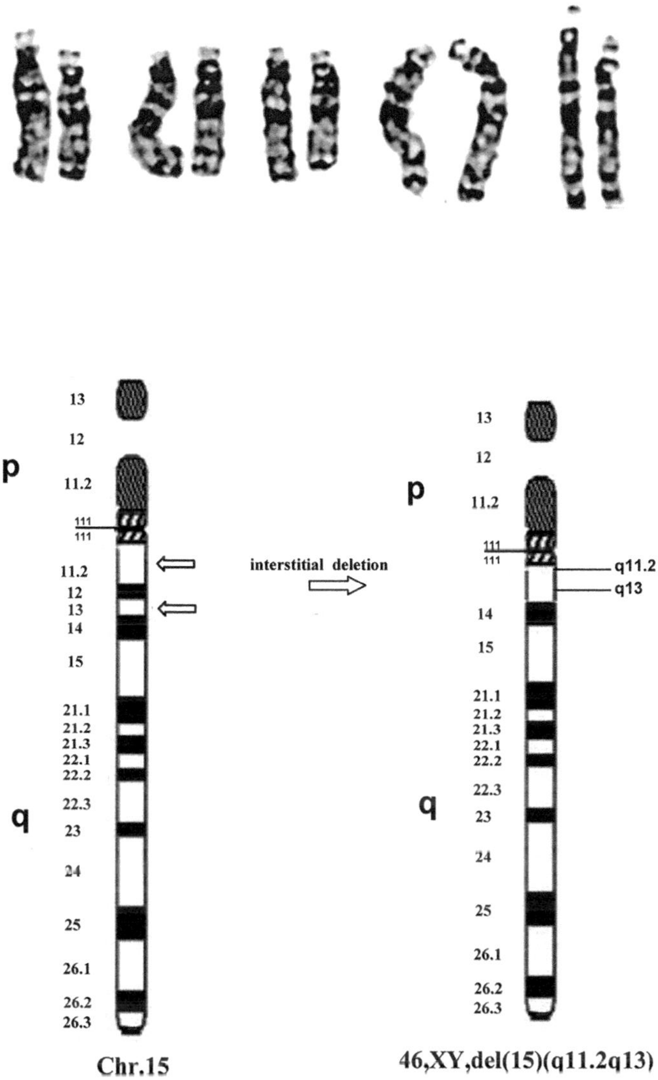

Abb. 7.10 (Fortsetzung)

Cave

Der de novo Ursprung der Aberration 17p muss vor einer genetischen Beratung der Familie bestätigt werden (Abb. 7.11).

- **Fall 52: Karyotyp: 46,XX,del(17)(q23.1q23.3),inv(3)(p11.2q11.2)**

Die Chromosomenanalyse zeigt zwei strukturelle Umbauten, eine euchromatische Deletion und eine heterochromatische Inversion.

Indikation zur Chromosomenanalyse: Unspezifische Entwicklungsverzögerung.

a

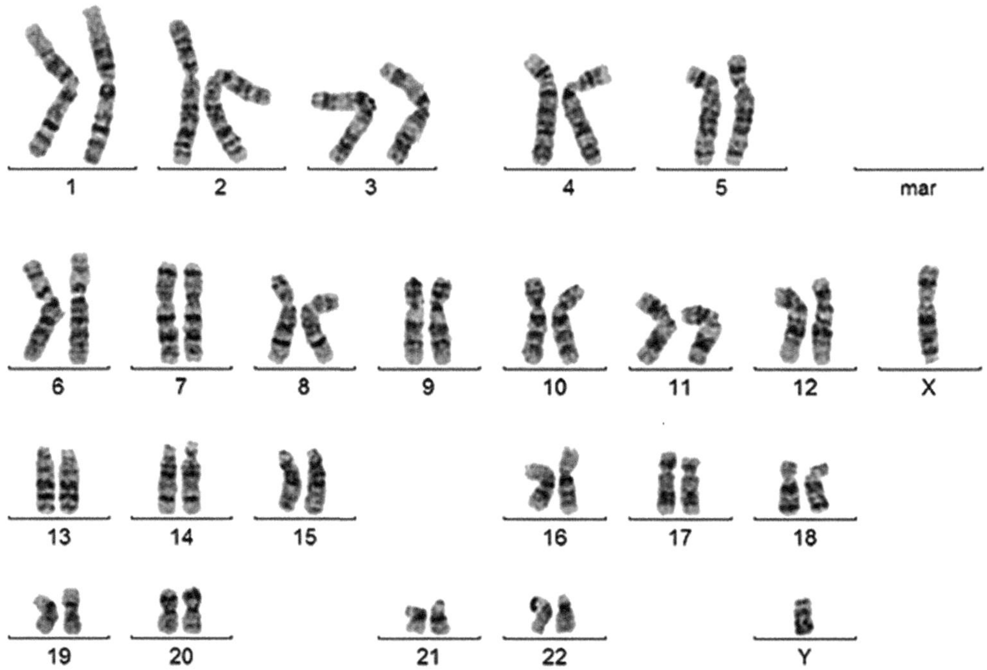

b

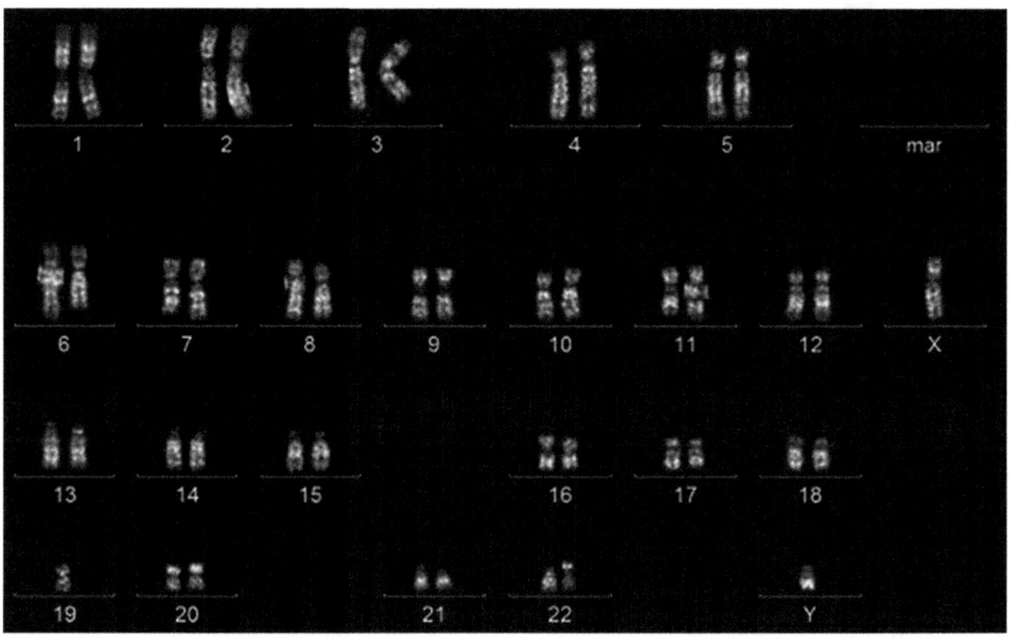

Abb. 7.11 Karyotyp 46,XY,del(17)(p11.2),inv(4)(p12q11.2). **a** GTG-, **b** QFQ-Bänderung, 500 und 400 Banden pro Genom, **c** GTG-Bänderung, Chromosomen aus verschiedenen Mitosen, *links* normales, *rechts* deletiertes Chromosom 17, inv(4) siehe Fall 4, **d** Ideogramme des Chromosoms 17, kleine interstitielle Kurzarm-Deletion

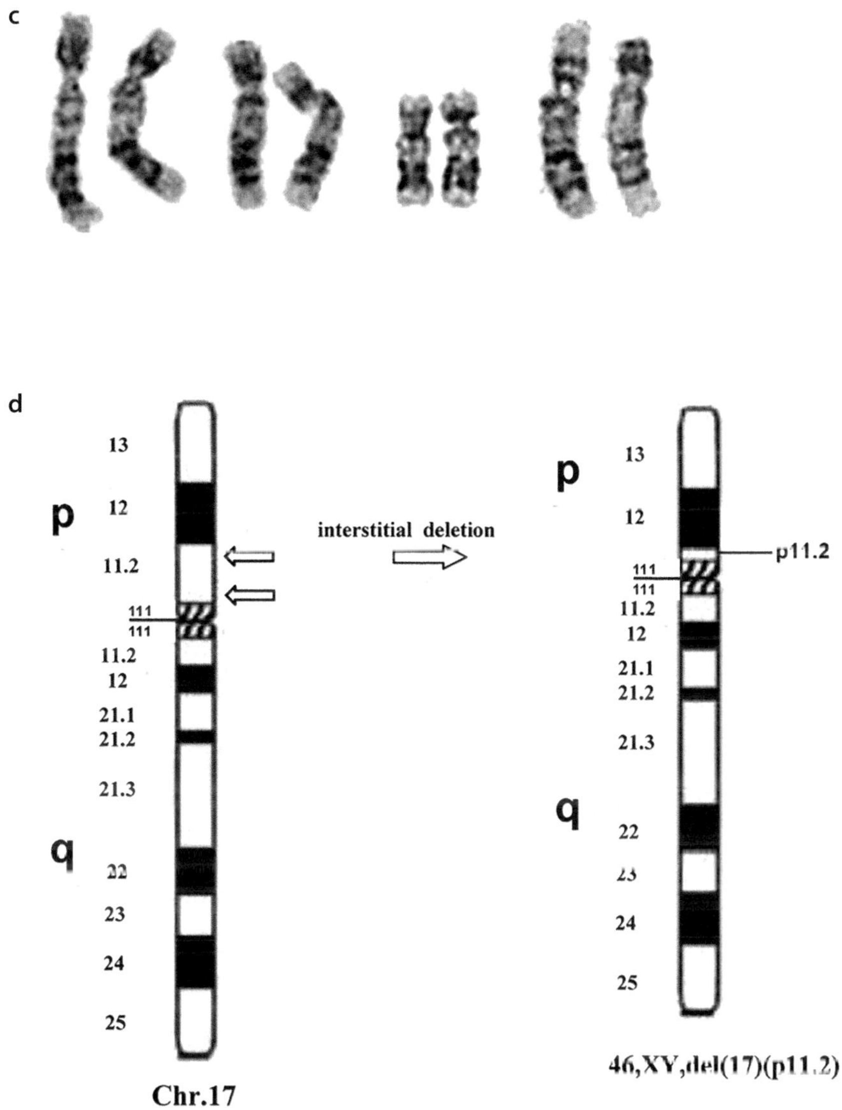

Abb. 7.11 (Fortsetzung)

■■ Morphologie

1. del(17)(q23.1q23.3)

   Die Patientin zeigt eine interstitielle Deletion der Subbande 17q23.2 im distalen Bereich des langen Armes. Diese und andere vergleichbare kleine strukturelle Aberrationen sind nur bei einer Auflösung von mindestens 700 Banden pro Genom nachweisbar. Die Deletion umfasst etwa 2,8 % des langen Armess und 2 % der Gesamtlänge des Chromosoms.

2. inv(3)2x(p11.1q11.2)

   Diese perizentrische Inversion umfasst nur das perizentromerische Heterochromatin und ist daher genetisch irrelevant (siehe:Abschn. 15.6).

▪▪ Cave

Vor einer genetischen Beratung sollte eine Inversion im Chromosom 17 bei den Eltern ausgeschlossen werden (◘ Abb. 7.12).

▪ Fall 53: Karyotyp: 46,XX,del(18)(p11.2)dup(7)(q36)ish der(18),t(7;18)(q36;p11.2)(D18S552-,7QTEL20+),inv(9)(p12q13)

Indikation zur Chromosomenanalyse: Entwicklungsverzögerung, Phänotyp des de Grouchy Syndroms I.

Die Patientin zeigt eine perizentrische Inversion 9 und eine Deletion 18p, die aus einer elterlichen Translokation 7/18 abgeleitet werden kann.

▪▪ Morphologie

1. del(18)(p11.2)

   Die terminale Deletion 18p ist als eine häufige strukturelle Aberration bekannt und wird als de Grouchy Syndrom I bezeichnet. Der Phänotyp des Patienten stimmt gut mit den klinischen Befunden bei dem Syndrom in der Literatur überein. Die ebenfalls beim Patienten vorhandene Duplikation 7q36 zeigt keine spezifischen klinischen Symptome. In der Mehrheit der aus der Literatur bekannten Fälle entstand die Deletion 18p de novo bei den Patienten. Aber der hier vorgestellte Fall zeigt, dass auch andere Arten von Aberrationen wie Inversionen oder Translokationen bei den Eltern zu einem unbalancierten Rearrangement beim Kind führen können. Im hier vorgestellten Fall war mikroskopisch nur eines der Translokationschromosomen (18) nachweisbar, das andere (7) war nur durch Subtelomer-FISH analysierbar.
2. inv(9)(p12q13) Typ I

   Die perizentrische Inversion des Chromosoms 9 kann als Polymorphismus ohne genetische Relevanz definiert werden. Beide Bruchpunkte sind im konstitutiven Heterochromatin lokalisiert (siehe Fall 40 der Inversionen).

▪▪ Cave

Nur durch zusätzliche FISH-Untersuchungen konnte die reziproke Translokation 7/18 bei der Patientin und der Mutter analysiert werden. Diese Befunde sind ein eindrucksvolles Beispiel für die Relevanz zusätzlicher Untersuchungen bei strukturellen Chromosomenaberrationen (◘ Abb. 7.13).

▪ Fall 54: Karyotyp: 46,XX,del(18)(q21.3),inv(4)(p12q11.2)

Indikation zur Chromosomenanalyse: Leichte Entwicklungsverzögerung, morphologische Besonderheiten gemäß de Grouchy Syndrom II.

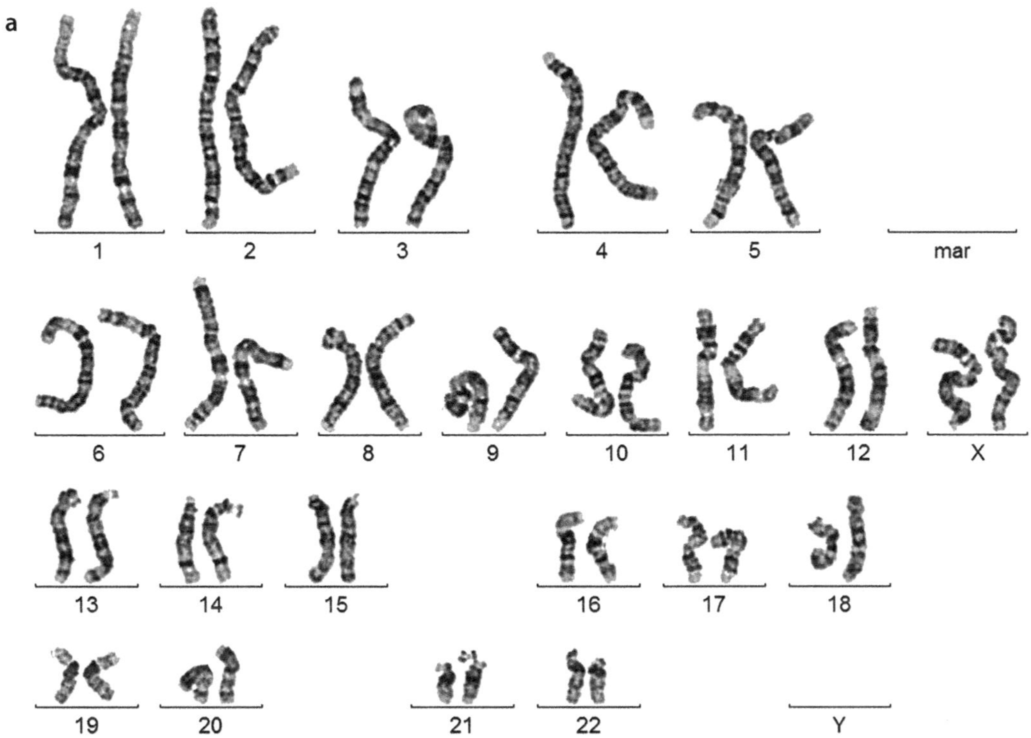

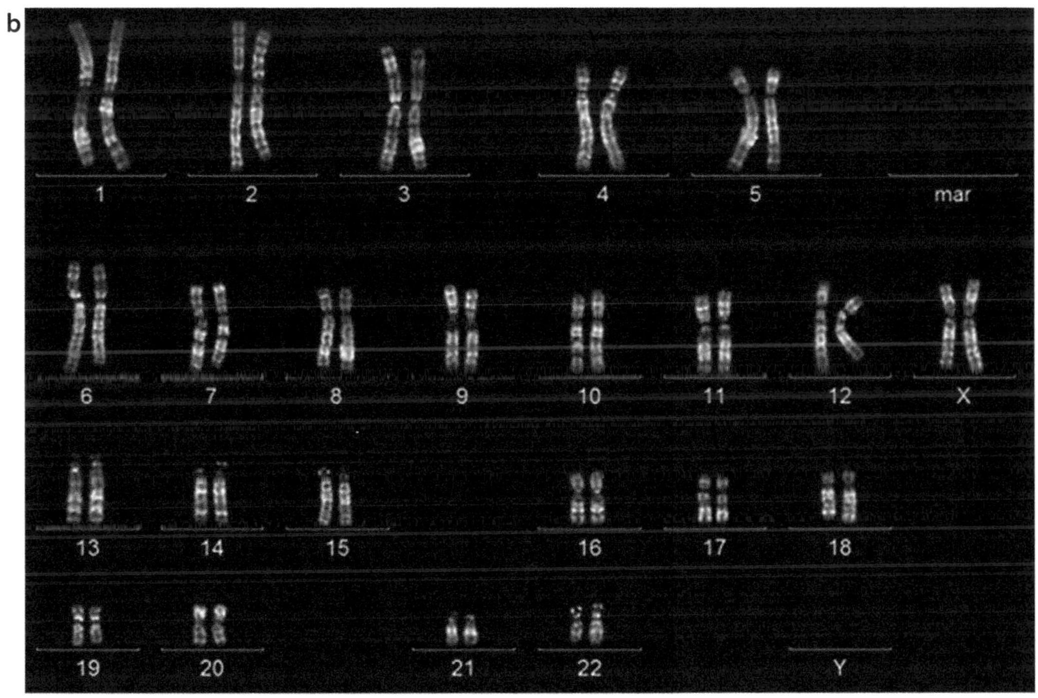

Abb. 7.12 Karyotyp 46,XX,del(17)(q23.1q23.3),inv(3)(p11.1q11.2)2x. **a** GTG-, **b** QFQ-Bänderung, 850 und 550 Banden pro Genom, **c** GTG-Bänderung, Chromosomen aus verschiedenen Mitosen, *links* normales, *rechts* deletiertes Chromosom 17, **d** Ideogramme des Chromosoms 17, interstitielle Langarm- Deletion

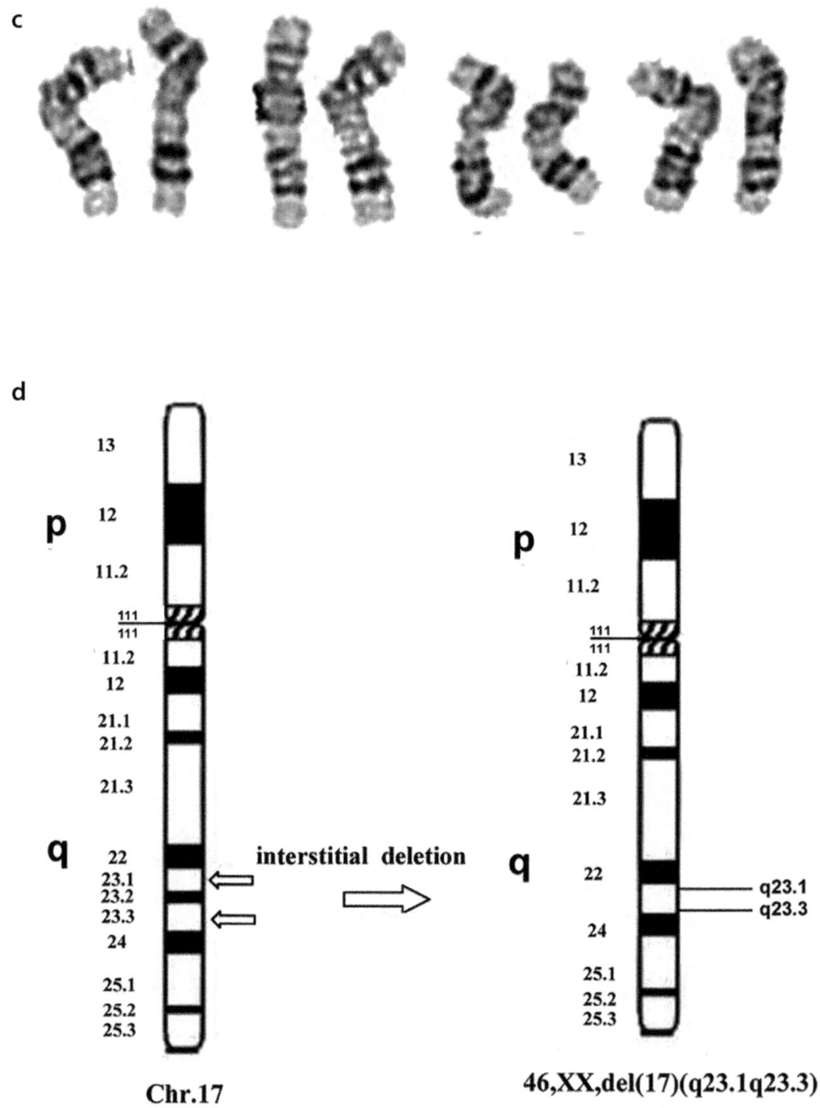

Abb. 7.12 (Fortsetzung)

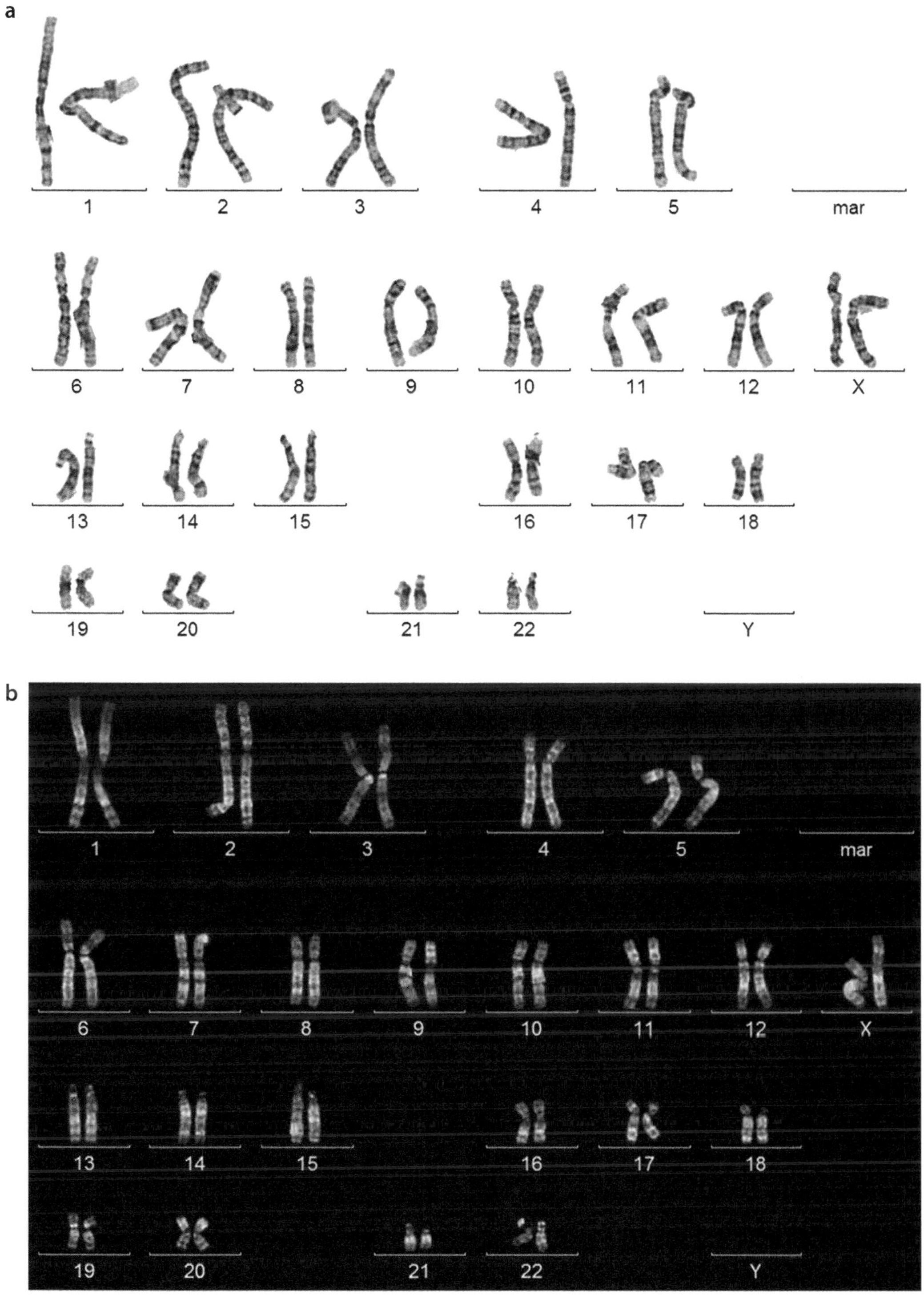

Abb. 7.13 Karyotyp 46,XX,del(18)(p11.2),dup(7)(q36),t(7;18)(q36;p11.2),inv(9)(p12q13). **a** GTG-, **b** QFQ-Bänderung, 550 und 400 Banden pro Genom, **c** GTG-Bänderung, *rechts* deletiertes Chromosom 18, inv(9) (siehe: ► Abschn. 15.6), **d** Ideogramme der Bruchpunkte und Umordnungen der unbalancierten reziproken Translokation 7;18

7

c

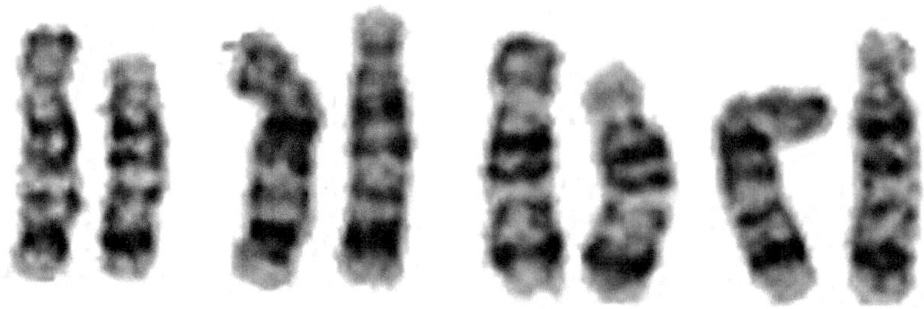

d

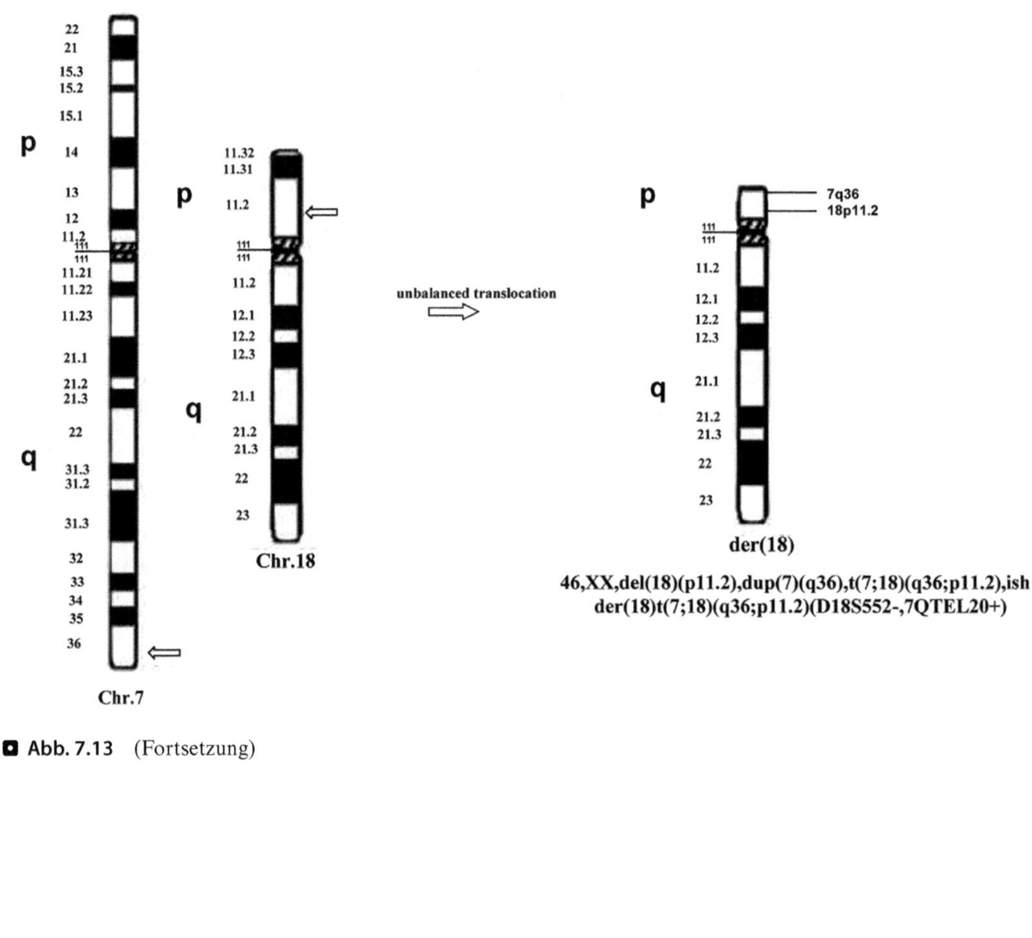

Abb. 7.13 (Fortsetzung)

■■ Morphologie

1. del(18)(q21.3)
   Die terminale de novo Deletion im langen Arm des Chromosoms 18 umfasst etwa 25 % der Gesamtlänge des Chromosoms. Der Zentromerindex hat sich durch eine fast metazentrische Position des Bruchpunktes verändert und die charakteristische AT-Bande q22 ist deletiert. q21.3 ist ein häufiger Bruchpunkt.
2. inv(4)(p12q11.2)
   (siehe:Abschn. 15.6)

■■ Cave

Der de novo Ursprung der Deletion muss vor der genetischen Beratung der Familie bestätigt werden (◘ Abb. 7.14).

■ Fall 55: Karyotyp: 46,X,del(X)(p11.23)

Indikation zur Chromosomenanalyse: Klinische Symptome des Turner Syndroms.

■■ Morphologie

Die terminale Deletion des kurzen Arms des X-Chromosoms umfasst etwa 30 % von dessen Gesamtlänge. Das deletierte Chromosom ist stabil in seiner Vererbung im Verlauf der Zellteilungen. Eine zweite Zelllinie war nicht nachweisbar.

■■ Cave

Die Chromosomen der Mutter sollten vor der genetischen Beratung untersucht werden, um eine balancierte Translokation oder eine Inversion auszuschließen (◘ Abb. 7.15).

■ Fall 56: Karyotyp: 46,X,del(X)(p22.1)

Indikation zur Chromosomenanalyse: Sterilität.

■■ Morphologie

Das deletierte X-Chromosom weist den Bruchpunkt in p22.1 auf, einem bekannten und häufigen Locus der Aberrationsinduktion. Etwa 30 % des distalen kurzen Arms gingen verloren, die charakteristischen Bänder p21.1 bis p21.3 sind erhalten geblieben.

■■ Cave

Eine Chromosomenuntersuchung bei der Mutter vor der genetischen Beratung ist indiziert (◘ Abb. 7.16).

a

b

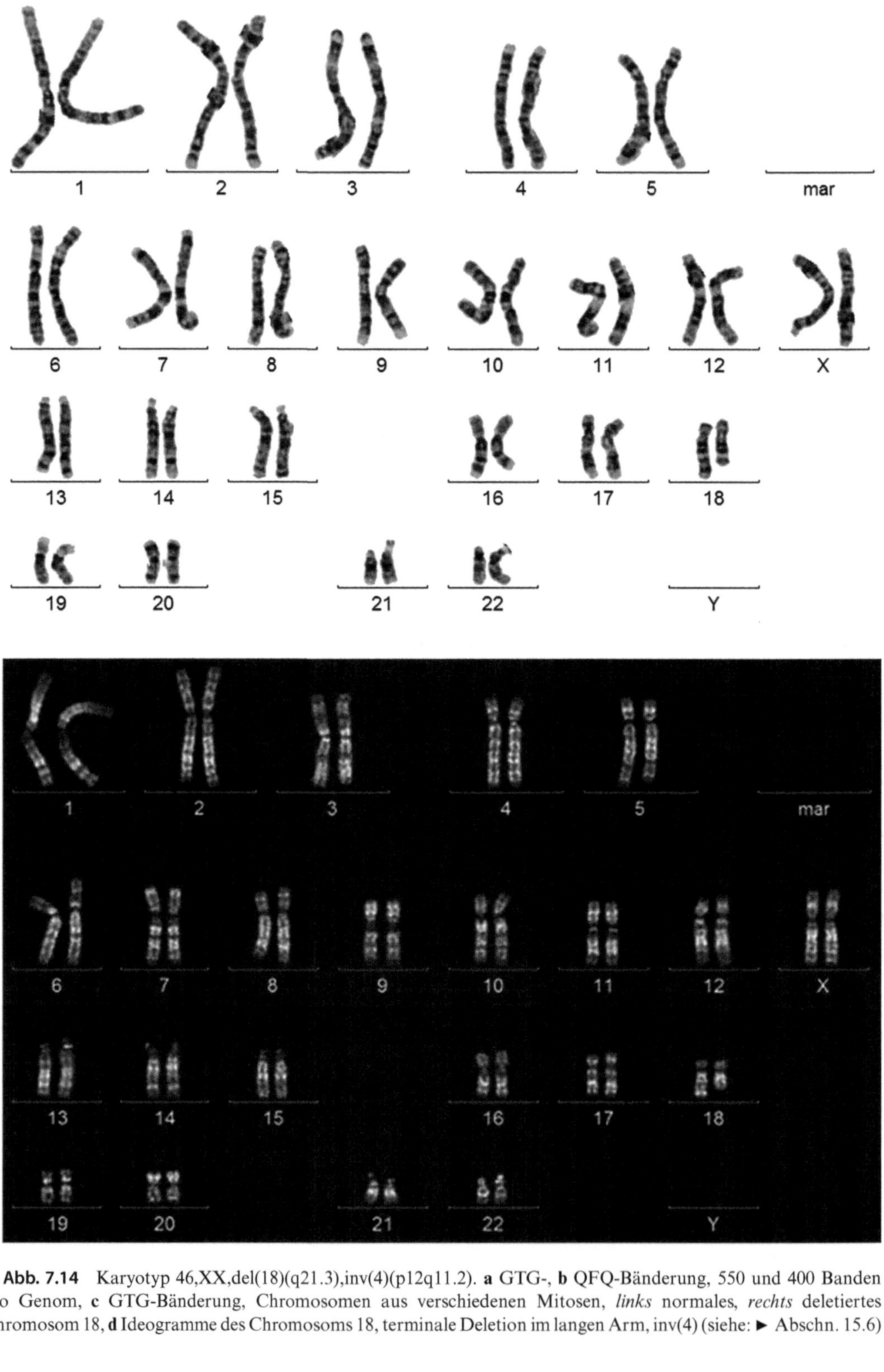

Abb. 7.14 Karyotyp 46,XX,del(18)(q21.3),inv(4)(p12q11.2). **a** GTG-, **b** QFQ-Bänderung, 550 und 400 Banden pro Genom, **c** GTG-Bänderung, Chromosomen aus verschiedenen Mitosen, *links* normales, *rechts* deletiertes Chromosom 18, **d** Ideogramme des Chromosoms 18, terminale Deletion im langen Arm, inv(4) (siehe: ► Abschn. 15.6)

c

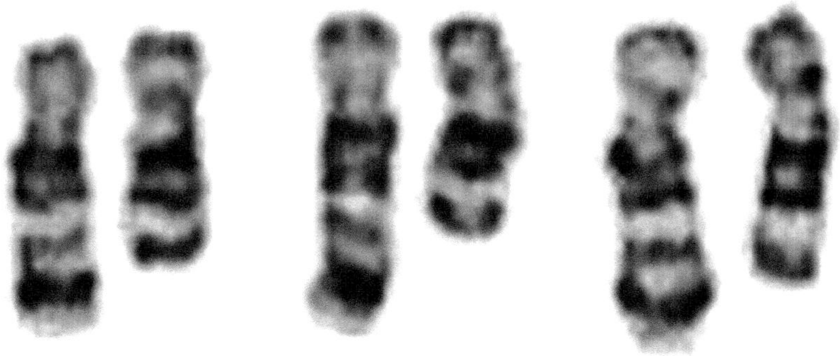

d

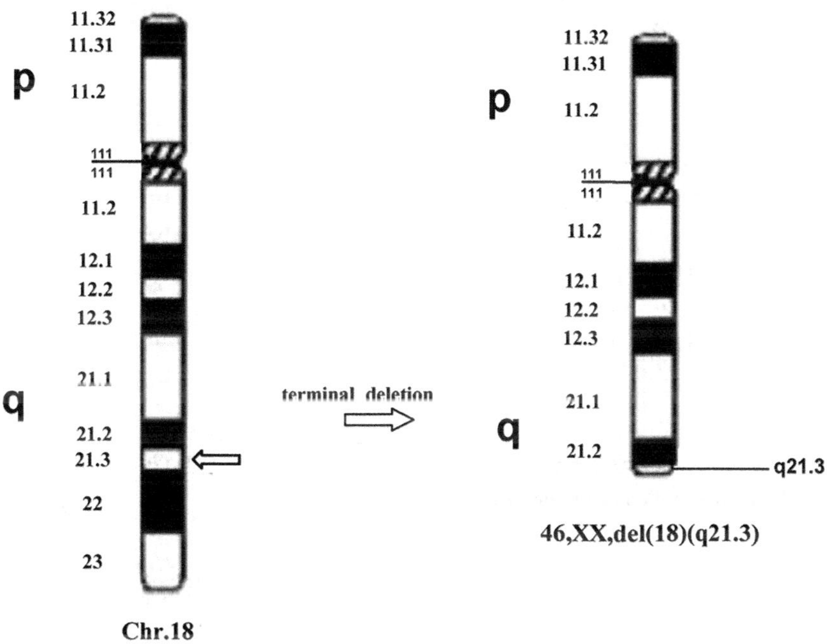

Abb. 7.14 (Fortsetzung)

a

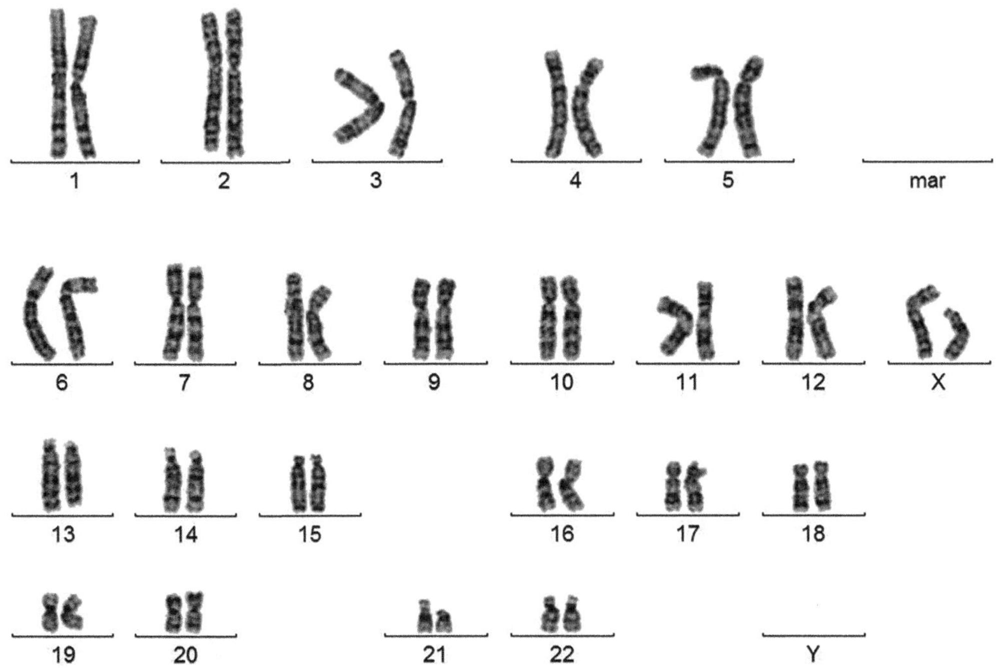

b

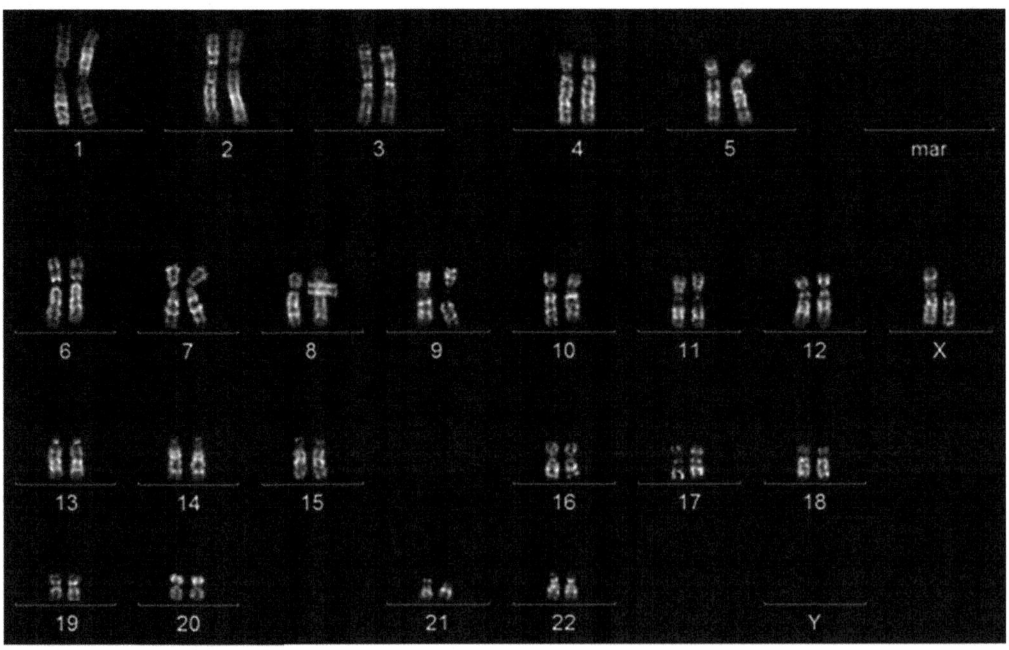

Abb. 7.15 Karyotyp 46,X,del(X)(p11.23). **a** GTG-, **b** QFQ-Bänderung, 500 und 400 Banden pro Genom, **c** GTG-Bänderung, Chromosomen aus verschiedenen Mitosen, *links* normales, *rechts* deletiertes X-Chromosom, **d** Ideogramme des X-Chromosoms, große Deletion im kurzen Arm

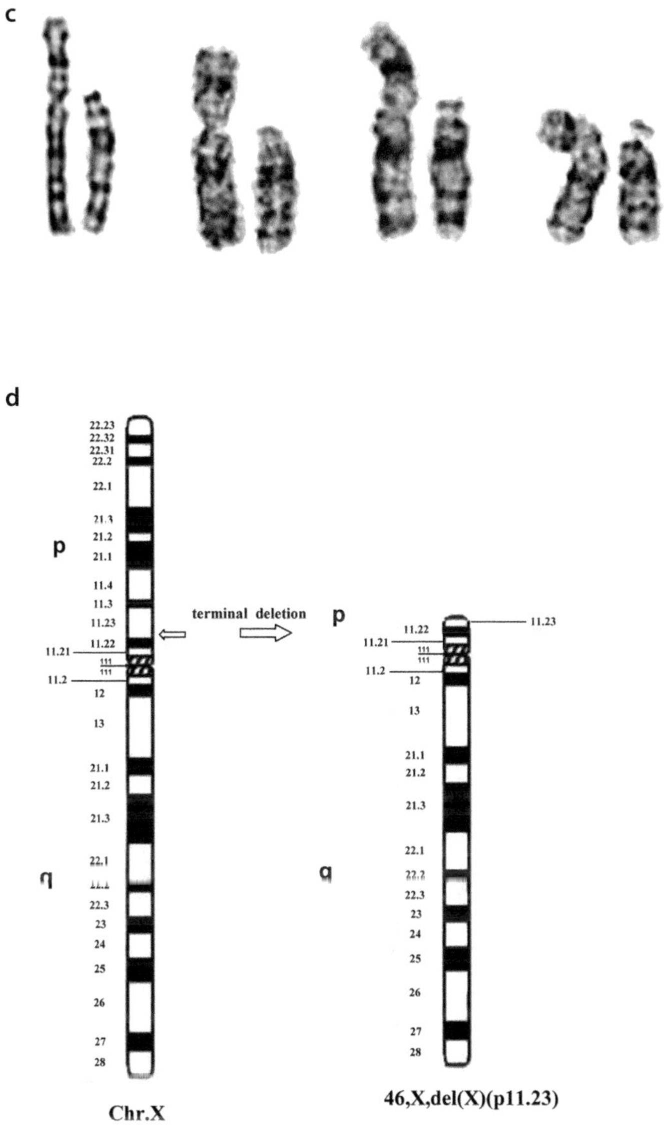

Abb. 7.15 (Fortsetzung)

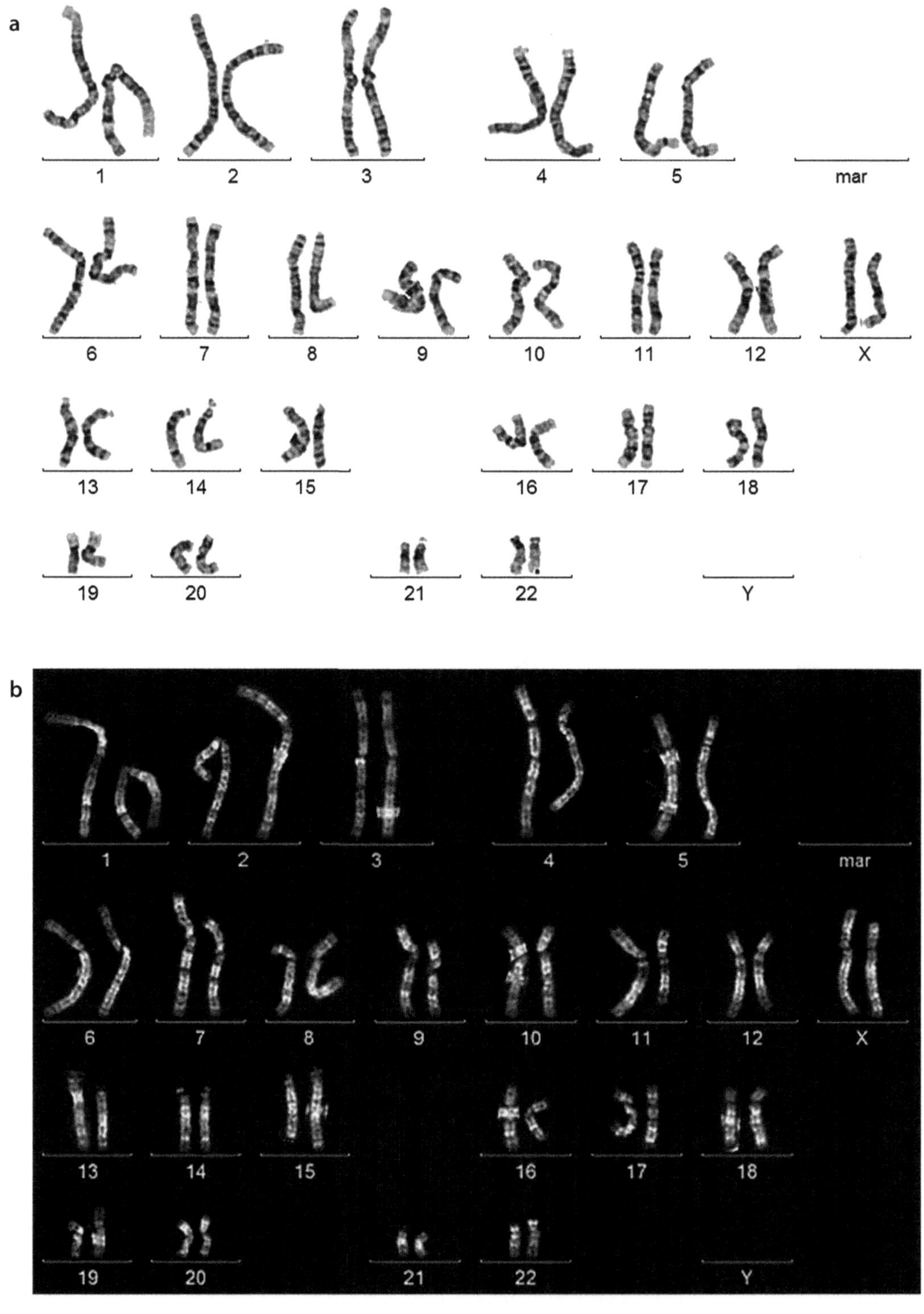

Abb. 7.16 Karyotyp 46,X,del(X)(p22.1). **a** GTG-, **b** QFQ-Bänderung, 700 und 500 Banden pro Genom, **c** QFQ-, **d** GTG-Bänderung, Chromosomen aus verschiedenen Mitosen, *links* normales, *rechts* deletiertes X-Chromosom, **e** Ideogramme des X-Chromosoms, terminale Deletion des kurzen Armes

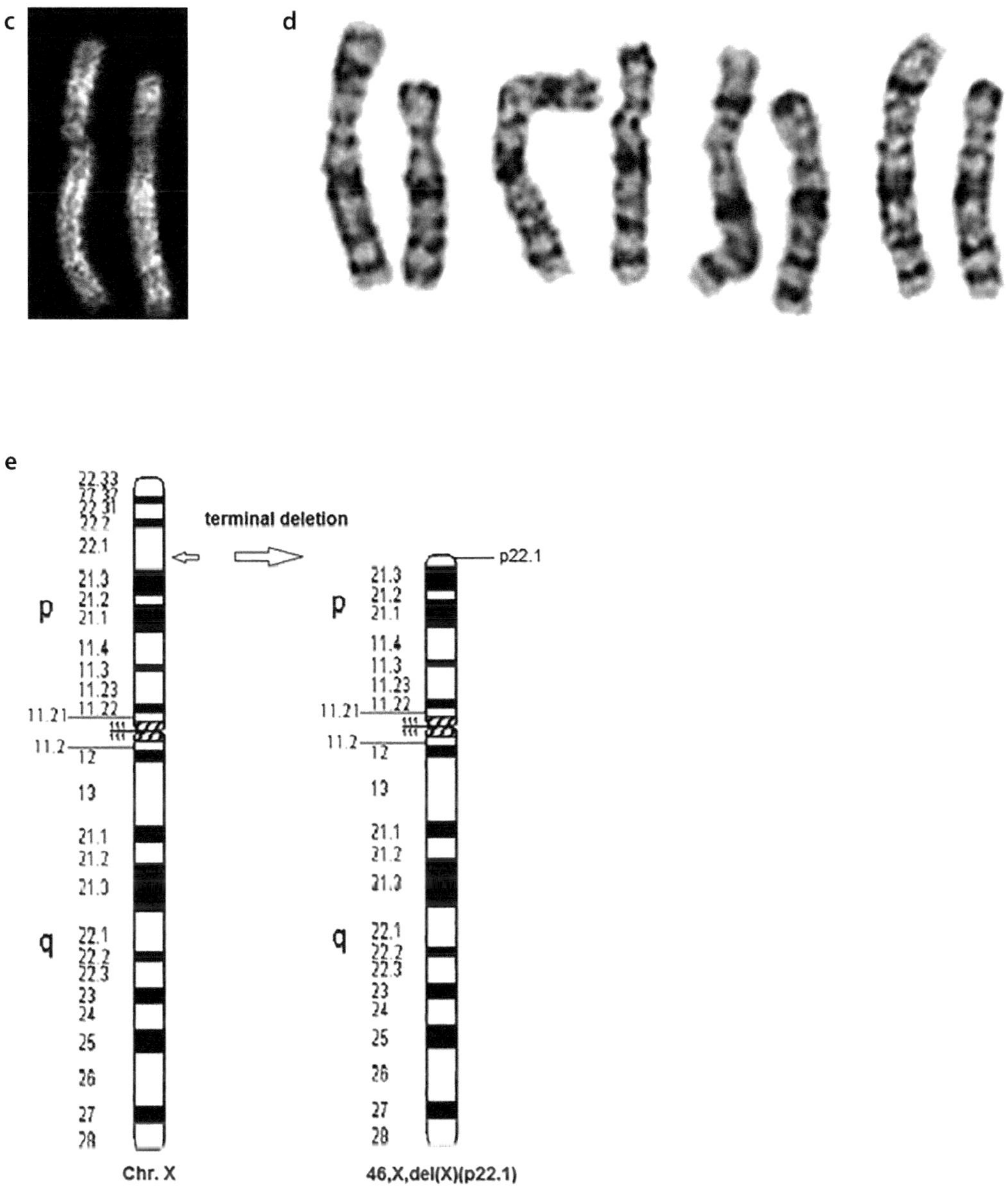

Abb. 7.16 (Fortsetzung)

▪ **Fall 57: Karyotyp: 46,X,del(X)(p22.11p22.2),inv(4)(p12q11.2)**

Indikation zur Chromosomenanalyse: Erhöhte Anzahl von Spontanaborten, normaler Phänotyp dr Probandin, Uterus bicornis.

▪▪ **Morphologie**

1. del(X)(p22.11p22.2)
   Interstitielle Deletion im distalen Bereich des kurzen Arms des X-Chromosoms. Etwa 20 % seiner Gesamtlänge gingen verloren. Das gelöschte Segment ist nicht einfach zu lokalisieren; daher ist eine Auflösung von mindestens 550 Banden pro Genom erforderlich.
2. inv(4)(p12q11.2)
   (siehe:Abschn. 15.6)

▪▪ **Cave**

Die deletierte Region in Xp umfasst 17 relevante Gene. Da der Phänotyp der Patientin normal ist, kann eine selektiv bevorzugte Inaktivierung des deletierten Chromosoms erwartet werden. Daher muss die genetische Beratung berücksichtigen, dass 50 % der männlichen Nachkommen Träger einer 13,2 Mb-Deletion sein werden, die tödlich für den Feten sein kann. 50 % der weiblichen Nachkommen werden Träger der Deletion wie ihre Mutter sein, aber wenn nicht wie bei der Mutter eine bevorzugte Inaktivierung des aberranten Chromosoms stattfindet, kann die Trägerin einen pathologischen Phänotyp aufweisen (◘ Abb. 7.17).

▪ **Fall 58: Karyotyp: 46,X,del(X)(q21.2)**

Indikation zur Chromosomenanalyse: Infertilität.

▪▪ **Morphologie**

Das aberrante X-Chromosom zeigt eine terminale Deletion im langen Arm die etwa 50 % der Gesamtlänge des Chromosoms und 70 % des langen Arms umfasst. Die Deletion ist auch bei einer niedrigeren Bandauflösung erfassbar, aber für eine genaue Definition des Bruchpunkts sind mindestens 550 Banden pro Genom erforderlich.

▪▪ **Cave**

Eine genetische Beratung sollte angeboten werden, um die Möglichkeiten einer Sterilitätsbehandlung zu diskutieren und die Indikation für zusätzliche Untersuchungen zu stellen, um das mögliche Auftreten einer selektiven Inaktivierung eines der beiden X-Chromosomen abzuklären (◘ Abb. 7.18).

a

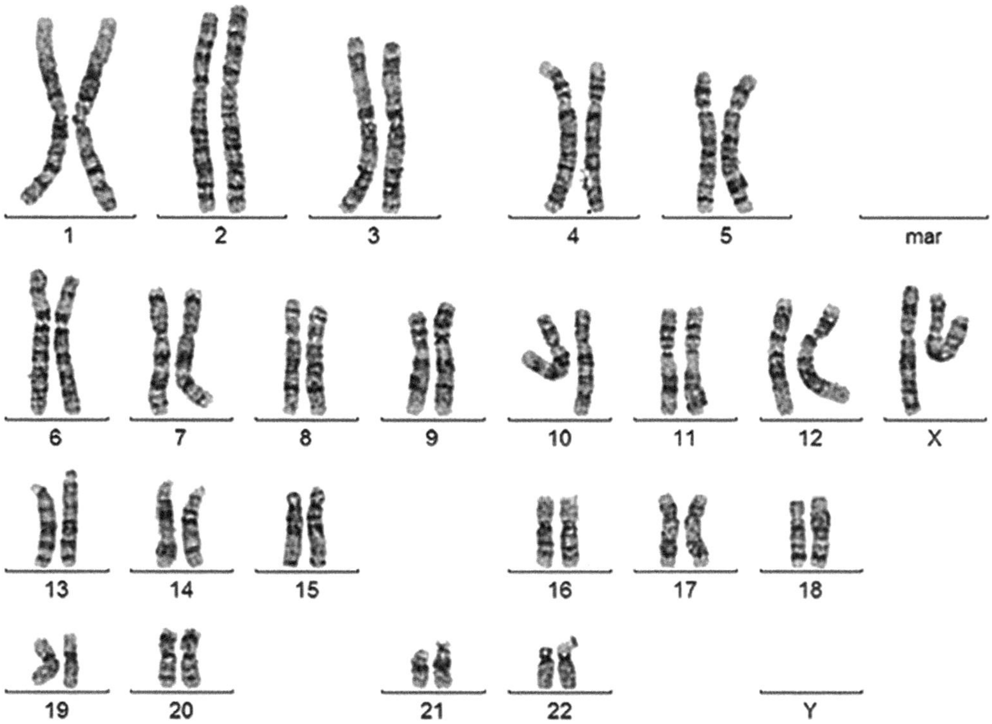

b

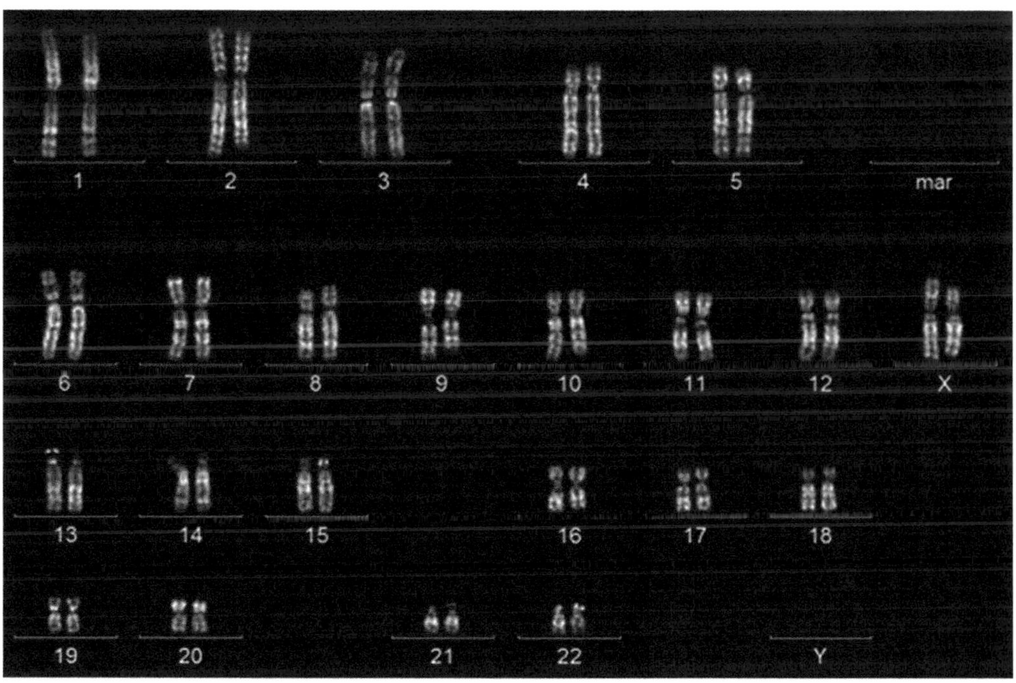

Abb. 7.17 Karyotyp 46,X,del(X)(p22.1p22.2),inv(4)(p12q11.2). **a** GTG-, **b** QFQ-Bänderung, 600 und 500 Banden pro Genom, **c** QFQ-, **d** GTG-Bänderung, Chromosomen aus verschiedenen Mitosen, *links* normales, *rechts* deletiertes X-Chromosom, inv(4) (siehe ► Abschn. 15.6), **e** Ideogramme des X-Chromosoms, kleine interstitielle Deletion im kurzen Arm

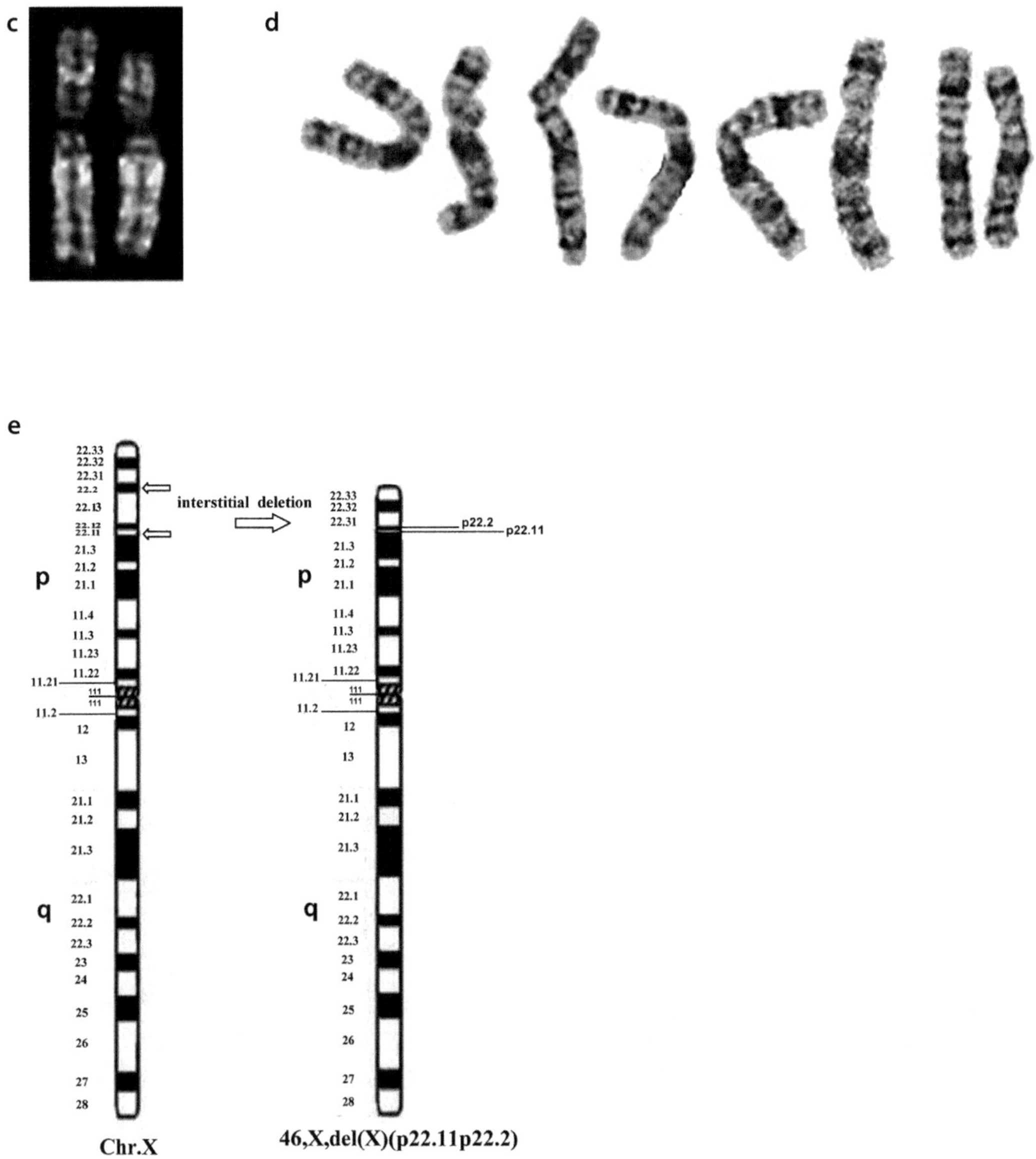

Abb. 7.17 (Fortsetzung)

▪ Fall 59: Karyotyp: 46,X,del(X)(q27.2)

Indikation zur Chromosomenanalyse: Infertilität.

▪▪ Morphologie

Der terminale Teil des langen Arms des X-Chromosoms ist deletiert. Er umfasst etwa 10 % der Gesamtlänge des langen Arms und etwa 6 % der Gesamtlänge des X-Chromosoms. In diesem Fall war eine Strukturauflösung von etwa 850 Banden pro Genom notwendig, um den Bruchpunkt in der Unterbande q27.2 zu definieren.

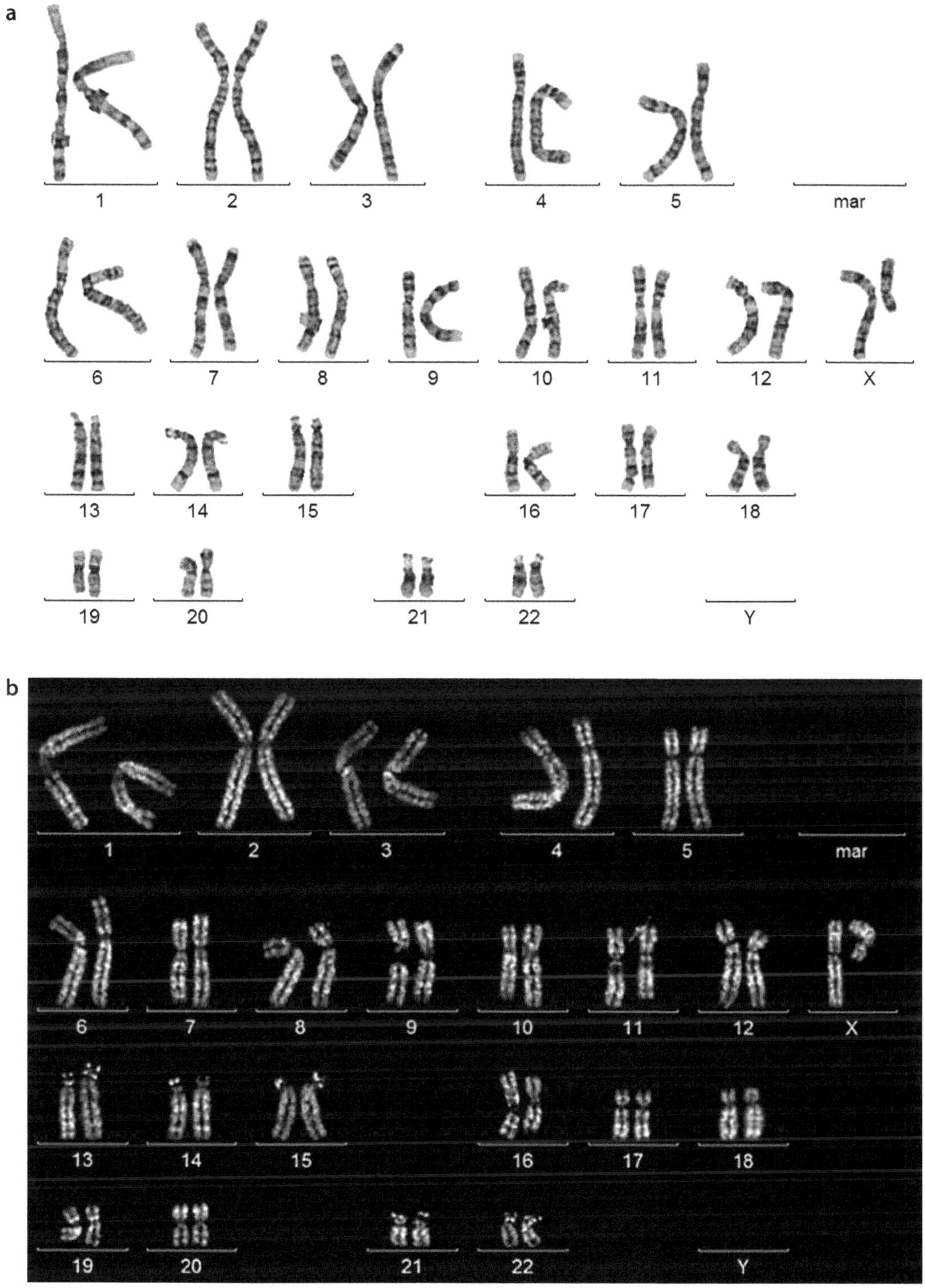

Abb. 7.18 Karyotyp 46,X,del(X)(q21.2). **a** GTG-, **b** QFQ-Bänderung, 700 und 500 Banden pro Genom, **c** QFQ-, **d** GTG-Bänderung, Chromosomen aus verschiedenen Mitosen, *links* normales, *rechts* gelöschtes X-Chromosom, **e** Ideogramme des X-Chromosoms, große distale Deletion im langen Arm

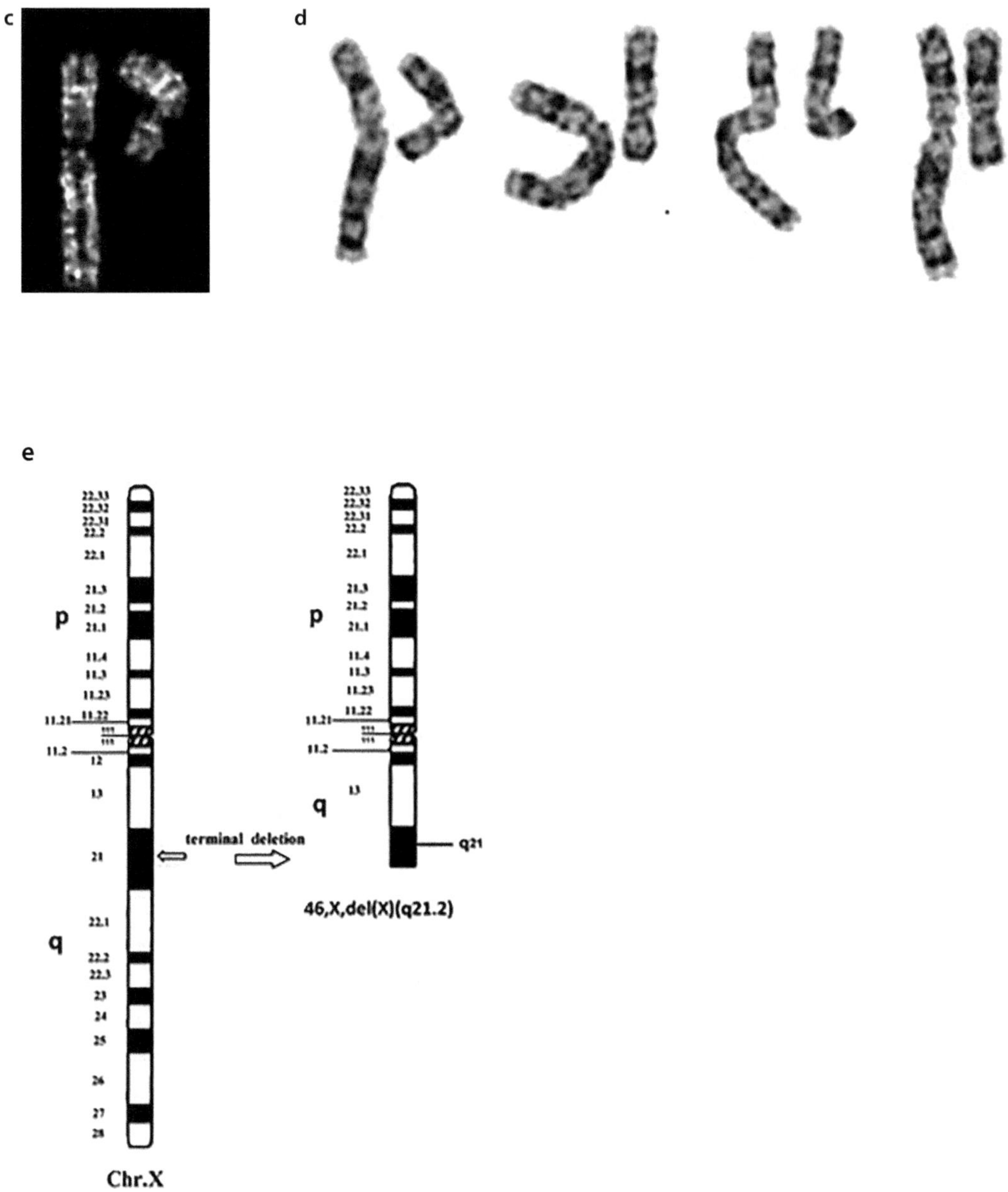

■ **Abb. 7.18** (Fortsetzung)

■■ Cave

Wenn eine Schwangerschaft induziert werden kann, sollte die Patientin über mögliche Risikofaktoren bei männlichen Nachkommen informiert werden (■ Abb. 7.19).

■ Fall 60: Karyotyp: 46,X,del(Y)(q11.22)

Indikation zur Chromosomenanalyse: Azoospermie.

a
b
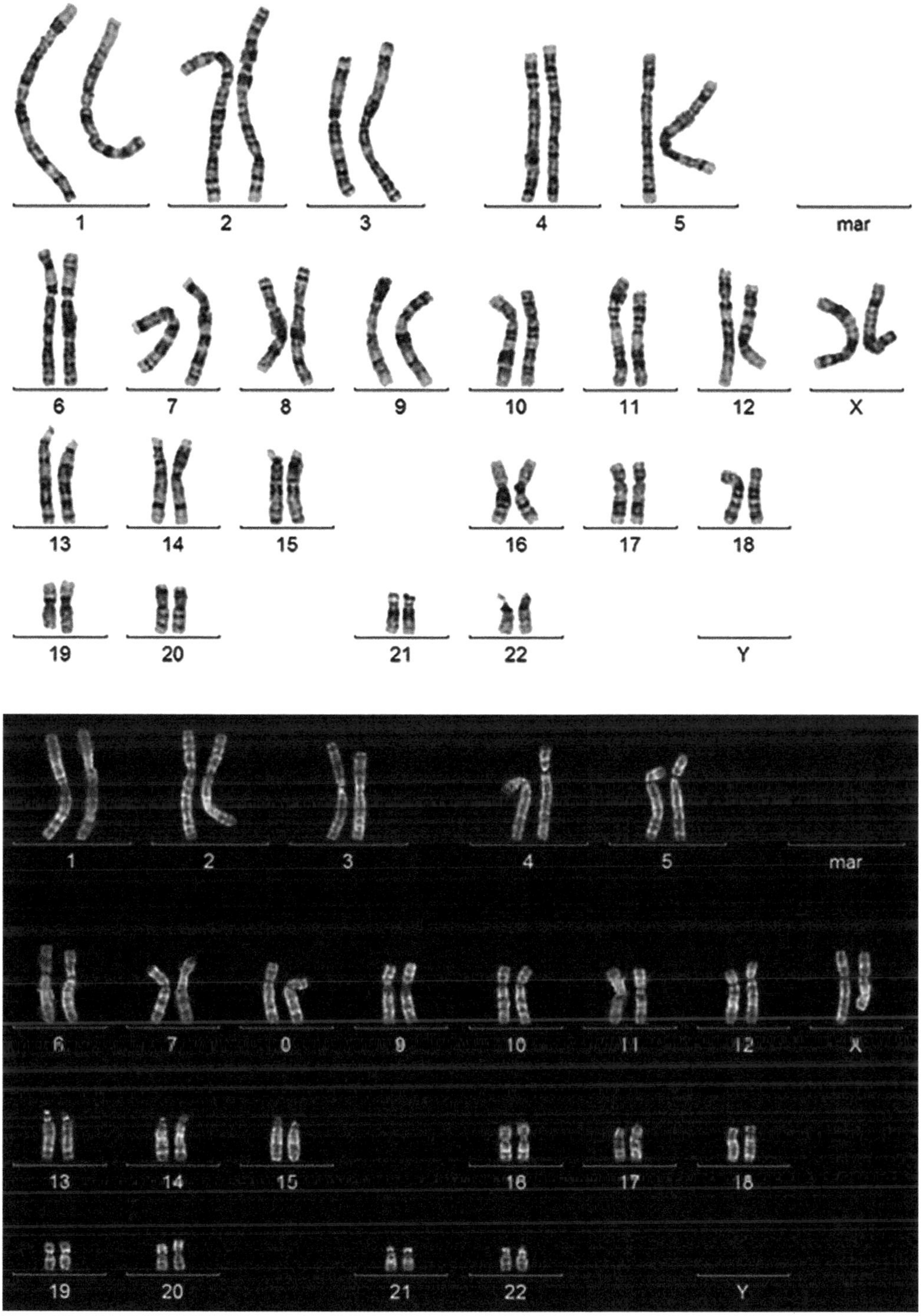

Abb. 7.19 Karyotyp 46,X,del(X)(q27.2). **a** GTG-, **b** QFQ-Bänderung, 700 und 400 Banden pro Genom, **c** QFQ-, **d** GTG-Bänderung, Chromosomen aus verschiedenen Mitosen, *links* normales, *rechts* deletiertes X-Chromosom, **e** Ideogramme des X-Chromosoms, kleine terminale Deletion im langen Arm

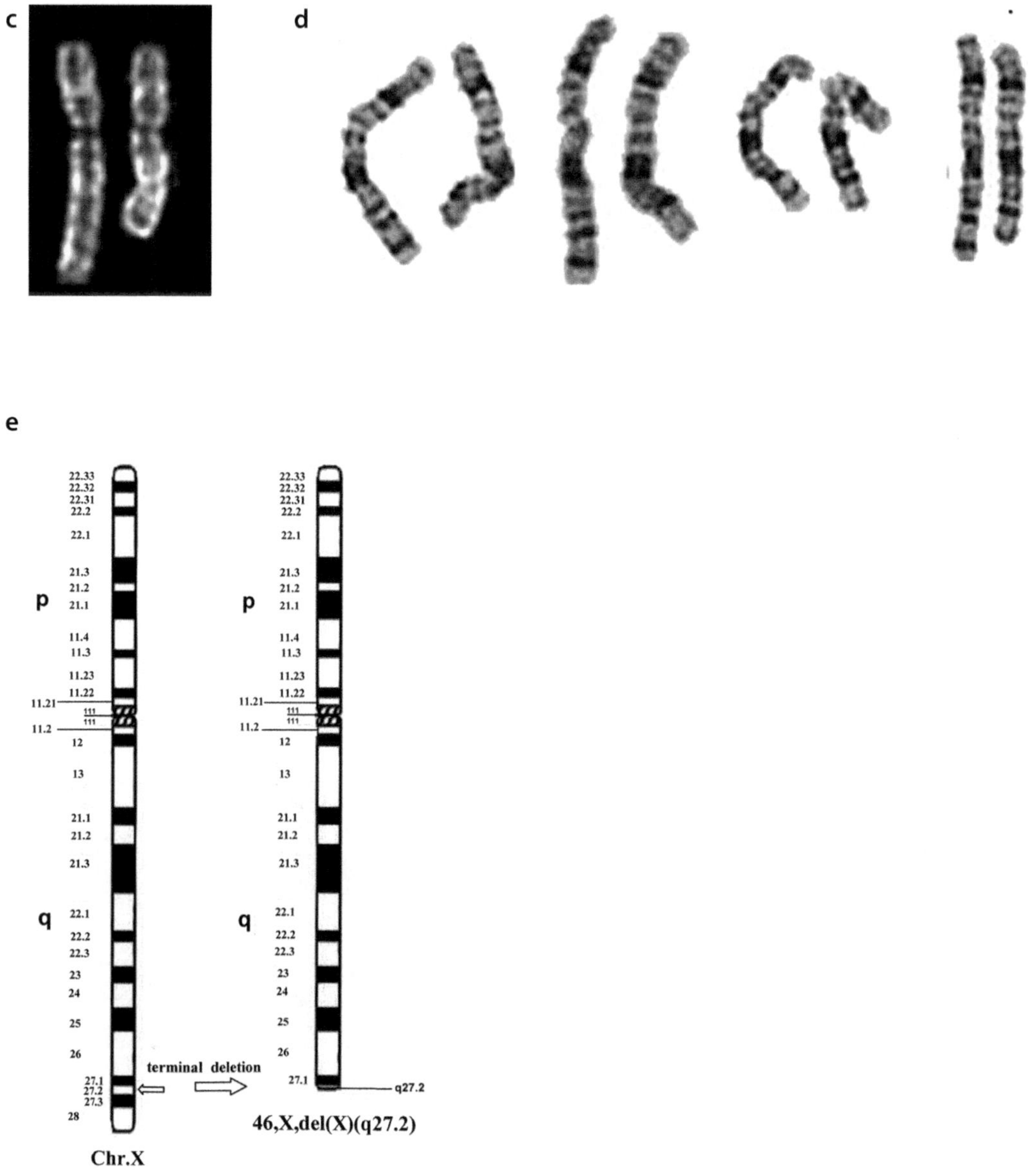

Abb. 7.19 (Fortsetzung)

■■ Morphologie

Das aberrante Y-Chromosom zeigt eine terminale Deletion des kompletten heterochromatischen Blocks in q12 und des angrenzenden Euchromatins mit Bruchpunkt in q11.22.

■■ Cave

Die Relevanz der Deletion der AZF-Region muss dem Patienten erklärt werden (■ Abb. 7.20).

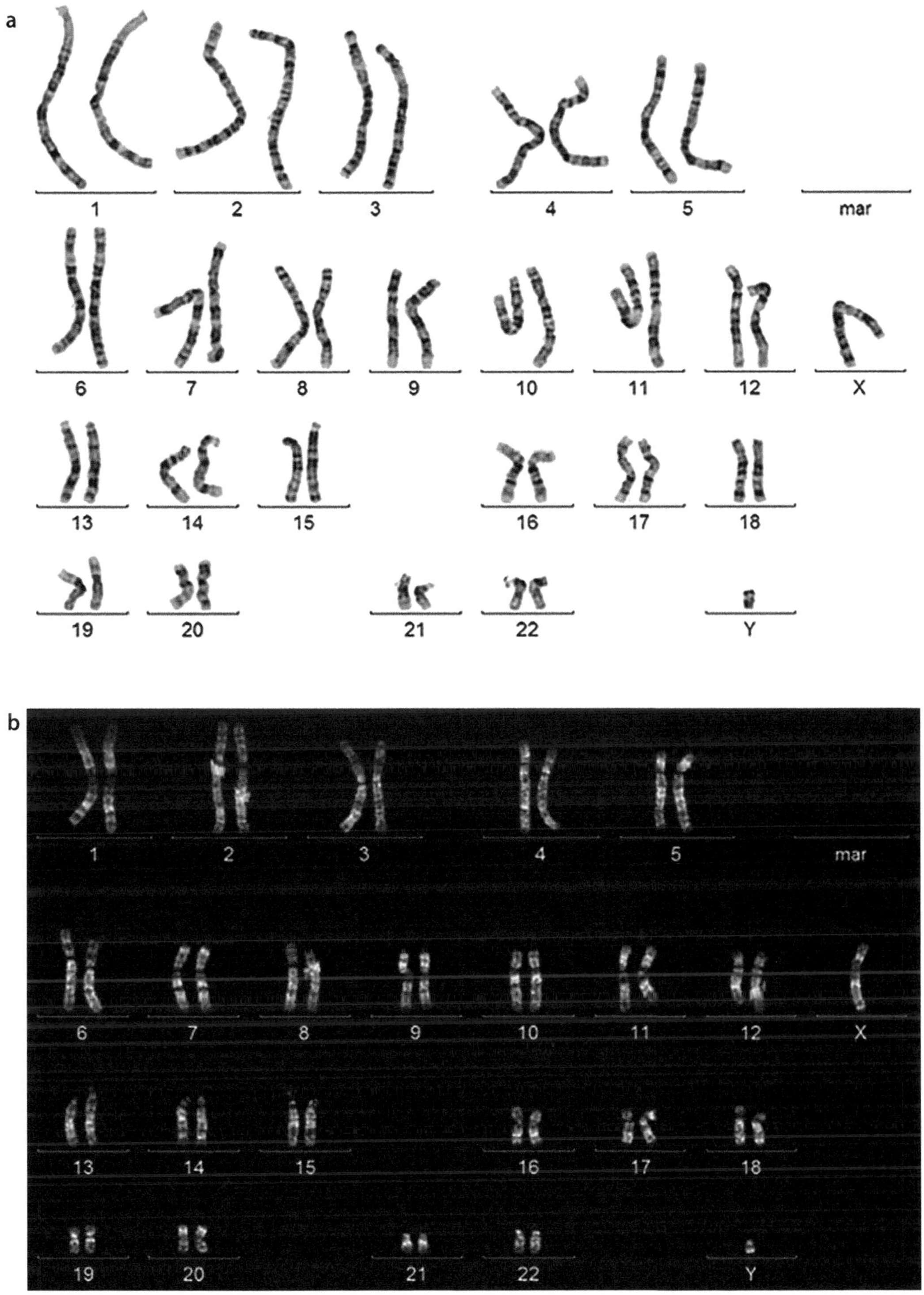

Abb. 7.20 Karyotyp 46,X,del(Y)(q11.22). **a** GTG-, **b** QFQ-Bänderung, 500 und 400 Banden pro Genom, **c** Ideogramme des Y-Chromosoms, links normales Y einer Kontrollperson, rechts Deletion im distalen langen Arm

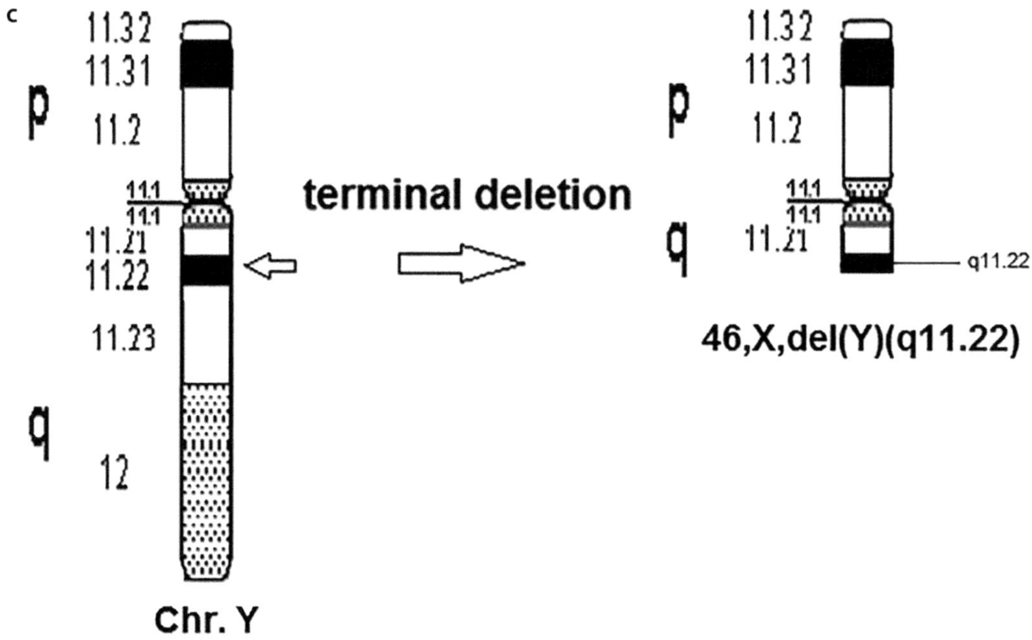

Abb. 7.20 (Fortsetzung)

7

7.2 Zusammenfassung

Aus der eigenen Untersuchungsgruppe wurden 20 Fallberichte im Detail vorgestellt. Die interchromosomale Verteilung der aberranten Chromosomen ist nicht gleich für Autosomen und Gonosomen. Die kleinen Autosomen 19–22 sind allerdings nicht beteiligt. Die Gonosomen X und Y waren im Vergleich zu den Autosomen überrepräsentiert, was durch die Hauptuntersuchungsgruppe von Sterilitätspatienten (Gonosomen : Autosomen = 70:30 %) verursacht wird.

Es war eine unerwartete Beobachtung, dass in zwei Fällen (6 und 13) die Aberration keine isolierte Deletion war. Daher gehören diese Fälle zur Gruppe der komplexen Chromosomenumbauten (CCR), und diese Gruppe erfordert nach aktuellen Erkenntnissen zusätzliche molekulargenetische Untersuchungen.

Fall 6 zeigt neben Mitosen mit einer Deletion von Chromosom 8 eine Metaphase mit einem normalen Karyotyp. Dies führt zu dem Schluss, dass die Deletion aus der postzygotischen Phase stammt, und dies muss als sehr seltener Prozess betrachtet werden. Bei Fall 13 zeigen die ergänzenden molekulargenetische Untersuchungen, dass der Patient nicht nur eine Deletion aufweist: seine Chromosomenaberration beruht auf der unbalancierten Form einer reziproken Translokation 7/18 elterlichen Ursprungs. Dieser Fall macht es deutlich, wie relevant vielfach erweiterte Untersuchungen auch bei einfach erscheinenden Fällen sind.

Wenn die Lokalisierung der Bruchpunkte im Chromosom analysiert wurde, waren 15 der Deletionen terminal und 5 interstitielle Aberrationen. Selbst wenn die Deletionen in autosomale und gonosomale Anomalien unterteilt werden, ist diese Verteilung die gleiche. Aber die geringe Anzahl von Fällen muss hierbei berücksichtigt werden.

Die Relevanz von Elternanalysen vor der genetischen Beratung konnte nachgewiesen werden.

Duplikationen

Inhaltsverzeichnis

C. Behrend et al., *Atlas der Menschlichen Chromosomen*,
https://doi.org/10.1007/978-3-032-13717-3_8

8.1 Duplikationen

61. 46,XX,dup(9)(p11.2)
62. 46,XY,dic(9)(pter→q11::p12 → qter)
63. ♀ 46,X,dup(X)(p11.4p21.2)X.
    ♂ 46,dup(X)(p11.4p21.2)y

8.1.1 Detaillierte Darstellung der Kasuistiken

▪ Fall 61: Karyotyp: 46,XX,dup(9)(p11.2)

Indikation für Chromosomenanalyse: Erhöhte Abortrate der Ratsuchenden.

▪▪ Morphologie

Die zusätzliche Bande in p11.2 färbt sich nach GTG-Bänderung dunkel (AT-reich) und ist nach CBG-Färbung negativ. Im aberranten Chromosom 9 hat sich der Armindex in eine stärker metazentrische Struktur verändert. Die FISH-Analyse definierte die zusätzliche Bande als euchromatische Variante ohne genetische Relevanz (siehe: ► Abschn. 15.1).

▪▪ Cave

Im pathologischen Verlauf einer zukünftigen Schwangerschaft sollte der Karyotyp des Konzepts analysiert werden, um meiotische Abnormalitäten durch abnormales Crossing-over in der Pachytänphase auszuschließen (◘ Abb. 8.1).

▪ Fall 62: Karyotyp: 46,XY,dic(9)(pter→q11::p12 → qter)

Indikation für Chromosomenanalyse: Gonosomale Anomalie vermutet.

▪▪ Morphologie

Dizentrisches Chromosom 9 mit Inaktivierung des zweiten Zentromers. Die zusätzliche AT-reiche Bande proximal im langen Arm umfasst außerdem eine perizentromerische Region mit dem inaktivierten zweiten Zentromer. Die zusätzliche Region befindet sich inmitten des heterochromatischen Blocks q12. Das zusätzliche Segment ist CBG-negativ. Die Inaktivierung des zweiten Zentromers scheint stabil zu sein, da keine Fehlverteilung des aberranten Chromosoms 9 beobachtet wurde. Weitere FISH-Untersuchungen nach Mikrodissektion sind angezeigt.

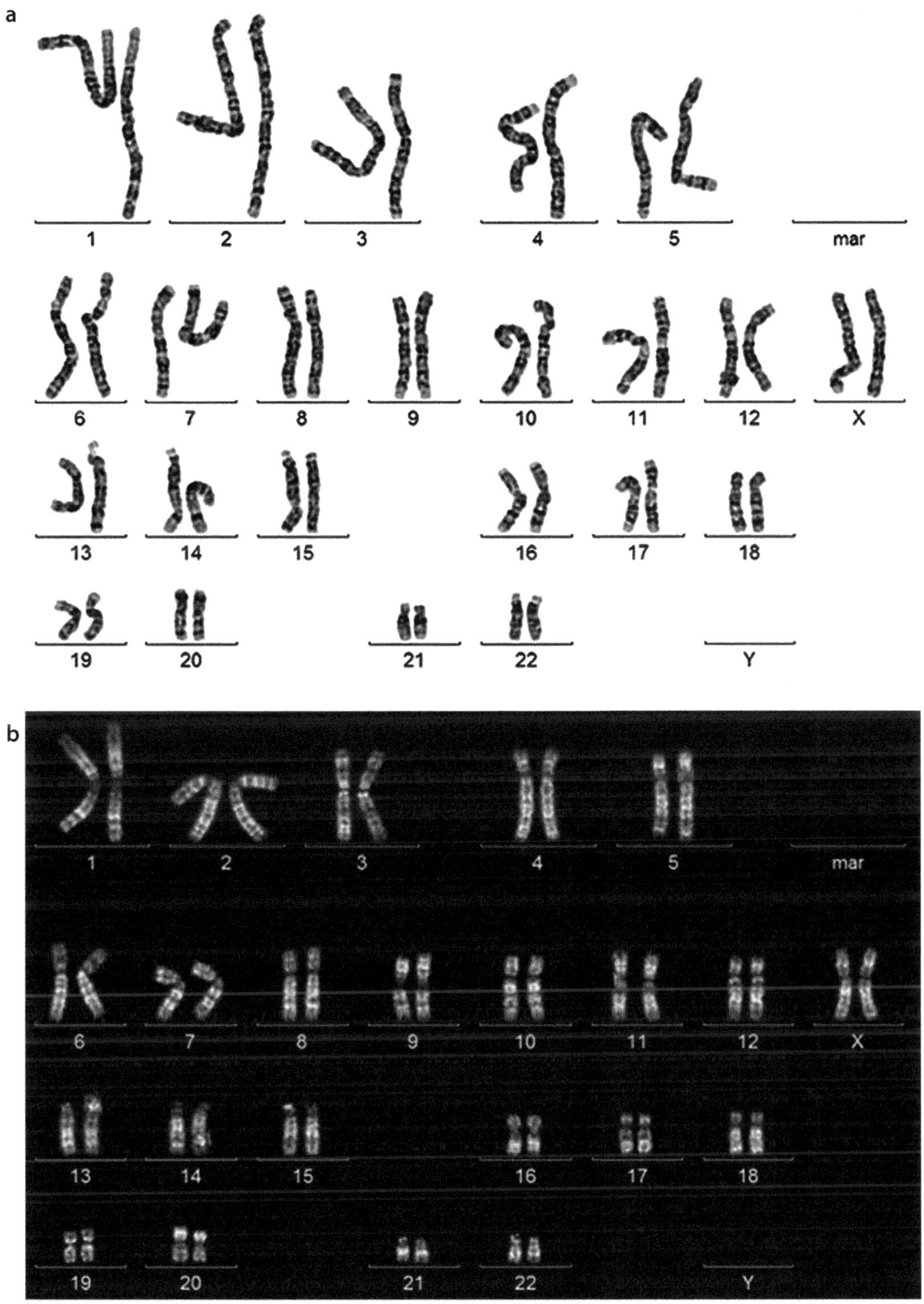

Abb. 8.1 Karyotyp 46,XX,dup(9)(p11.2). **a** GTG-, **b** QFQ-Bänderung, 700 und 400 Bänder pro Genom, **c** CBG-, **d** QFQ-, **e** GTG-Bänderung, Chromosomen aus verschiedenen Mitosen, *links* normale Chromosomen 9, *rechts* Derivat 9, **f** Ideogramme des Chromosoms 9; links normal, rechts dupliziertes Chromosom, kleine interstitielle Duplikation

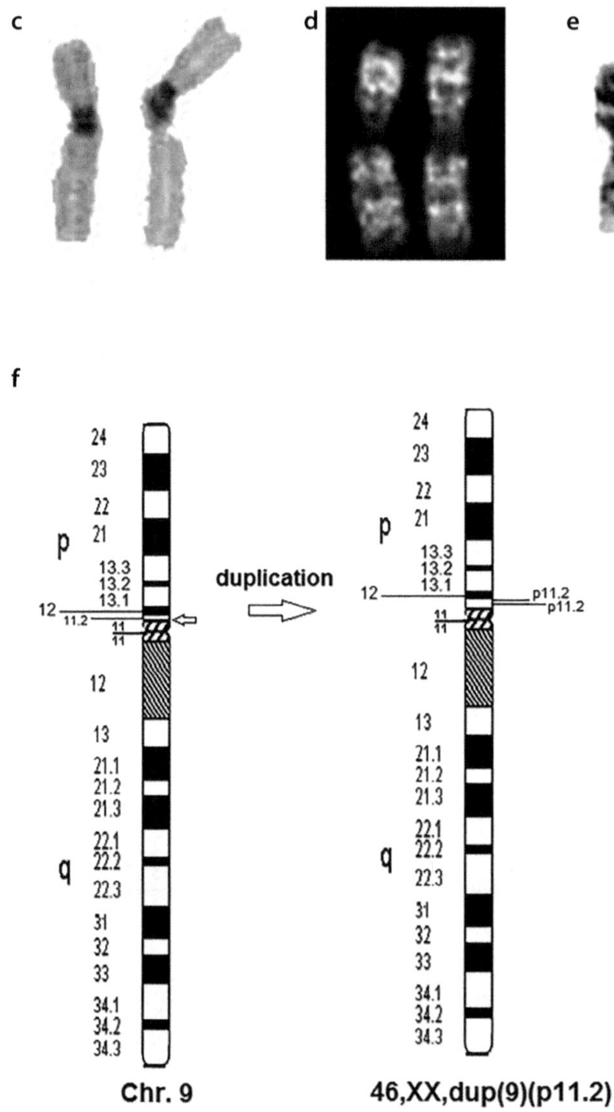

Abb. 8.1 (Fortsetzung)

Cave

Die geringfügigen Anomalien des Patienten sind ein Problem bei der Beratung der Familie, da das genetische Risiko weniger als 1 % beträgt und aufgrund des fast normalen Phänotyps die Indikation für pränatale Untersuchungen fraglich ist (Abb. 8.2).

Fall 63: Familiäre Duplikation

- *Mutter: Karyotyp: 46,X,dup(X)(p11.4p21.2).*
- *Sohn: Karyotyp: 46,dup(X)(p11.4p21.2)y.*

Indikation für die Chromosomenanalyse: angeborene Anomalien beim Sohn, insbesondere mehrdeutige Genitalien.

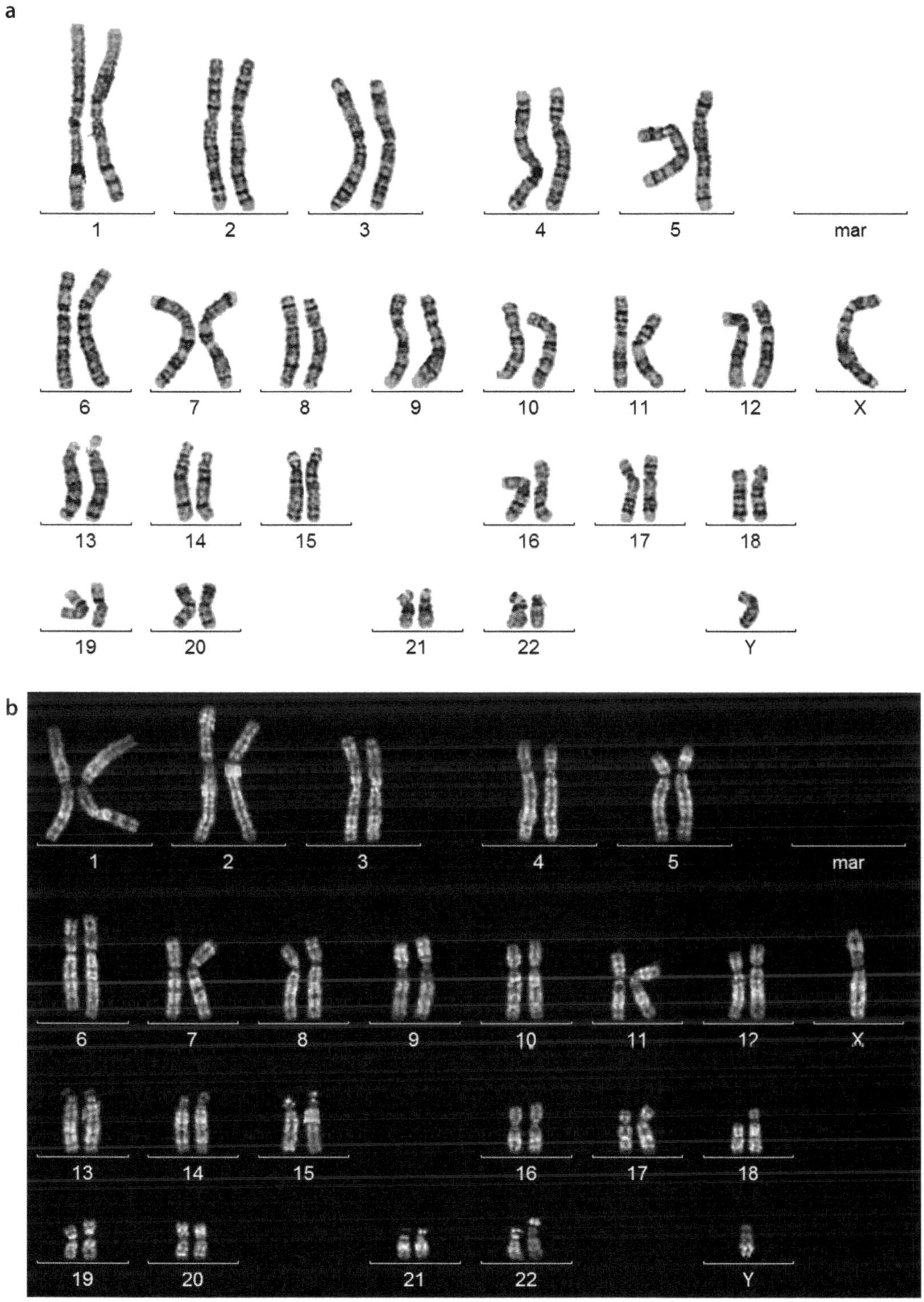

Abb. 8.2 Karyotyp 46,XY,dup(9),dic(9)(pter→q11::p12 → qter). Einzelne pathologische Zelle mit Deletion des kurzen Arms von Chromosom 18. **a** GTG-, **b** QFQ-Bänderung, 700 und 500 Bänder pro Genom, **c** CBG-, **d** QFQ-, **e** GTG-Bänderung, Chromosomen aus verschiedenen Mitosen, *links* normal, *rechts* abweichendes Chromosom 9, **f** Ideogramme des Chromosoms 9; *links* normal, *rechts* dupliziertes Chromosom, kleine interstitielle Duplikation

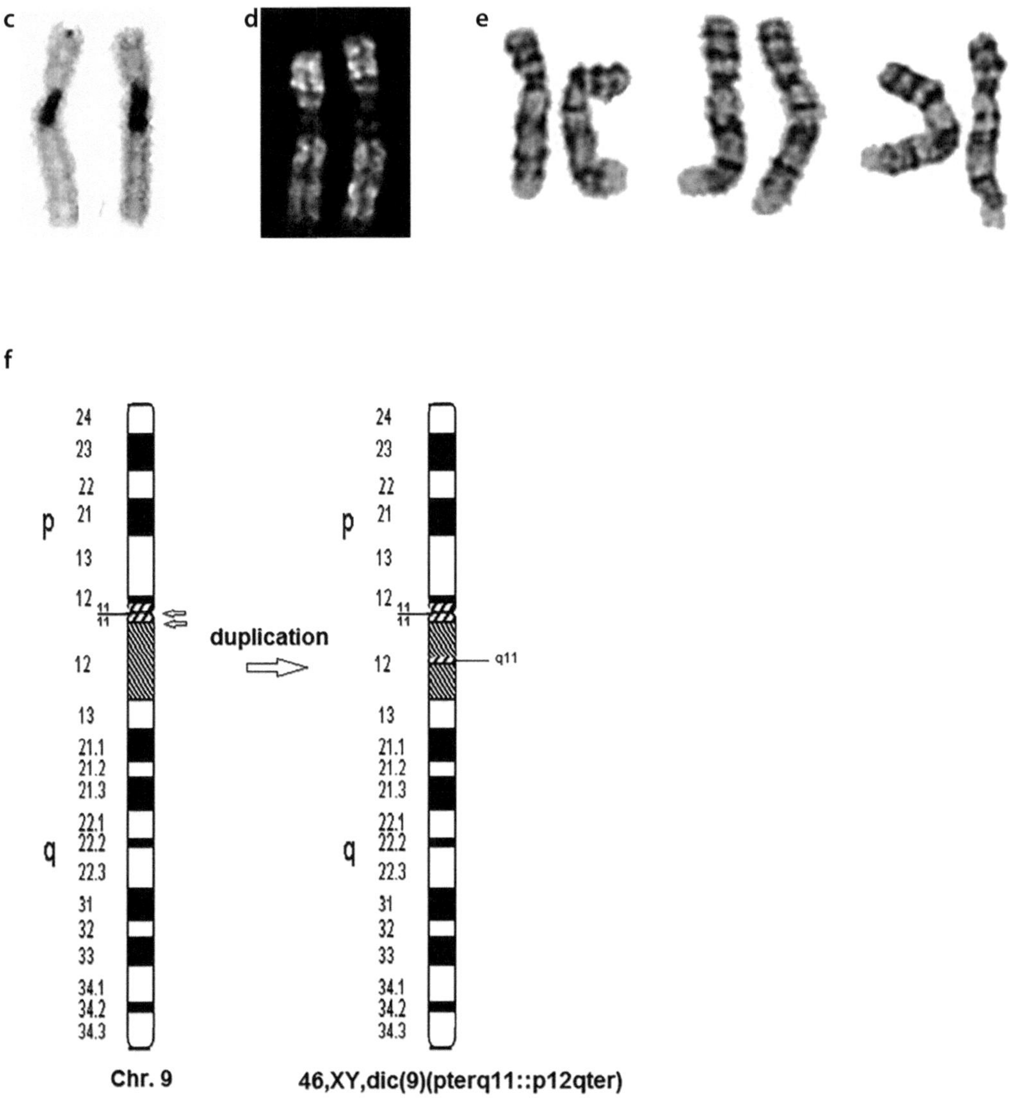

Abb. 8.2 (Fortsetzung)

8

▪▪ Morphologie

Die zusätzliche Bande in Xp ist AT-reich und bei Mutter und Sohn identisch. Sie betrifft etwa 5 % der Gesamtlänge des X-Chromosoms. Das proximale Bandenmuster in Xp zeigt charakteristische Unterschiede zum normalen.

▪▪ Cave

Die pränatale Diagnose muss dem Berater angeboten werden, um teilweise zusätzliche Duplikationen oder Deletionen im Konzeptus auszuschließen, und bei weiblichen Föten sollte das Inaktivierungsmuster von normalem und abweichendem X-Chromosom analysiert werden (Abb. 8.3).

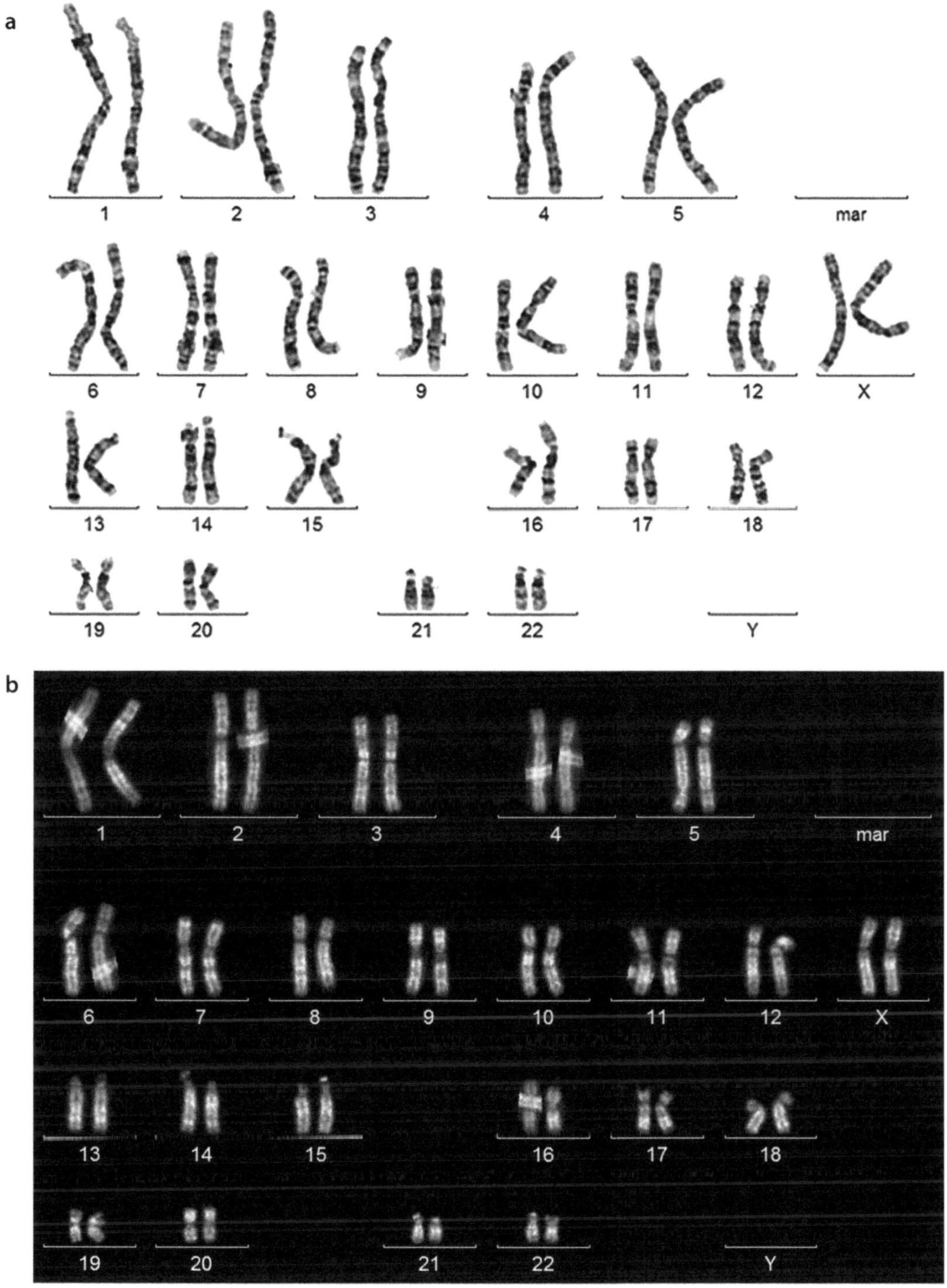

Abb. 8.3 Karyotyp 46,X,dup(X)(p11.4p21.2). **a** GTG-, **b** QFQ-Bänderung, 500 und 400 Bänder pro Genom, **c** QFQ-, **d** GTG-Bänderung, Chromosomen aus verschiedenen Mitosen, *links* normal, *rechts* abnormales Chromosom X, **e** Ideogramme des X-Chromosoms, proximale Duplikation im kurzen Arm

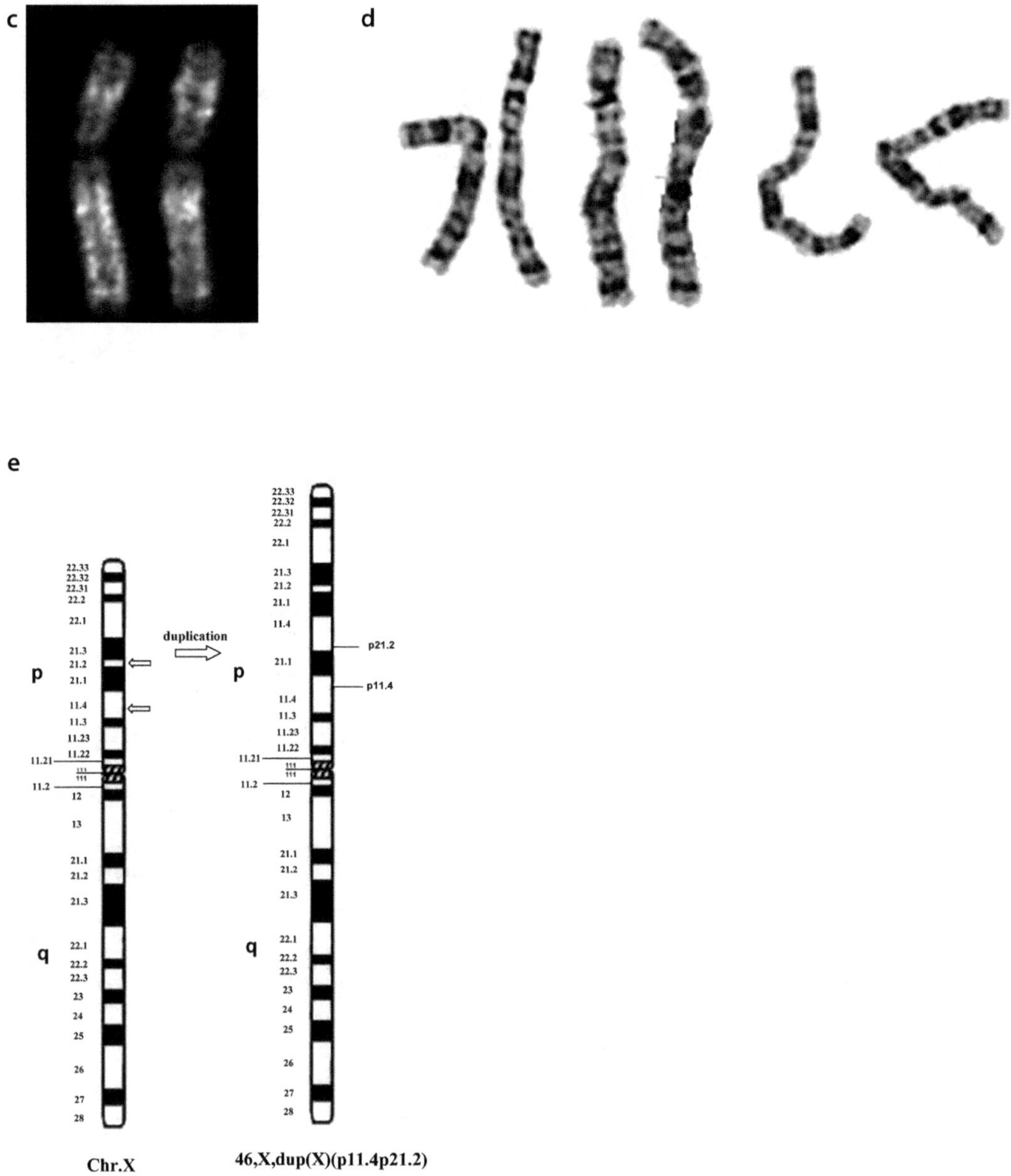

■ Abb. 8.3 (Fortsetzung)

8.2 Zusammenfassung

Es werden drei Fälle vorgestellt, zwei autosomale Duplikationen, jeweils mit Beteiligung des Chromosoms 9 und eine gonosomale mit Anomalie von Xp. Die Duplikation 9p12 wird als euchromatische Variante ohne genetisches Risiko definiert. Es muss jedoch gewährleistet sein, dass keine benachbarten euchromatischen, genetisch relevanten Segmente an der Duplikation beteiligt sind. Der zweite Fall zeigt eine komplexe Chromosomenumordnung, die zu einem dizentrischen Chromosom 9 führt. Die Inaktivierung des zweiten Zentromers ist vollständig; eine zweite Zelllinie ist nicht vorhanden. Der dritte Fall, eine partielle Duplikation des kurzen Arms des X-Chromosoms führt zu einem normalen Phänotyp und Fruchtbarkeit bei der weiblichen Trägerin, aber zu einem Fehlbildungssyndrom beim hemizygoten Sohn. Die Relevanz einer gestörten X-Inaktivierung bei weiblichen Trägern einer X Anomalie muss immer berücksichtigt werden, wenn Träger und ihre Verwandten beraten werden.

Ringchromosomen

Inhaltsverzeichnis

C. Behrend et al., *Atlas der Menschlichen Chromosomen*,
https://doi.org/10.1007/978-3-032-13717-3_9

9.1 Ringchromosomen

64. 46,XX,r(18)(p11.23q21.33)
65. mos45,X[25]/46,X,r(X)(p22.1q21)[29],
66. 46,X,r(Y)(p11.32q11.21).

9.1.1 Detaillierte Darstellung der Kasuistiken

■ Fall 64: Karyotyp: 46,XX,r(18)(p11.23q21.33)

Indikation zur Chromosomenanalyse: Entwicklungsverzögerung, morphologische Besonderheiten gemäß de Grouchy Syndrom II.

■■ Morphologie

Die Größe des Ringchromosoms ist nicht in allen analysierten Metaphasen identisch, ein Teil der Mitosen zeigt eine Duplikation des Ringes. Diese Anomalie wird durch einen pathologischen Verlauf bei der Replikation des Ringes (S-Phase des Zellzyklus) verursacht.

■■ Cave

Ein Mosaik-Karyotyp der Patientin mit fehlerhafter Segregation des Rings muss ausgeschlossen werden. Die Chromosomen der Eltern sollten vor der genetischen Beratung analysiert werden, um einen balancierten Umbau (Inversion) oder ein geringgradiges Mosaik auszuschließen (◘ Abb. 9.1).

a

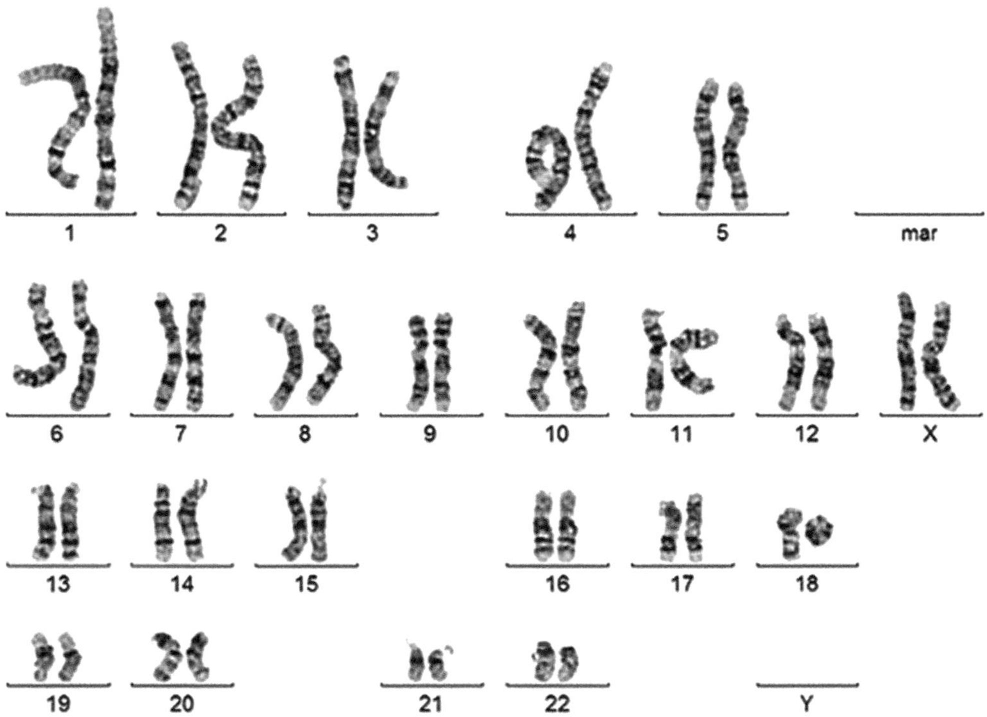

b

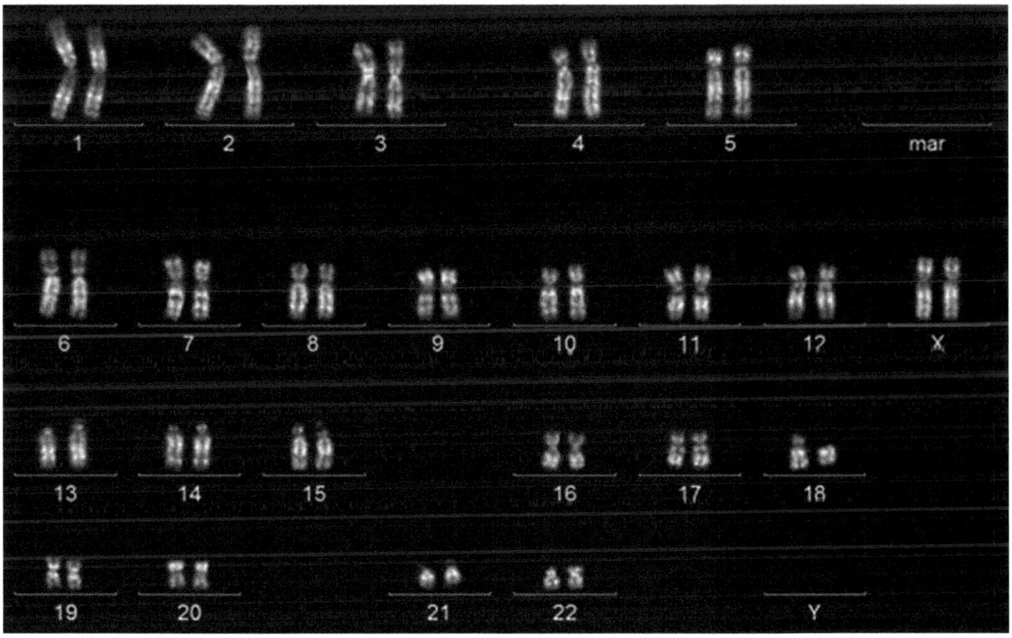

Abb. 9.1 Karyotyp 46,XX,r(18)(p11.23q21.33). **a** GTG-, **b** QFQ-Bänderung, 500 und 400 Banden pro Genom, **c** CBG-, **d** QFQ-, **e** GTG-Bänderung, zeigt den Ring in verschiedenen Positionen und eine Duplikation in 2 davon; Chromosomen aus verschiedenen Mitosen, **d** , **e** *links* normales, *rechts* Ringchromosom 18, **f** Ideogramme und schematische Darstellung der Ringbildung von Chromosom 18. Die Darstellung wird durch die Befunde nach Mikroarray-Analyse vervollständigt

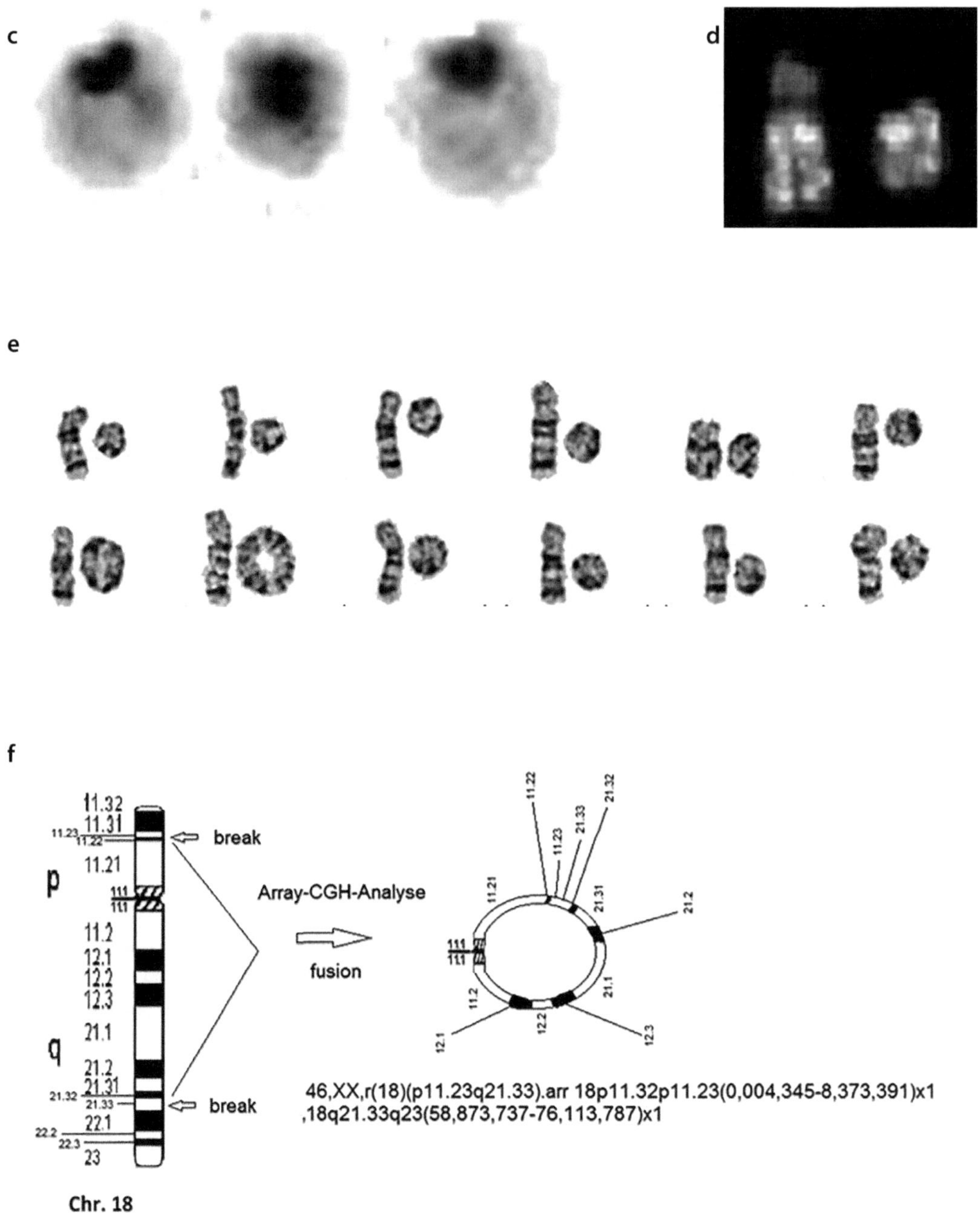

Abb. 9.1 (Fortsetzung)

- **Fall 65: Karyotyp: mos45,X[25]/46,X,r(X)(p22.1q21)[29]**

Indikation zur Chromosomenanalyse: Turner-Syndrom.

▪▪ Morphologie

Die Bruchpunkte können in der distalen Region des kurzen Armes und in der Mitte des langen Armes lokalisiert werden, was etwa 38 % der Gesamtlänge des X-Chromosoms entspricht. Der Ring ist im Verlauf der Zellteilungen instabil und ging in etwa 50 % der analysierten Mitosen verloren. Außerdem wurden partielle und vollständige Duplikationen des Ringes durch Anomalien der Chromosomenreplikation (S-Phase des Zellzyklus) dokumentiert.

▪▪ Cave

Prognose und Therapie der Patientin werden wie bei Fällen von Monosomie X ohne zusätzliche strukturelle Aberration durchgeführt (◘ Abb. 9.2).

a

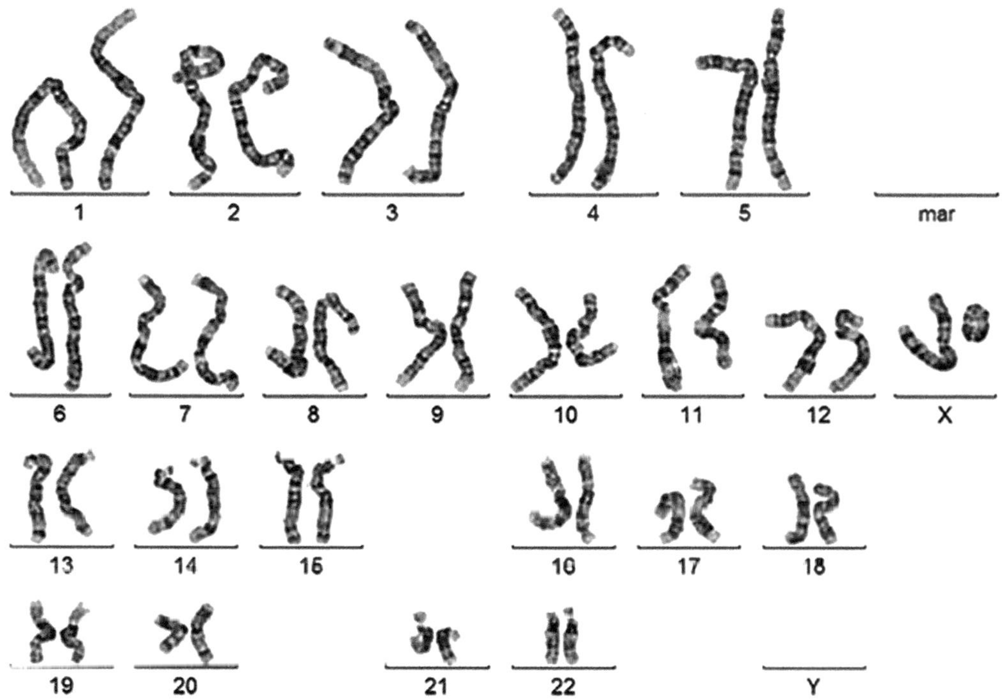

◘ **Abb. 9.2** Karyotyp mos 45,X[25]/46,X,r(X)(p22.1q21)[29]. **a** GTG-Bänderung, 850 Banden pro Genom, **b** CBG-, **c** GTG-Bänderung, **b** rechte Abbildung zeigt eine Ringduplikation, **c** *links* normales, *rechts* Ringchromosom X, **d** Ideogramme des X-Chromosoms mit Darstellung der Ringbildung

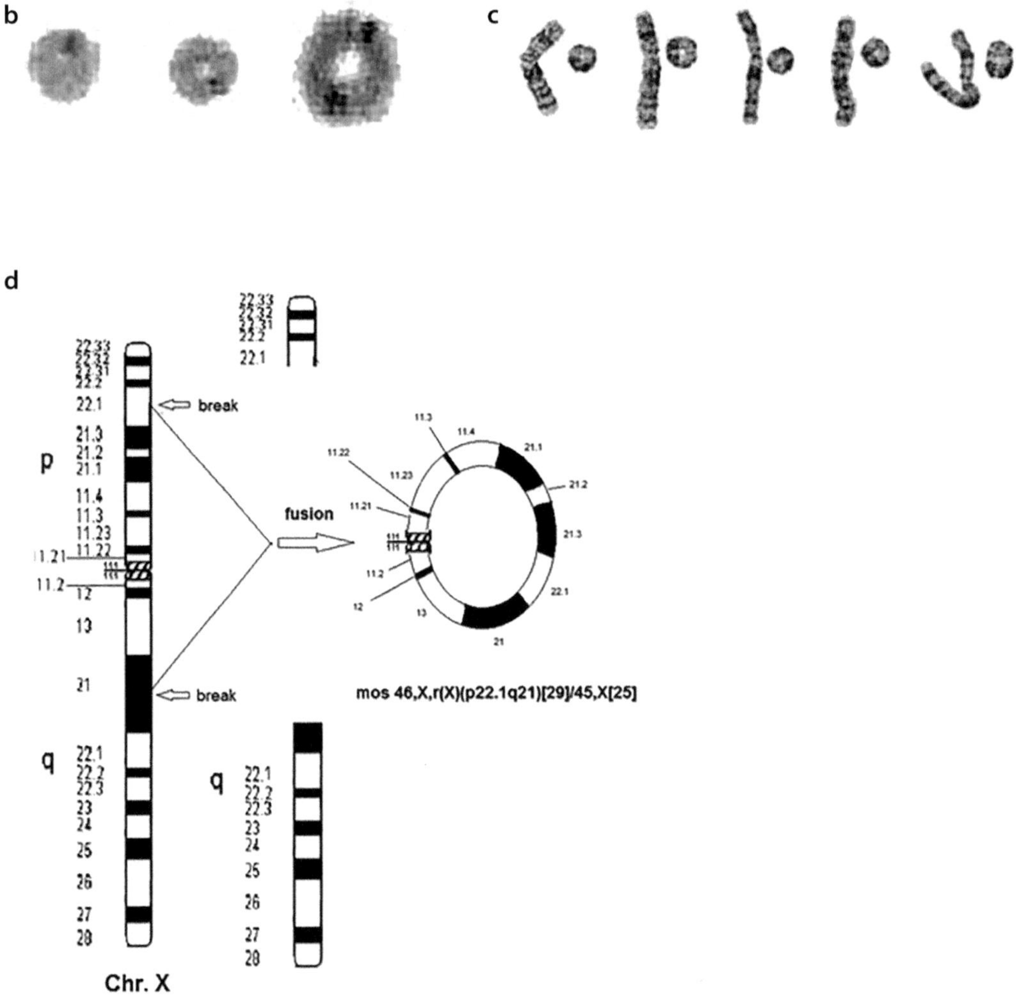

Abb. 9.2 (Fortsetzung)

9

- **Fall 66: Karyotyp: 46,X,r(Y)(p11.32q11.21)**

Indikation für Chromosomenanalyse: Sterilität.

Morphologie

Das Ringchromosom zeichnet sich durch die fehlende heterochromatische Region Yq12 aus. Der Ring ist im Verlauf der Zellteilungen stabil; es konnte eine Mosaikbildung ausgeschlossen werden.

Cave

none (Abb. 9.3).

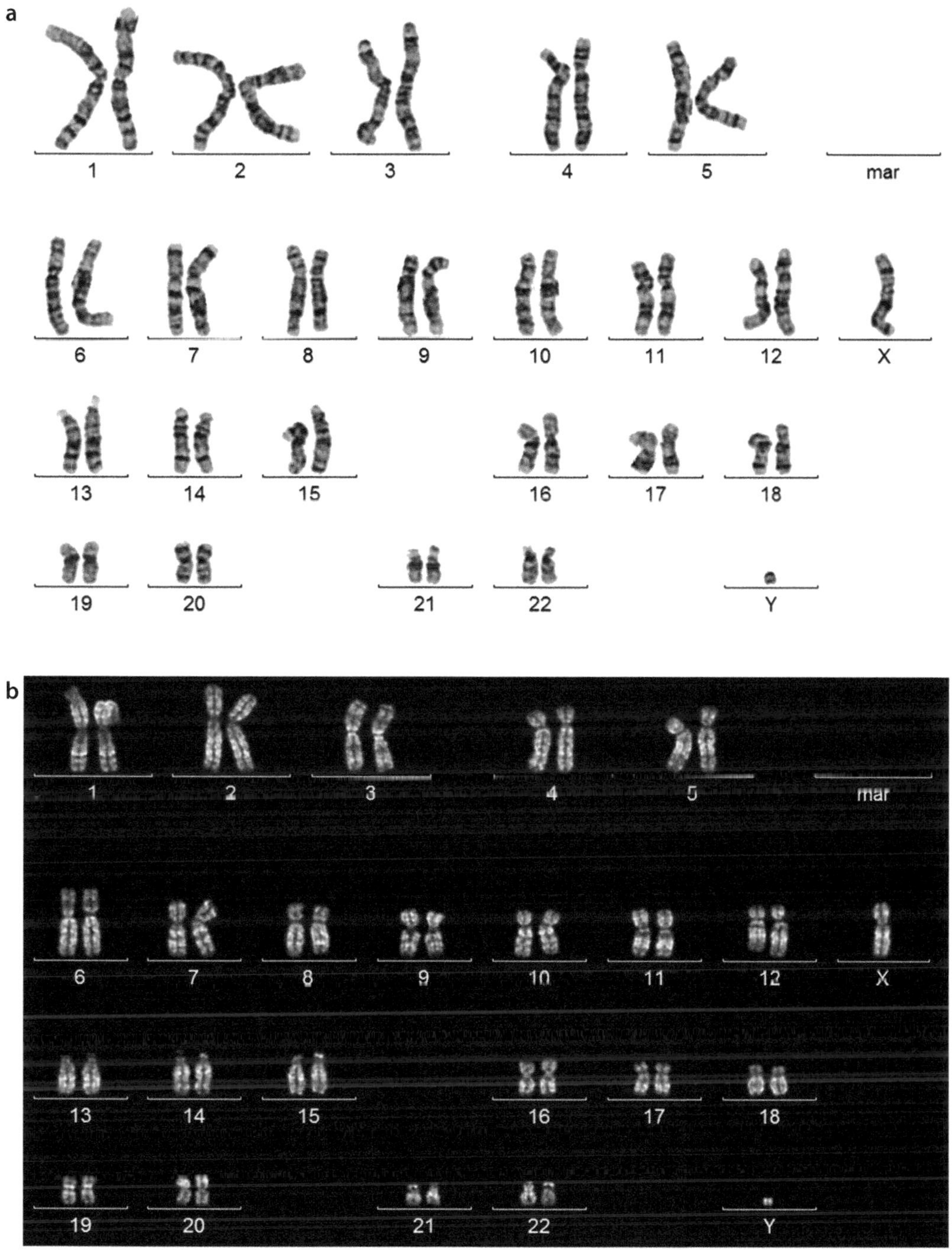

Abb. 9.3 Karyotyp 46,X,r(Y)(p11.32q11.21). **a** GTG-, **b** QFQ-Bänderung, 550 und 400 Banden pro Genom, **c** GTG-Bänderung, Chromosomen aus verschiedenen Mitosen, duplizierter Ring, **d** Ideogramme des Ring- Y-Chromosoms mit Schema der Ringbildung

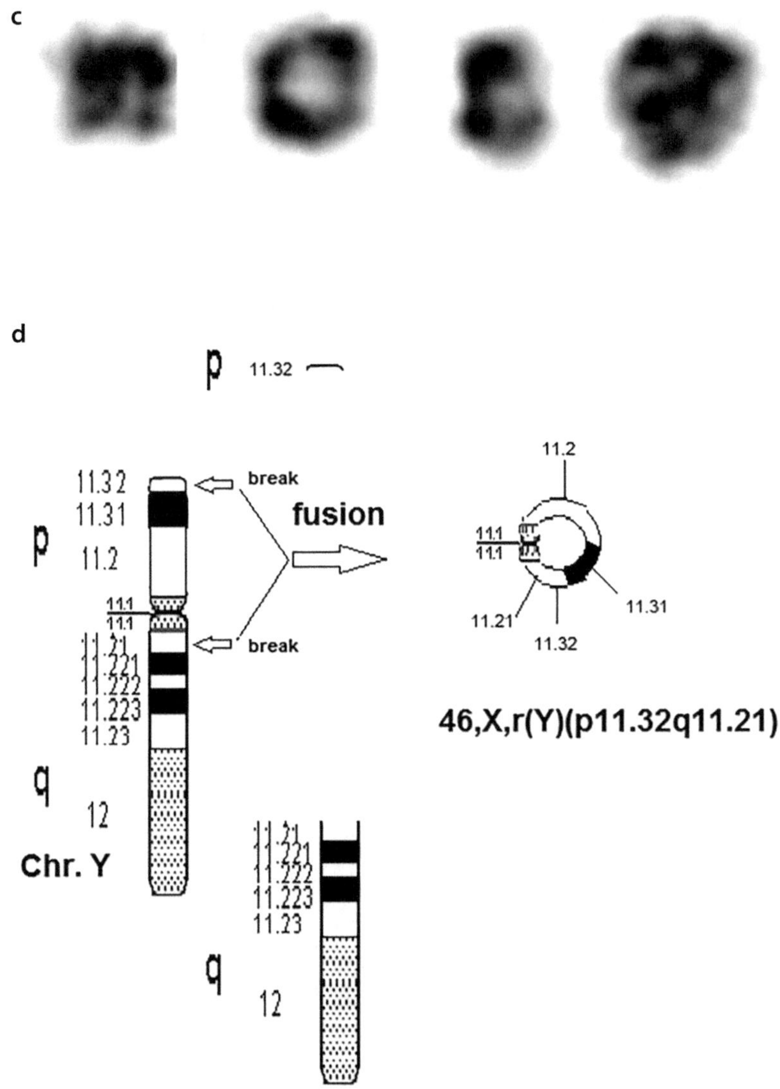

Abb. 9.3 (Fortsetzung)

9.2 Zusammenfassung

Drei Fälle von Ringchromosomen werden detailliert beschrieben. Sie verdeutlichen die Probleme, wenn Ringchromosomen analysiert werden. Die Chromosomen 18, X und Y sind hier an der Ringbildung beteiligt. In allen drei Fällen waren zusätzliche Untersuchungen durch FISH und Mikroarray notwendig, um die Bruchpunkte genau zu definieren. Wie im vorliegenden Fall von r(18) ist diese Aberration laut Literatur durch einen häufig pathologischen Verlauf des Zellzyklus, insbesondere der S-Phase, gekennzeichnet, in der partielle und vollständige Duplikationen des Ringchromosoms entstehen. Im zweiten Fall eines Ringchromosoms X ist der Karyotyp durch eine zweite Zelllinie mit Monosomie X (45,X) gekennzeichnet, die durch den Verlust des Ringchromosoms in einem Teil der Zellen entstand. Diese sekundären X0-Mosaike können häufig bei verschiedenen Arten von strukturellen Aberrationen des X-Chromosoms beobachtet werden. Wie im Fall von r(18) wurden bei der Patientin mit r(X) auch Duplikationen der Ringchromosomen durch Replikationsfehler analysiert. Im dritten Fall eines Ringchromosoms Y war der Ring stabil und wurde durch die somatischen Zellteilungen regelrecht vererbt. Duplikationen des Ringes wurden nicht beobachtet. Aber aus der Literatur ist bekannt, dass eine Zelllinie mit Monosomie X sowie partielle und vollständige Duplikationen von r(Y) auftreten können.

Die hier vorgestellten drei Fälle machen es deutlich, dass bei allen Fällen von Ringchromosomen mindestens 50 Mitosen analysiert werden müssen, um festzustellen, ob der Träger sekundäre Mosaikbildungen durch Aneuploidisierung und/oder sekundäre strukturelle Aberrationen aufweist. Bei extrem instabilen Ringchromosomen kann die Indikation für zusätzliche Untersuchungen des komplexen Karyotyps gegeben sein. Diese können entweder durch die Analyse eines zweiten somatischen Zellsystems oder durch die Untersuchung desselben Zellsystems nach einem Intervall von 1 oder 2 Jahren durchgeführt werden.

Isochromosomen

Inhaltsverzeichnis

C. Behrend et al., *Atlas der Menschlichen Chromosomen*,
https://doi.org/10.1007/978-3-032-13717-3_10

10.1 Isochromosomen

67. 47,XY,+i(18)(p10)
68. 46,XX,i(18)(q10)
69. 46,X,i(X)(q10)
70. mos 45,X[26]/46,X,idic(X)(p11.23)[24],
71. 46,X,idic(Y)(q11.23).

10.1.1 Detaillierte Darstellung der Kasuistiken

■ Fall 67: Karyotyp: 47,XY,+i(18)(p10)

Indikation zur Chromosomenanalyse: Entwicklungsverzögerung, geringfügige Gesichtsdysmorphien.

■■ Morphologie

Das zusätzliche Isochromosom zeigt die charakteristische Struktur vo 18p. Nur bei Vorhandensein eines zweiten Zentromers muss die Existenz einer zweiten Zelllinie ohne das Isochromosom, also mit normalem Karyotyp, berücksichtigt werden. Die Häufigkeit dieser Aberration beträgt nach Literaturangaben etwa 1:45.000.

■■ Cave

Die Mehrzahl der zusätzlichen Isochromosomen 18 sind de novo und in der väterlichen Meiose entstanden. Einige familiäre Fälle wurden veröffentlicht. Daher sollten Chromosomenuntersuchungen bei den Eltern durchgeführt werden, bevor eine genetische Beratung stattfindet (◘ Abb. 10.1).

■ Fall 68: Karyotyp: 46,XX,i(18)(q10)

Indikation zur Chromosomenanalyse: Pränatale Wachstumsverzögerung, schwere Fehlbildungen, leichte Trisomie 18 Merkmale.

■■ Morphologie

Das abweichende Bandenmuster von i(18q) ist leicht erfassbar, dass sogar eine Auflösung von weniger als 550 Banden pro Genom die Analyse ermöglicht. Dies ist relevant, da pränatale Untersuchungen oft nach CVS durchgeführt werden und der Ultraschall frühzeitig Anomalien des Feten zeigt. Die Häufigkeit der Aberration ist geringer als 1:90.000.

■■ Cave

Einzelne familiäre Fälle wurden beobachtet, darunter einer mit einer elterlichen Inversion, die sekundär zum Umbau führte. Vor der genetischen Beratung sollten daher die Eltern untersucht werden (◘ Abb. 10.2).

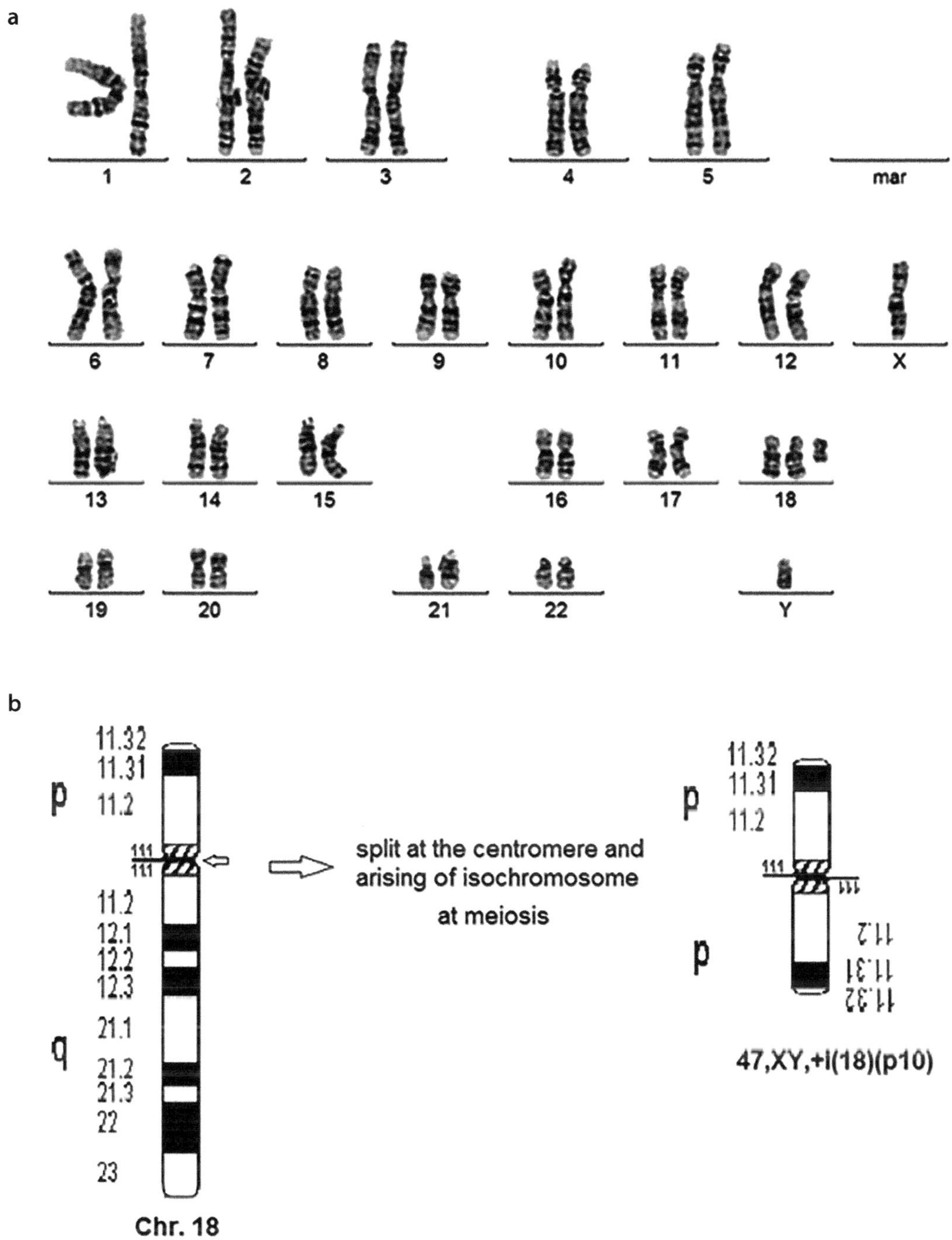

■ **Abb. 10.1** **a** Karyotyp 47,XY,+i(18)(p10), GTG-Bänderung, 500 Banden pro Genom, **b** Ideogramme von normalen und abweichenden Chromosomen 18; Aneuploidie durch zusätzliches Isochromosom 18p oder Tetrasomie 18p, *links* normales, *rechts* Isochromosom 18p, **c** Ideogramme von normalem und aberrantem Chromosom 18

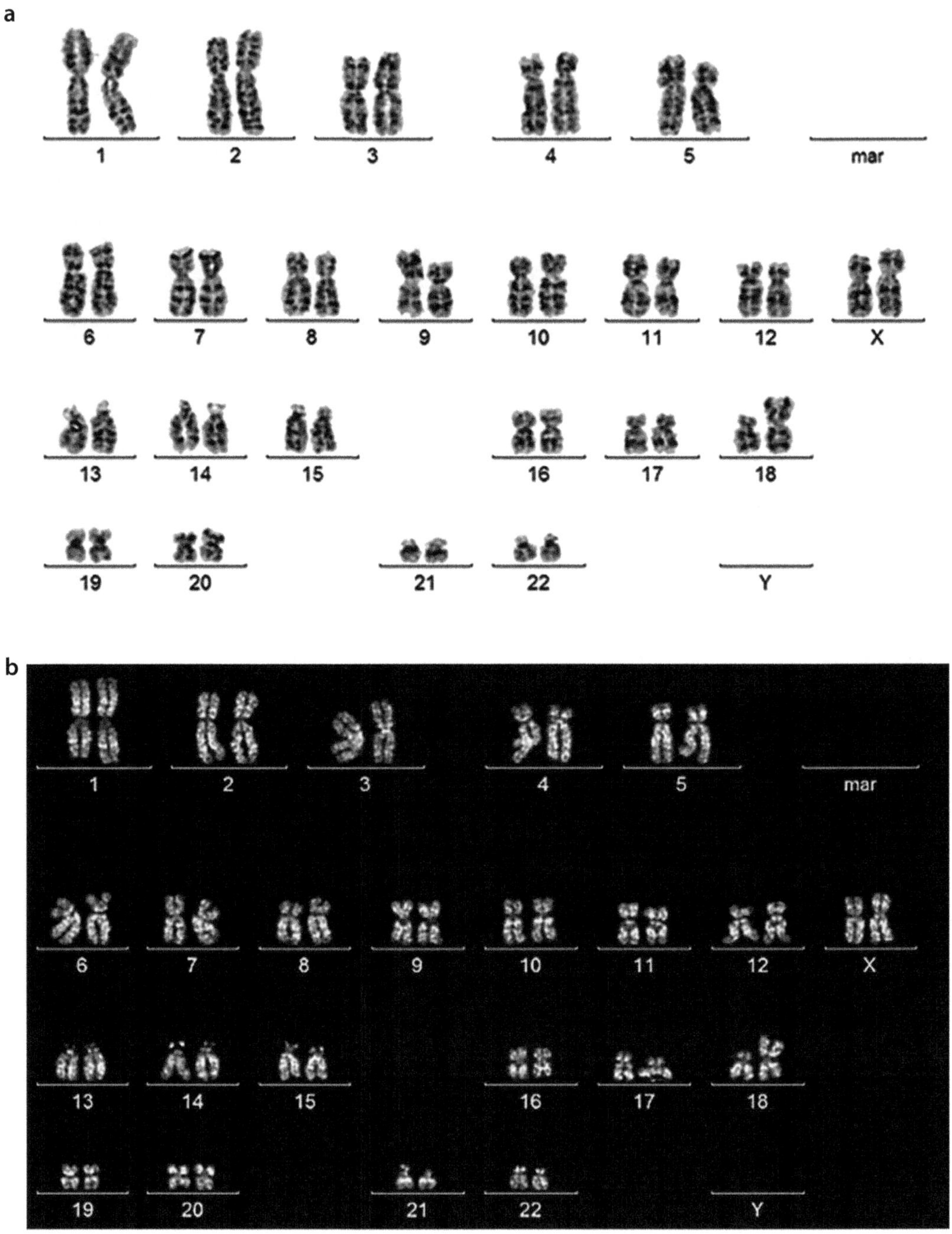

◘ Abb. 10.2 Karyotyp 46,XX,i(18)(q10) **a** GTG-, **b** QFQ- Bänderung, jeweils 400 Banden pro Genom, **c** QFQ-, **d** GTG-Bänderung, Chromosomen aus verschiedenen Mitosen, *links* normales, *rechts* abweichendes Chromosom 18, **e** Ideogramme von normalen, abweichenden Chromosomen 18

c

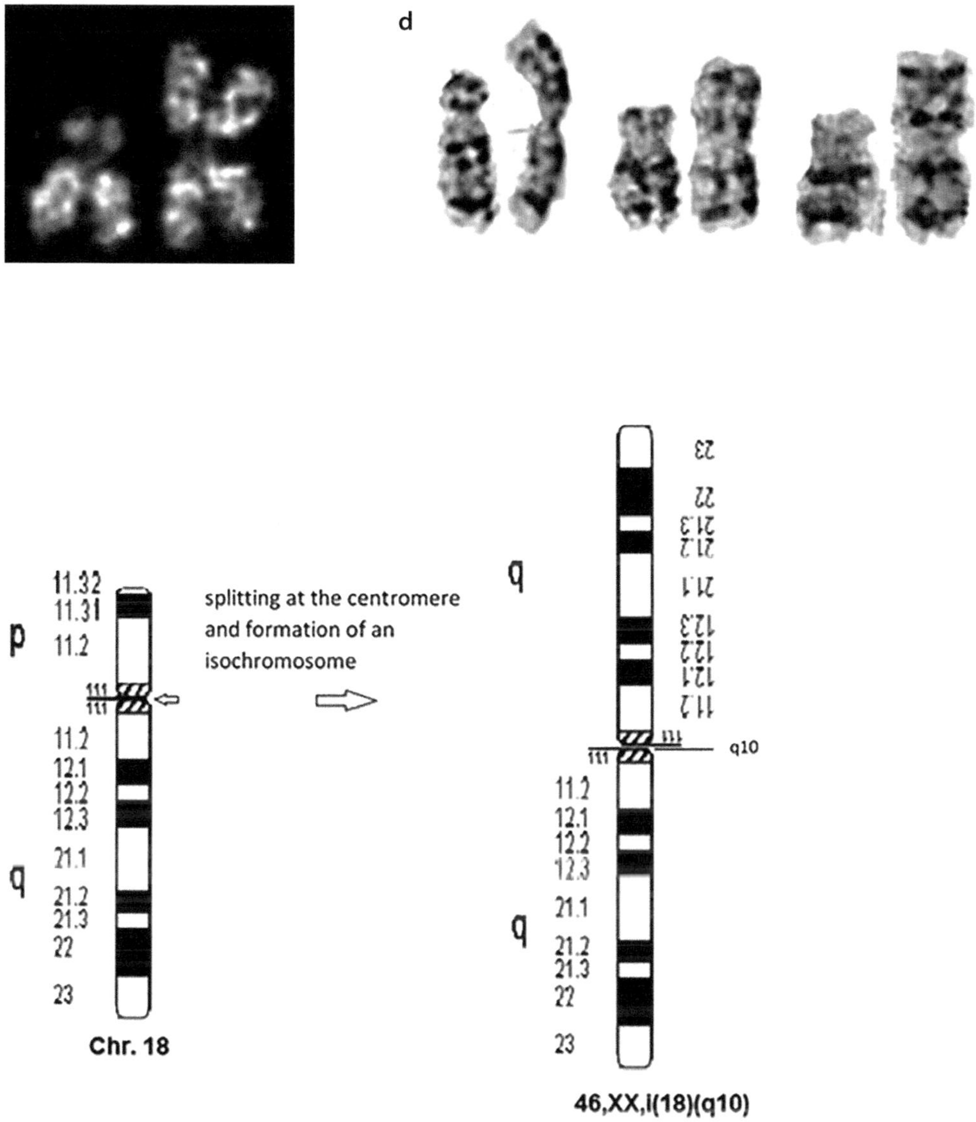

■ **Abb. 10.2** (Fortsetzung)

▪ Fall 69: Karyotyp: 46,X,i(X)(q10)

Indikation zur Chromosomenanalyse: Pränatale Diagnose aufgrund des erhöhten mütterlichen Alters (40 Jahre).

▪▪ Morphologie

Das monozentrische Isochromosom besteht aus den beiden langen Armen des X-Chromosoms. Dies führt zu einer Trisomie Xq und einer Monosomie Xp. Das Isochromosom mit nur einem Zentromer wurde im Verlauf der Zellteilungen stabil weitergegeben.

▪▪ Cave

Das Kind wird den Phänotyp des Turner-Syndroms zeigen (◘ Abb. 10.3).

▪ Fall 70: Karyotyp: mos 45,X[26]/46,X,idic(X)(p11.23)[24]

Indikation zur Chromosomenanalyse: Entwicklungsverzögerung eines 7-jährigen Mädchens.

▪▪ Morphologie

Das Isochromosom X ist dizentrisch mit Bruchpunkt im proximalen Teil des kurzen Arms. Die Inaktivierung des zweiten Zentromers (siehe auch C-Banden) ist unvollständig, was zur Entstehung einer zweiten Zelllinie mit Monosomie X führte.

▪▪ Cave

Der charakteristische Phänotyp des Turner-Syndroms ist bei jungen Mädchen oft nicht gut erkennbar. Den Eltern ist jedoch die Prognose zu erklären und insbesondere müssen die gegebenen Therapiemöglichkeiten besprochen werden (◘ Abb. 10.4).

▪ Fall 71: Karyotyp: 46,X,idic(Y)(q11.23)

Indikation zur Chromosomenanalyse: Azoospermie.

▪▪ Morphologie

Das aberrante Y-Chromosom ist dizentrisch mit Bruchpunkt im distalen Teil des langen Armes (q11.23). Die Inaktivierung des zweiten Zentromers ist vollständig, es wurde keine weitere Zelllinie beobachtet.

▪▪ Cave

Zusätzliche molekulare Untersuchungen ergaben Deletionen von sY254, sY255 und der AZFc-Region (◘ Abb. 10.5).

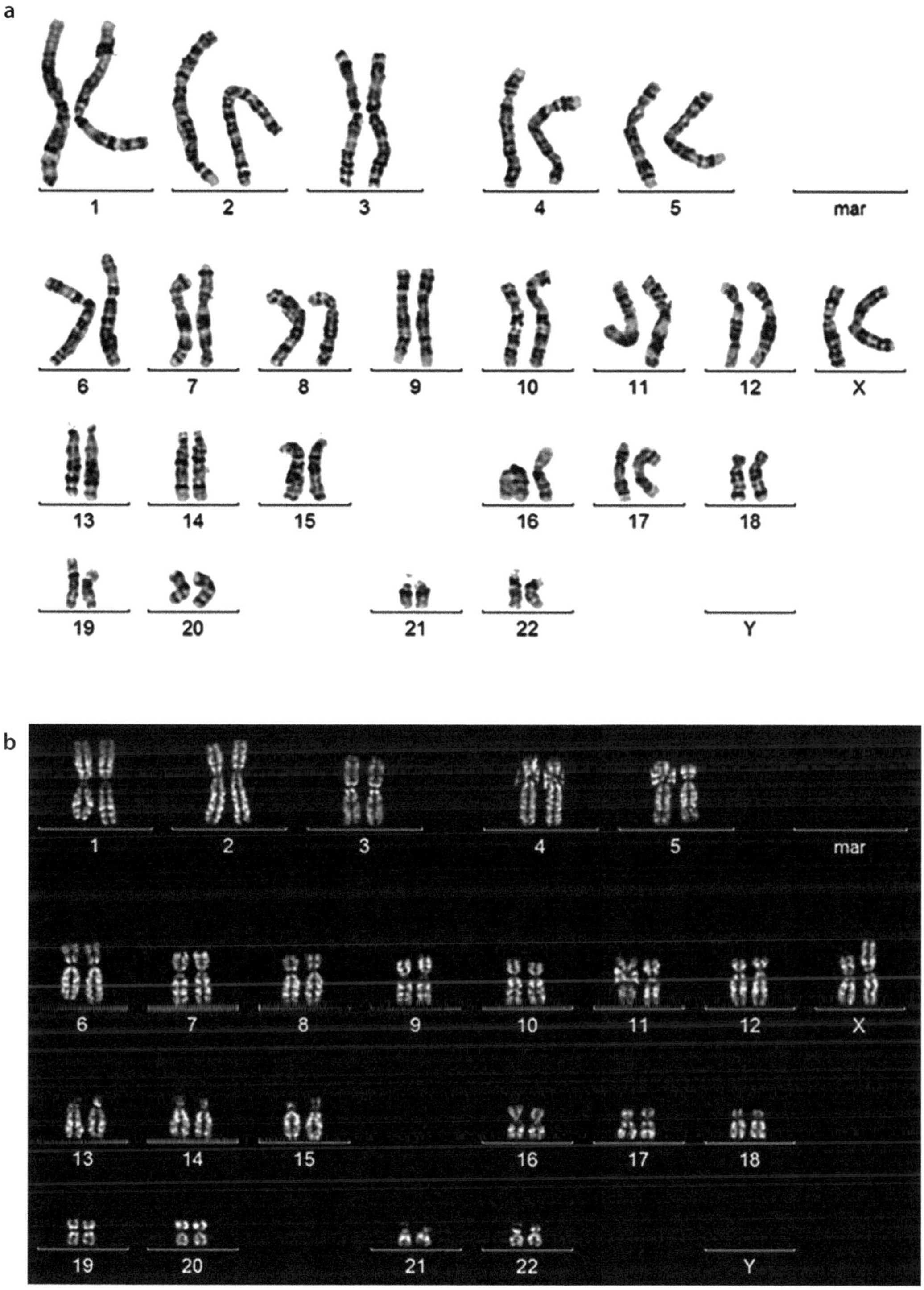

Abb. 10.3 Karyotyp 46,X,i(X)(q10). **a** GTG-, **b** QFQ-Bänderung, 550 und 400 Banden pro Genom, **c** QFQ-, **d** GTG-Bänderung, Chromosomen aus verschiedenen Mitosen, **c** *links* normales, *rechts* abweichendes X-Chromosom, **e** Ideogramme von normalem und aberrantem X-Chromosom

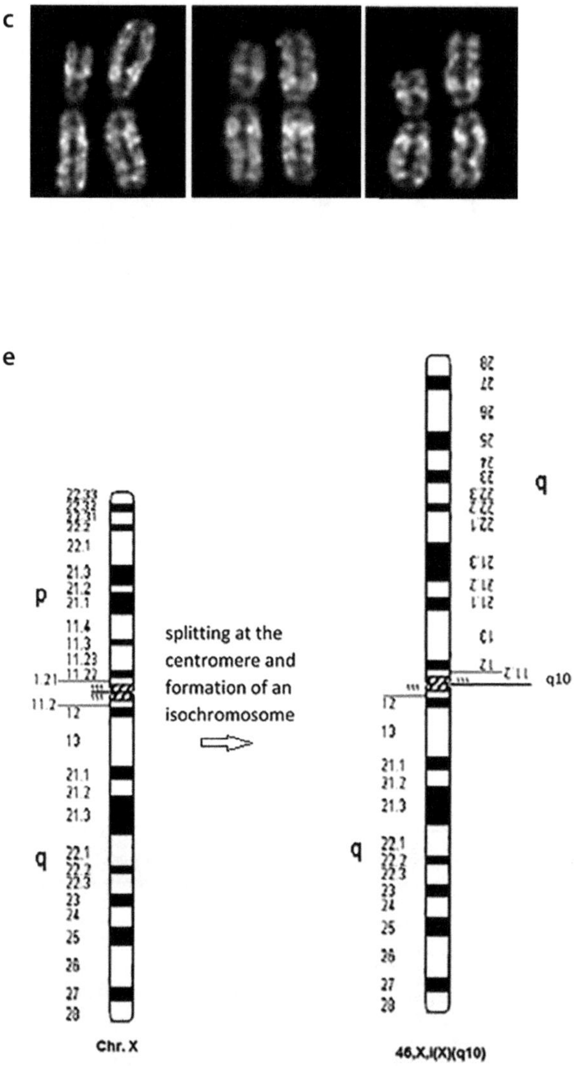

Abb. 10.3 (Fortsetzung)

a

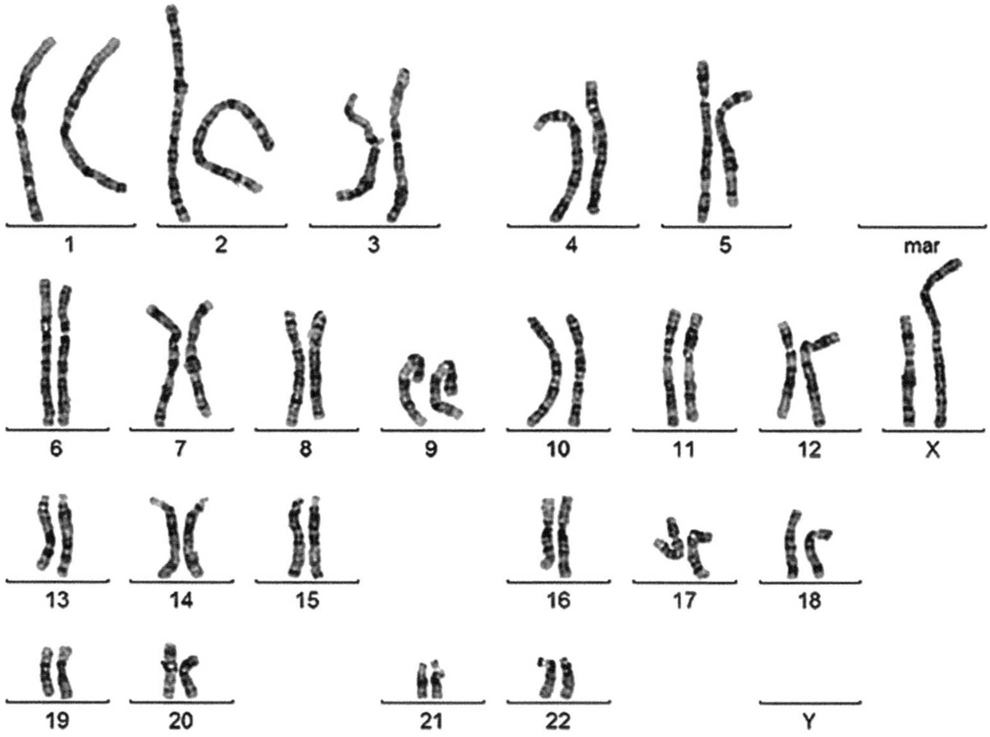

b

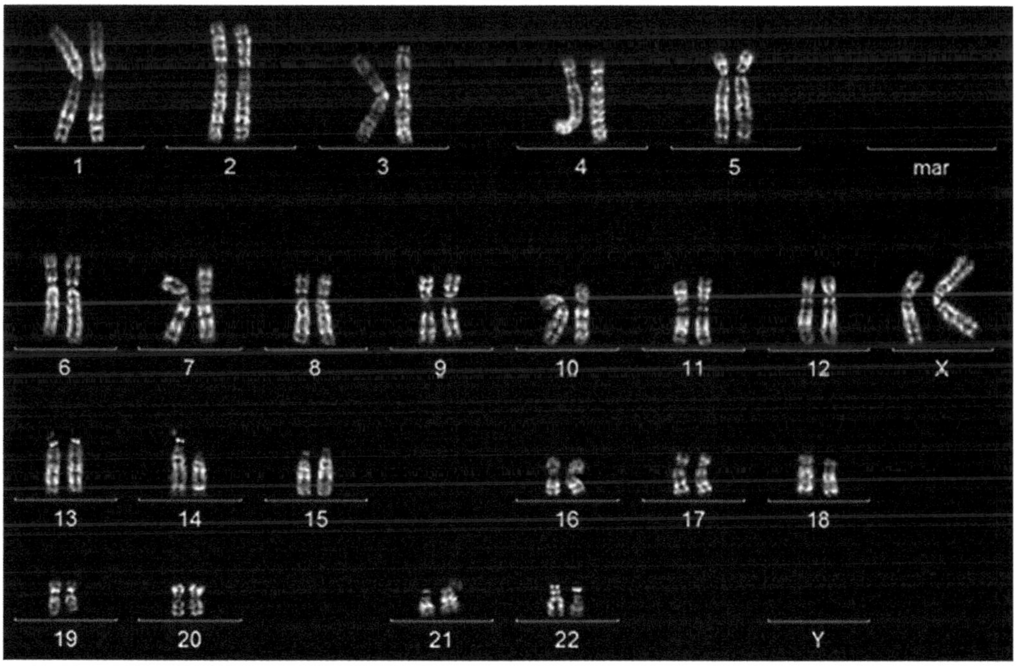

Abb. 10.4 Karyotyp mos 45,X[26]/46,X,idic(X)(p11.23)[24]. **a** GTG-, **b** QFQ-Bänderung, 700 und 400 Banden pro Genom, **c** CBG-, **d** QFQ-, **e** GTG-Bänderung, Chromosomen aus verschiedenen Mitosen, links normales, rechts aberrantes X-Chromosom, **f** Ideogramme von links normales, rechts Deletion des kurzen und Duplikation des langen Arms. Bruchpunkt im proximalen kurzen Arm, resultierend in einem dezentrischen Derivat

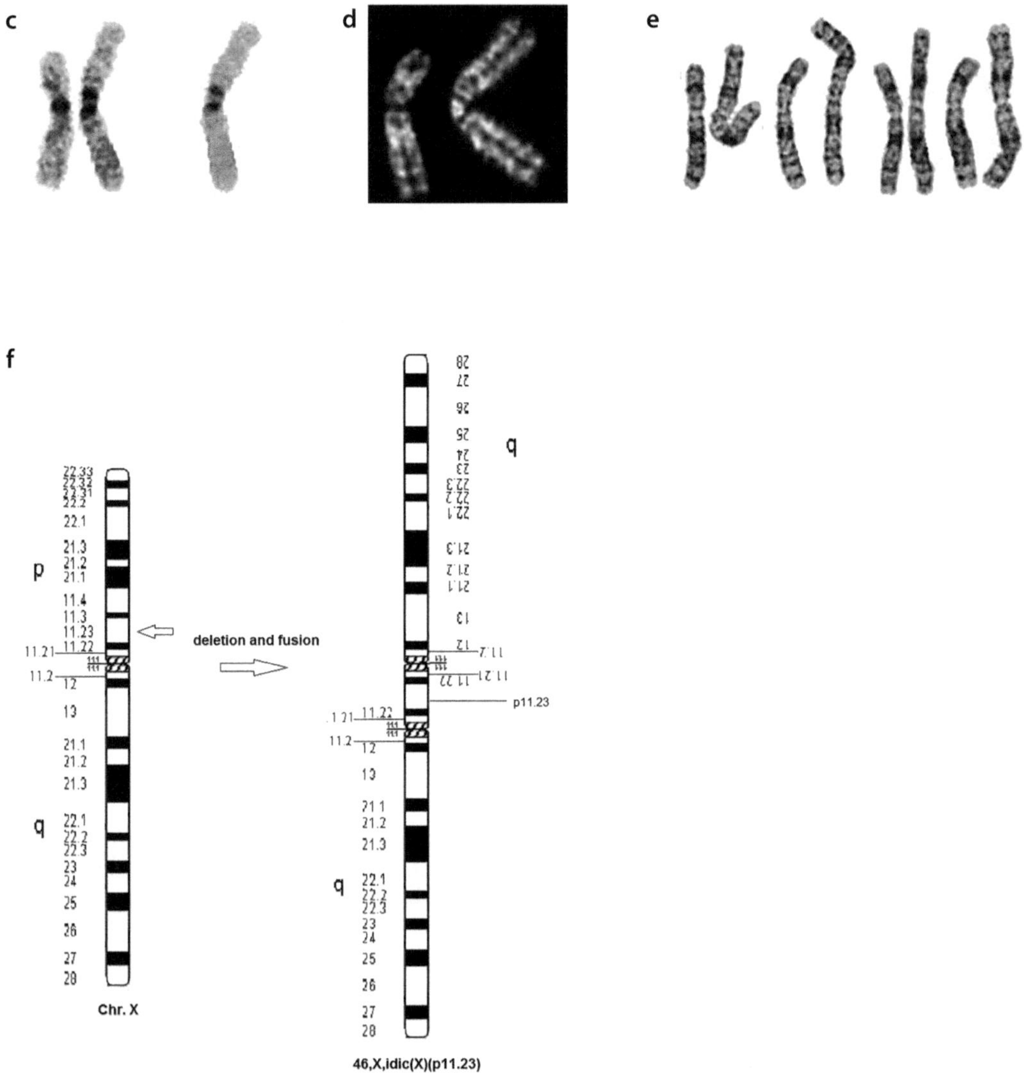

Abb. 10.4 (Fortsetzung)

a
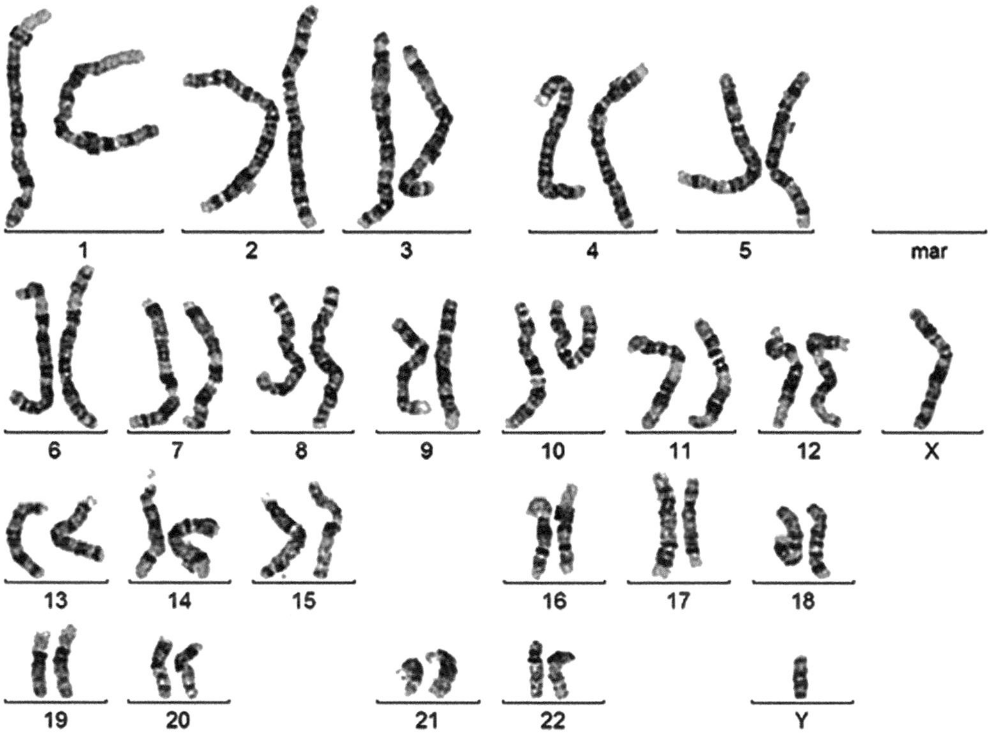

b
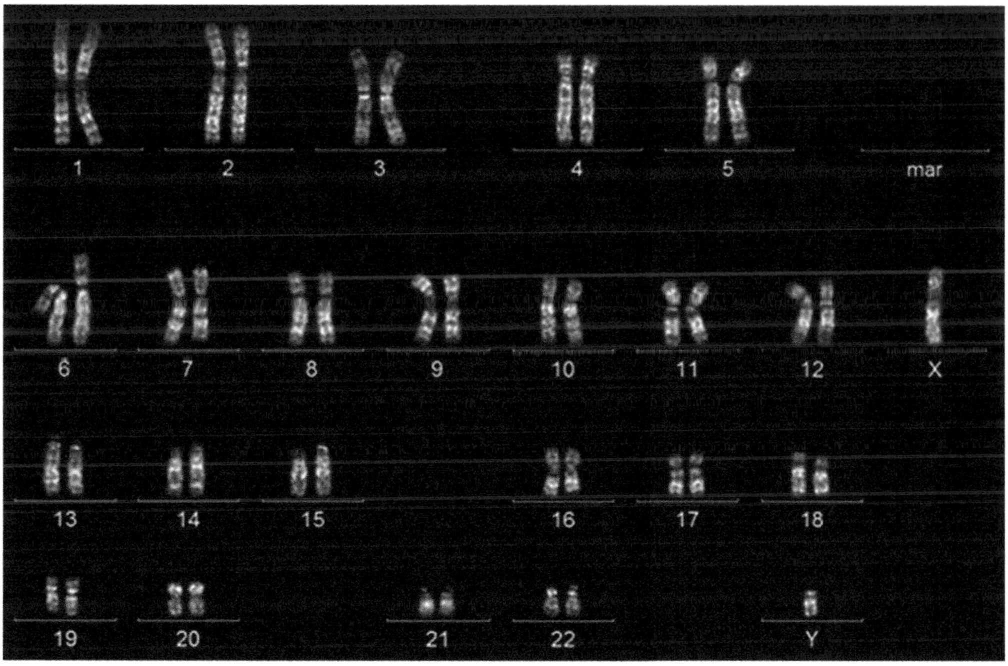

Abb. 10.5 Karyotyp 46,X,idic(Y)(q11.23). **a** GTG-, **b** QFQ-Bänderung, 700 und 400 Banden pro Genom, **c** CBG-, **d** QFQ-, **e** GTG-Bänderung, Chromosomen aus verschiedenen Mitosen, **d/1** : normales Y-Chromosom von einer Kontrollperson, **d/2** : aberrantes Y-Chromosom mit 1 inaktivierten Zentromer, **f** Ideogramme des Y-Chromosoms, Deletion des terminalen langen Armes und Duplikation des kurzen und des proximalen langen Armes, ein Zentromer ist inaktiviert

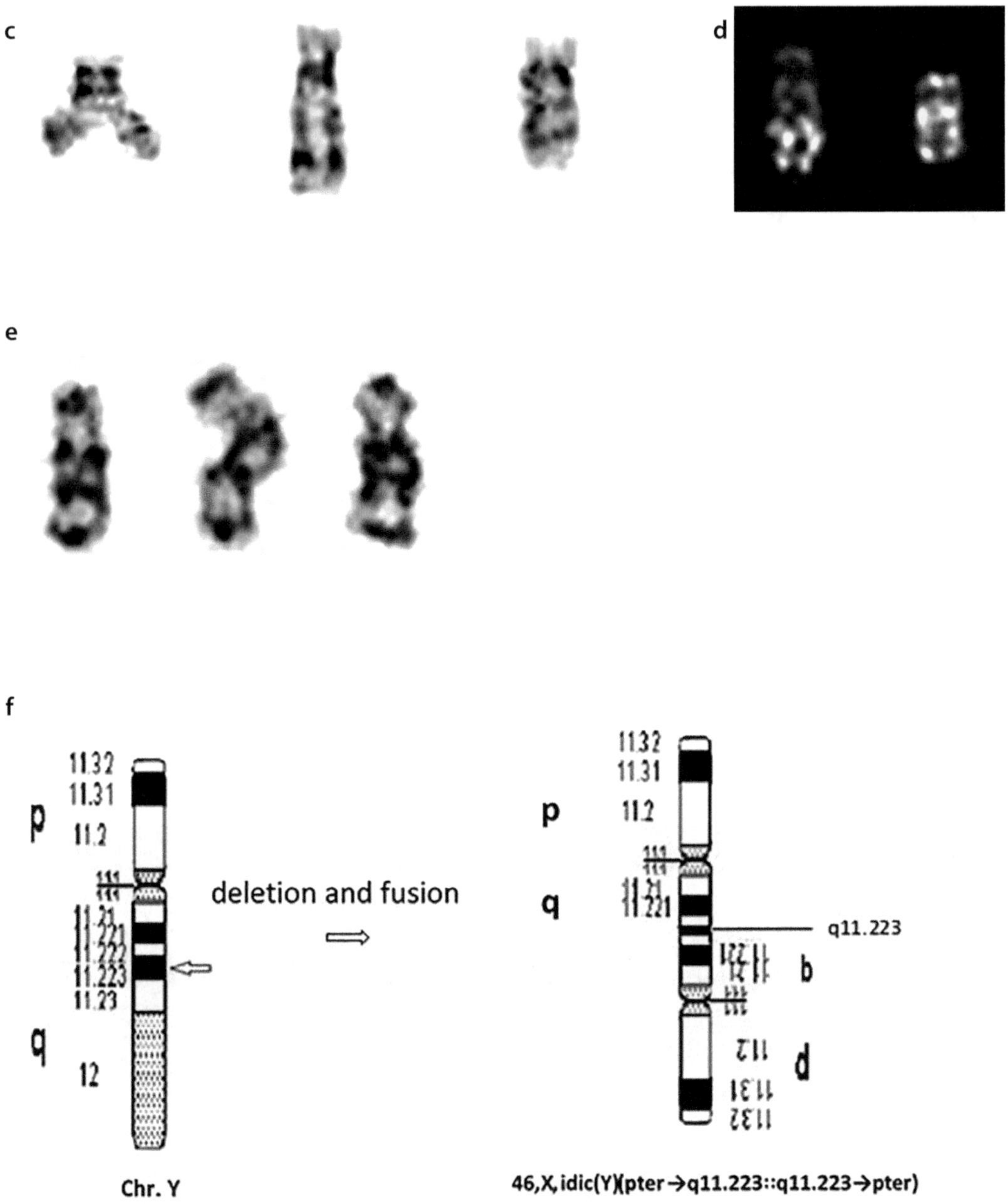

Abb. 10.5 (Fortsetzung)

10.2 Zusammenfassung

Exemplarisch werden fünf Fälle von Isochromosomen – zwei der Autosomen und drei der Gonosomen – detailliert vorgestellt. Es handelt sich um zwei Aberrationen des Chromosoms 18, zwei des X- und eine des Y-Chromosoms. Der erste Fall zeigt ein zusätzliches Isochromosom der kurzen Arme des Chromosoms 18. Diese Art von überzähligem Derivat 18 ist eine häufige Anomalie, von der etwa 100 Fälle berichtet wurden. Dieses Isochromosom ist in der Regel monozentrisch und somit stabil bei mitotischen Zellteilungen. Im zweiten Fall handelt es sich um ein Isochromosom der langen Arme des Chromosoms 18, wieder monozentrisch und stabil bei der Weitergabe. Die Chromosomenzahl beträgt 46, es ist also eine Monosomie 18p mit einer Trisomie 18q kombiniert. Da die Aberration bei dem Träger zu einem schweren Fehlbildungskomplex führt, ist die Lebenserwartung deutlich reduziert. Der dritte Fall betrifft ein monozentrisches Isochromosom X der langen Arme (q). Diese strukturelle Aberration des X-Chromosoms tritt häufig auf. Monozentrische Isochromosomen X sind in der Mehrzahl der Fälle stabil in der Mitose, im Gegensatz zu dizentrischen Umbauten. Die Entstehung eines Mosaiks durch eine zweite Zelllinie mit dem Karyotyp 45,X steht nicht zu erwarten. Aber dieses Merkmal wurde im zweiten Fall der Chromosom X Aberration beobachtet, wo das dizentrische Isochromosom X mit Bruchpunkt in Xp11.23 zur Bildung einer zweiten Zelllinie mit Karyotyp 45,X führte. Als Grund für diese Instabilität liess sich die unvollständige Inaktivierung des zweiten Zentromers ableiten.

Im letzten Fall wird ein dizentrisches Y-Chromosom mit Bruchpunkt in der distalen euchromatischen Region des langen Arms (Yq11.23) vorgestellt. Durch CBG-Bänderung war einwandfrei analysierbar, dass das zweite Zentromer immer vollständig inaktiviert ist. Daher wird dieses Isochromosom stabil in den Mitosen weitergegeben. Eine zweite Zelllinie existierte nicht.

Die hier vorgestellten Fälle machen es deutlich, dass die unvollständige Inaktivierung von Zentromeren in dizentrischen Chromosomen zu einer Störung im Prozess des Zellzyklus führen kann und daher immer durch CBG-Bänderung analysiert werden muss. Wenn Anomalien der Inaktivierung festgestellt werden, sind mindestens 50 Mitosen zu analysieren, um festzustellen, ob quantitative und qualitative Veränderungen des Karyotyps existieren, die durch Mosaikbildung verursacht werden.

Einzelfalldarstellung Interchromosomaler Rearrangements

Inhaltsverzeichnis

Translokationen

Inhaltsverzeichnis

C. Behrend et al., *Atlas der Menschlichen Chromosomen*,
https://doi.org/10.1007/978-3-032-13717-3_11

Umbauten zwischen zwei homologen oder heterologen Chromosomen waren zusammen mit Inversionen und Deletionen die häufigste Aberrationsgruppe im eigenen Untersuchungskollektiv.

11.1 Reziproke Translokationen

72. 46,XY,t(2;18)(p25.3;p11.2)
73. 46,XX,t(4;16)(q31.3;q13)
74. 46,XX,t(9;11)(q11;p11.2), ish t(9;11)(cep9+;cep11+)
75. 46,XY,der(9),t(9;12)(p24.3;q24.13),arr 12q24.13q24.33 (114,023,119-133,773,499)x3 de novo,
76. 46,XX,t(11;22)(q23.3;q11.2)
77. 46,XX,t(12;18)(q10;p11.2)
78. 45,XY,der(18),t(18;22);(p11.32;q11.2),−22
79. 46,X,t(X;6)(q26.1;p25.1)
80. 46,X,t(Y;5)(q11.21;p15.33).

11.1.1 Detaillierte Darstellung der Kasuistiken

- **Fall 72: Karyotyp: 46,XY,t(2;18)(p25.3;p11.2)**

Indikation zur Chromosomenanalyse: fünf behinderte Kinder in der Familie (siehe Stammbaum).

▪▪ Morphologie

Die beiden Translokationschromosomen sind schwierig zu identifizieren, da die ausgetauschten Regionen klein sind. Dies erfordert eine hohe Bandenauflösung zur Identifikation (mindestens 700 Banden pro Genom) und in der pränatalen Diagnostik ist eine zusätzliche Mikroarray-Untersuchung erforderlich.

▪▪ Cave

Der Phänotyp der Träger des gleichen Typs unbalancierter Translokation unterscheidet sich in der Schwere der klinischen Symptome. Daher muss eine Prognose während der pränatalen Periode diese Einschränkung berücksichtigen (◘ Abb. 11.1).

- **Fall 73: Karyotyp: 46,XX,t(4;16)(q31.3;q13)**

Indikation zur Chromosomenanalyse: Sterilität.

▪▪ Morphologie

Die ausgetauschten Regionen umfassen etwa 20 % (Chromosom 4) und 30 % (Chromosom 16) der beiden Translokationschromosomen. Daher können sie leicht durch ihre veränderte Größe und dem veränderten Zentromerindex erfasst werden. Für eine genaue Lokalisierung der Bruchpunkte wird eine Bandenauflösung von mindestens 700 Banden pro Genom empfohlen.

a
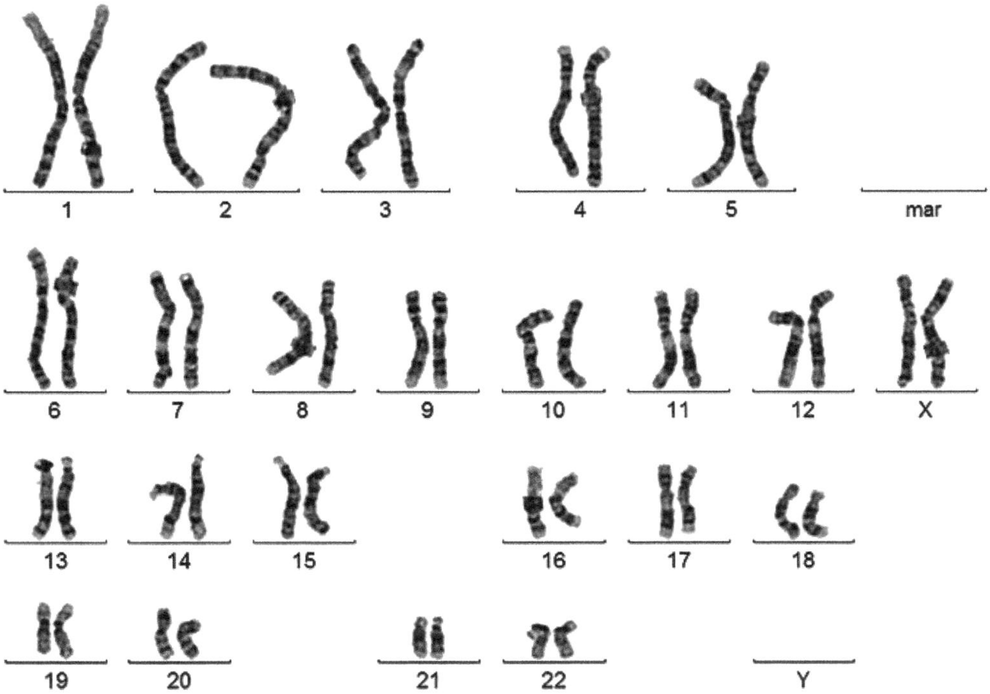

b
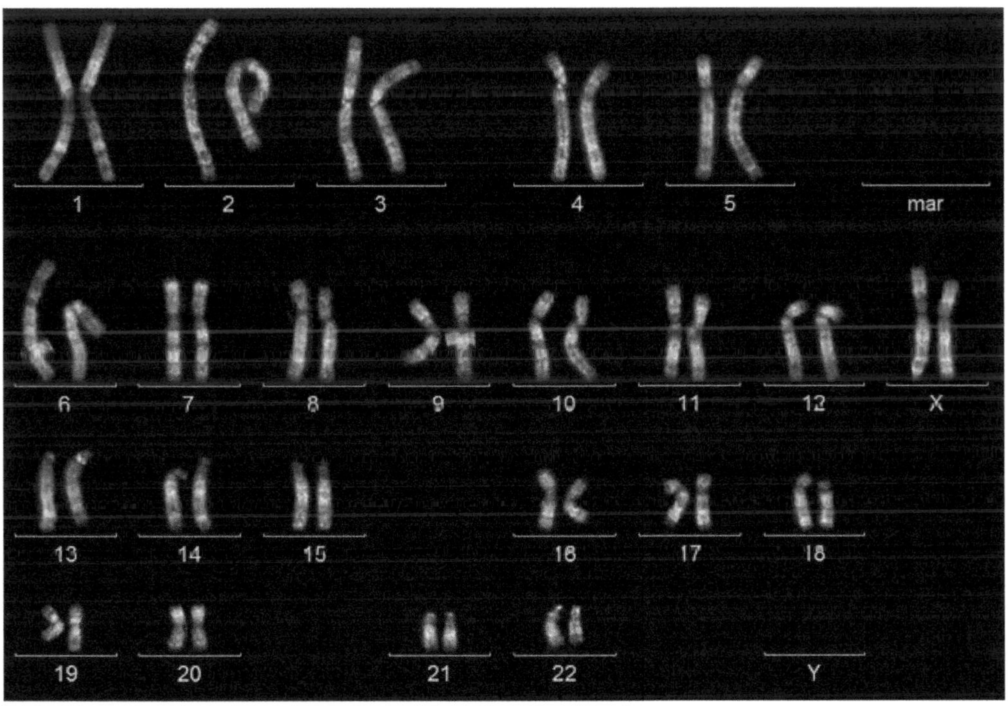

Abb. 11.1 Karyotyp 46,XY,t(2;18)(p25.3;p11.2). **a** GTG-, **b** QFQ-Bänderung, 600 und 500 Banden pro Genom, **c** QFQ-, **d** GTG-Bänderung, Chromosomen aus verschiedenen Mitosen, *links* normales, *rechts* aberrante Chromosomen 2 und 18, **e** Ideogramme von normalen und aberranten Chromosomen 2 und 18, ausblancierte Translokation, **f** der Stammbaum zeigt die Vererbung der 2/18-Translokation in vier Generationen der Familie

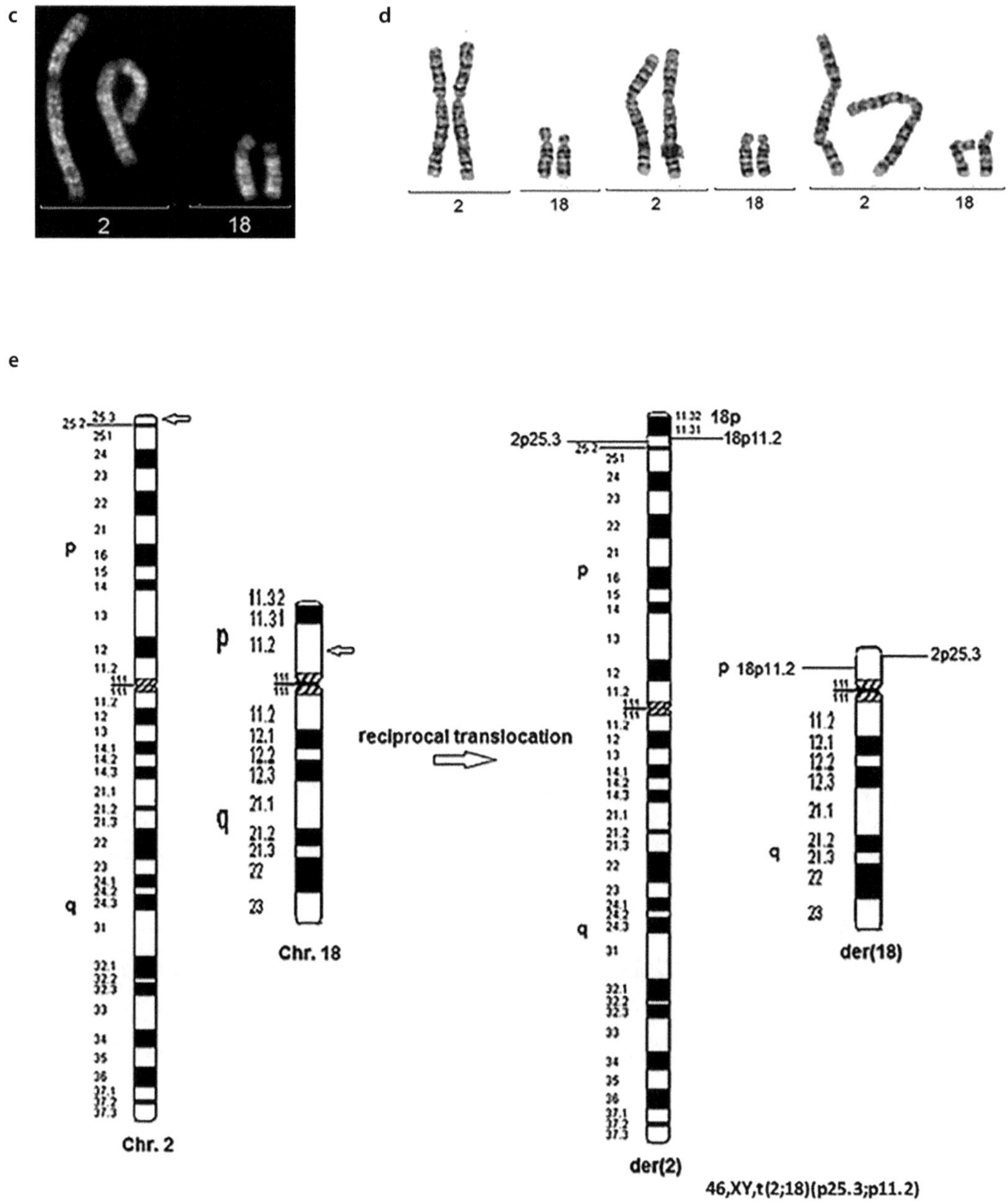

Abb. 11.1 (Fortsetzung)

f

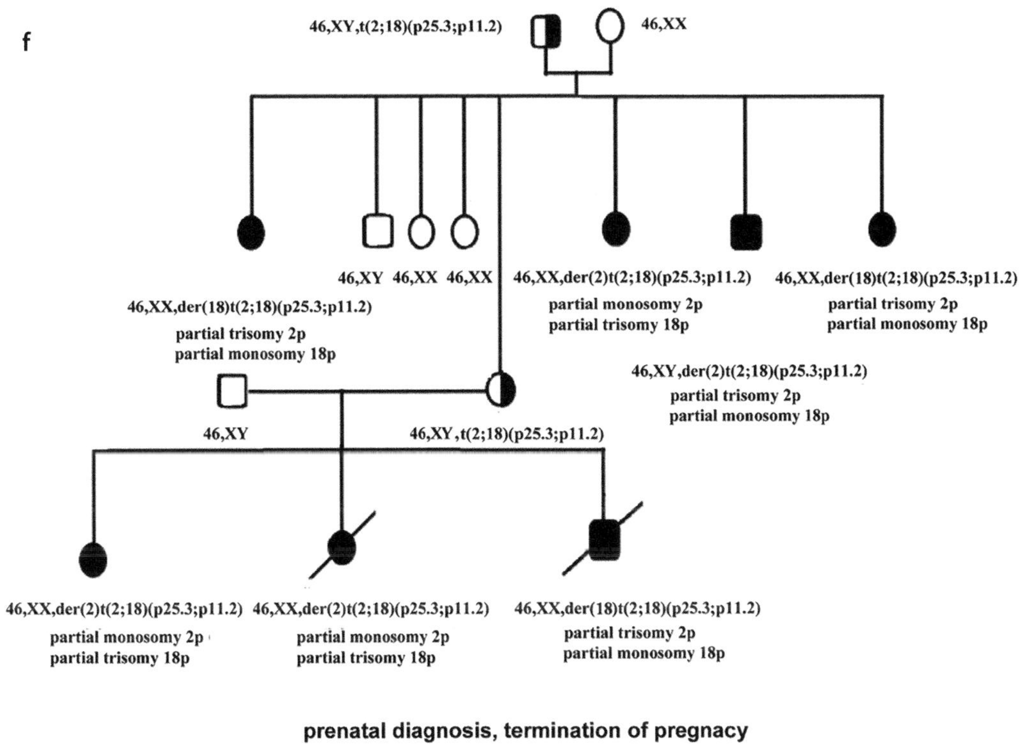

f: Pedigree showing the inheritance of 2/18 translocation in 4 generations of the family

Abb. 11.1 (Fortsetzung)

Cave

Familienuntersuchungen sollten vor der genetischen Beratung angeboten werden, da die Translokation möglicherweise familiärer Herkunft ist. Die verschiedenen Typen von unbalancierten Translokationen und die Entwicklungsmöglichkeiten der Träger müssen besprochen werden (Abb. 11.2).

Fall 74: Karyotyp: 46,XX,t(9;11)(q11;p11.2) ish t(9;11)(cep9+;cep11+)

Indikation zur Chromosomenanalyse: Bekannte familiäre Translokation. Beratung vor der Polkörperanalyse.

Morphologie

Die Translokation ist gut zu analysieren durch die Translokation von 9q12 in die proximale Region von 11p (siehe C-Bänderung) und durch die veränderte Größe und den Zentromerindex der Translokationschromosomen, die beide fast metazentrisch erscheinen. Die Größe der ausgetauschten Regionen beträgt etwa 66 % bei Chromosom 9 und 35 % bei Chromosom 11.

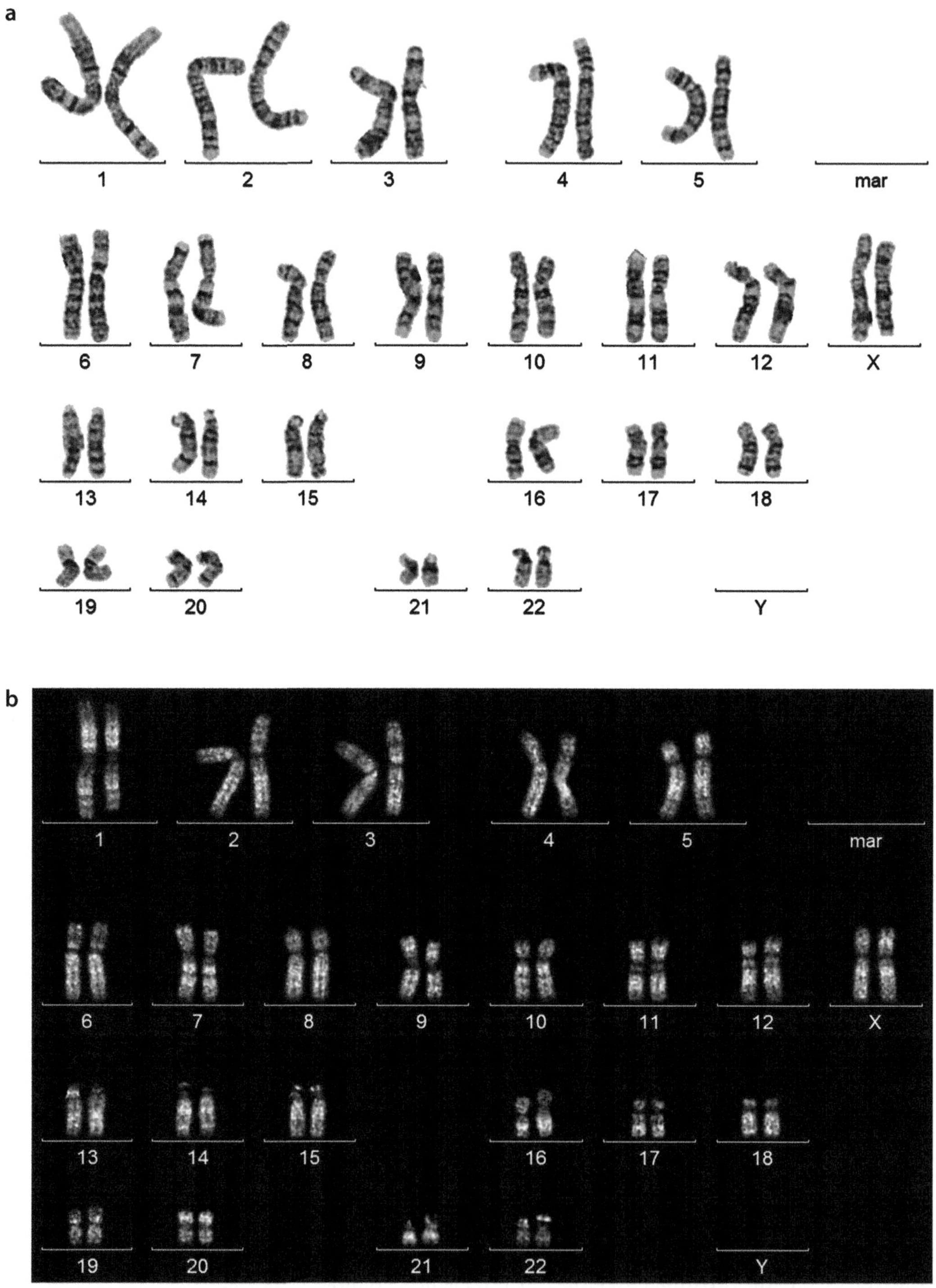

Abb. 11.2 Karyotyp 46,XX,t(4;16)(q31.3;q13). **a** GTG-, **b** QFQ-Bänderung, 550 und 400 Banden pro Genom, **c** GTG-Bänderung, Chromosomen aus verschiedenen Mitosen, *links* normale, *rechts* aberrante Chromosomen 4 und 16, **d** Ideogramme von normalen und aberranten Chromosomen 4 und 16, balancierte Translokation

c

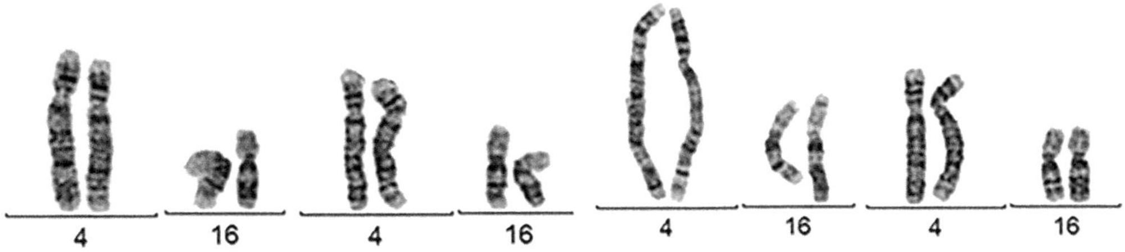

d

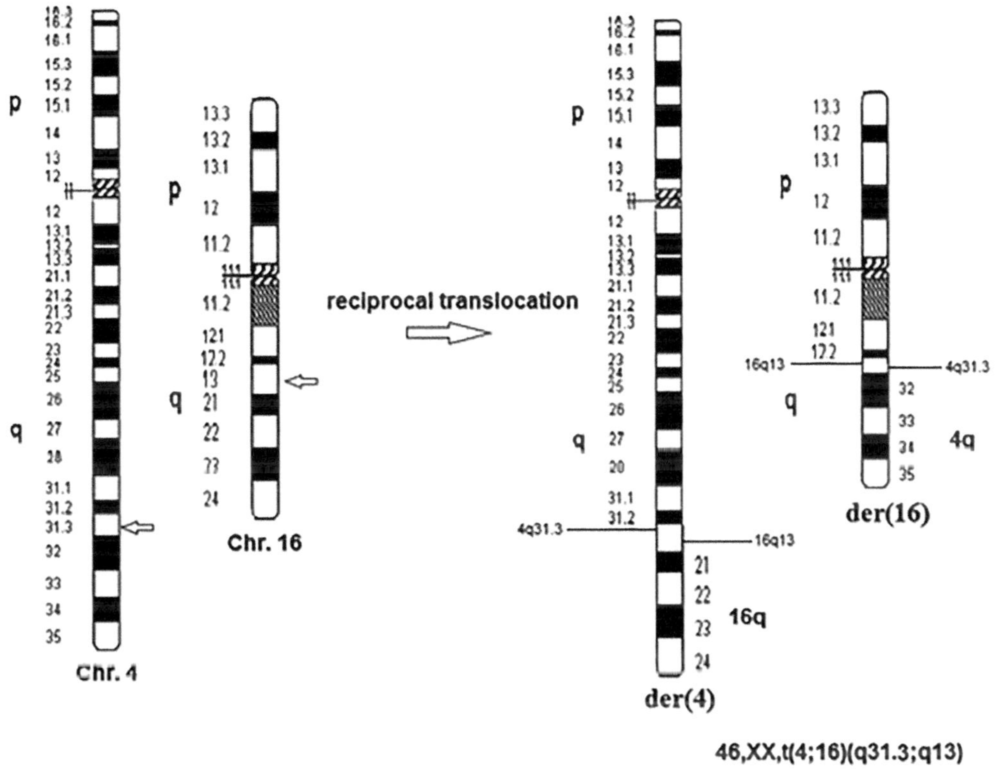

Abb. 11.2 (Fortsetzung)

▪▪ Cave

Das Risiko eines unbalancierten Karyotyps wird durch eine mögliche Fehlverteilung, d.h. Aneuploidisierung, des kleineren Translokationschromosoms erhöht (**Abb. 11.3**).

▪ Fall 75: Karyotyp: 46,XY,der(9),t(9;12)(p24.3;q24.13),arr 12q24.13q24.33(114,023,119-133,773,499)x3 de novo

Indikation zur Chromosomenanalyse: Entwicklungsverzögerung, dysmorphe Merkmale.

11

a

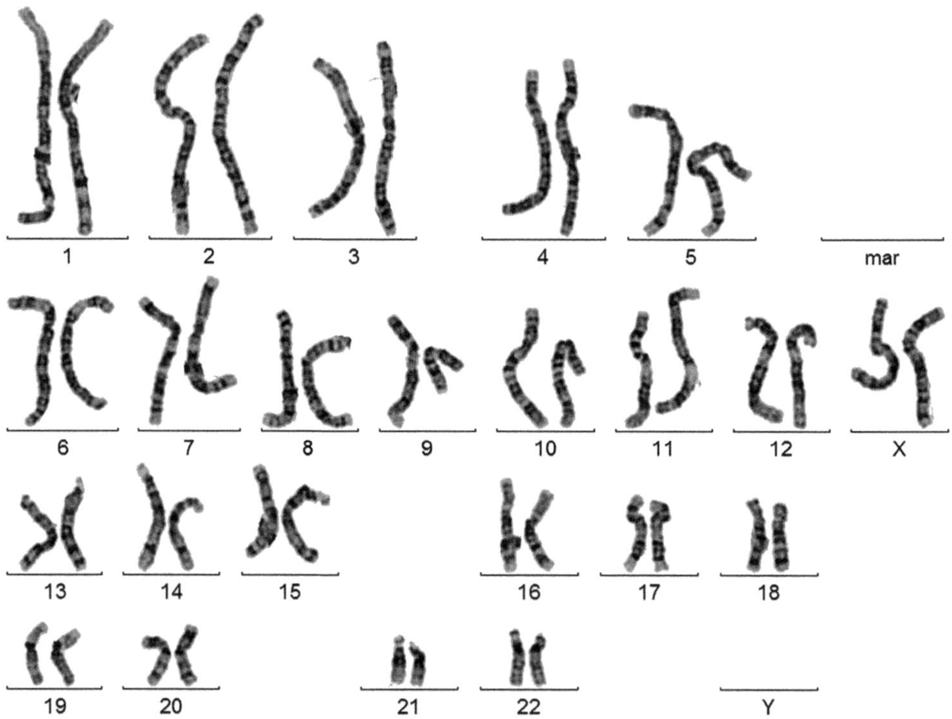

b

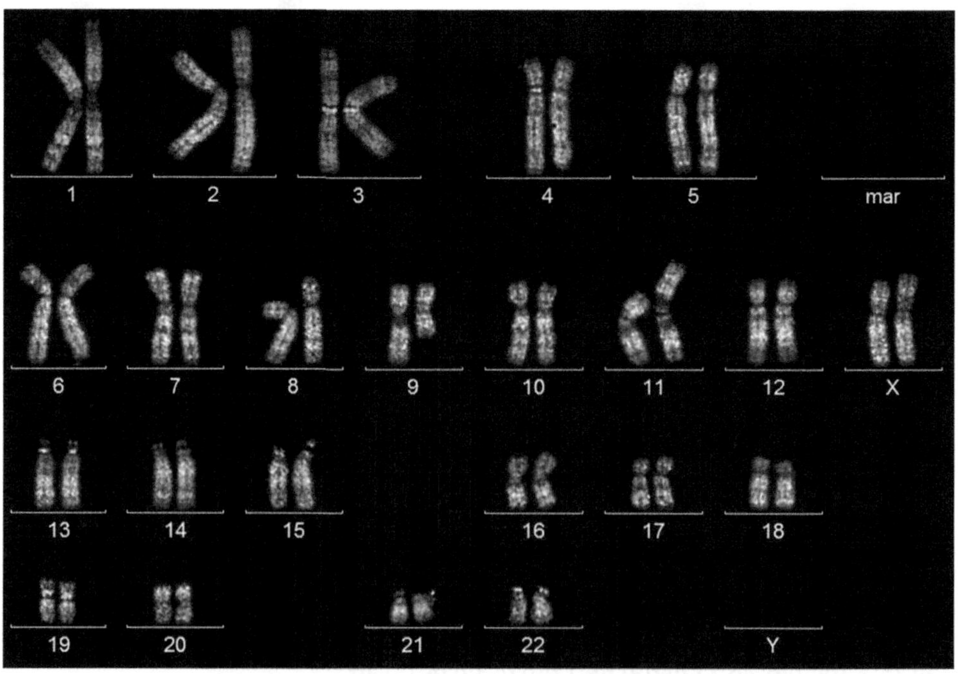

Abb. 11.3 Karyotyp 46,XX,t(9;11)(q11;p11.2). **a** GTG-, **b** QFQ-Bänderung, 700 und 400 Banden pro Genom, **c** CBG-Bänderung, **d** QFQ-Bänderung, **e** GTG-Bänderung, Chromosomen aus verschiedenen Mitosen; **d**, **e** *links* normale, *rechts* aberrante Chromosomen 9 und 11, **f** Ideogramme von normalen und aberranten Chromosomen 9 und 11, balancierte Translokation

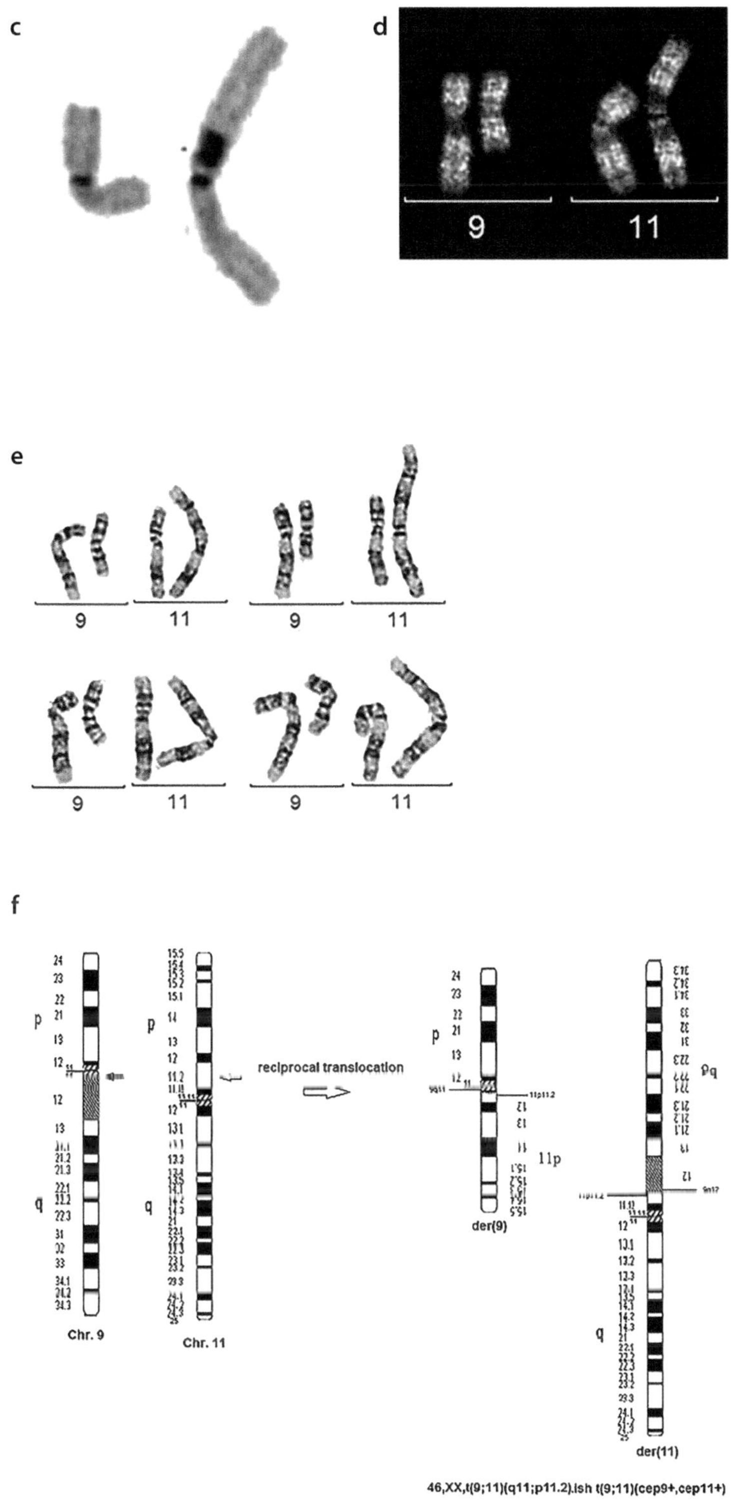

Abb. 11.3 (Fortsetzung)

▪▪ Morphologie
Ein Chromosom 9 ist im distalen Bereich des kurzen Arms um etwa 10 % seiner Gesamtlänge verlängert. Es kann durch das veränderte Bandenmuster und die metazentrischere Struktur diagnostiziert werden.

▪▪ Cave
Nach Analysen von normalen elterlichen Karyotypen konnte diese unbalancierte Translokation nur durch Mikroarray-Untersuchung genau identifiziert werden (◘ Abb. 11.4).

▪ Fall 76: Karyotyp: 46,XX,t(11;22)(q23.3;q11.2)
Indikation zur Chromosomenanalyse: Gehäufte Aborte der Ratsuchenden.

▪▪ Morphologie
Die terminalen Regionen der langen Arme beider Translokationschromosomen wurden ausgetauscht, was zu einem veränderten Bandenmuster in diesen Regionen führte, und die Größe beider Chromosomen hatte sich verändert.

▪▪ Cave
Dies ist die häufigste reziproke Translokation beim Menschen. Die unbalancierte Translokation führt in der Regel zu einem Abort. Aber das derivative Chromosom 22 kann in der Meiose fehlverteilt werden und so als überzähliges Markerchromosom bei den Nachkommen auftreten. Diese Aberration ist mit dem Leben vereinbar und präsentiert sich mit einem charakteristischen klinischen Bild (Emanuel-Syndrom).

Darüber hinaus mutiert bei einzelnen Trägern der balancierten Translokation im Bruchpunkt von Chromosom 11 ein Gen, was zum monogenen Defekt der akuten intermittierenden Porphyrie (AIP) führt (◘ Abb. 11.5).

▪ Fall 77: Karyotyp: 46,XX,t(12;18)(q10;p11.2)
Indikation zur Chromosomenanalyse: Die Analyse der Polkörper ist aufgrund einer verminderten Fertilität der Ratsuchenden geplant.

▪▪ Morphologie
Im Chromosom 12 ist die Zentromerregion gespalten, sodass das größere Translokationschromosom dizentrisch geworden ist und seine Relikte fast nicht mehr nachweisbar sind (siehe C-Bänderung). Beide Translokationschromosomen haben ihre Größe und den Zentromerindex im Vergleich zu ihren normalen Homologen verändert.

a

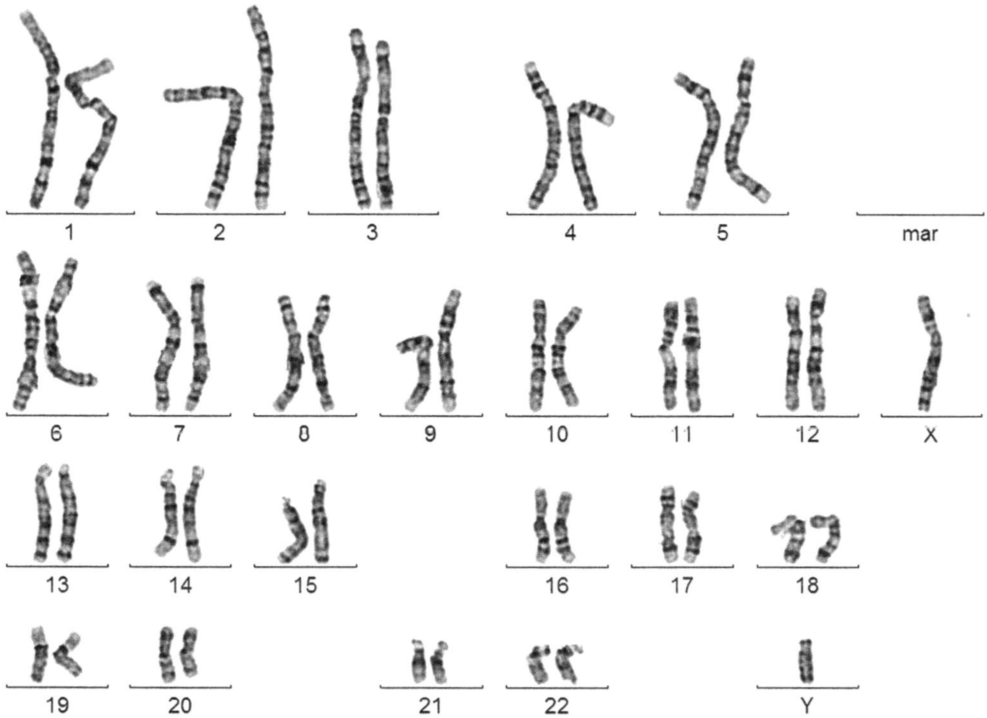

b

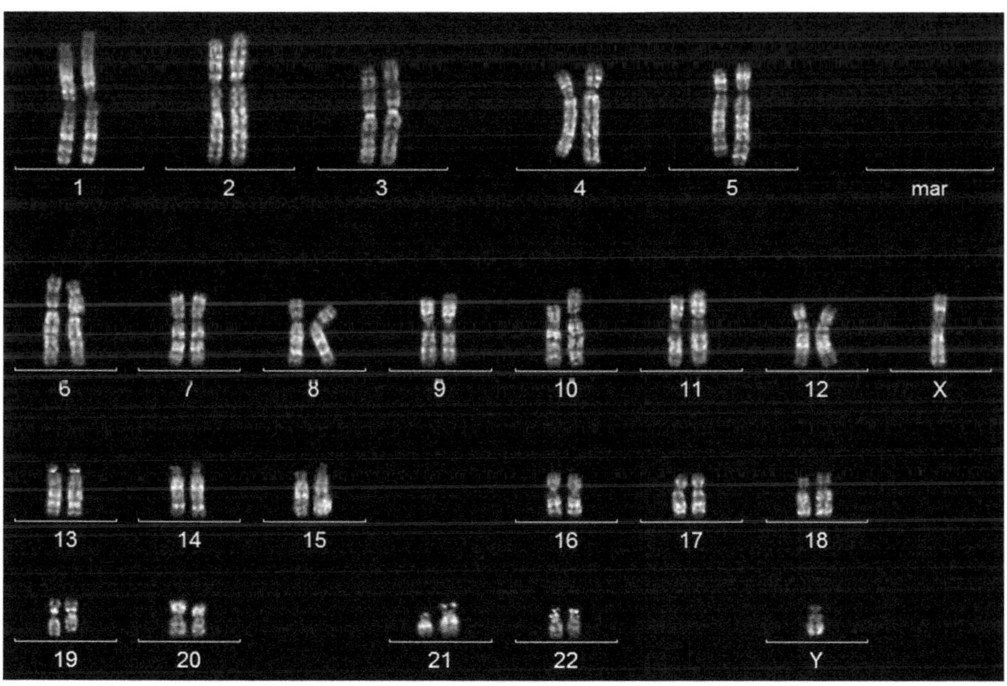

Abb. 11.4 Karyotyp 46,XY,der(9),t(9;12)(p24.3;q24.13). **a** GTG-, **b** QFQ-Bänderung, 700 und 400 Banden pro Genom, **c** CBG-, **d** QFQ-, **e** GTG-Bänderung, Chromosomen aus verschiedenen Mitosen, *links* normales, *rechts* aberrante Chromosom 9, **f** Ideogramme von normalen Chromosomen 9 und 12 und aberrantes Chromosom der(9), unbalancierte Translokation

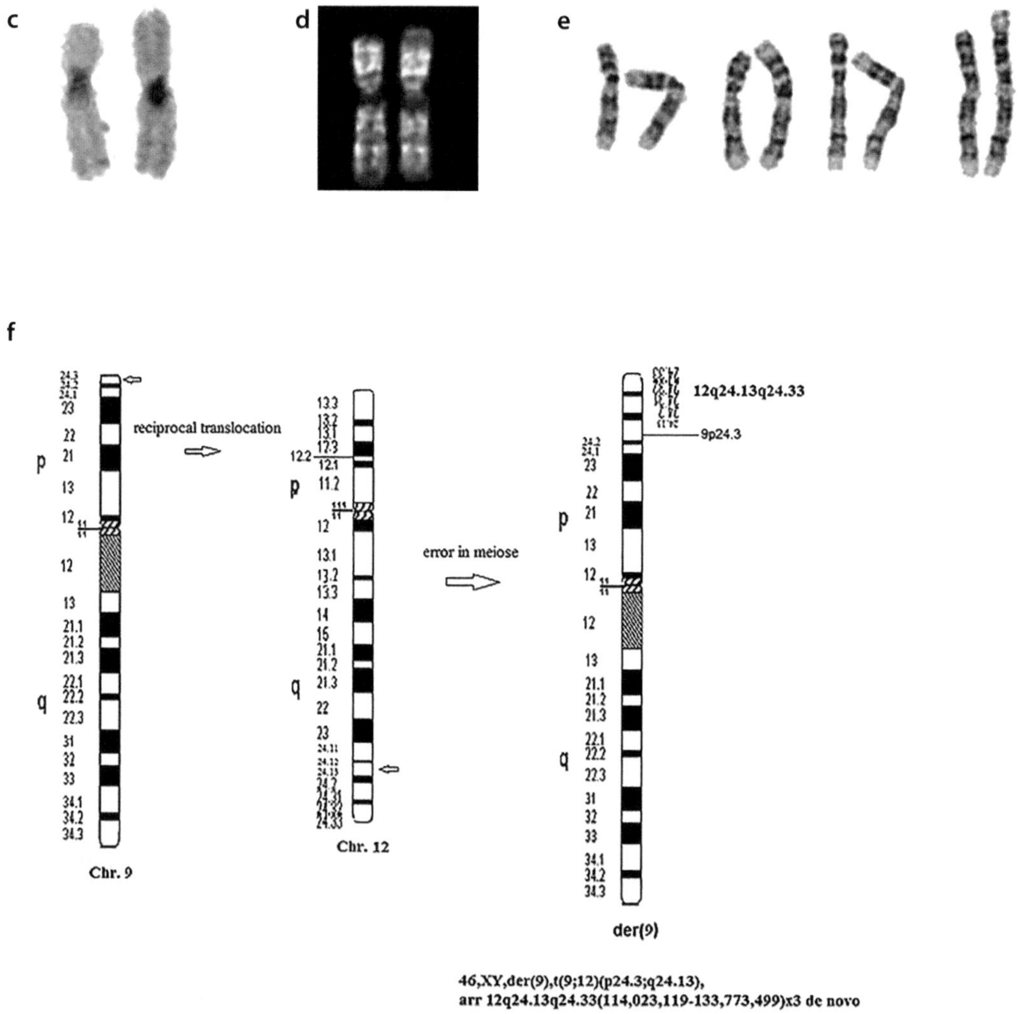

Abb. 11.4 (Fortsetzung)

a

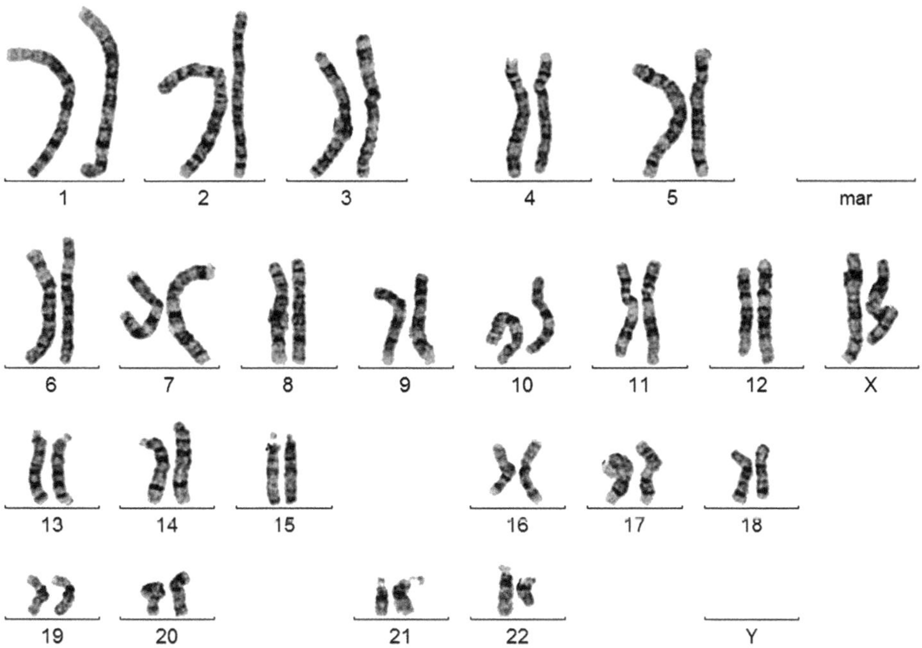

b

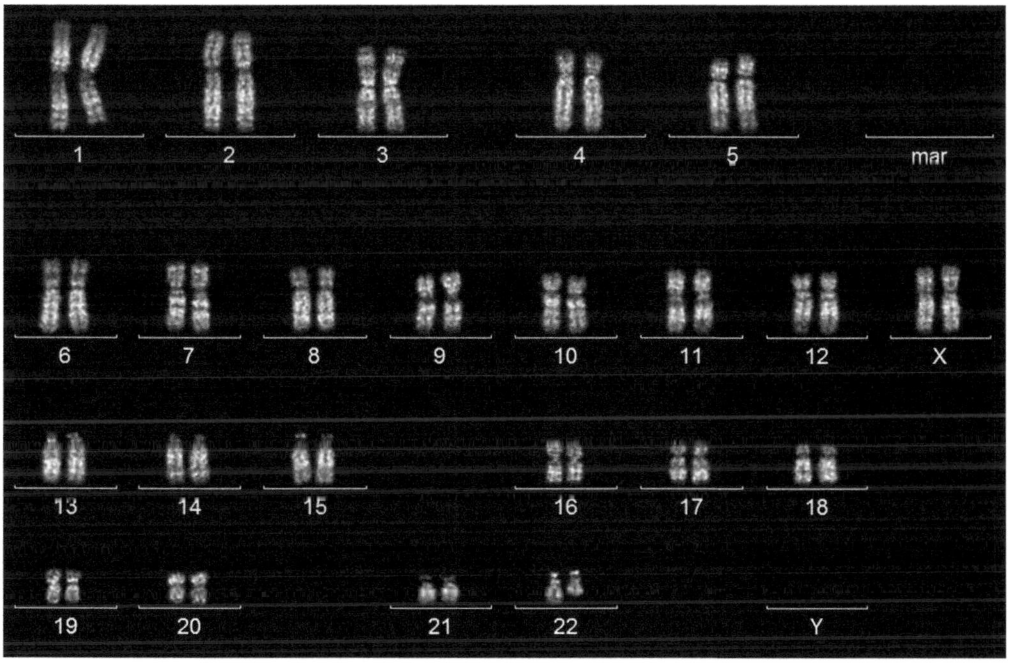

Abb. 11.5 Karyotyp 46,XX,t(11;22)(q23.3;q11.2). **a** GTG-, **b** QFQ-Bänderung, 700 und 400 Banden pro Genom, **c** QFQ-Bänderung, **d** GTG-Bänderung, Chromosomen aus verschiedenen Mitosen; *links* normale, *rechts* aberrante Chromosomen 11 und 22, **e** Ideogramme von normalen und aberrante Chromosomen 11 und 22, balancierte Translokation

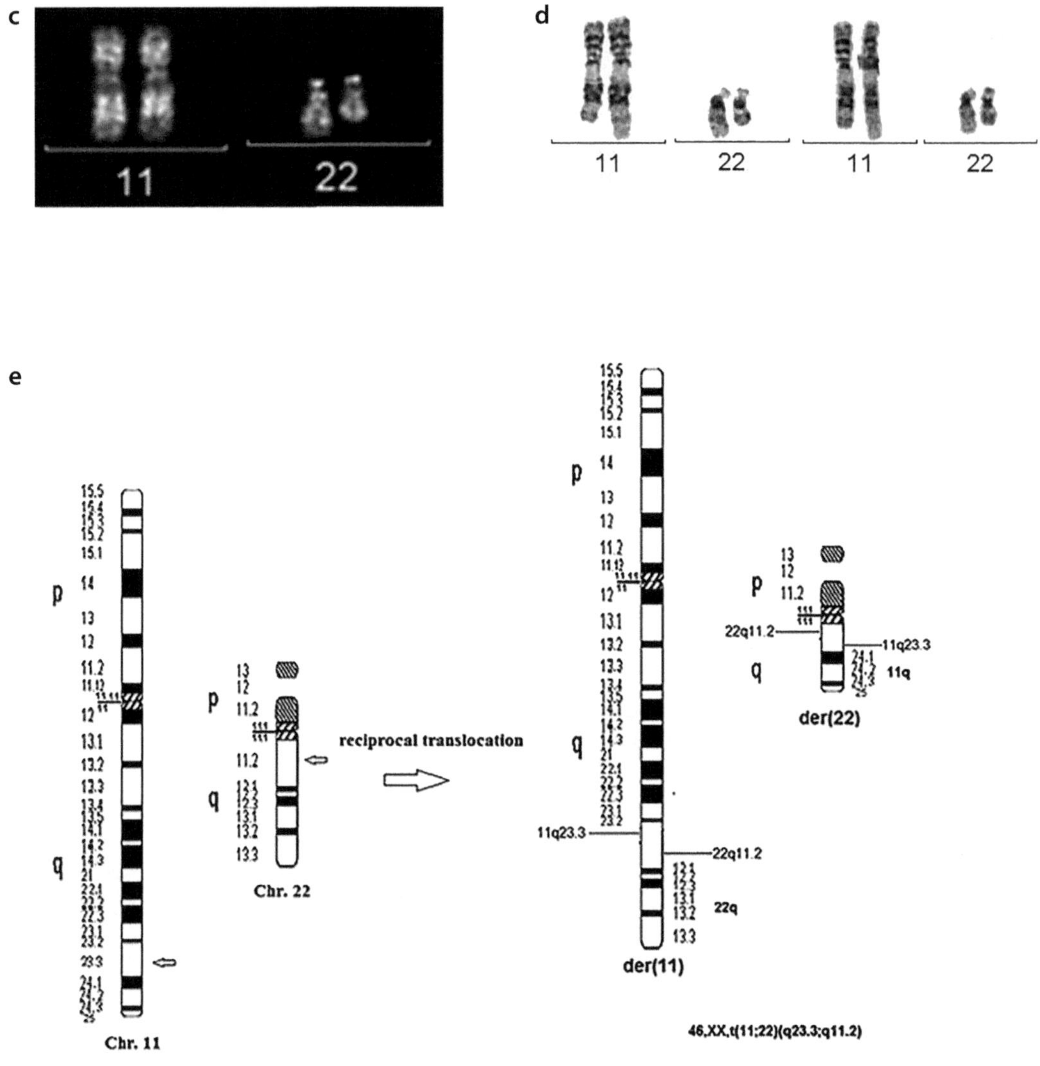

Abb. 11.5 (Fortsetzung)

▪▪ Cave

Trotz der Zentromerspaltung im Chromosom 12 und einem dizentrischen Derivat erwiesen sich die Translokationschromosomen als stabil in der Mitose. Eine pränatale Chromosomenuntersuchung wird durchgeführt, weil meiotische Fehler nicht ausgeschlossen werden können. Dies wurde in der genetischen Beratung ebenso diskutiert wie die gegebene Indikation für Familienuntersuchungen (Abb. 11.6).

▪ Fall 78: Karyotyp: 45,XY,der(18),t(18;22)(p11.32;q11.2), −22

Indikation zur Chromosomenanalyse: Geistige Retardierung, angeborener Herzfehler.

a

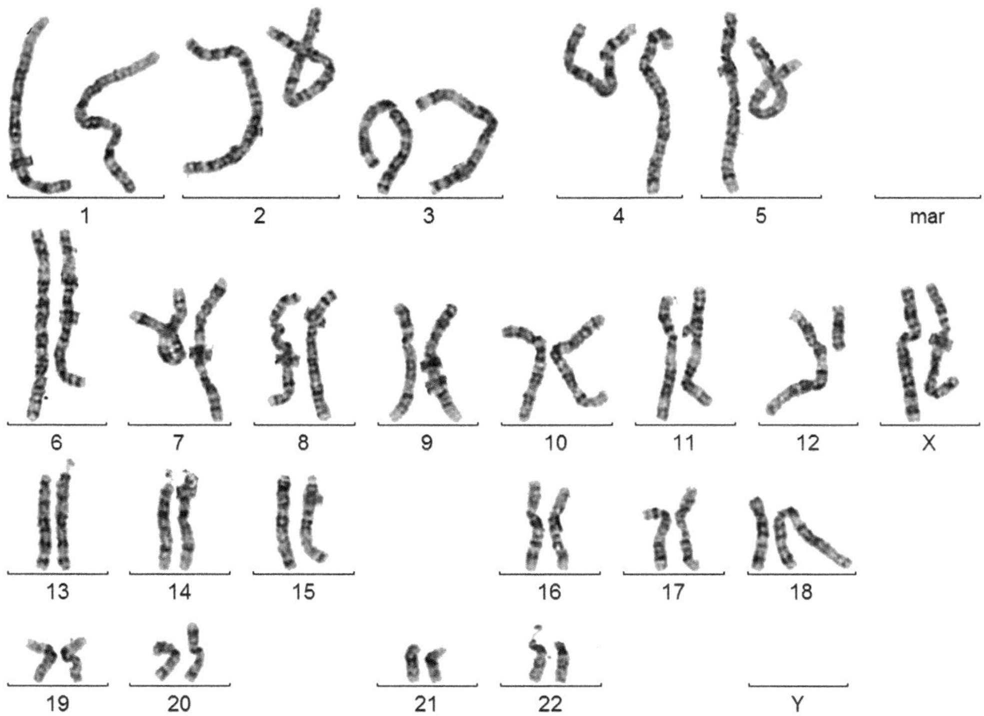

b

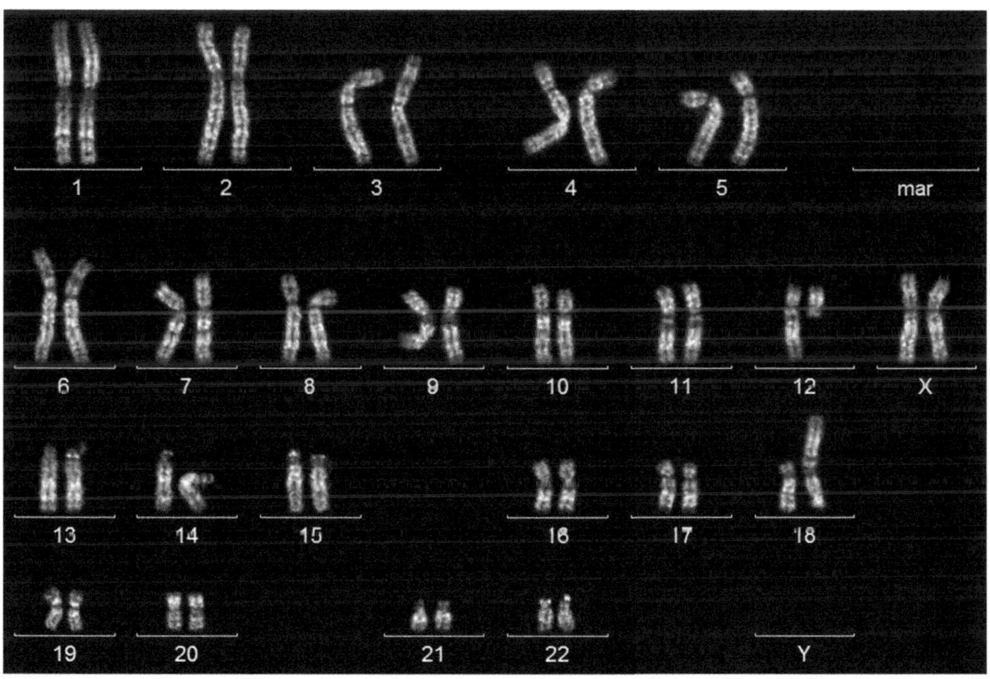

Abb. 11.6 Karyotyp 46,XX,t(12;18)(q10;p11.2). **a** GTG-, **b** QFQ-Bänderung, 850 und 400 Banden pro Genom, **c** CBG-Bänderung, **d** QFQ-Bänderung, **e** GTG-Bänderung, Chromosomen aus verschiedenen Mitosen; **d** , **e** *links* normale, *rechts* aberrante Chromosomen 12 und 18, **f** Ideogramme der Translokation, balancierte Translokation

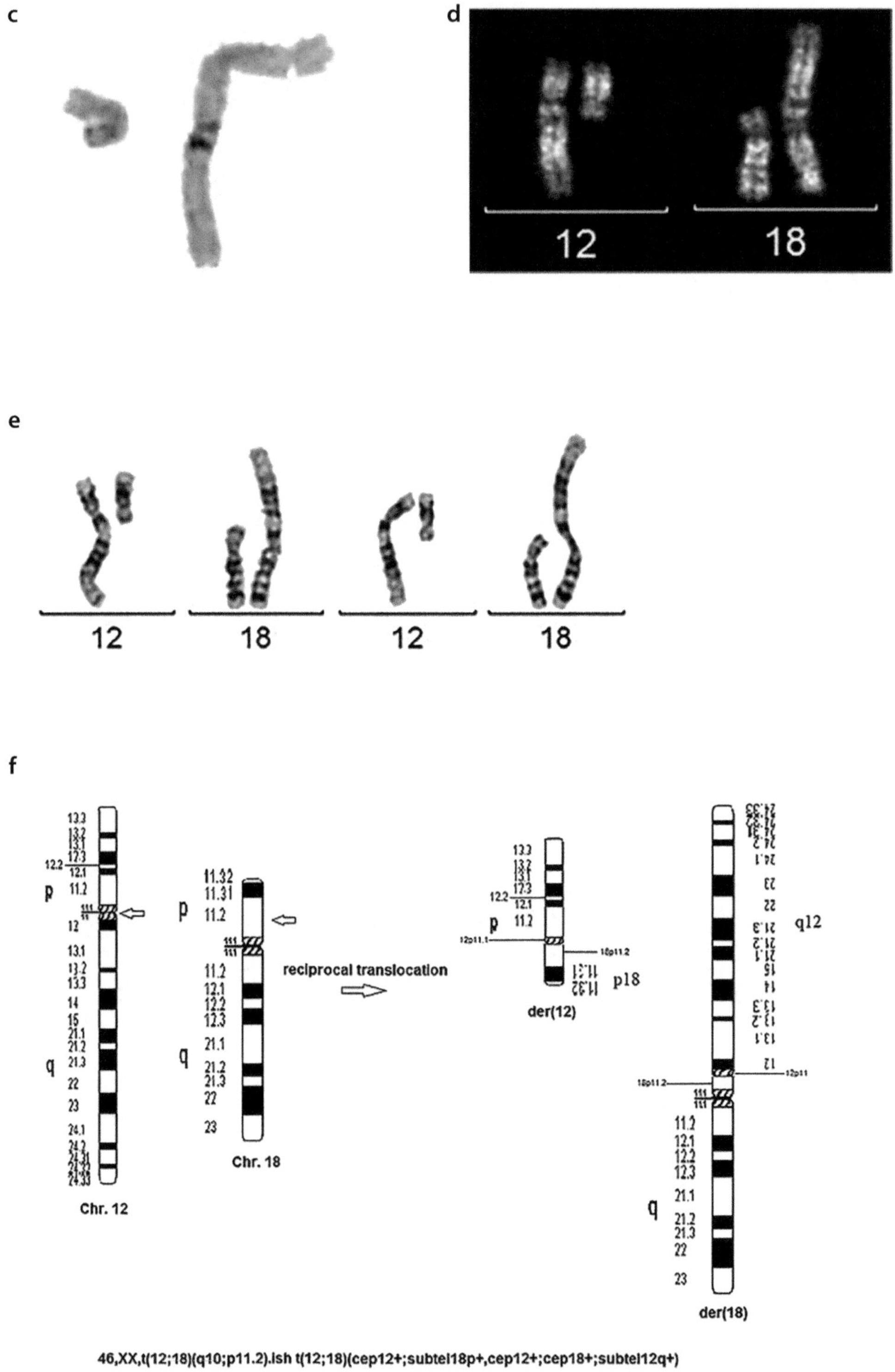

Abb. 11.6 (Fortsetzung)

▪▪ Morphologie

Der Karyotyp des Patienten weist nur 45 Chromosomen auf mit einem fehlenden Chromosom 22. Die langen Arme 22 wurden auf die proximale Kurzarmregion des Chromosoms 18 transloziert. Daher ist das aberrante Chromosom 18 leicht zu identifizieren, aber für eine genaue Bestimmung des Bruchpunkts wird eine Bandauflösung von mindestens 700 Banden pro Genom empfohlen.

▪▪ Cave

Vor der genetischen Beratung sollten die Chromosomen der Eltern untersucht werden. Das klinische Bild ist durch die Deletion 18p (de Grouchy Syndrom I) und die Deletion 22q11.2 (di George Syndrom) bedingt (◘ Abb. 11.7).

▪ Fall 79: Karyotyp: 46,X,t(X;6)(q26.1;p25.1)

Indikation zur Chromosomenanalyse: Sterilität der Ratsuchenden.

▪▪ Morphologie

Die ausgetauschten Segmente sind sehr klein (etwa 4 und 3 % der gesamten Chromosomenlänge). Daher erfordert ihre Identifizierung eine hohe Bandenauflösung von mehr als 700 Banden pro Genom.

▪▪ Cave

Ein unbalancierter Karyotyp muss besonders bei einem männlichen Träger diskutiert werden, da bei ihm eine X-Chromosom-Hemizygotie vorliegen könnte (◘ Abb. 11.8).

▪ Fall 80: Karyotyp: 46,X,t(Y;5)(q11.21;p15.33)

Indikation zur Chromosomenanalyse: OAT-Syndrom.

▪▪ Morphologie

Da der distale Teil des langen Arms des Y-Chromosoms mit der distalen Bande von 5p ausgetauscht wurde, müssen neben GTG-Banden auch QFQ und CBG Färbungen angewendet werden. Die Bandenauflösung sollte mindestens 700 Banden pro Genom betragen.

▪▪ Cave

Nach unserer Erfahrung mit Y/Autosomen-Translokationen führen Paarungsanomalien in der Meiose häufig zu einem Abbruch der Meiose am Ende der Prophase I (◘ Abb. 11.9).

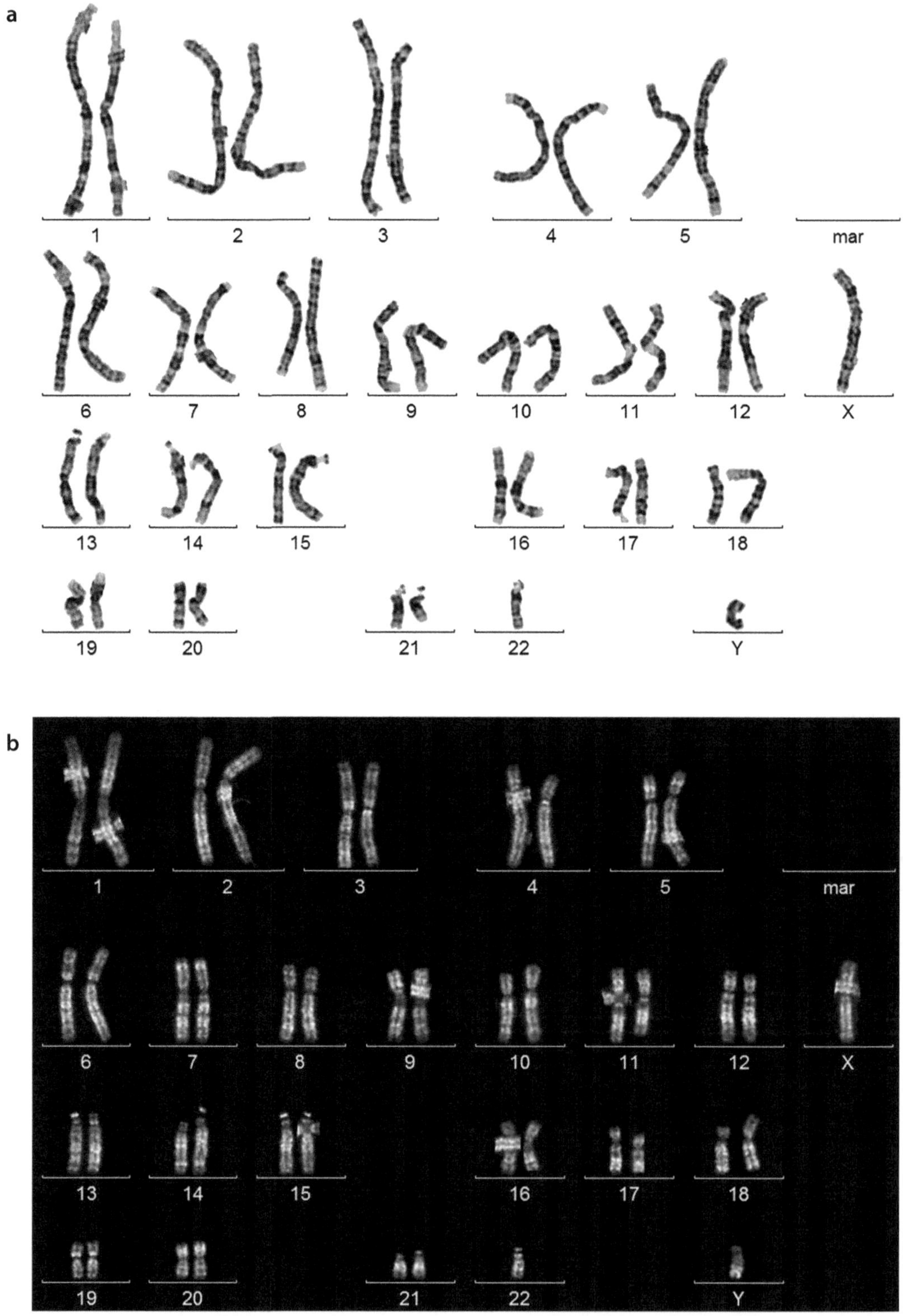

Abb. 11.7 Karyotyp 45,XY,der(18),t(18;22)(p11.32;q11.2), −22. **a** GTG-, **b** QFQ-Bänderung, 700 und 400 Banden pro Genom, **c** normale Chromosomen 22 in QFQ- und GTG-Bänderung, **d** QFQ-, **e** GTG-Bänderung, Chromosomen aus verschiedenen Mitosen, *links* normale, *rechts* aberrante Chromosomen 18, **f** Ideogramme von normalen Chromosomen 18 und 22 und dem Translokationsprodukt: unbalancierte Translokation 18/22

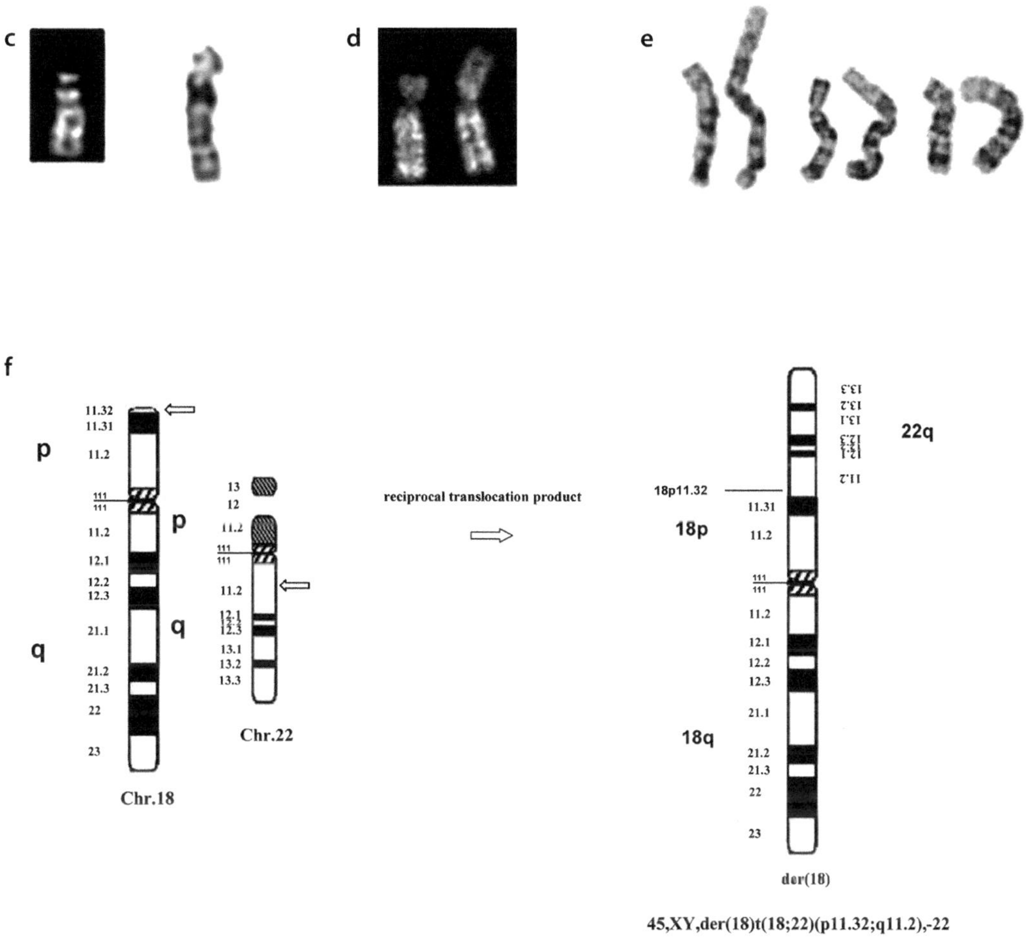

Abb. 11.7 (Fortsetzung)

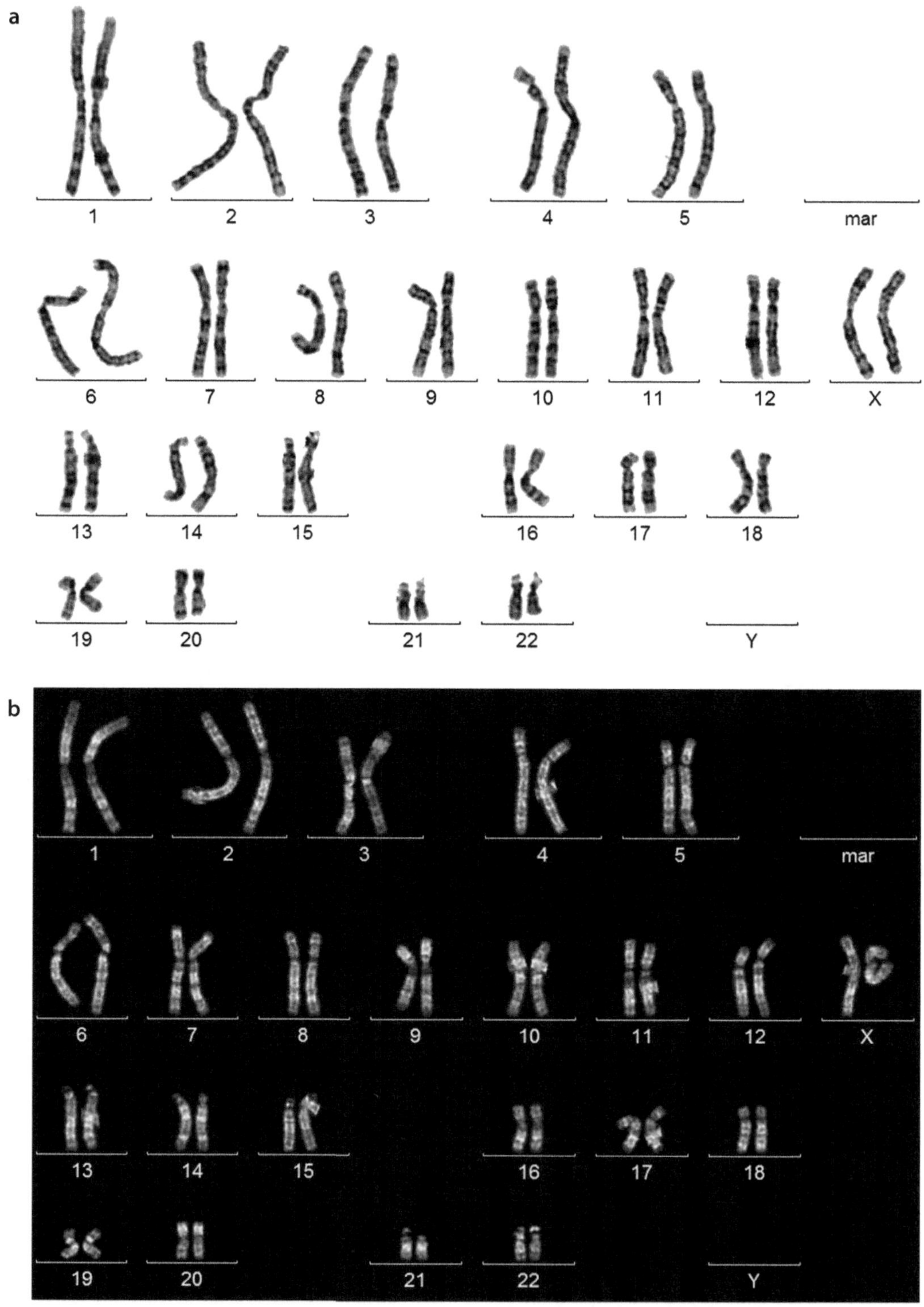

Abb. 11.8 Karyotyp 46,X,t(X;6)(q26.1;p25.1). **a** GTG-, **b** QFQ-Bänderung, beide 550 Banden pro Genom, **c** QFQ-Bänderung, **d** GTG-Bänderung Chromosomen aus verschiedenen Mitosen; *links* normale, *rechts* aberrante Chromosomen X und 6, **e** Ideogramme von normalen und aberranten Chromosomen X und 6, balancierte Translokation

c

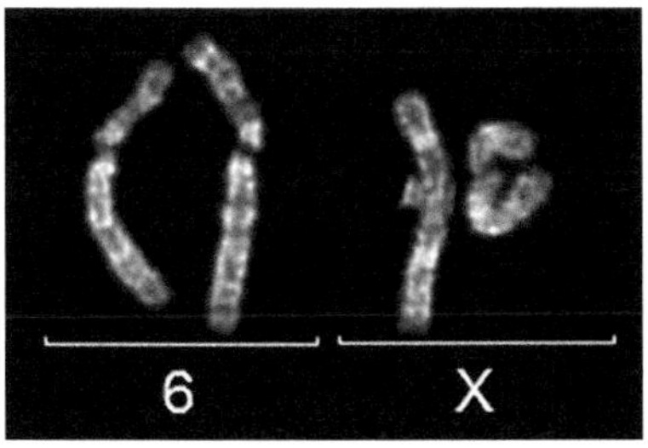

d

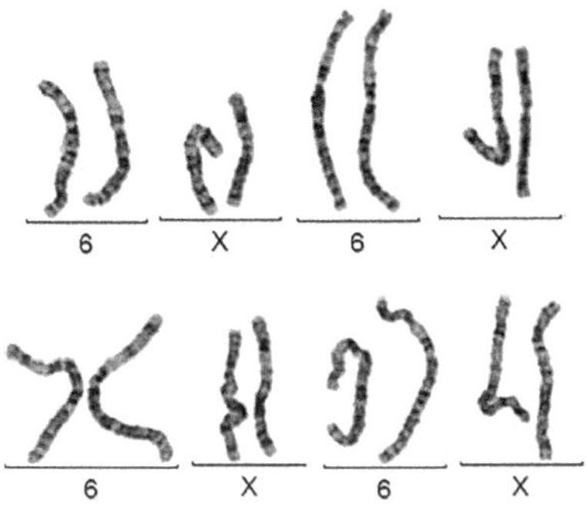

e

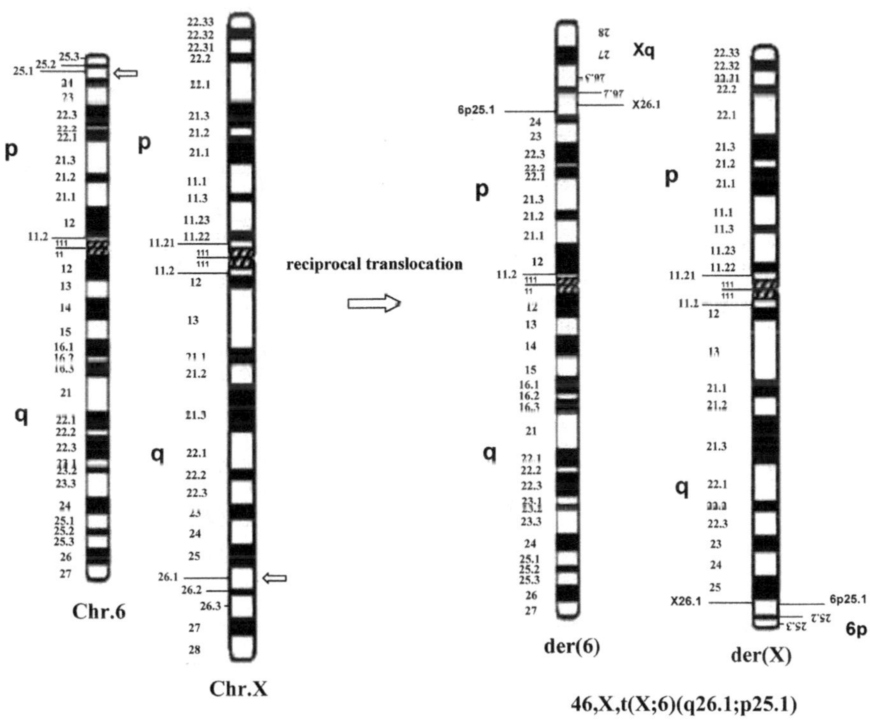

Abb. 11.8 (Fortsetzung)

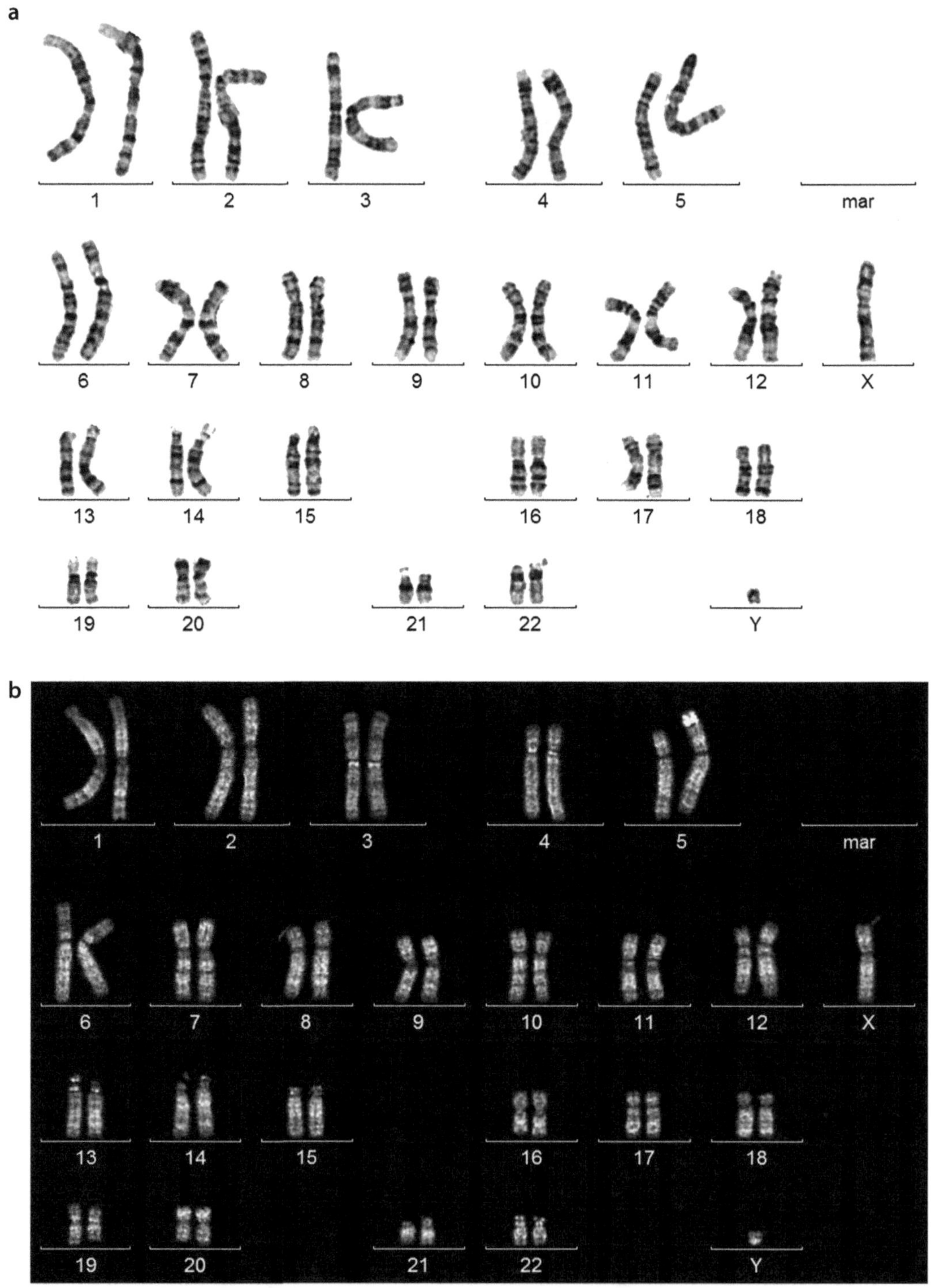

Abb. 11.9 Karyotyp 46,X,t(Y;5)(q11.21;p15.33). **a** GTG-, **b** QFQ-Bänderung, beide 550 Banden pro Genom, **c** CBG-, **d** QFQ-, **e** GTG-Bänderung, hier 1 Metaphase mit 2 Y-Derivaten. Chromosomen aus verschiedenen Mitosen; **d** , **e** *links* normale Chromosomen, *rechts* die zwei Derivate; **d** auf der *rechten* Seite normales Y-Chromosom, **f** Ideogramme von normalen und aberranten Chromosomen Y und 5, balancierte Translokation

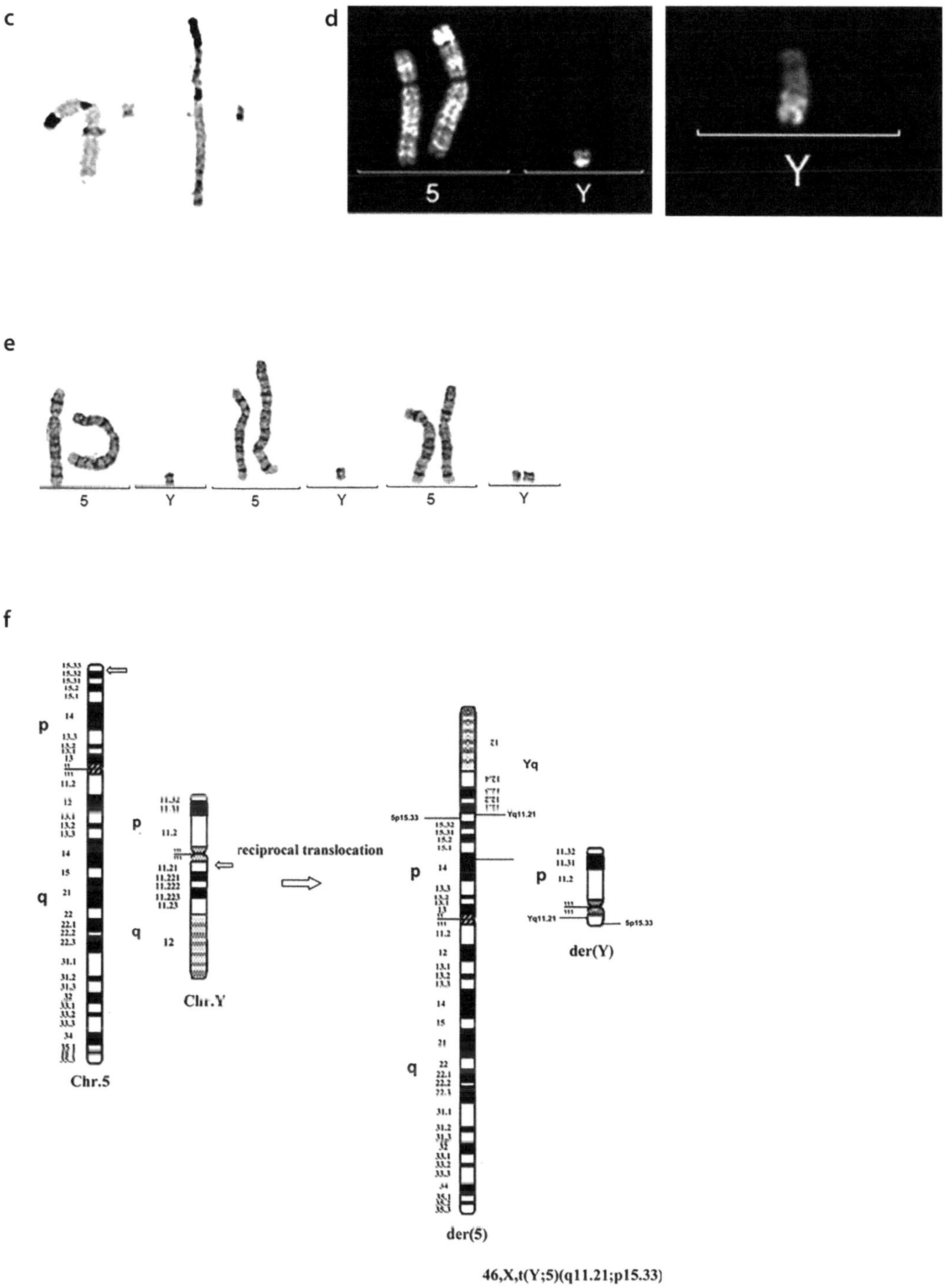

■ **Abb. 11.9** (Fortsetzung)

11.2 Zusammenfassung

Insgesamt werden neun verschiedene reziproke Translokationen detailliert vorgestellt: sieben umbauten erfolgten zwischen zwei Autosomen, die weiteren sind eine X/Autosomen- und eine Y/Autosomen-Translokation.

In der Familie mit reziproker Translokation 2/18 konnten 12 Personen aus drei Generationen untersucht werden. Die Träger einer unbalancierten Translokation zeigten beide möglichen Formen einer partiellen Duplikation und einer partiellen Deletion in gleicher Häufigkeit (siehe Stammbaum). Männliche und weibliche Träger der Translokation wurden gleich oft beobachtet. Die Anzahl der Spontanaborte war – nach Angaben der Familie – nicht erhöht. Unerwartet war die hohe Frequenz von unbalancierten Translokationen, übertragen durch den Vater (4 von 8 Schwangerschaften), die nach empirischen Untersuchungen nur auf etwa 10 % geschätzt wird. Daher macht dieser familiäre Fall es offensichtlich, dass bei reziproken Translokationen das genetische Risiko oft nur nach detaillierten Familienuntersuchungen genauer eingeschätzt werden kann.

Der Fall einer unbalancierten Translokation 18/22 durch Verlust des kleineren Translokationschromosoms ist ein typisches Beispiel für einen zusätzlichen Risikofaktor bei reziproken Translokationen durch Aneuploidisierung. Dieses muss immer berücksichtigt werden, wenn eines der Translokationschromosomen klein ist, sodass die gemeinsamen Regionen für die Paarung mit dem Homologen in der Prophase der Meiose I in ihrer Größe reduziert sind.

Die hier vorgestellte unbalancierte Translokation 9/12 belegt beispielhaft, dass weiterhin die Notwendigkeit zusätzlicher Untersuchungen mittels Mikroarray erforderlich sein kann, um die genaue Analyse des Karyotyps in den Fällen zu erhalten, in denen das zweite Translokationschromosom nicht durch Banden-Techniken identifiziert werden kann.

Die X/6-Translokation und die Y/15-Translokation wurden beide bei gesunden Trägern mit Sterilität identifiziert.

Das hier vorgestellte Spektrum reziproker Translokationen veranschaulicht die unterschiedliche Art der Nachweise und die Höhe der Risikoabschätzung.

11.3 Robertson'sche Translokation

81. 45,XX,dic rob(13;14)(p11.2;p11.1).

- **Fall 81: Karyotyp: 45,XX,dic rob(13;14)(p11.2;p11.1)**

Indikation zur Chromosomenanalyse: Mehrfache Spontanaborte, Verwandter mit Down-Syndrom.

▪▪ Morphologie

Die Gesamtzahl der Chromosomen beträgt 45. Eine Fusion hat zwischen den proximalen Kurzarmregionen von Chromosom 13 (Bruchpunkt p11.2) und 14 (Bruchpunkt p11.1) stattgefunden. Das Fusionsprodukt ist dizentrisch, immer mit Inaktivierung des Zentromers von Chromosom 13. Der Bereich zwischen den beiden Zentromeren des Fusionsproduktes kann leicht durch C- oder QFQ-Bänderung (brillante Fluoreszenz) charakterisiert werden. Der distale Teil und der gesamte kurze Arm von Chromosom 14 gingen verloren, was für den Träger keine Bedeutung hat, da sie aus konstitutivem Heterochromatin bestehen.

▪▪ Cave

Wenn der Träger um genetische Beratung bittet, müssen neben Risiken für strukturelle und numerische Chromosomenaberrationen funktionale Anomalien durch partielle oder vollständige UPD 14 diskutiert werden (◘ Abb. 11.10).

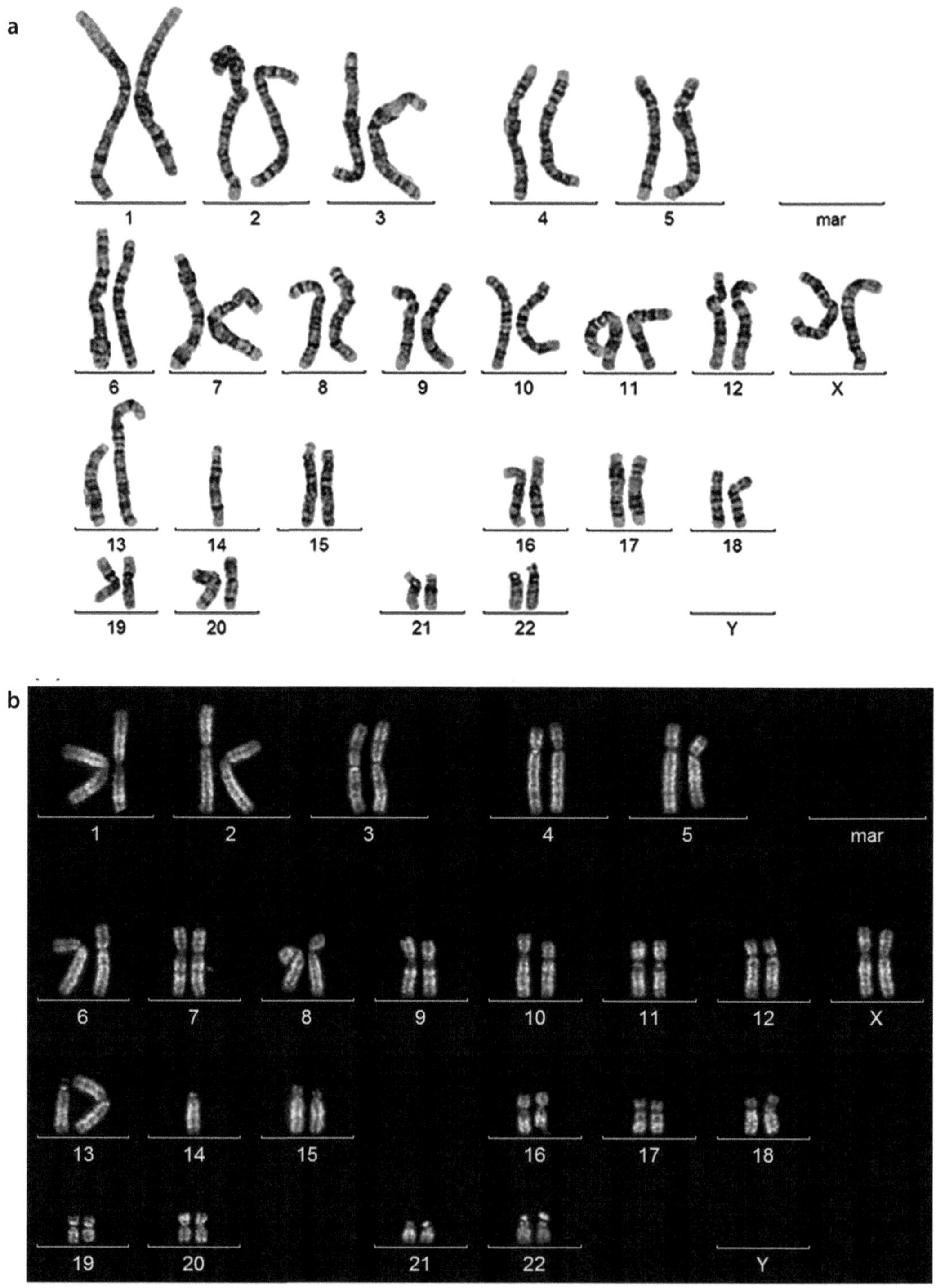

Abb. 11.10 Karyotyp 45,XX,dic,rob(13;14)(p11.2;p11.1). **a** GTG-, **b** QFQ-Bänderung, 700 und 400 Banden pro Genom, **c** CBG-Bänderung, dic,rob(13;14), **d** QFQ-Bänderung, **e** GTG-Bänderung, Chromosomen aus verschiedenen Mitosen; **d**, **e** *links* und *rechts* normale Chromosomen 13 und 14, dazwischen: Fusionsprodukt, **f** Ideogramme von normalen Chromosomen 13 und 14 und Fusionsprodukt, balancierte Translokation

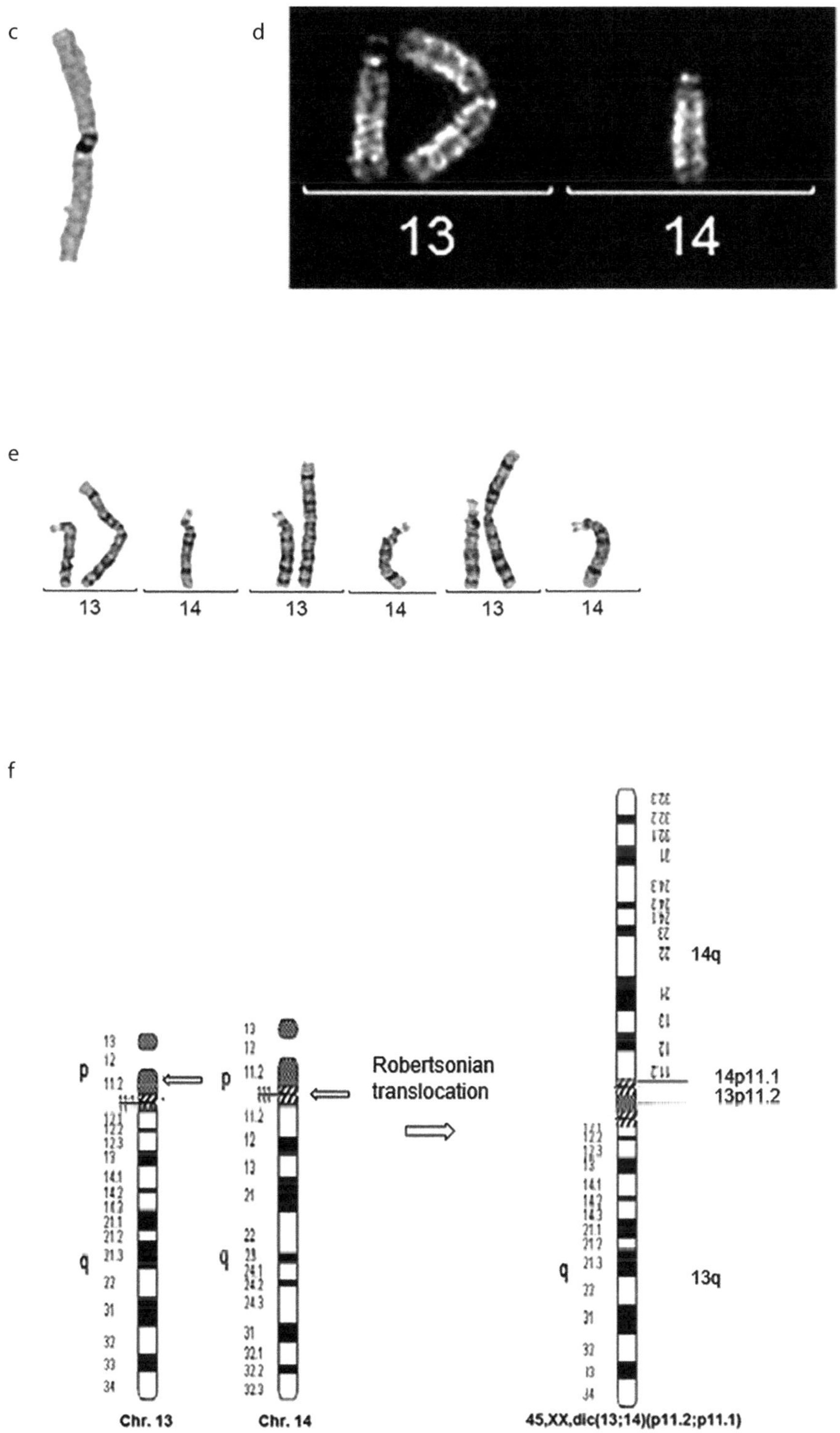

Abb. 11.10 (Fortsetzung)

11.4 Zusammenfassung

Als Beispiel für eine spezielle, aber häufige Art von Translokation wird die zentrische Fusion 13/14 ausführlich beschrieben. Hier ist das Translokationschromosom praktisch immer dizentrisch, verursacht durch homologe, aber invertierte heterochromatische Regionen in den proximalen Teilen der kurzen Arme von beiden Chromosomen. Der balancierte Träger hat 45 Chromosomen, da das zweite Translokationschromosom, das nur aus Regionen der kurzen Arme besteht, azentrisch ist und daher in der Mitose verloren geht. Das genetische Risiko für den balancierten Träger erscheint komplex: Die Fertilität ist in beiden Geschlechtern reduziert, aber besonders bei den Männern und das Risiko einer Fehlgeburt ist signifikant erhöht (Fälle von Trisomie 13 und 14), die Geburt eines Kindes mit Translokation-Trisomie 13 ist seltener als 1 %. Zusätzlich müssen eine UPD-14 und eine partielle proximale UPD-14 bei Nachkommen mit balanciertem oder normal erscheinendem Karyotyp berücksichtigt werden, daneben auch die Möglichkeit partieller Duplikationen und Deletionen von Euchromatin durch ein ungleiches crossing over in der Meiose.

In den ersten Jahren von Translokationsanalysen in familiären Fällen wurde angenommen, dass Paarungsanomalien der 13/14 Fusion in der Meiose zu Fehlverteilungen von heterologen Chromosomen führen könnten, die nicht an der Translokation beteiligt sind, insbesonders von Chromosom 21, und dass somit das Risiko für die Geburt eines Kindes mit Trisomie 21 erhöht ist. Detailliertere Untersuchungen verdeutlichten, dass die reduzierte Fertilität eines Trägers mit 13/14-Translokation der Grund ist für eine höhere Anzahl von Schwangerschaften in einem fortgeschrittenen mütterlichen Alter. Dies bedeutet, dass der bekannte Altersfaktor ein Risiko für eine freie Trisomie 21 bei Nachkommen darstellt und die Trisomie nicht durch die Translokation 13/14 verursacht wurde.

Reziproke Translokationen

Insgesamt werden neun verschiedene reziproke Translokationen detailliert vorgestellt: sieben Umlagerungen sind zwischen zwei Autosomen, eine ist eine X/Autosom- und eine ist eine Y/Autosom-Translokation.

In der Familie mit reziproker Translokation 2/18 konnten 12 Personen aus drei Generationen untersucht werden. Die Träger einer unausgeglichenen Translokation zeigten beide möglichen Formen einer partiellen Duplikation und partiellen Deletion in gleicher Häufigkeit (siehe Stammbaum). Männliche und weibliche Träger der Translokation wurden gleich oft beobachtet. Die Anzahl der Fehlgeburten war - nach Angaben der Familie - nicht erhöht. Unerwartet war die hohe Frequenz von unausgeglichenen Translokationen, erblich väterlicherseits (4 von 8 Schwangerschaften), was laut empirischen Untersuchungen auf etwa 10 % geschätzt wird. Daher macht dieser familiäre Fall es offensichtlich, dass bei reziproken Translokationen das genetische Risiko nach detaillierten Familienuntersuchungen genauer eingeschätzt werden kann.

Der Fall einer unausgeglichenen Translokation 18/22 durch Verlust des kleineren Translokationschromosoms ist ein typisches Beispiel für einen zusätzlichen Risikofaktor bei reziproken Translokationen durch Aneuploidisierung. Dies muss berücksichtigt werden, wenn eines der Translokationschromosomen klein ist, sodass die gemeinsamen Regionen für die Paarung mit den Homologen in der Prophase der Meiose I in ihrer Größe reduziert sind.

Die hier vorgestellte unausgeglichene Translokation 9/12 ist ein gutes Beispiel für die Notwendigkeit zusätzlicher Untersuchungen mittels Mikroarray, um die genaue Analyse des Karyotyps in Fällen zu erhalten, in denen das zweite Translokationschromosom bei einer unausgeglichenen Anordnung nicht durch Banding-Techniken identifiziert werden kann.

Die X/6-Translokation und die Y/15-Translokation wurden beide bei gesunden Trägern mit Unfruchtbarkeit identifiziert.

Das hier vorgestellte Spektrum reziproker Translokationen veranschaulicht ihre unterschiedliche Art der Feststellung und Risikoeinschätzung.

Robertson'sche Translokation (zentrische Fusion)

Als Beispiel für eine spezielle, aber häufige Art von Translokation wird die zentrische Fusion 13/14 ausführlich beschrieben. Hier ist das Translokationschromosom praktisch immer dizentrisch, verursacht durch homologe, aber invertierte heterochromatische Regionen in den proximalen Teilen der kurzen Arme von beiden Chromosomen. Der balancierte Träger hat 45 Chromosomen, da das zweite Translokationschromosom, das nur aus Regionen der kurzen Arme besteht, azentrisch ist und daher in der Mitose verloren geht. Das genetische Risiko für den balancierten Träger erscheint komplex: Die Fertilität ist in beiden Geschlechtern reduziert, aber besonders bei den Männern und das Risiko einer Fehlgeburt ist signifikant erhöht (Fälle von Trisomie 13 und 14), die Geburt eines Kindes mit Translokation-Trisomie 13 ist seltener als 1%. Zusätzlich müssen eine UPD-14 und eine partielle proximale UPD-14 bei Nachkommen mit balanciertem oder normal erscheinendem Karyotyp berücksichtigt werden, daneben auch die Möglichkeit partieller Duplikationen und Deletionen von Euchromatin durch ein ungleiches crossing over in der Meiose.

In den ersten Jahren von Translokationsanalysen in familiären Fällen wurde angenommen, dass Paarungsanomalien der 13/14 Fusion in der Meiose zu Fehlverteilungen von heterologen Chromosomen führen könnten, die nicht an der Translokation beteiligt sind, insbesonders von Chromosom 21, und dass somit das Risiko für die Geburt eines Kindes mit Trisomie

21 erhöht ist. Detailliertere Untersuchungen verdeutlichten, dass die reduzierte Fertilität eines Trägers mit 13/14-Translokation der Grund ist für eine höhere Anzahl von Schwangerschaften in einem fortgeschrittenen mütterlichen Alter. Dies bedeutet, dass der bekannte Altersfaktor ein Risiko für eine freie Trisomie 21 bei Nachkommen darstellt und die Trisomie nicht durch die Translokation 13/14 verursacht wurde.

Insertionen

Inhaltsverzeichnis

C. Behrend et al., *Atlas der Menschlichen Chromosomen*,
https://doi.org/10.1007/978-3-032-13717-3_12

12.1 Insertionen

82. 46,XX,ins(6,5)(q13;q31.1q33.1).

- **Fall 82: Karyotyp: 46,XX,ins(6;5)(q13;q31.1q33.1)**

Indikation zur Chromosomenanalyse: Identisches Rearrangement wie bei der Tochter nachgewiesen.

▪▪ Morphologie

Die an dem balancierten Rearrangement beteiligten Chromosomen lassen sich durch die veränderte Länge der langen Arme von Chromosom 5 und 6 und durch das aberrante Bandenmuster diagnostizieren. Die Chromosomenanalyse muss mit einer Auflösung von 550–700 Banden pro Genom durchgeführt werden. Eine zusätzliche Mikroarray-Untersuchung ist angezeigt.

▪▪ Cave

Die Familienuntersuchung sollte auf alle Verwandten ausgedehnt werden, die mögliche Insertionsträger sind. Da das Risiko für einen unbalancierten Karyotyp bei Nachkommen hoch ist (etwa 30 %), sollte allen Trägern eine pränatale Diagnose einschließlich Mikroarray empfohlen werden (◘ Abb. 12.1).

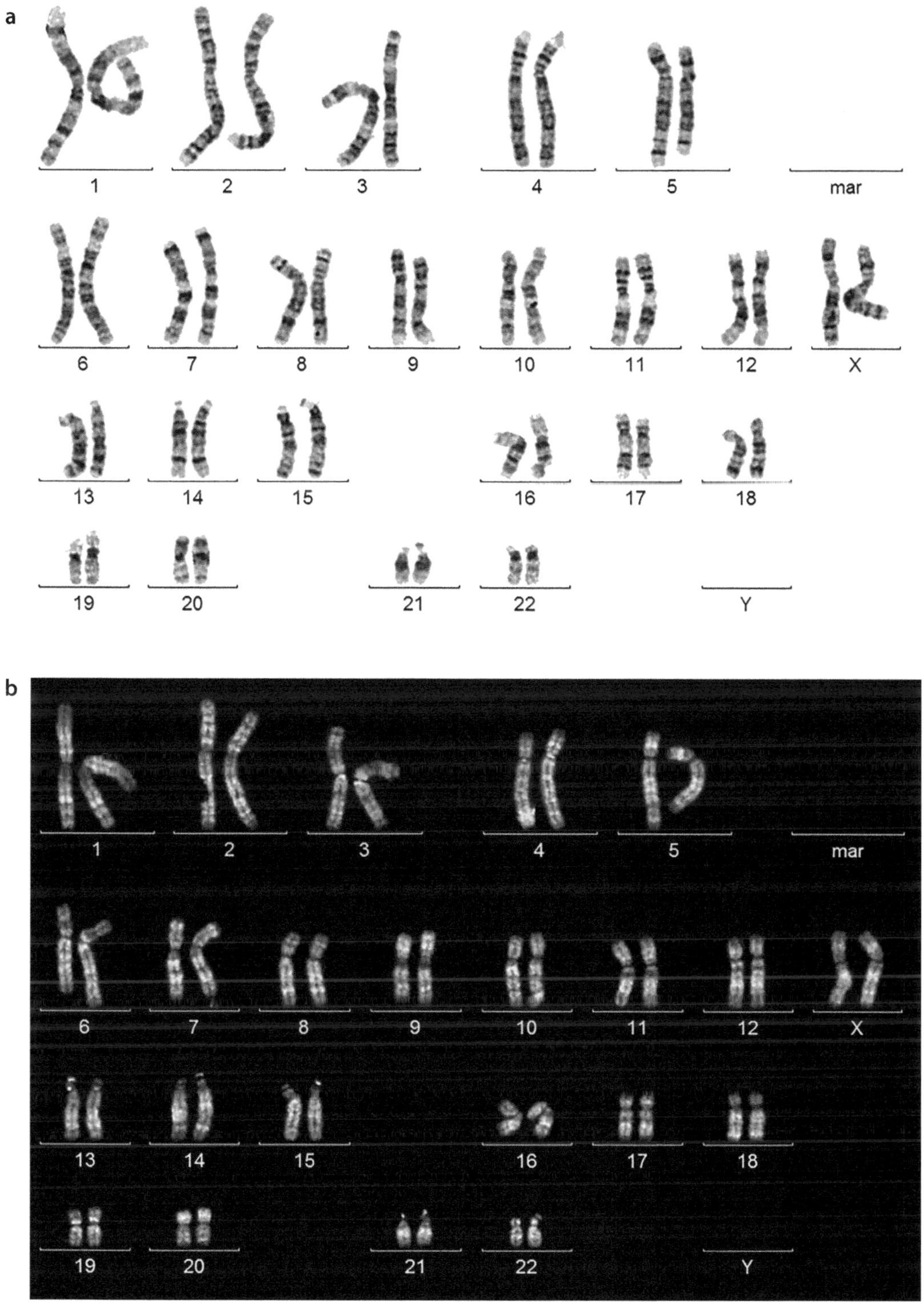

Abb. 12.1 Karyotyp 46,XX,ins(6;5)(q13;q31.1q33.1). **a** GTG-, **b** QFQ-Bänderung, 550 und 400 Banden pro Genom, **c** QFQ-, **d** GTG-Bänderung, Chromosomen aus verschiedenen Mitosen, *links* normale Chromosomen 5 und 6, *rechts* Produkte des Rearrangements, **e** Ideogramme der normalen Chromosomen 5 und 6 und die Produkte der Insertion bei balanciertem Karyotyp

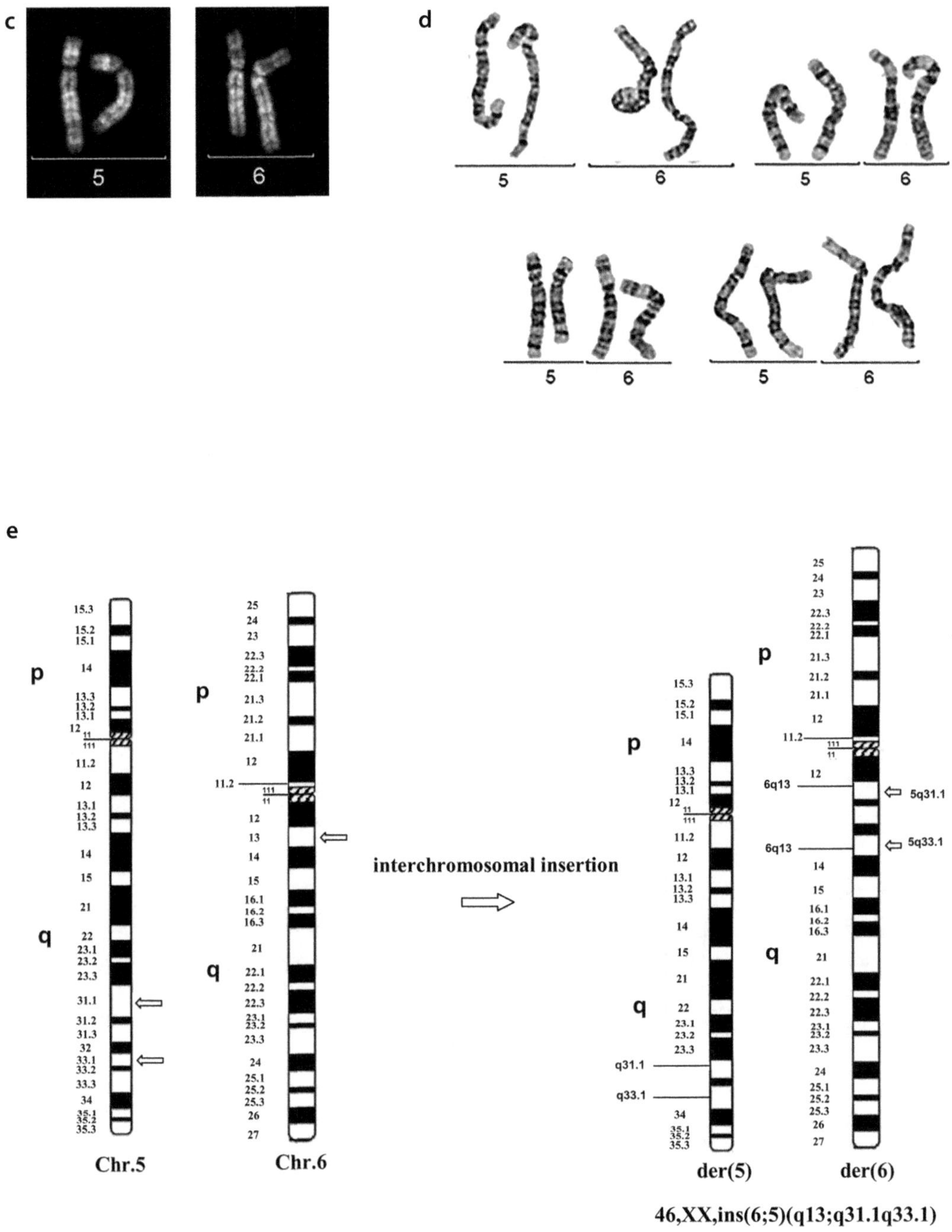

Abb. 12.1 (Fortsetzung)

12.2 Zusammenfassung

Verschiedene Arten von Insertionen sind beschrieben worden. Eine Insertion kann durch drei Bruchpunkte verursacht werden und das azentrische Fragment von einem Spenderchromosom mit zwei Bruchpunkten in einen Empfänger mit einem Bruchpunkt eingefügt werden. Die größeren Chromosomen 1–12 sind häufiger beteiligt als die kleineren (13-Y). Dieser Vorgang kann zwischen den Chromatiden eines Chromosoms und auch zwischen homologen oder heterologen Chromosomen stattfinden. Das translozierte Segment kann euchromatisch oder heterochromatisch sein und es kann direkt oder nach Inversion eingefügt werden. Die Häufigkeit von Insertionen ist sehr gering mit insgesamt 1 auf 80.000 Neugeborene. Das genetische Risiko ist das gleiche für direkt inserierte und für invertierte Segmente. Das Risiko für ein pathologisches Phänotyp bei Nachkommen mit unbalanciertem Karyotyp ist relativ gering (< 10 %) bei kleinen und AT-reichen Insertionen, aber hoch, wenn diese groß und/oder GC-reich sind (bis zu 50 %). Die Letalität ist besonders hoch, wenn der unbalancierte Karyotyp eine Deletion für das betreffende Segment aufweist. Daher ist in jedem Fall eine detaillierte Analyse einschließlich der Verwandten des Trägers notwendig.

Der Fall einer familiären direkten Insertion 5/6 wird im Detail beschrieben. Das genetische Risiko beinhaltet einen unbalancierten Karyotyp mit interstitieller Deletion und/oder Duplikation 5q31.1q33.1 und zusätzlich submikroskopischen Aberrationen durch ungleiches crossing-over in der Meiose. Die Lebensfähigkeit des Trägers eines unbalancierten Karyotyps hängt von der Größe und dem Gengehalt des inserierten Segments ab.

Komplexe Chromosomen-Aberrationen (CCR)

Inhaltsverzeichnis

C. Behrend et al., *Atlas der Menschlichen Chromosomen*,
https://doi.org/10.1007/978-3-032-13717-3_13

13.1 Komplexe Chromosomen-Aberrationen (CCR)

83. 46,XX,inv(2)(p11.2q13),del(18)(q22)
84. 46,XY,del(5)(q14.2q22.1),t(16,20)(q24;q13.11)
85. 47,XY,inv(12)(q15q24.1),+idic(15)(q11.2q11.2).

13.1.1 Detaillierte Darstellung der Kasuistiken

▪ Fall 83: Karyotyp: 46,XX,inv(2)(p11.2q13),del(18)(q22)

Indikation zur Chromosomenanalyse: Phänotyp des de Grouchy-Syndroms II.

▪▪ Morphologie

Die Patientin zeigt eine komplexe strukturelle Aberration (CCR), die zwei Chromosomen mit drei Bruchpunkten umfasst.

1. Perizentrische Inversion 2
   Der Umbau ist balanciert. Einer der Bruchpunkte (p11.2) befindet sich an der Grenze zwischen perizentromerem Heterochromatin und der ersten euchromatischen Bande, während der zweite Bruchpunkt in der GC-reichen euchromatischen Bande q13 liegt.
2. Deletion Chromosom 18
   Die partielle Monosomie 18q wird als de Grouchy-Syndrom II definiert, eine bekannte und häufige strukturelle Aberration.

▪▪ Cave

Auch bei de novo komplexen Chromosomenaberrationen (CCR) muss durch zusätzliche Mikroarray-Analysen ausgeschlossen werden, dass die Patientin zusätzliche submikroskopische Aberrationen aufweist.

Chromosomenanalysen bei den Eltern müssen vor der genetischen Beratung durchgeführt werden, da sie Träger der Inversion 2 oder einer reziproken Translokation, die 18q einschließt, sein können (◘ Abb. 13.1).

▪ Fall 84: Karyotyp: 46,XY,del(5)(q14.2q22.1),t(16,20)(q24;q13.11)

Indikation zur Chromosomenanalyse: Entwicklungsverzögerung, Makrosomie, dysmorphe Merkmale.

▪▪ Morphologie

Der Patient zeigt einen komplexen Chromosomenumbau (CCR), der drei Chromosomen und vier Bruchpunkte umfasst.

1. Deletion 5q
   Der Phänotyp des Kindes kann aus der interstitiellen Deletion 5q abgeleitet werden.
2. Translokation 16/20
   Die Translokation 16/20 erscheint balanciert.

13

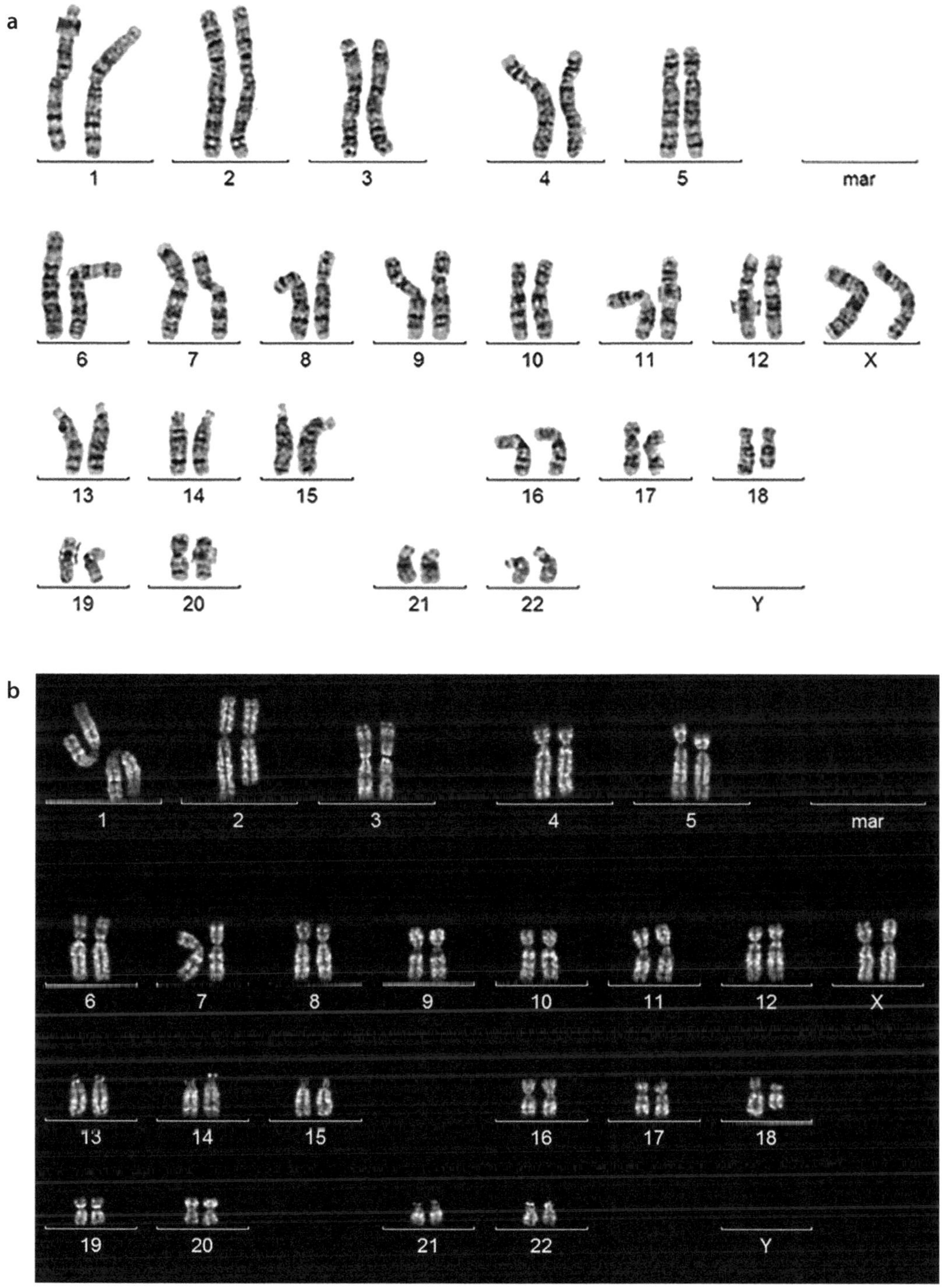

Abb. 13.1 Karyotyp 46,XX,inv(2)(p11.2q13),del(18)(q22). **a** GTG- **b** QFQ-Bänderung, 550 und 400 Banden pro Genom, **c** Chromosomen aus verschiedenen Mitosen (Chromosom 2), **d** QFQ-, **e** GTG-Bänderung (Chromosom 18), **f** Ideogramme von normalen und abweichenden Chromosomen 2 und 18; 2: balanciert, 18: unbalancierter Umau

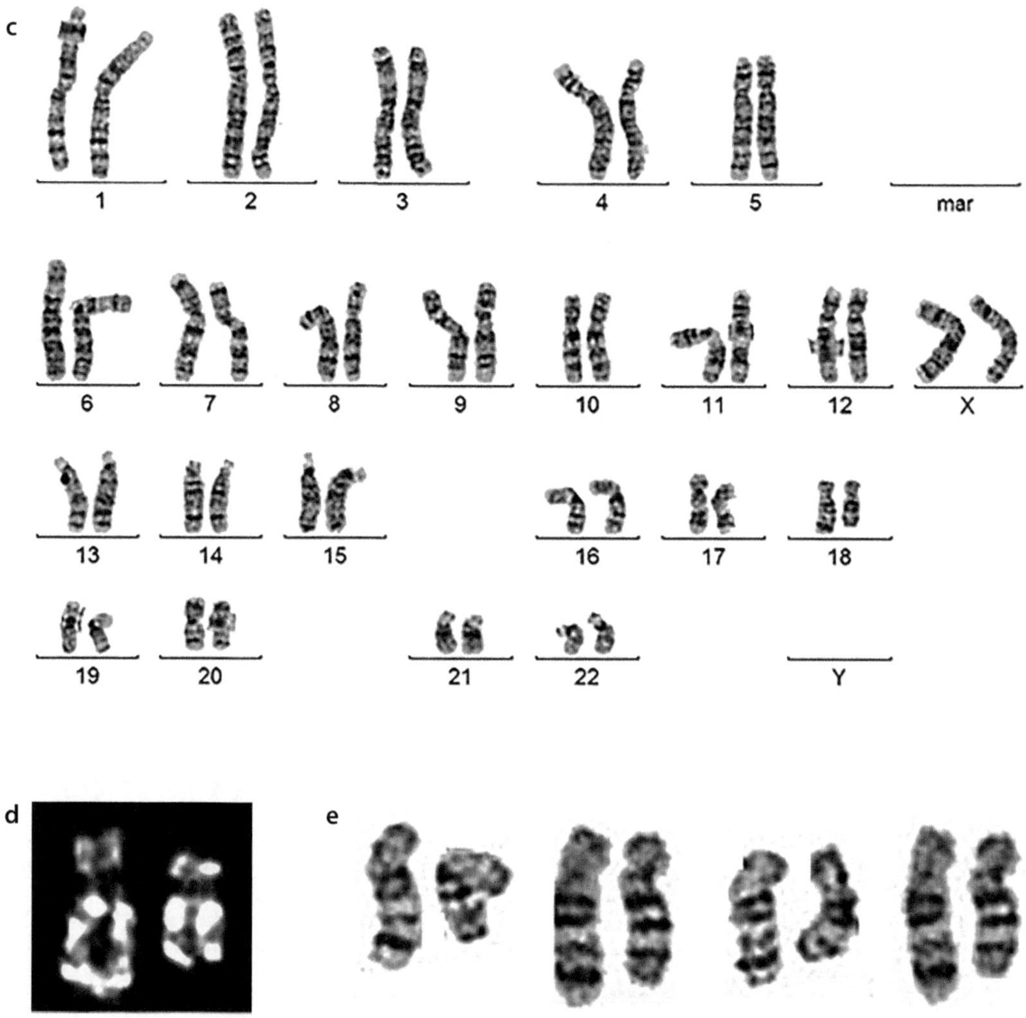

Abb. 13.1 (Fortsetzung)

f

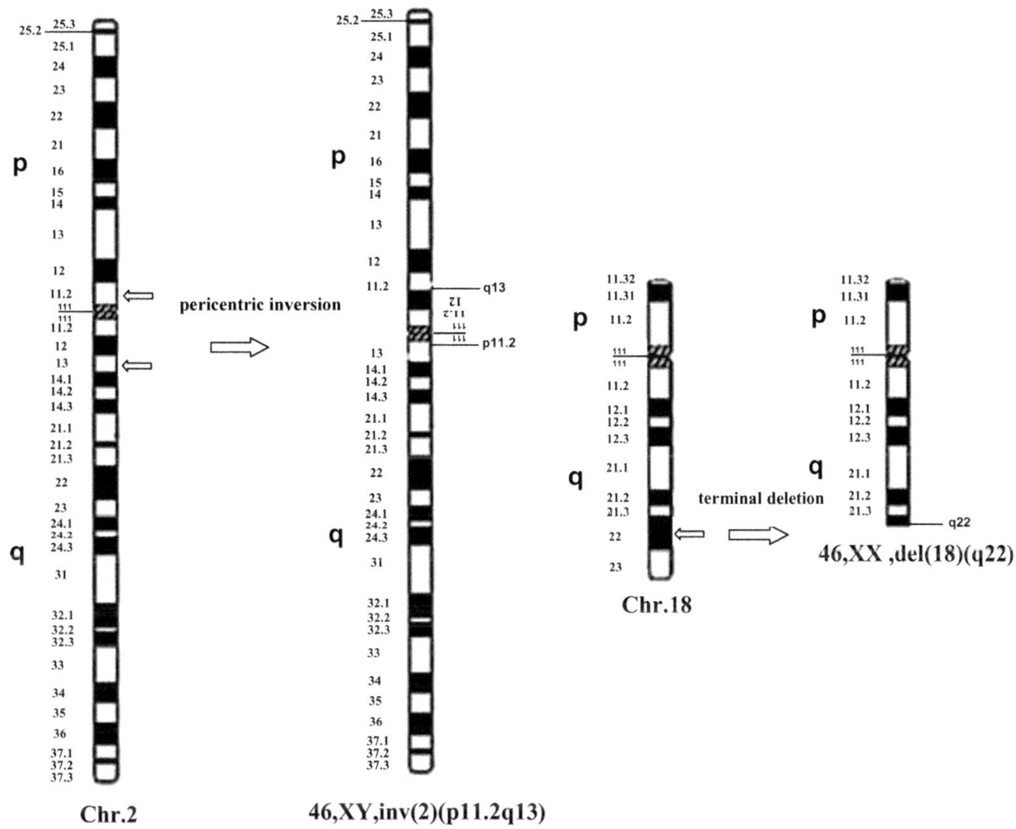

■ Abb. 13.1 (Fortsetzung)

▪▪ Cave

Bei dem Patienten sollte eine Mikroarray-Analyse durchgeführt werden, um eine zusätzliche submikroskopische Aberration auszuschließen. Der Karyotyp beider Eltern muss vor der genetischen Beratung der Familie analysiert werden (■ Abb. 13.2).

▪ Fall 85: Karyotyp: 47,XY,inv(12)(q15q24.1),+idic(15)(pter→q11.2::q11.2→pter)

Indikation zur Chromosomenanalyse: Erhöhte Anzahl von Aborten der Ehefrau.

▪▪ Morphologie

Die komplexe Chromosomenanomalie besteht aus einer parazentrischen Inversion 12 und einem zusätzlichen Markerchromosom mit drei Brüchen in zwei Chromosomen 15.

1. Parazentrische Inversion 12
   Die invertierte Region umfasst etwa 30 % der Gesamtlänge von Chromosom 12. Das genetische Risiko ist nach Literaturangaben gering.

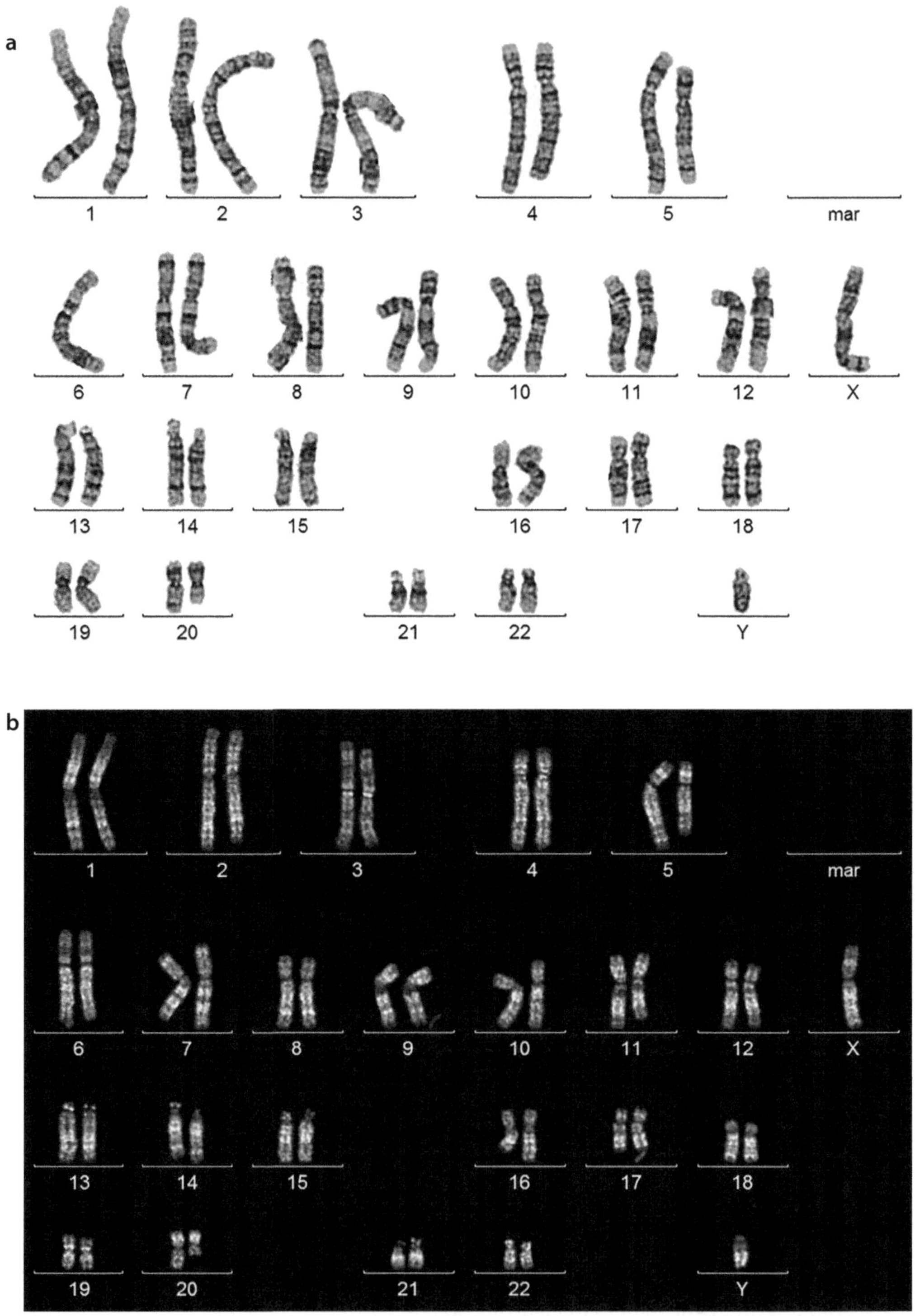

Abb. 13.2 Karyotyp 46,XY,del(5)(q14.2q22.1),t(16,20)(q24;q13.11) mit einem Chromosom 6 verloren durch die Präparation **a** GTG-, **b** QFQ-Bänderung, 700 und 500 Banden pro Genom, **c** GTG-Bänderung, *links* normales, *rechts* deletiertes Chromosom 5, **d** GTG-Bänderung, *links* normale Chromosomen 16 und 20, *rechts* Translokationschromosomen, **e** , **f** Ideogramme der Chromosomen 5, 16 und 20, Chromosom 5 unbalancierter Umbau, Chromosom 16 und 20 balancierte Translokation

c

d

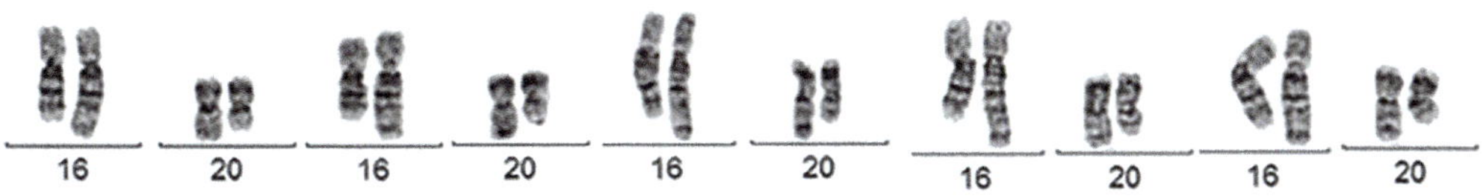

e

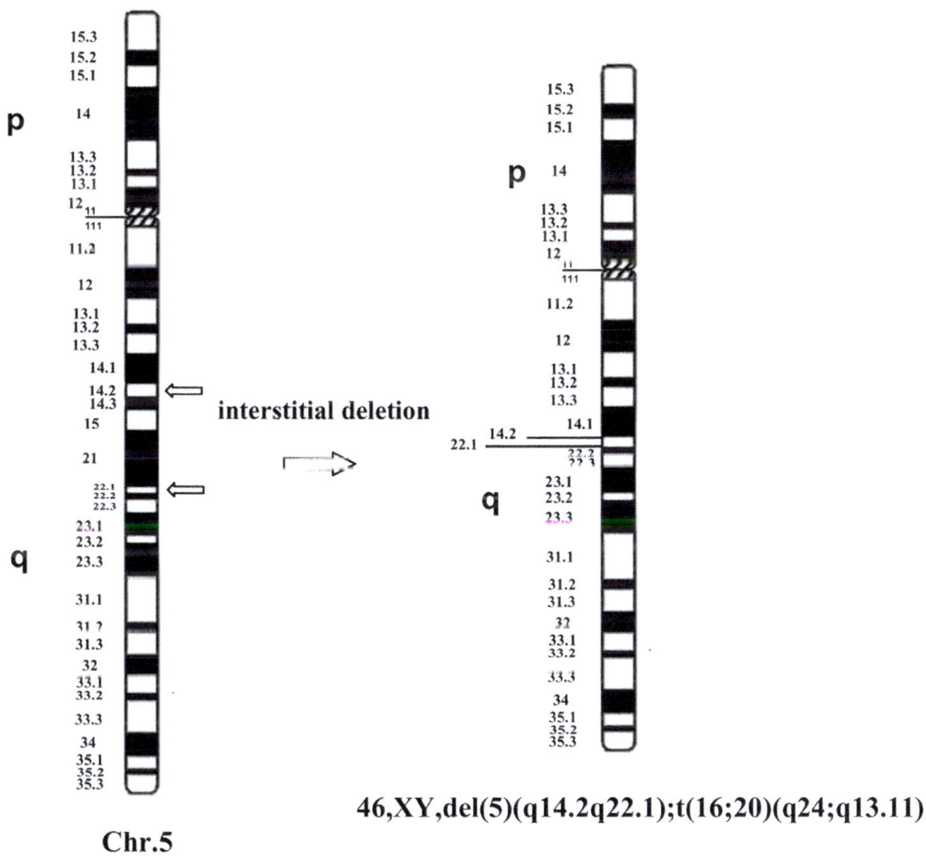

Abb. 13.2 (Fortsetzung)

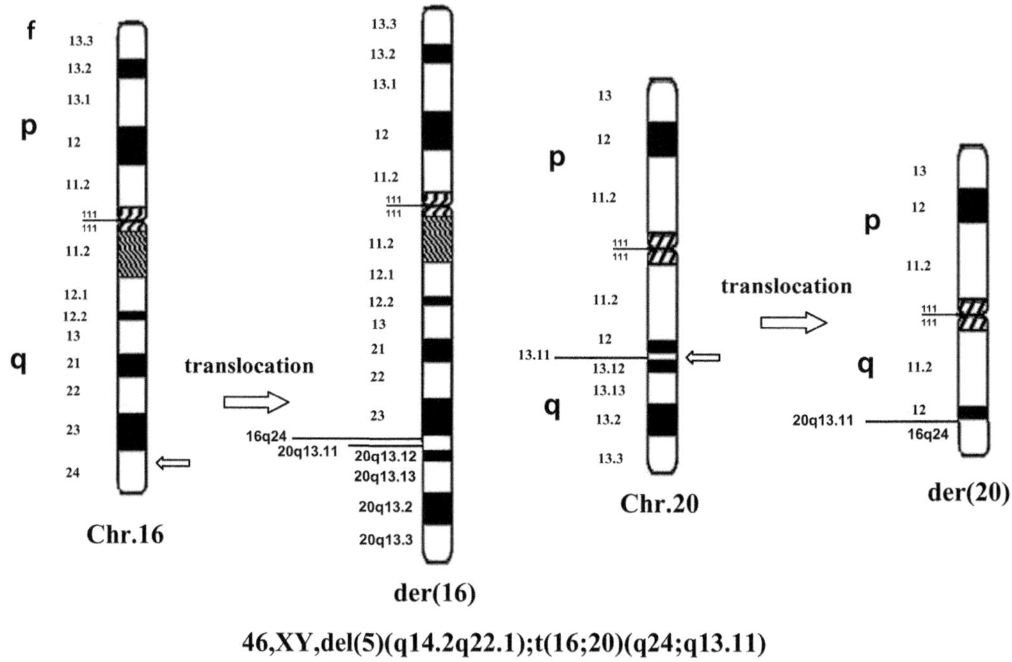

Abb. 13.2 (Fortsetzung)

2. Zusätzliches Markerchromosom idic(15)
   Das derivative Chromosom 15 besteht aus konstitutivem Heterochromatin und ist somit für den Träger selbst ohne Bedeutung.

▪▪ Cave

Den Ratsuchenden muss eine pränatale Diagnose angeboten werden, da das derivative Chromosom 15 zu einem ungleichen Crossing over in der Meiose und somit zu einer partiellen UPD 15 und/oder zu einer submikroskopischen Duplikation oder Deletion führen kann (Abb. 13.3).

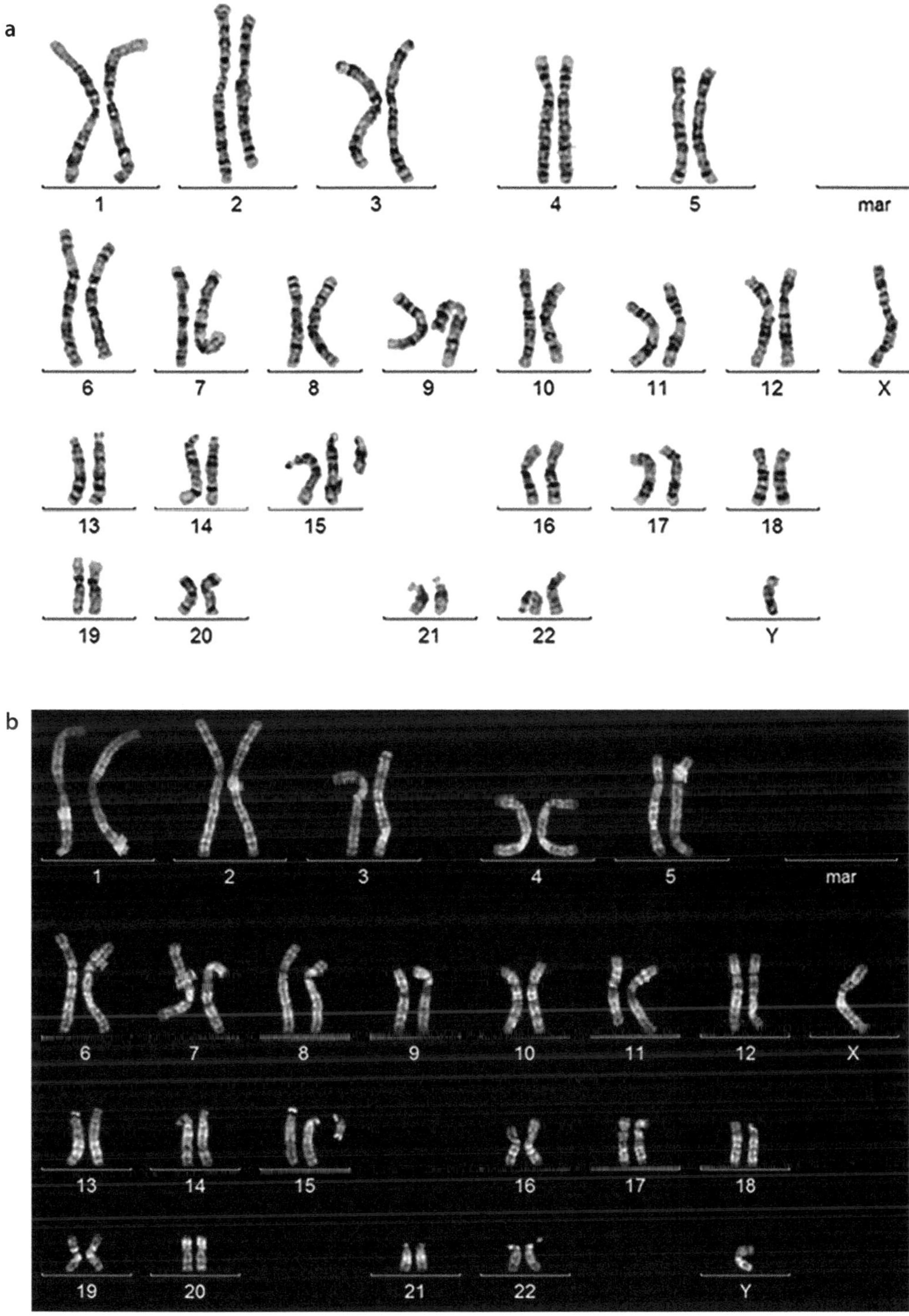

Abb. 13.3 Karyotyp 47,XY,inv(12)(q15q24.1),+idic(15)(pter→q11.2::q11.2 → pter). **a** GTG-, **b** QFQ-Bänderung, 550 und 400 Banden pro Genom **c** QFQ-, **d** GTG-Bänderung, Chromosomen aus verschiedenen Mitosen mit inv12 und + dic(15), *links* normale Chromosomen 12 und 15, *rechts* aberrante Chromosomen, **e, f** Ideogramme von normalen und rechts aberranten Chromosomen 12 und 15

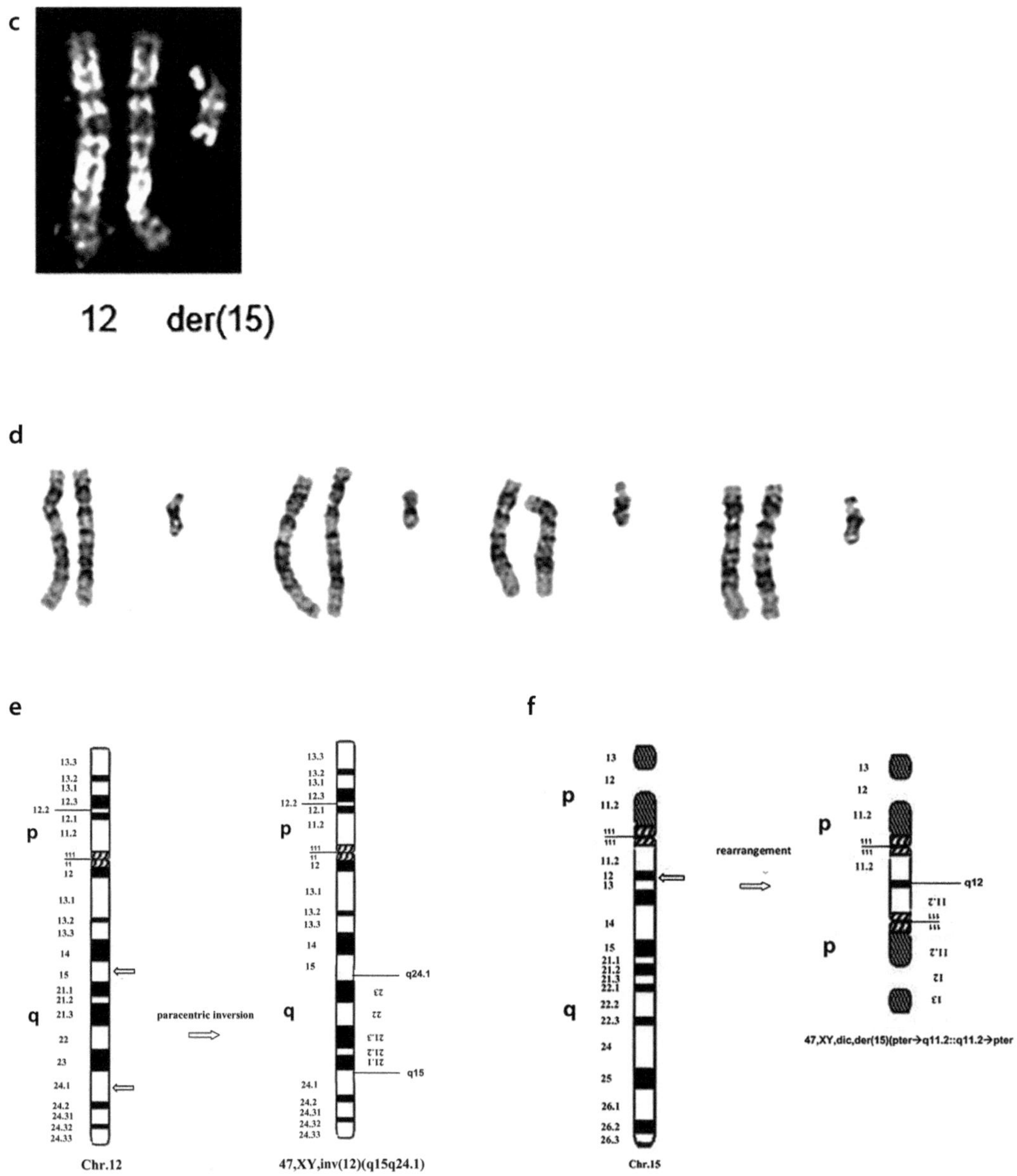

Abb. 13.3 (Fortsetzung)

13.2 Zusammenfassung

Drei Fälle werden im Detail vorgestellt. Alle können dem gleichen Subtyp von Aberration zugeordnet werden, der zwei verschiedene, unabhängige strukturelle Anomalien im gleichen Karyotyp umfasst. Im ersten Fall handelt es sich um eine Deletion kombiniert mit einer reziproken Translokation, im zweiten Fall wird eine perizentrische Inversion mit einer Deletion kombiniert und im dritten Fall handelt es sich um die Kombination einer parazentrischen Inversion mit einem überzähligen heterochromatischen Markerchromosom. Nur wenn die Chromosomen mit einer hohen Auflösung von mindestens 550 Banden pro Genom analysiert werden, können in diesen komplexen Fällen zuverlässige Diagnosen gestellt werden. Es muss beachtet werden, dass in familiären Fällen während der Meiose zusätzliche Aberrationen entstehen können.

Marker Chromosomen

Inhaltsverzeichnis

C. Behrend et al., *Atlas der Menschlichen Chromosomen*,
https://doi.org/10.1007/978-3-032-13717-3_14

14.1 Marker Chromosomen

86. 47,XX,+i(14)(p10)mat
87. 47,XY,+idic(15)(pter→q11.1::q11.1 → pter)
88. 47,XY,+idic(22)(pter→q11.1::q11.1 → pter)mat.

14.1.1 Detaillierte Darstellung der Kasuistiken

▪ Fall 86: Karyotyp: 47,XX,+i(14)(p10)mat

Indikation zur Chromosomenanalyse: vor genetischer Beratung aufgrund der Diagnose eines Marker Chromosoms bei der Mutter.

▪▪ Morphologie

Das Derivat ist heterochromatisch, monozentrisch und besteht aus den vollständigen kurzen Armen (p11.1–p13) der akrozentrischen Chromosomen 14, es trägt an beiden Enden Satelliten. Das Marker ist kein Isochromosom, sondern kann aus zwei verschiedenen Chromosomen 14 abgeleitet werden. Die endgültige Analyse des Derivats erforderte eine FISH-Untersuchung.

▪▪ Cave

Der Marker ist vollständig heterochromatisch und daher für den Träger selbst ohne Bedeutung. Aber in Schwangerschaften der Mutter führt er zu einem erhöhten genetischen Risiko:

Ein ungleiches crossing over in der Meiose I kann zu partiellen Duplikationen oder Deletionen der proximalen euchromatischen Langarmregionen des Chromosoms 14 führen.

Die Fehlverteilung eines Chromosoms 14 in der Meiose kann eine Trisomie oder Monosomie 14 und nach einem Regulierungsprozess eine UPD 14 zur Folge haben.

Bei einigen Trägern (Daten aus der Literatur) wurde eine reduzierte Fertilität beobachtet (◘ Abb. 14.1).

▪ Fall 87: Karyotyp: 47,XY,+idic(15)(pter→q11.1::q11.1→pter)

Indikation zur Chromosomenanalyse: 4 Jahre alter Junge mit Entwicklungsauffälligkeiten.

▪▪ Morphologie

Das zusätzliche Marker Chromosom ist dizentrisch mit einem inaktivierten Zentromer. Ein Ausschluss von euchromatischen Segmenten erfolgte durch FISH. Der Marker stammt von zwei homologen Chromosomen 15. Trotz seiner dizentrischen Struktur war er stabil bei den somatischen Zellteilungen. Eine zweite Zelllinie wurde nicht beobachtet.

a

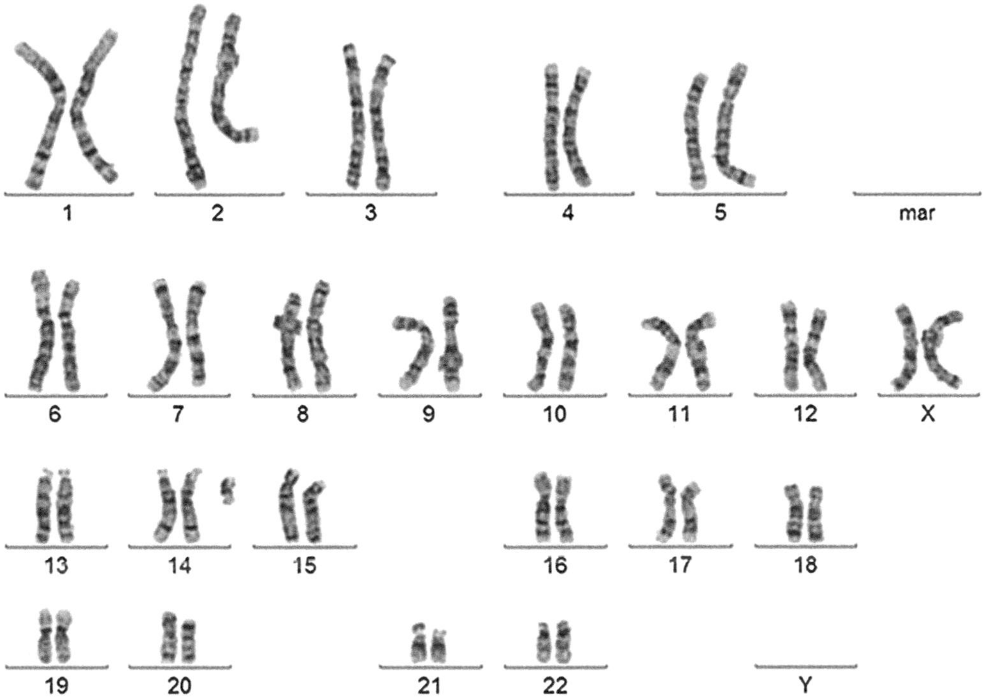

b

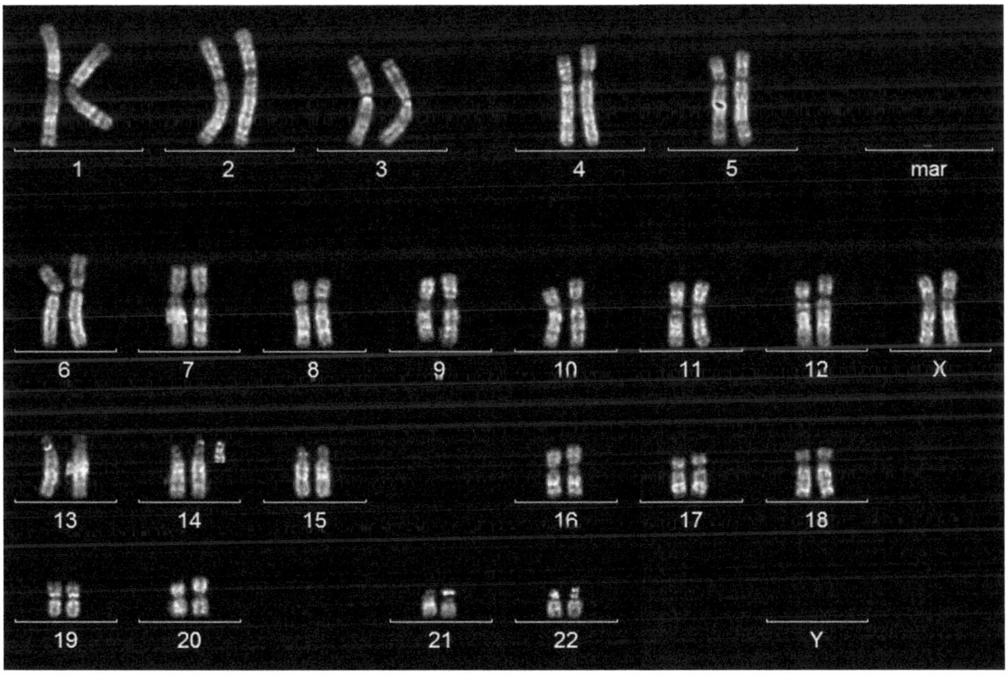

Abb. 14.1 Karyotyp 47,XX,+i(14)(p10). **a** GTG-, **b** QFQ-Bänderung, 550 und 400 Banden pro Genom, **c** QFQ-, **d** GTG-Bänderung, Chromosomen aus verschiedenen Mitosen, *links* 2 normale Chromosomen 14, *rechts* der(14), **e** Ideogramme eines normalen Chromosoms 14 und des der(14), der zusätzliche Marker besteht nur aus heterochromatischen Segmenten und ist daher für den Träger selbst ohne genetische Relevanz

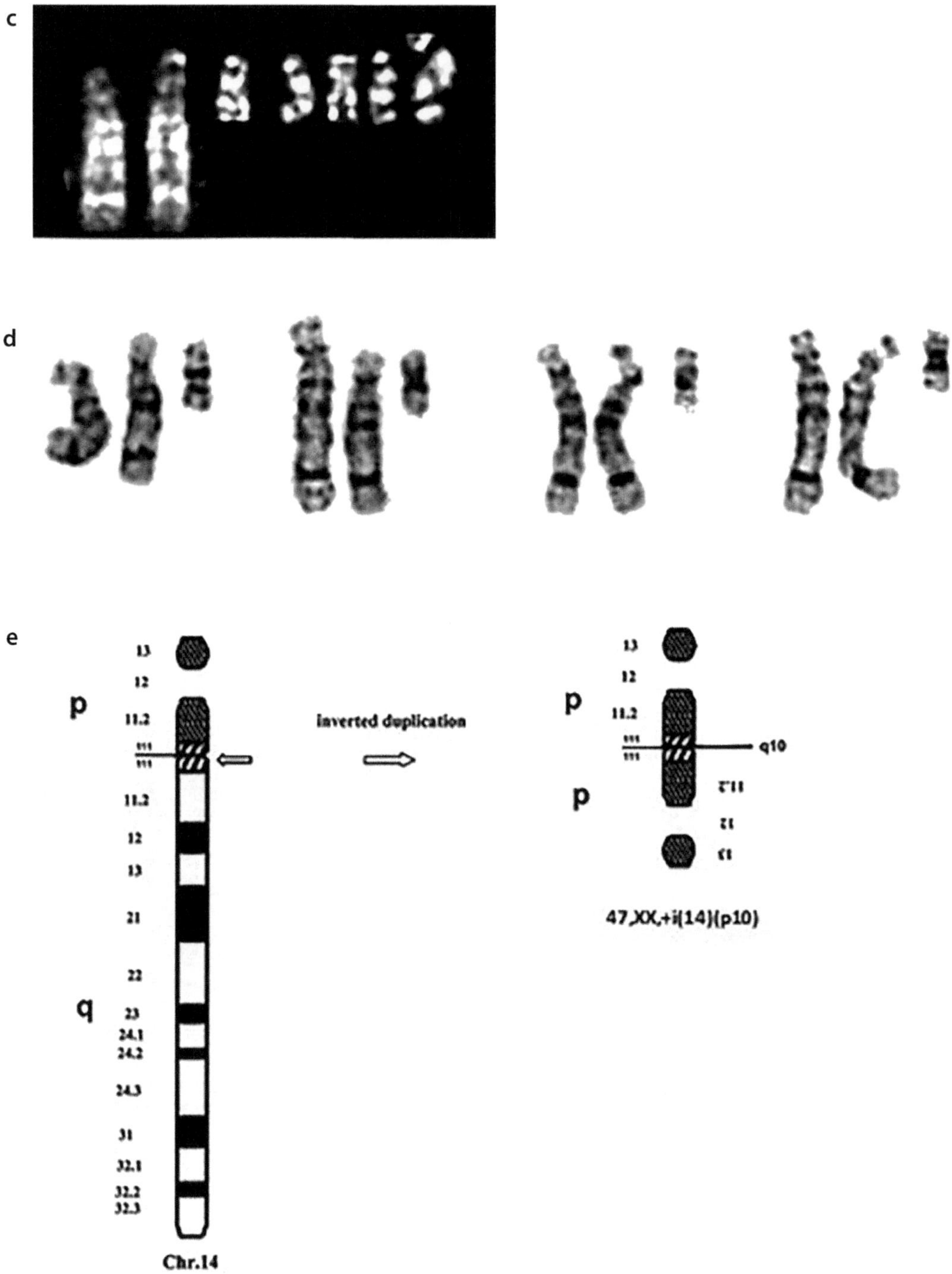

Abb. 14.1 (Fortsetzung)

■■ Cave
Die Chromosomen der Eltern sollten analysiert werden, da alle Träger eines heterochromatischen Derivats 15 ein erhöhtes genetisches Risiko durch ein mögliches ungleiches crossing over in der Meiose haben und eventuell durch die Bildung einer UPD 15. Da die Entwicklungsstörung des Kindes nicht durch den heterochromatischen Marker verursacht sein kann, sollten zusätzlich molekulargenetische Untersuchungen durchgeführt werden (◘ Abb. 14.2).

■ Fall 88: Karyotyp: 47,XY,+idic(22)(pter→q11.1::q11.1→pter)mat
Indikation für die Chromosomenanalyse: Pränatale Analyse, da die Mutter Trägerin eines zusätzlichen Derivats 22 ist.

■■ Morphologie
Das Derivat 22 bei Mutter und Fötus ist identisch. Der Marker des Fötus ist ebenfalls heterochromatisch, dizentrisch mit Inaktivierung des zweiten Zentromers. Er entstand in der Familie durch Umbau von zwei homologen Chromosomen 22.

■■ Cave
Das Kind muss im Erwachsenenalter darüber aufgeklärt werden durch genetische Beratung, dass es ein erhöhtes genetisches Risiko unabhängig von seinem Alter für das Auftreten einer UPD 15 bei Nachkommen hat sowie für Mikrodeletionen oder Duplikation 22q11.2. Daher sollte für alle Schwangerschaften eine pränatale Diagnose angeboten werden (◘ Abb. 14.3).

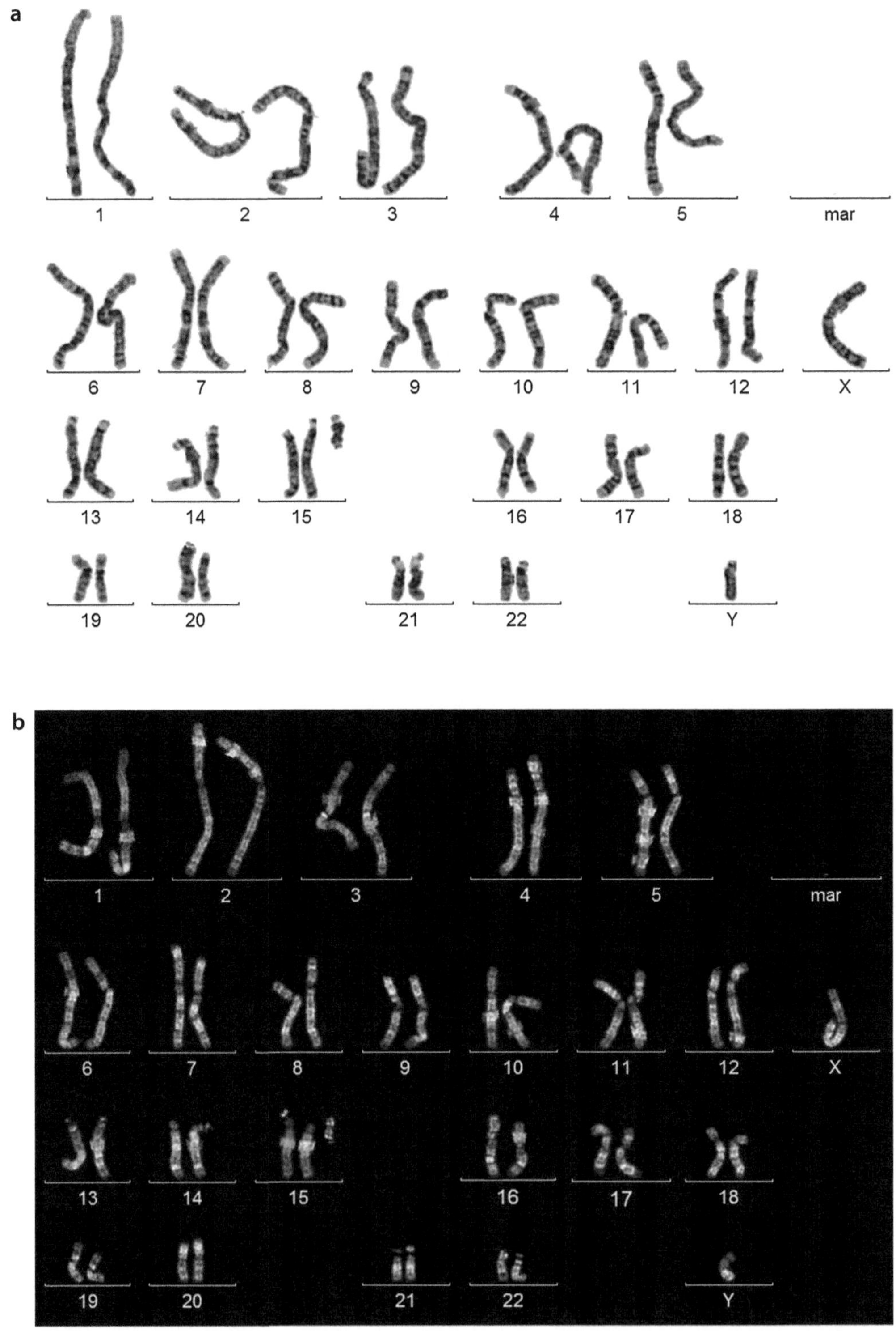

Abb. 14.2 Karyotyp 47,XY,+idic(15)(pter→q11.1::q11.1 → pter). **a** GTG-, **b** QFQ-Bänderung, 700 und 500 Banden pro Genom, **c** CBG-, QFQ-, **d** GTG-Bänderung, Chromosomen aus verschiedenen Mitosen, **d,** *links* normales Chromosom 15, *rechts* Derivat 15, **c** Derivat 15, **e** Ideogramme von Chromosom 15 und Derivat 15. der(15) ist ein vollständig heterochromatischer Marker, also ohne genetische Relevanz für den Träger

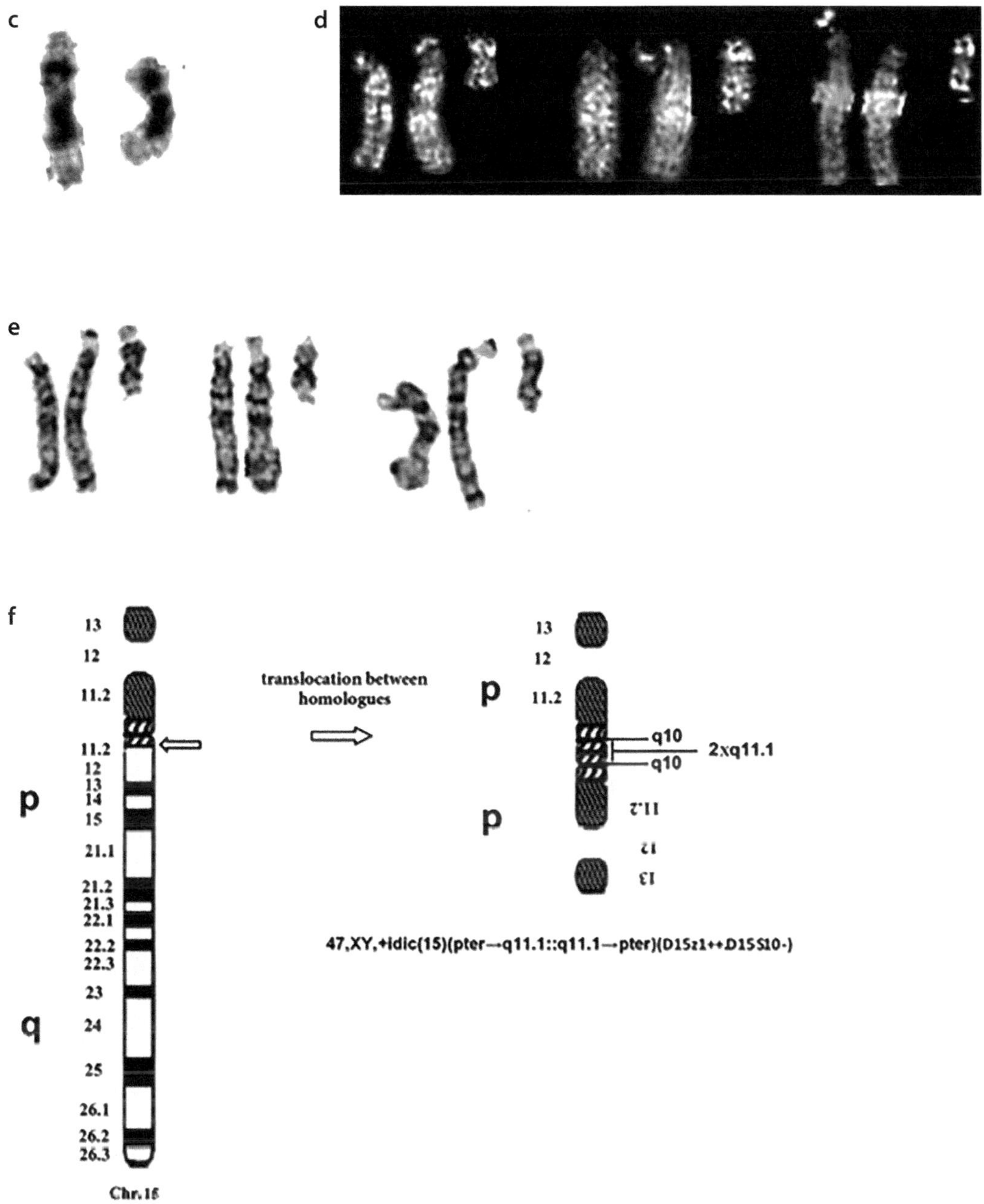

Abb. 14.2 (Fortsetzung)

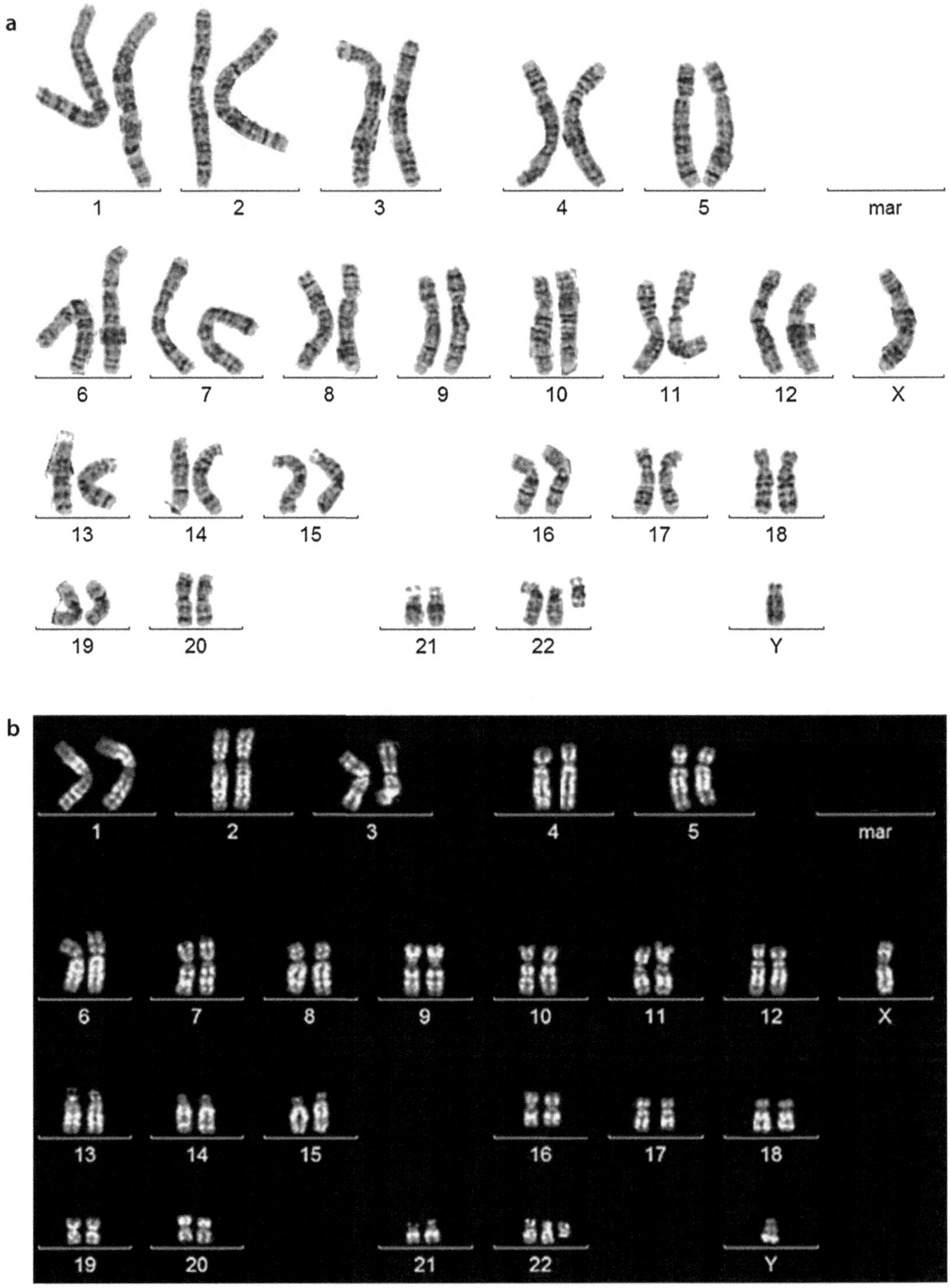

Abb. 14.3 Karyotyp 47,XY,+idic(22)(pter→q11.1::q11.1 → pter)mat, **a** GTG-, **b** QFQ-Bänderung, 700 und 400 Banden pro Genom, **c** GTG-Bänderung, Chromosomen aus verschiedenen Mitosen, *links* normales Chromosom 22, *rechts* Derivate 22, **d** Ideogramme von normalem Chromosom 22 und Derivat 22, vollständig heterochromatischer Marker, ohne genetische Relevanz für den Träger

c

d

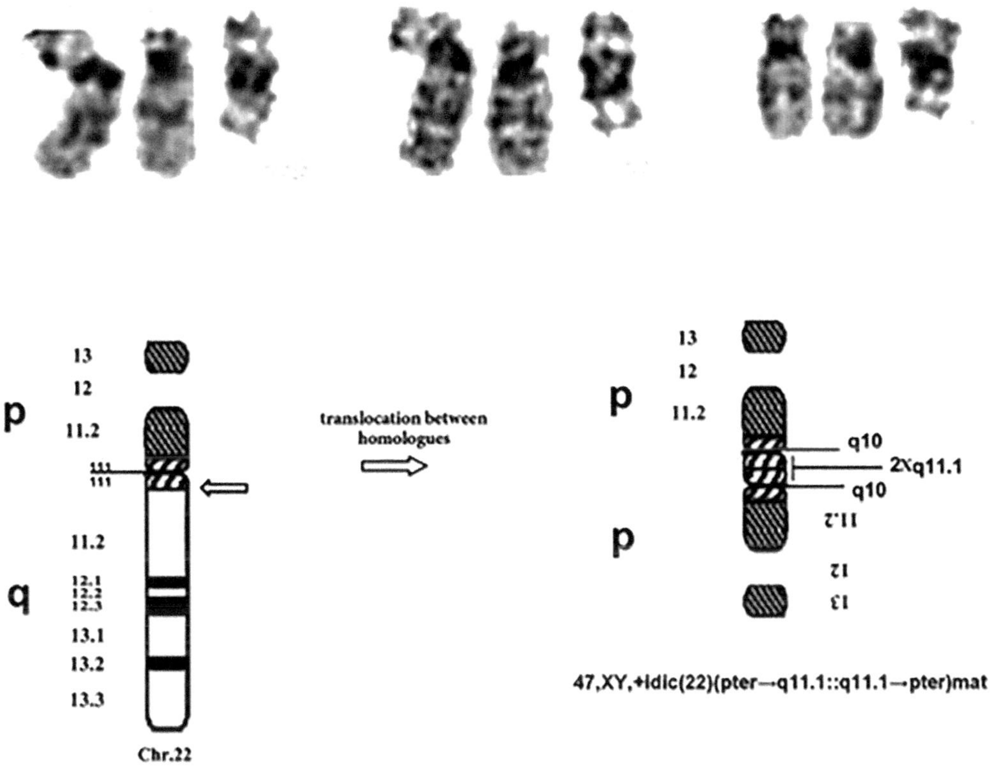

■ **Abb. 14.3** (Fortsetzung)

14.2 Zusammenfassung

Die drei aufgeführten Markerchromosomen stellen alle überzählige Derivate der akrozentrischen Chromosomen, d. h. von der(14), der(15) und der(22) dar. Der erste Marker konnte als Derivat des Chromosoms 14 analysiert werden. Er war monozentrisch, mit Satelliten an beiden Enden, und er war vollständig heterochromatisch. Er war familiärer Herkunft und entstand durch eine Inversionsduplikation. Ein Isochromosom 14 konnte ausgeschlossen werden. Der zweite Marker war ein Derivat des Chromosoms 15, der häufigsten Herkunft eines Markers. Dieses der(15) ist dizentrisch mit einem inaktivierten Zentromer, es entstand wiederum aus den beiden homologen Chromosomen 15 und hat Satelliten an beiden Enden. Das Auftreten von euchromatischen Segmenten zwischen den beiden Zentromeren konnte ausgeschlossen werden (q11.2). Der dritte Marker stammte von einem maternalen Chromosom 22. Er entstand aus einer Inversionsduplikation und ist vollständig heterochromatisch mit Satelliten an beiden Enden. Er kann wieder aus einem Umbau zwischen zwei homologen Chromosomen 22 abgeleitet werden. Die Inaktivierung des zweiten Zentromers ist vollständig; daher existiert keine zweite Zelllinie.

Die Diagnose der drei überzähligen Chromosomenderivate erforderte zusätzlich zu den Chromosomenanalysen FISH und Mikroarray für Untersuchungen eine genaue Identifizierung der Derivate und für den Ausschluss von euchromatischen Segmenten. Die genetische Beratung der Familien muss das Risiko eines ungleichen crossing-over in der Meiose des Trägers berücksichtigen, das zu einem unbalancierten Karyotyp bei Nachkommen führen könnte.

Heteromorphismen: Mutationen in nicht-kodierenden DNA-Regionen

Inhaltsverzeichnis

C. Behrend et al., *Atlas der Menschlichen Chromosomen*,
https://doi.org/10.1007/978-3-032-13717-3_15

▪ Synonyme

Polymorphe Regionen; Strukturelle Varianten; Heteromorphismen.

Im folgenden Kapitel werden häufige Heteromorphismen (Varianten, Polymorphismen) in einer Übersicht dargestellt. Da dieser Atlas Beispiele für strukturelle Chromosomenaberrationen mit klinischer Relevanz aufführt, besteht die Rolle der Varianten nur darin, sie zu erkennen, zu definieren und sie von Aberrationen in euchromatischen Regionen zu unterscheiden.

Die verschiedenen Arten von Varianten wurden zunächst im einleitenden Kapitel dieses Atlas beschrieben und charakterisiert.

15.1 Euchromatische Varianten

Euchromatische Varianten innerhalb eines heterochromatischen Blocks.

▪ Morphologie

Die proximalen Heterochromatinblöcke 1q12, 9q12, 16q11.2 und die distale lange Armregion yq12 können einfach oder sogar mehrfach unterteilt sein. Diese Interbänder sind CBG-negativ und können in der Größe variieren. Sie bestehen nicht aus genetisch relevantem Euchromatin, das durch eine Inversion oder Insertion transloziert wurde, sondern sie bestehen aus nicht-kodierenden repetitiven DNA-Sequenzen und werden als genetisch nicht relevante euchromatische Heteromorphismen definiert. In den Chromosomen 1q12, 16q11.2 und yq12 erscheinen diese Interbänder nach GTG-Bänderung hell, während das Interband in 9q12 dunkel erscheint.

▪ Beispiel

Die heterochromatische Region 1q12 ist durch euchromatische polymorphe Interbänder unterteilt. Nach CBG-Färbung erscheinen sie hell in der sonst dunkel gefärbten Region. Auch nach GTG-Bänderung sind die euchromatischen Interbänder, die in der Größe variieren können, gut diagnostizierbar (siehe auch Fall 21, parazentrische Inversionen) (◘ Abb. 15.1).

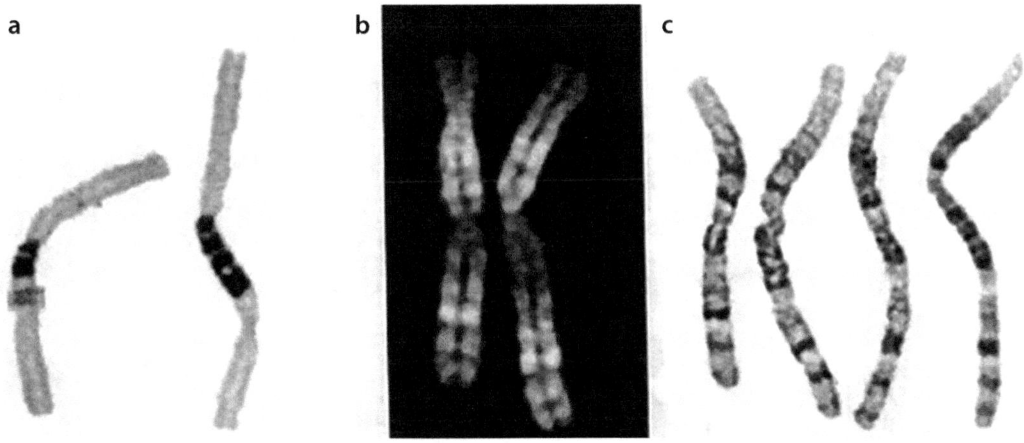

Abb. 15.1 Euchromatische Varianten, die als helle Interbänder in 1q12 dargestellt sind. **a** CBG-, **b** QFQ-, **c** GTG-Bänderung, links normales Chromosom, rechts Vergrößerung von 1q12 durch euchromatische polymorphe Interbanden

15.2 Satelliten

Die terminalen Regionen (p13) der akrozentrischen Chromosomen können dupliziert, deletiert oder amplifiziert sein, ohne dass dies für den Träger relevant ist. Hier zeigen wir Duplikationen nach QFQ-Färbung in Kombination mit einer brillanten Fluoreszenz (i5).

▪ Beispiele

Nach QFQ-Bänderung präsentieren sich die Satelliten (p13) der akrozentrischen Chromosomen mit unterschiedlicher Fluoreszenzintensität (i1–i5 gemäß ISCN). Die helleren Fluoreszenzen, auch als brillant (i5) definiert, zeigen unterschiedliche Häufigkeiten in ihrer interchromosomalen Verteilung zwischen 7 und 25% (siehe auch: Fall 36, parazentrische Inversion) (Abb. 15.2).

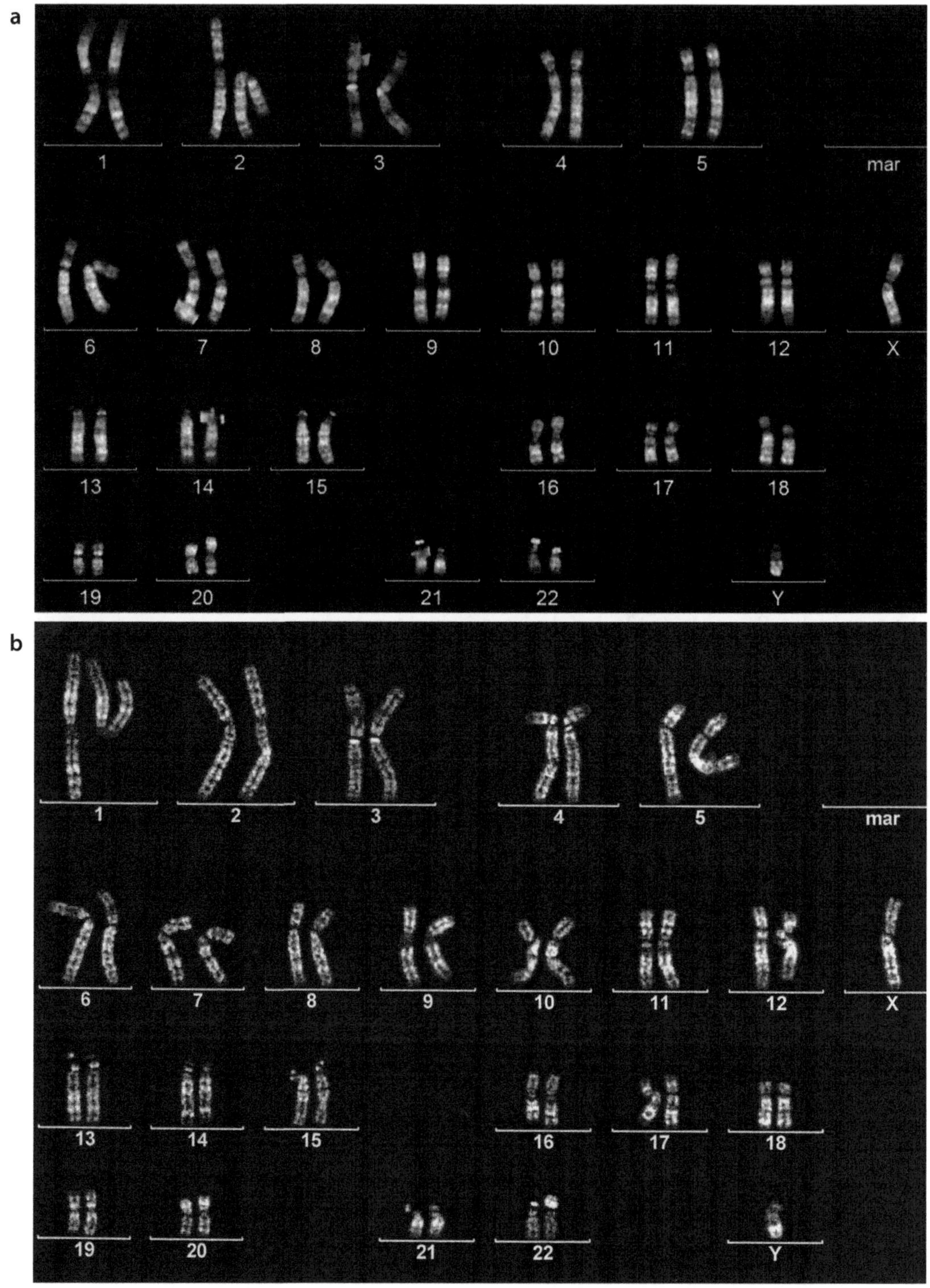

Abb. 15.2 **a** Karyogramm nach QFQ-Bänderung Brillante Fluoreszenz in 14p13 (eines der homologen Chromosomen), 15p13 (beide Homologe), 21p13 (beide Homologe) und 22p13 (beide Homologe). Außerdem unterscheidet sich davon die Größe von p13. **b** Amplifikation der Bande 22p13 gleichzeitig zeigt sie brillante Fluoreszenz (eine Translokation zwischen Yq12 und 22p13 wurde durch FISH ausgeschlossen).

15.3 Nukleolus Organisierende Regionen (NOR)

Mutationen in p12 der Akrozentrischen sind häufig. Die Region kann amplifiziert, deletiert oder zusammen mit p13 dupliziert oder tripliziert sein (■ Abb. 15.3).

Beispiele

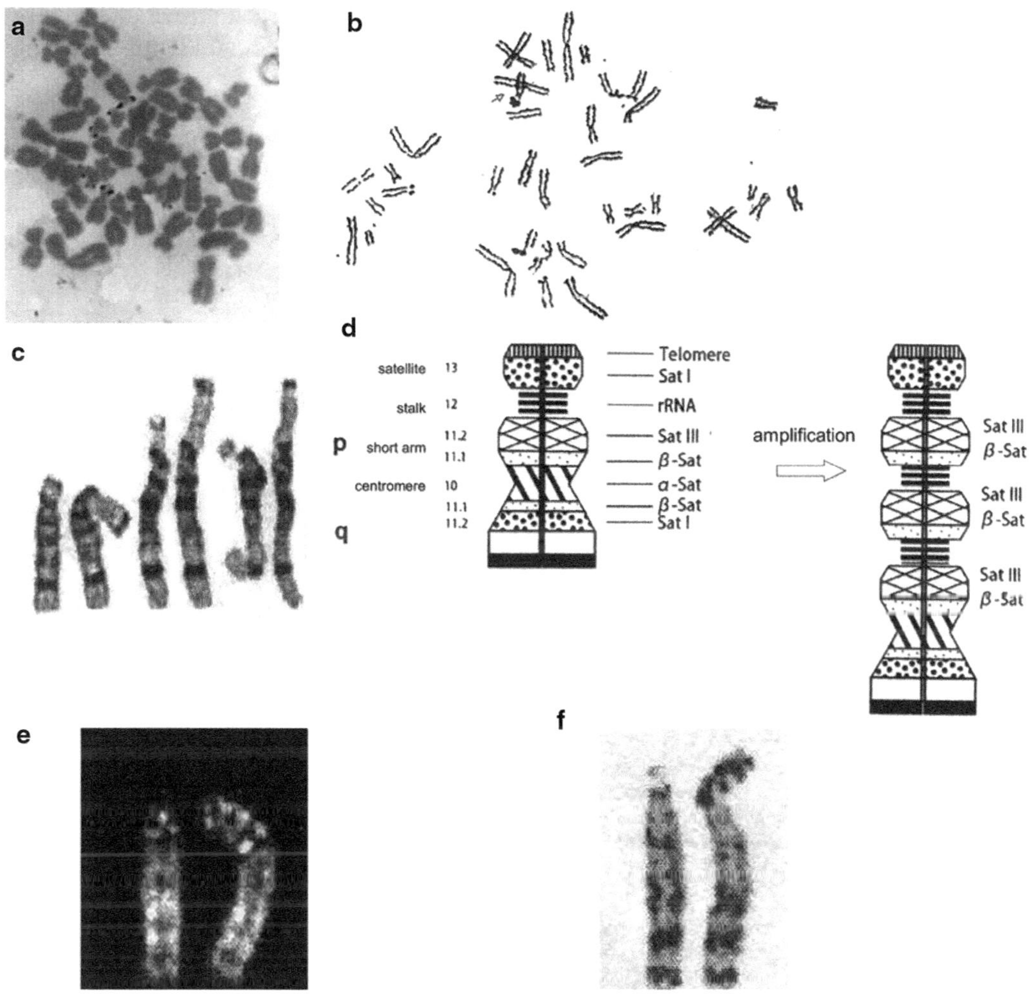

■ **Abb. 15.3** **a** Metaphase nach AgNO3-Färbung zeigt NOR-Regionen (p12) unterschiedlicher Größe bei den Akrozentrischen, Amplifikation der NOR-Region 14p12, **b** Nach NOR-Färbung, **c** GTG-Bänderung von Chromosomen aus drei verschiedenen Metaphasen. Das rechte, aberrante Chromosom zeigt zusätzlich Puffing von p12. **d** Diagramm der Amplifikation von 13p12, **e** QFQ-, **f** GTG-Bänderung links normales, rechts aberrantes Chromosom 13

15.4 Perizentromerisches Heterochromatin

▪ **Beispiele**

Angrenzend an das Zentromer auf beiden Seiten in der Position p11 und q11, können diese Segmente in ihrer Größe reduziert oder vergrößert sein. Oft sind sie zusammen mit der folgenden heterochromatischen Bande q11.2 in perizentromerischen Inversionen wie 3q11.2, 4q11.2 und 19q11.2 beteiligt (siehe auch die perizentrischen Inversionen: Fall 3 (Chromosom 19), Fall 4 (Chromosom 4) und Fall 16 (Chromosom 3)) (◘ Abb. 15.4).

Diagnostische Probleme traten durch Deletionen und Duplikationen von 15q11.1 in Zeiten vor der FISH-Diagnostik auf, als die Größe der Region fehlinterpretiert und als diagnostisches Werkzeug gewählt wurde, wenn Patienten mit klinischen Symptomen des Prader-Willi- oder Angelman-Syndroms untersucht wurden (◘ Abb. 15.5).

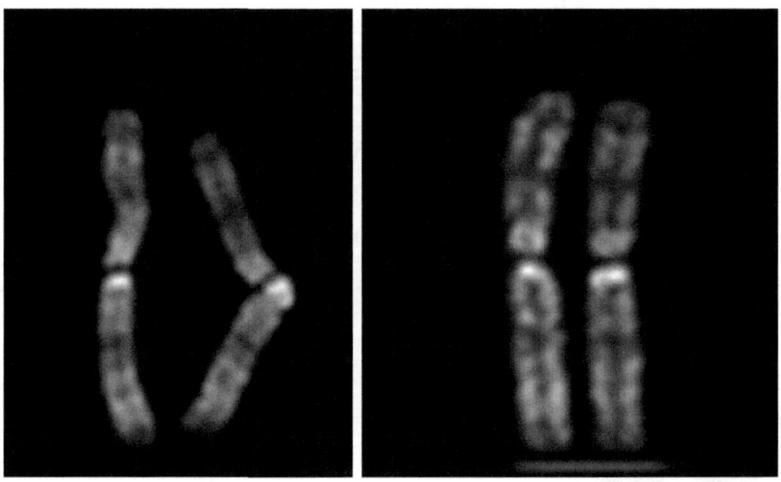

◘ **Abb. 15.4** Chromosom 3, QFQ-Bänderung, *links* normale, *rechts* duplizierte Region im proximalen langen Arm [brillante Fluoreszenz (i5)]

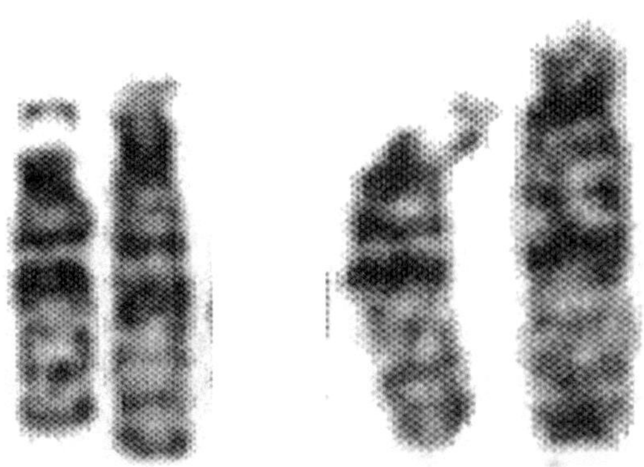

◘ **Abb. 15.5** Chromosom 15, GTG-Bänderung Chromosomen aus verschiedenen Mitosen, *links* normales, *rechts* Chromosom 15 mit Duplikation 15q11.1

15.5 Zentromere

▪ Beispiele

Ein dizentrisches Chromosom mit der Inaktivierung eines Zentromers ist eine bekannte Aberration des X-Chromosoms, bei Derivaten des Chromosoms 15 und bei der Robertson'schen Translokation 13/14. Die Größe des Zentromers kann reduziert oder vergrößert sein, wie es oft bei Chromosom 18 beobachtet wird (◘ Abb. 15.6 und 15.7).

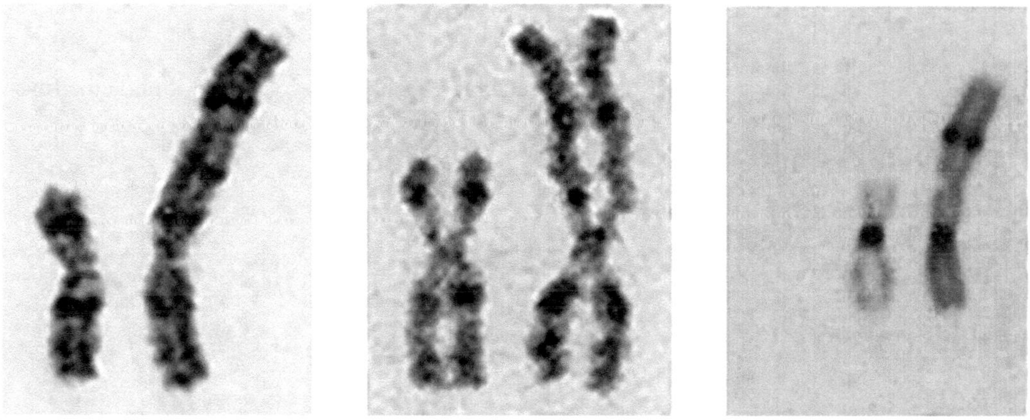

◘ **Abb. 15.6** X-Chromosom aus verschiedenen Mitosen, GTG-Bänderung, *links* normales, *rechts* dizentrisches X-Chromosom

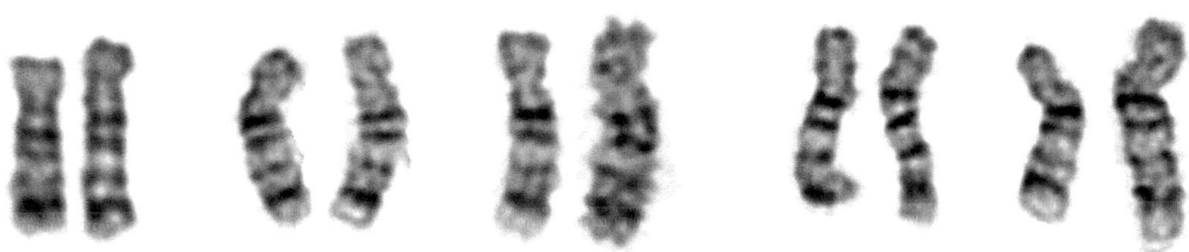

◘ **Abb. 15.7** Chromosom 18 aus verschiedenen Mitosen nach GTG-Bänderung, *links* normales, *rechts* aberrantes Chromosom mit vergrößerter Zentromerregion

15.6 Heterochromatische Blöcke

Mutationen in den Regionen 1q12, 9q12, 16q11.2 und Yq12 zeigen verschiedene Arten von Veränderungen, deren Häufigkeit von der untersuchten Population abhängt (Inversion 9q12 von 1 bis 10 %). Die Typen der Aberrationen sind Deletionen, Duplikationen, Amplifikationen sowie partielle und vollständige Inversionen. Sie werden nach GTG-, QFQ- oder CBG-Bänderung analysiert. Einige können auch zusammen mit Chromosomenaberrationen im Euchromatin in einem homozygoten Status auftreten.

■ **Beispiele**

Wir präsentieren eine Duplikation von 16q11.2 und eine Inversion in Chromosom 9 (◘ Abb. 15.8 und 15.9).

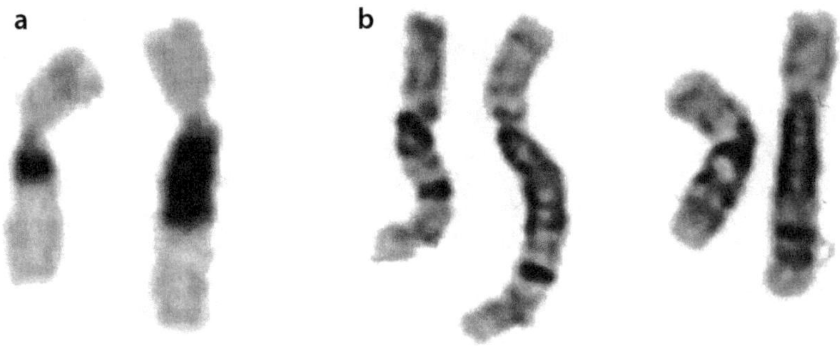

◘ **Abb. 15.8** **a** CBG-, **b** GTG-Bänderung von Chromosom 16 aus verschiedenen Mitosen, *links* normales, *rechts* aberrantes Chromosom 16 mit Verlängerung von 16q11.2

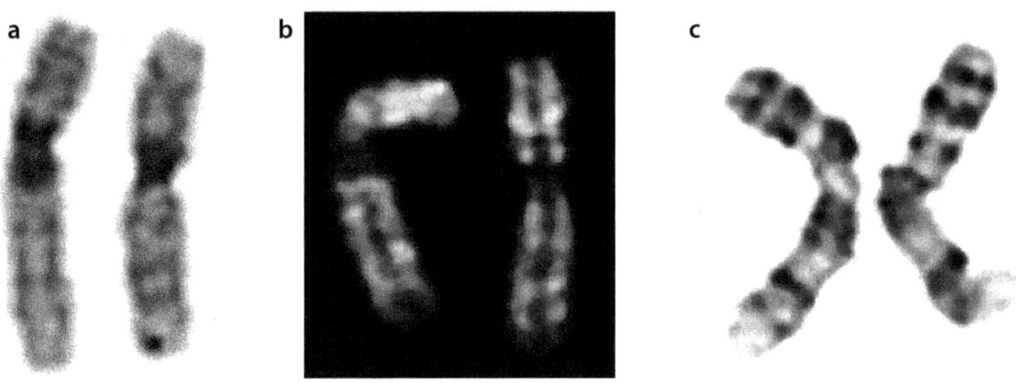

◘ **Abb. 15.9** **a** CBG-, **b** QFQ-, **c** GTG-Bänderung von Chromosom 9; Chromosomen aus verschiedenen Mitosen, *links* teilweise, *rechts* vollständige Inversion von 9q12

Leitlinien und Empfehlungen

Inhaltsverzeichnis

Vorgehensweisen der genetischen Beratung

Inhaltsverzeichnis

C. Behrend et al., *Atlas der Menschlichen Chromosomen*,
https://doi.org/10.1007/978-3-032-13717-3_16

16.1 Einführung

Die genetische Beratung in Deutschland stellt einen Informationsaustausch zwischen ratsuchenden Personen und speziell qualifizierten Ärzten dar. In einigen anderen Ländern kann die Beratung in gewissem Umfang von qualifiziertem nicht medizinischem Personal nach zusätzlicher Ausbildung übernommen werden. Ziel der Beratung ist die Klärung von Fakten bezüglich der individuell bestehenden chromosomalen, monogenetischen oder multifaktoriell bedingten genetischen Störung und den durch sie verursachten Auffälligkeiten. Die potenziellen Risiken der Entwicklung einer Behinderung bei Probanden, bei Nachkommen von Ratsuchenden und bei Verwandten werden diskutiert.

Einerseits dient dieses erste Gespräch zur Information über den medizinischen Befund, andererseits ist es die Grundlage für die Bildung einer unabhängigen Meinung für die ratsuchende Person und die Bildung einer Entscheidung auf der Basis persönlicher Werte sowie bei der Einschätzung der eigenen Situation.

Darüber hinaus informiert die genetische Beratung über Dienstleistungen und bietet Informationen zur Unterstützung, zu Selbsthilfegruppen (▶ Kap. 18) und zu speziellen Therapiezentren.

Chromosomale Aberrationen bilden einen wesentlichen Anteil der genetischen Beratungen.

Wenn bei einem Probanden, seinen Nachkommen oder Verwandten eine chromosomale Anomalie – balanciert oder unbalanciert – diagnostiziert wird, muss der erste Schritt darin bestehen, den behandelnden Arzt zu informieren, der die Analyse veranlasst hat.

Dieser Arzt wiederum wird dann, nachdem er den Patienten und/oder seine Verwandten oder gesetzlichen Vertreter informiert hat, eine genetische Beratung durch einen Facharzt für Humangenetik einleiten.

Diese Beratung ist immer freiwillig, neutral und nicht wertend.

Grundlage der Beratung ist das Gendiagnostikgesetz, das die Anforderungen und Verfahren der Beratung festlegt (▶ Kaps. 2 und 3).

Im Rahmen der genetischen Beratung ist es nach der Anamnese des Probanden notwendig, Daten des Familienstammbaums zu bewerten, unter Einschluss aller Angehörigen und auch der pathologischen Schwangerschaften von mindestens den letzten drei Generationen.

Basierend auf unseren Erfahrungen in der Beratung nach der Diagnose einer Chromosomenaberration muss in etwa

15 % der Fälle ein zusätzliches, häufig monogenetisches Risiko neben chromosomalen Mutationen berücksichtigt werden. In vielen Fällen wird dieser Risikofaktor erst nach der gründlichen Analyse der Familiendaten offensichtlich und erfordert dann zusätzliche Untersuchungen.

Nach der Diagnose einer chromosomalen Anomalie wird diese dem Probanden anhand eines Karyogramms demonstriert und erklärt. Im Falle einer strukturellen Aberration wird zusätzlich ein Ideogramm verwendet, um die Bruch- und Austauschpunkte zu verdeutlichen. Unter besonderen Bedingungen ist es hilfreich, zusätzlich FISH-Bilder zu besprechen.

Es hat sich als nützlich erwiesen, den Probanden Schemata und Bilder der betreffenden chromosomalen Aberration zur Verfügung zu stellen, damit sie die Informationen nach der Beratung sich wieder vor Augen führen und mit ihrer Familie besprechen können.

Dieses Verfahren ist besonders relevant, wenn eine Aberration diagnostiziert wird, die möglicherweise auch weitere Familienmitglieder betrifft (► Abschn. 16.2.1 und 16.2.2; ► Abschn. 17.2.2, und 17.2.3).

In etwa 20 % unserer Fälle von strukturellen Aberrationen, meist Translokationen, baten die Probanden um eine zweite Beratung, und oft wurden sie dann von weiteren Familienmitgliedern begleitet.

Im Laufe der genetischen Beratung stellen Träger von genetischen Aberrationen häufig spezifische Fragen. Dies sind Fragen über die Möglichkeiten, überhaupt schwanger zu werden; das erhöhte Risiko eines Aborts; das potenzielle Maß an verminderter Fertilität; die Geburt und Lebenserwartung eines behinderten Kindes.

Häufig fühlen sich Träger einer balancierten chromosomalen Aberration aufgrund ihres erhöhten genetischen Risikos schuldig und haben sogar Schwierigkeiten, die Bedeutung eines pränatal festgestellten balancierten Karyotyps zu verstehen, da sie in diesem Fall einen erhohten genetischen Risikofaktor an die nächste Generation vererben.

Bei der Diskussion des jeweils gegebenen genetischen Risikos der Ratsuchenden, Kinder mit einem unbalancierten Karyotyp zu bekommen, ist es unerlässlich zu betonen, dass es eine statistische Risikobewertung gibt, aber das individuelle Risko kann davon stark abweichen.

Wesentliche Faktoren bei der Risikoabschätzung sind das Geschlecht des Trägers, die Art der strukturellen Aberration, eine mögliche Beteiligung der Gonosomen, die Position der Bruchpunkte, die Größe der beteiligten Chromosomen und ihr Geninhalt, sowie ein möglicher Positionseffekt und Paarungsanomalien während der Keimzellbildung (Pachytäne der Meiose I).

Ein statistisch hohes Risiko impliziert die Anzahl von pathologischen Schwangerschaften im Bereich von 10–50 % – mit Ausnahme von Translokationen zwischen Homologen, die 100 % beträgt (► Abschn. 16.2.4) – ein mittleres Risiko im Bereich von 1–10 %, und ein geringes Risiko gleich oder unter 1 %.

Eine zusätzliche spezielle Gruppe von Probanden mit einem balancierten strukturellen Umbau wie Ganz-Arm-Translokationen haben kein erhöhtes Risiko für die Geburt von fehlgebildeten und/oder behinderten Kindern mit einem unbalancierten Karyotyp, da alle unbalancierten Formen Karyotypen letal sind, mit Ausnahme von Chromosom 21. Aber die Träger sind steril.

Bestimmte strukturelle Aberrationen zeigen zusätzlich ein erhöhtes Tumorrisiko, selbst für den Träger eines balancierten Umbaus, und dieser Risikofaktor muss in der Beratung diskutiert werden, wenn z. B. der Chromosomenbruchpunkt in der Nähe eines Tumorsuppressorgens liegt und entweder ein Protoonkogen oder seine regulatorischen Einheiten umfasst.

Außerdem müssen aufgrund empirischer Erfahrungen interchromosomale Effekte für bestimmte chromosomale Aberrationen diskutiert werden. Unabhängig von der bestehenden strukturellen Anomalie können Aneuploidien in nicht beteiligten Chromosomen auftreten.

Für die nachfolgende Generation von Trägern einer balancierten Aberration sollte eine genetische Beratung empfohlen werden, wenn sie erwachsen sind und eigene Kinder haben wollen. Unter anderem müssen die dann verbesserten diagnostischen Verfahren zu diesem Zeitpunkt zur Charakterisierung des chromosomalen Umbaus und die Möglichkeiten der pränatalen Diagnostik diskutiert werden.

Eine besondere, aber nicht sehr häufige Gruppe von strukturellen chromosomalen Veränderungen umfasst heterochromatische Mutationen. In der Regel sind sie für den Träger nicht relevant, aber unzureichende Diagnostik kann sie als Euchromatin-Mutation fehlinterpretieren, und dies kann sogar zum Abbruch einer Schwangerschaft führen (► Abschn. 16.2.2). Diese falsche Interpretation kann insbesondere bei Translokationen von Yq12 auf den kurzen Arm eines akrozentrischen Chromosoms auftreten. Zusätzliche Banding-Techniken werden für den primären Untersucher immer dann empfohlen, wenn das Ergebnis der Chromosomenanalyse nach Qualitätsstandards nicht ausreichend ist.

Zusammenfassend ist die genetische Beratung ein Kommunikationsprozess, der folgende Inhalte umfasst: Entscheidungshilfe, präventive Maßnahmen, Bewertung des persönlichen Risikos, Empfehlung für zusätzliche klinische Beratung,

Informationen für Verwandte, Informationen für weitere Unterstützung (Selbsthilfegruppen, ▶ Kap. 18), und die Weiterleitung einer schriftlichen Zusammenfassung der Befunde.

Im Folgenden soll das Vorgehen bei der genetischen Beratung nach einer diagnostizierten Strukturaberration anhand von fünf Fallbeispielen aus unserem Kollektiv vorgestellt werden.

16.2 Kasuistiken

16.2.1 Träger einer unbalancierten Translokation 16/21 de novo

Ein Paar kommt zur Beratung und wünscht eine zusätzliche Begutachtung für ihr zweites Kind, einen Sohn, bei dem eine strukturelle chromosomale Aberration diagnostiziert wurde. Nach Lymphozytenkulturen des Kindes und seiner Eltern wurde der pathologische Karyotyp des Probanden als de novo bestimmt:

46,XY,-21,+der(21),t(16,21)(q11.2;p13)[104]/46,XY[1], GTG,700 B/G.

Insgesamt wurden 105 Mitosen analysiert, von denen eine einen normalen männlichen Karyotyp zeigte.

Daher wurde eine Hautbiopsie als Zellprobe aus einem anderen Keimblatt (Ektoderm) analysiert, um damit zu klären, ob beim Probanden ein chromosomales Mosaik vorliegen könnte. Langzeitkulturen mit der Analyse von 34 Mitosen zeigten durchgehend die unbalancierte Translokation, es fehlten Hinweise auf eine zweite, normale Zelllinie. Eine Instabilität des Translokationschromosoms, verursacht durch eine lange Region 21p12 im Zentrum des Translokationschromosoms, wurde als wahrscheinliche Ursache für die Bildung der Zelllinie mit dem normalen Karyotyp diskutiert.

Der Proband war bereits durch pränatale Analysen (Triple-Test, US: Woche 22) auffällig geworden, aber es wurden durch die behandelnden Ärzte keine weiteren Schritte unternommen.

Bei der Geburt zeigte der Proband multiple Fehlbildungen und Dysmorphien, entsprechend – nach Literaturangaben – dem Phänotyp einer Duplikation 16q.

Entwicklung: Eine ständige künstliche Beatmung war erforderlich, wiederholt traten Pneumonien auf. Die Ernährung musste per Sonde erfolgen.

Der Proband konnte in die häusliche Pflege entlassen werden, da seine Mutter Krankenschwester war und damit in der Lage war, die intensive-medizinische Versorgung des Kindes zu leisten.

Im Alter von 3 Jahren benötigte das Kind immer noch einen Trachealtubus. Es war in der Lage, sich zu drehen und sich aus der Bauchlage hochzudrücken. Es konnte Augenkontakt aufnehmen, sprach aber nicht.

Die Eltern wünschten sich ein weiteres Kind, wollten aber die Möglichkeit eines elterlichen Gonadenmosaiks als Risikofaktor nicht eingehen.

Daher wurde eine Mikrosatellitenanalyse für den Probanden und beide Eltern durchgeführt. 10 STR-Marker für 16q wurden analysiert und es zeigte sich, dass die Translokation durch eine zygotische Translokation verursacht worden war.

Als Ergebnis konnte das Risiko für das weitere Auftreten der Translokation 16/21 für das ratsuchende Paar ausgeschlossen werden.

Darüber hinaus erfolgte eine Stammbaum-Analyse. Es ergaben sich keine Hinweise auf relevante genetische Risikofaktoren.

Ein erhöhtes Altersrisiko musste nicht berücksichtigt werden. Eine ältere Tochter des Paares ist gesund und entwickelt sich ihrem Alter entsprechend.

Die ratsuchende Frau wurde erneut schwanger und brachte gesunde Zwillinge zur Welt.

Der Proband verstarb im Alter von 3,5 Jahren.

Als seine Mutter uns darüber informierte, schrieb sie:

> » „Unser verstorbener Sohn hinterlässt eine große Lücke. Seltsamerweise erinnere ich mich kaum an all die Arbeit, die er verursacht hat. Stattdessen erinnere ich mich an sein Wesen, sein Lächeln, seine Gesten, seine positive Einstellung, ja, seine gesamte Persönlichkeit. Oft hat er mich zum Nachdenken darüber gebracht, was wirklich vor Gott zählen könnte".

16.2.2 Familiäre Translokation Y/22

Vor einer geplanten Chromosomenanalyse nach Amniozentese kam ein Paar in der 12. Schwangerschaftswoche zur Beratung.

Anlass für die Untersuchung war neben einem erhöhten mütterlichen Alter eine vorangegangene Schwangerschaft, die aufgrund des Ergebnisses der pränatalen Chromosomenanalyse abgebrochen wurde. Eine Translokationstrisomie 21 auf Basis einer Fusion 21q/22q wurde diagnostiziert; jedoch war die Auflösung der Chromosomen mit etwa 250 Banden pro Genom recht klein. Die Karyogramme des auswärtigen Labors wurden bei der Beratung vorgestellt.

Auffällig war die Information, dass eine differenzierte pathologische Analyse des Fötus in der 18. Schwangerschaftswoche keine Symptome des Down-Syndroms zeigte. Der Fötus war altersentsprechend entwickelt und zeigte keine Anzeichen von Fehlbildungen und/oder Dysmorphien. Anlass für die pränatale chromosomale Analyse war das erhöhte mütterliche Alter (38 Jahre) gewesen.

Wir führten Chromosomenanalysen der Eltern nach Lymphozytenkultur während der laufenden Schwangerschaft durch, bevor eine Amniozentese durchgeführt wurde. Das Ergebnis:

Während der Ehemann einen normalen männlichen Karyotyp aufwies (46,XY, GTG, ca. 700 B/G), zeigte die Frau ein aberrantes Chromosom 22, das mit zusätzlicher Untersuchung auf eine Heterochromatin Translokation von yq12 auf 22p zurückgeführt werden konnte.

Karyotyp: 46,XX,der(22),ish t(Y;22)(q12;p11.2),GTG, QFQ,FISH, 700 B/G).

Zusätzliche Untersuchungen der Familie ergaben, dass die Mutter der ratsuchenden Frau ebenfalls Trägerin der Translokation war.

Leider musste das ratsuchende Paar darüber informiert werden, dass es keine Indikation für die Beendigung der ersten Schwangerschaft gegeben hatte, da der Fötus nur die familiäre heterochromatische Translokation aufwies. Dies traf das Paar sehr.

Während der laufenden Schwangerschaft wurde in der 16. Woche aufgrund des Alters eine Amniozentese durchgeführt. Eine Ultraschallkontrolle zeigte einen zeitgerecht entwickelten Feten ohne Anzeichen einer Fehlbildung. Die Zellkultur ergab einen normalen männlichen Karyotyp (46, XY), ohne die familiäre Heterochromatin-Translokation.

Zum errechneten Zeitpunkt wurde ein gesunder Junge geboren.

16.2.3 Familiäre Translokation 4/22

Ein Paar wünschte eine Beratung nach der Geburt ihres dritten Kindes mit dem Phanotyp des Wolf-Hirschhorn-Syndroms.

Die Chromosomenanalyse nach Lymphozytenkultur ergab beim Probanden ein aberrantes Chromosom 4: Karyotyp: 46,XY,del(4)(p11.2). Chromosomenanalysen der Eltern zeigten bei der Mutter einen normalen weiblichen Chromosomen-Satz (Karyotyp: 46,XX,GTG, 550 B/G), während beim Vater eine balancierte 4/22 Translokation vorlag:

Karyotyp: 46,XY,t(4,22)(p11.2;p11.2),GTG,ca 550 B/G).

Die Indikation für die Chromosomenanalysen der Eltern war gegeben, weil nach Lliteraturangaben bis zu 45 % der Kurzarmdeletionen des Chromosoms 4 auf eine elterliche Translokation zurückzuführen und nicht de novo Deletionen sind.

Das Kind starb in der Neugeborenenperiode aufgrund des vorliegenden Fehlbildungskomplexes.

Die Eltern baten um eine Beratung, obwohl sie sich keine weiteren Kinder mehr wünschten. Sie waren auch bereits zusätzlich von ihrem Kinderarzt über den Phänotyp und die Lebenserwartung von Kindern mit Wolf-Hirschhorn-Syndrom informiert worden.

Das Paar hatte jedoch zwei lebende Kinder, 13 und 14 Jahre alt, beide mit einer leichten bis mäßigen Entwicklungs-und Wachstumsretardierung sowie verschiedenen Gesichtsdysmorphien.

In dem zweiten Beratungsgespräch wollten die Ratsuchenden darüber informiert werden, ob diese beiden Kinder aufgrund der väterlichen Translokation möglicherweise auch einen unbalancierten Karyotyp aufweisen könnten,.

Die Chromosomenanalysen beider Geschwister ergaben jeweils eine Duplikation 4p. Sie stellt die andere mögliche unbalancierte Vererbung der väterlichen Translokation 4/22 dar.

(Karyotypen: 46,XX und 46,XY,der(22),t(4,22)(p11.2;p11.2) pat.

Im anschließendem Beratungsgespräch wurde zunächst die große Variabilität der klinischen Symptomatik bei einer Duplikation 4p besprochen und sodann die Tatsache, dass Deletionen des gleichen Chromosomenabschnitts im Vergleich zu seinen Duplikationen zu einem viel schwereren pathologischen Phänotyp des Trägers führen werden.

Aufgrund der relativ positiven Entwicklung ihrer beiden Kinder stellte das ratsuchende Paar eine Frage, die in Beratungssituationen selten ist:

Wäre es möglich, dass ihr Sohn oder ihre Tochter später eigene Kinder haben könnten? Wie hoch wäre die Prognose für einen normalen Karyotyp bei einem Enkelkind, und wären die Großeltern dann gesetzlich berechtigt, dieses Enkelkind aufzuziehen?

Wir wiesen die Ratsuchenden auf mehrere zu berücksichtigende Fakten hin:

- Es kann nicht ohne entsprechende gynäkologische und andrologische Untersuchungen davon ausgegangen werden, dass die Kinder normal fertil sind.
- Vielmehr ist nach Beobachtungen bei verschiedenen Autosomenstörungen eher mit einer reduzierten Fertilität zu rechnen.
- Das theoretische Risiko für die Vererbung einer unbalancierten Translokation (Deletion oder Duplikation) beträgt 50 %. Empirische Untersuchungen von Trägern eines balancierten Karyotyps haben jedoch eine Selektion gegen pathologische Keimzellen oder Embryonen ergeben, was in der Realität zu einem geringeren Risiko führt.
- Im Falle einer Schwangerschaft mit möglichem Vorliegen des balancierten Karyotyps des jeweiligen Elternteils stellt

sich die Frage, ob die Indikation zu einer Beendigung der Schwangerschaft gegeben sein könnte.
- Die Familienkonstellation impliziert nicht zwangsläufig, dass die Großeltern anstelle ihres Kindes berechtigt sind, die Verantwortung für das Enkelkind zu übernehmen.
- Darüber hinaus sollte die Sorge bestehen, dass die Wahl eines Partners für ihre Kinder in einer Einrichtung für Menschen mit Behinderungen stattfinden könnte und dass dieser Partner ebenfalls eine genetische Aberration aufweisen könnte.

Die Ratsuchenden haben nach gründlicher Diskussion akzeptiert, dass in diesem Fall Schwangerschaften ihrer Kinder eine große psychische Belastung für diese sein könnten.

16.2.4 Homologe Translokation 2/2 de novo

Vor einer geplanten Sterilitätsbehandlung eines Paares mit unerfülltem Kinderwunsch wurde das Blut zur Chromosomenanalyse eingeschickt.

Voruntersuchungen hatten für die Frau normale gynäkologische Befunde ergeben, aber eine Aspermie für den Mann. Dieses führte zu einer Diskussion über die Möglichkeit der Übertragung von Spermatiden.

Die Ratsuchende hatte einen normalen weiblichen Karyotyp (46,XX,GTG,700B/G).

Der Mann zeigte eine homologe Fusion beider Chromosomen 2: Karyotyp (46,XY,t(2,2)(q10;q12),GTG,700B/G. Die beiden homologen submetazentrischen Chromosomen 2 wurden durch 2 metazentrische Chromosomen mit jeweils 2 kurzen und 2 langen Armen ersetzt. Die Mutation hatte im Zentromerbereich stattgefunden.

Diese Art der Translokation belegt, dass der Umbau de novo beim Träger aufgetreten ist.

Die wahrscheinlichste Phase für die Bildung der Aberration ist das Pachytän der Meiose I mit einer Paarung der Homologen und dem dann anschließenden crossing over im Zentromer.

Das Vorhandensein einer homologen Translokation verhindert die Bildung von Keimzellen mit einem normalen Karyotyp und führt daher zu einer Aspermie des Trägers.

Aus diesem Grund ist es nicht notwendig, weitere zytogenetische Analysen von Familienmitgliedern durchzuführen.

Da keine normalen haploiden Gameten (Spermatiden, Spermien) gebildet werden können, ist eine ICSI-Therapie für das ratsuchende Ehepaar nicht möglich.

Nachdem dem Paar die pathologischen Chromosomenbefunde demonstriert und erklärt wurden, wurden ihnen die beiden verbleibenden Optionen zur Erfüllung des Kinderwunsches vorgestellt: entweder die Adoption eines Kindes oder eine heterologe Insemination. Sie entschieden sich für die Adoption eines Kindes.

16.2.5 Translokationstrisomie 21/21 im Mosaik

Ein Ehepaar kam mit seiner 5½-jährigen Tochter zur genetischen Beratung. Die Familie hatte ihren Kinderarzt gewechselt, und der neue war spezialisiert auf genetische Störungen und erfahren in der Erkennung von Gesichtsdysmorphien. Aufgrund der klinischen Symptome der Probandin schickte er Blut für eine Chromosomenanalyse ein. Auffällig waren eine Wachstumsverzögerung, eine Verzögerung der Sprachentwicklung und eine motorische Retardierung, insbesonders in der Feinmotorik. Organfehlbildungen wie ein Herzfehler existierten nicht, die auffälligen Gesichtsmerkmale entsprachen moderaten Symptomen des Down-Syndroms.

94 Mitosen wurden nach Lymphozytenkultur analysiert, 86 davon zeigten einen normalen weiblichen Karyotyp, und 8 wiesen ein Isochromosom 21 auf:

Karyotyp: mos46,XX,i(21)(q10)[8]/46,XX[86],GTG,500B/G.

Beide Eltern hatten einen normalen Karyotyp.

Die motorischen Fähigkeiten und die Sprachentwicklung waren seit der frühen Kindheit gefördert worden.

Nach der Diagnose hatten wir einen differenzierten Entwicklungstest durchführen lassen, um eine Grundlage für eine spezifische Therapie zu schaffen und die Fähigkeiten des Mädchens besser beurteilen zu können. Der Test ergab einen Entwicklungsquotienten (DQ) von 80.

Das Mädchen war hauptsächlich im Bereich der Sprache und bei feinmotorischen Aufgaben eingeschränkt. Dies entspricht Studien bei Probanden mit Down-Syndrom. Aber bei dieser Vergleichsgruppe waren die Symptome viel gravierender, wenn eine durchgehende Trisomie 21 vorlag.

Ein spezifisches Therapieprogramm wurde für unsere Probandin aufgestellt, um die Beeinträchtigungen so weit wie möglich zu minimieren.

Dies war besonders wichtig für die Einschulung, da eine angemessene Sprachfähigkeit und eine gute Feinmotorik für eine effektive Teilnahme am Unterricht notwendig sind. Eine beeinträchtigte Feinmotorik kann sogar verhindern, dass ein Kind ausreichend Schreiben lernt.

Die Einschulung des Mädchens wurde um 1 Jahr zurückgestellt. Danach hatte sie durch die Therapie ausreichend aufgeholt und konnte erfolgreich die Schule besuchen. Nur im Fach Mathematik gab es eine Vereinbarung mit ihren Lehrern, sie nicht zu benoten.

Die Eltern waren froh, dass die Ursache für die verzögerte Entwicklung ihrer Tochter geklärt werden konnte, dass sie mit

Hilfe eines speziellen Therapieprogramms gefördert werden konnte und dass sie nun erfolgreich integriert war.

In einer abschließenden Beratungssitzung wurden die Eltern darüber informiert, dass der tatsächliche Zeitrahmen für die Bildung des Chromosomenmosaiks nicht bestimmt werden konnte. Es könnte vor oder nach der Trennung der Keimblätter stattgefunden haben. Kann das Vorhandensein eines Gonadenmosaiks nicht ausgeschlossen werden, ist zu empfehlen, in jeder Schwangerschaft der Probandin eine Chromosomendiagnostik durchführen zu lassen, unabhängig vom Alter bei der Schwangerschaft.

Die Eltern werden ihre Tochter im Erwachsenenalter über das Mosaik informieren und Beratung in Anspruch nehmen, um über die dann verfügbaren diagnostischen Methoden informiert zu werden.

Der vorgestellte Fall unterstreicht die Tatsache, dass eine optimale Förderung für ein Kind mit einem Chromosomensyndrom nur durch die Zusammenarbeit von Experten der verschiedenen Disziplinen gewährleistet werden kann.

In diesem Fall fanden zwei Beratungen mit einem Jahr Abstand statt, bei denen der Humangenetiker, der Kinderarzt, der Psychotherapeut und die Eltern teilnahmen. Die zukünftige Grundschullehrerin wurde in die zweite Sitzung einbezogen.

Lebensläufe

Inhaltsverzeichnis

C. Behrend et al., *Atlas der Menschlichen Chromosomen*,
https://doi.org/10.1007/978-3-032-13717-3_17

17.1 Einführung

In der Regel werden Chromosomenanalysen von phänotypisch auffälligen Probanden vor ihrem zweiten Lebensjahr durchgeführt.

Indikationen für eine Untersuchung sind vor allem Kombinationen von Fehlbildungen, Dysmorphien und Entwicklungsverzögerungen.

In begrenztem Umfang gilt dies auch für pränatale Untersuchungen mit einem entsprechend detaillierten Ultraschallbefund.

Andererseits ist die Dokumentation von chromosomalen Störungen und ihrem typischen Phänotyp bei älteren Kindern, Jugendlichen und Erwachsenen weniger häufig verfügbar. Sie ist jedoch erforderlich, um ein spezifische Chromosomensyndrom zu charakterisieren, da bekannt ist, dass der Phänotyp immer durch die Kombination von altersunabhängigen wie auch altersabhängigen Merkmalen charakterisiert ist.

Die Dokumentation des Down-Syndroms stellt hier ein gutes Beispiel dar. Für diese spezielle Chromosomenaberration sind alle Altersklassen detailliert beschrieben. Alle Behinderungen und Krankheiten, die mit zunehmendem Alter auftreten können, sowie ihre spezifischen Therapien liegen in zahlreichen Publikationen vor. Es gibt Bilder des Phänotyps von Down-Syndrom-Probanden in verschiedenen Altersstufen und von verschiedenen ethnischen Gruppen.

Diese Erkenntnisse ermöglichen es dem Untersuchenden auch, den Phänotyp von Nicht-Kaukasiern und Kaukasiern zu vergleichen.

Im Rahmen einer Beratung werden die Eltern eines Feten, eines Neugeborenen oder eines Säuglings mit einer seltenen strukturellen chromosomalen Aberration immer auch nach der Prognose für ihr Kind fragen, das heißt nach seiner Lebenserwartung.

17.2 Kasuistiken

Im Folgenden werden der Verlauf der humangenetischen und klinischen Untersuchungen sowie die über Jahre andauernden Kontrollen bei Probanden mit Chromosomen-Aberration anhand von fünf Fallberichten dargestellt.

17.2.1 Trägerin einer interstitiellen Deletion 9q de novo

Die Chromosomenanalyse des weiblichen Neugeborenen wurde aufgrund von mehreren morphologischen Anomalien des Kindes eingeleitet:

Mikrozephalie (Kopfumfang unterhalb des dritten Perzentils), Brachyzephalie, ausgeprägte Stirnhöcker, Heterochromatismus (rechte Iris blau, linke Iris braun), Hypertelorismus, breite, eingezogene Nasenwurzel, kleine Nase, tief angesetzte und dysplastische Ohren, verkürztes Frenulum sublingual verwachsen, Mikrognathie, Adduktion beider Daumen, Kontraktur des linken Ellbogens, Klumpfüße (nachträglich konservativ behandelt), beidseitige Hüftdysplasie, hypoplastische Niere auf der linken Seite, weit auseinander liegende Brustwarzen, Hypotonie, CT: leichte diffuse Atrophie des Gehirns. Keine Fehlbildungen innerer Organe.

Das zuständige Kinderzentrum wies auf die Möglichkeit einer allgemein positiven Entwicklung hin, gestützt durch Befunde im Fall eines Säugling in der Literatur. In diesem speziellen Fall wurde die Prognose gestellt, als der Proband 10 Monate alt war.

Chromosomenbefunde : Karyotyp: 46,XX, del(9)(q31.2q33.1) GTG, 850 B/G.

Die Bruchpunkte wurden durch FISH mit vier Single Copy-Sonden aus der Region bestätigt.

Die Chromosomenbefunde beider Eltern waren normal.

Während des ersten Beratungsgesprächs wurden die Chromosomenbefunde demonstriert und erläutert. Gegebene Möglichkeiten für Förderungsmaßnahmen wurden diskutiert.

Im Laufe der nächsten 21 Jahre besuchte die Familie regelmäßig das Institut für Humangenetik.

Leider hat sich die vergleichsweise positive Prognose im Neugeborenenstadium trotz optimaler Förderung nicht erfüllt.

Psychomotorische Entwicklung : Länge, Gewicht und Kopfumfang lagen weiterhin unter dem dritten Perzentile,

Die motorische Entwicklung ergab: selbstständiges Sitzen im Alter von 2,5 Jahren, Aufstehen im Alter von 3 Jahren, Gehen – in begrenztem Umfang – im Alter von 7,5 Jahren.

Aufgrund der anhaltend schweren muskulären Hypotonie und der Fußdeformität war die Probandin auf einen Rollstuhl angewiesen.

- *Psychologische Entwicklung* : Es gab keine Sprachentwicklung, das Mädchen zeigte zunehmend autistische Symptome, war zeitweise hyperaktiv, hatte Probleme durchzuschlafen, zeigte eine ausgeprägte Kontaktscheu und entwickelte eine Tendenz zu stereotypen Bewegungen. Zu keinem Zeitpunkt war es möglich, einen Entwicklungstest durchzuführen.
- *Präsentation im Alter von 21 Jahren* : Größe, Gewicht und Kopfumfang lagen unter der dritten Perzentile, die Probandin zeigte eine ausgeprägte Muskelhypotonie, schwere geistige Behinderung, keine Sprachentwicklung außer einigen undifferenzierten Lauten, kaum Kontakt, und sie kaute stereotyp auf einem Gummiband. Die Patientin konnte nicht mehr bei ihrer Familie bleiben. Sie musste in ein Pflegeheim verlegt werden.

Nach der Veröffentlichung des Fallberichts in einer internationalen Zeitschrift nahm ein Kinderarzt Kontakt zu unserem Institut auf, weil er einen Jungen mit vergleichbaren klinischen Symptomen und der gleichen Deletion in 9q behandelte. Daraufhin setzte sich die Familie dieses Probanden mit unserem Institut in Verbindung.

Die Mutter des Jungen schilderte uns eindrucksvoll, dass es in ihrem Fall mehr als 2 Jahre dauerte, bis die Chromosomenanalyse ihres Sohnes trotz ihrer wiederholten Anfragen durchgeführt wurde. Erst nach der Diagnose der Deletion 9q wurde eine qualifizierte klinische Untersuchung durchgeführt und eine spezifische Therapie eingeleitet. Bis zu diesem Zeitpunkt wurden die von der Mutter beobachteten Entwicklungsstörungen von den Spezialisten nicht ernst genommen.

Die Mutter bat uns, Kontakt zu „unserer" Familie mit der 9q-Deletion herzustellen, damit sie mit ihnen bestehende oder neu auftretende Probleme im Laufe der Kinderentwicklung besprechen könnte. Dieser Kontakt erwies sich für beide Familien als Vorteil, da er zu einer psychologischen Entlastung der Eltern und zum Gewinn qualifizierter Gesprächspartner führte.

17.2.2 Trägerin einer unbalancierten, familiären Translokation 14/21

Erste Familie: Die weibliche Probandin wurde als drittes Kind gesunder Eltern geboren. Zum Zeitpunkt der Schwangerschaft war das mütterliche Alter nicht erhöht (28 Jahre). Der Mutter wurde früh in ihrer Schwangerschaft mitgeteilt, dass eine Cousine zu dieser Zeit ein Kind mit Down-Syndrom zur Welt gebracht hatte. Die Schwangere bat ihren Gynäkologen um eine pränatale Chromosomenanalyse, die aufgrund ihres Alters abgelehnt wurde.

Zum Termin wurde ein Mädchen mit dem Phänotyp des Down-Syndroms geboren. Die Chromosomenanalyse ergab eine unbalancierte Translokation 14/21. Karyotyp: 46,XX, rob(14;21)(q10;q10),+21,GTG. Weitere Untersuchungen zeigten, dass die Mutter, die mütterliche Großmutter, sowie ihre Schwester und deren Tochter Träger der balancierten Translokation 14/21 waren. Eine weitere Cousine der Ratsuchenden wies ebenfalls die unbalancierte Translokation 14/21 auf.

Die Indexfamilie wurde über die gegebenen Fördermöglichkeiten und eventuell zu erwartende Entwicklungsverzögerungen aufgeklärt. Die Familie nutzte jede mögliche Unterstützung. Das Mädchen wurde vollständig in die Familie integriert, und die beiden älteren Geschwister kümmerten sich liebevoll um sie.

Im Laufe der nächsten 20 Jahre konsultierten die Eltern regelmäßig das Institut für Humangenetik, um auftretende Fragen oder Probleme zu besprechen.

Das Mädchen wuchs in einer ländlichen Umgebung mit viel Schnee im Winter auf. Sie hatte ein eigenes Pony und lernte schon in jungen Jahren Ski fahren und war dabei gut im Langlauf. Sie nahm an regionalen und später an nationalen Meisterschaften teil und gewann regelmäßig Gold- und Silbermedaillen.

Sie nahm auch dreimal an den Paraolympics teil. In Idaho, USA (2009), gewann sie 2 Gold- und 1 Silbermedaille, in Pyeongchang, Südkorea, erhielt sie eine Silber- und eine Bronzemedaille. Anschließend wurde sie vom Bayerischen Ministerpräsidenten eingeladen, um als Athletin geehrt zu werden. Im Jahr 2020 nahm sie an der Winterspezialolympiade in Obersalzburg, Österreich, teil und gewann zwei Silbermedaillen.

Die Probandin ist jetzt 41 Jahre alt und führt ihr Training seit 10 Jahren selbstständig durch, einschließlich regelmäßigem Schwimmunterricht.

Sie wurde vor 2 Jahren von einem auswärtigen Förderverein zu einem Schwimmwettbewerb eingeladen und gewann eine Bronzemedaille über 1500 m.

Die junge Frau entwickelte sich zu einer selbstbewussten Persönlichkeit mit einem großen Freundeskreis, mit dem sie gerne zum Tanzen geht. Ihre Eltern vermieten Ferienhäuser. Sie übernahm dabei verschiedene Aufgaben und führt diese selbstständig durch.

Sie ist sich ihrer Behinderung bewusst, berücksichtigt gegebene Einschränkungen, und wir freuen uns alle, dass sie ein glückliches Leben führt.

Die Untersuchung **einer zweiten Familie** mit einer familiären Translokation 14/21 zeigt, wie wichtig die soziale Akzeptanz sein kann. Es wurden Chromosomenuntersuchungen von 40 Personen aus 4 Generationen einer Familie wurden durchgeführt. Diese Familie zeigte zunehmende Probleme in Bezug auf Fertilität, hohe Fehlgeburtenrate und vermehrt die Geburt von Kindern, die in jungen Jahren starben. Bei zwei von ihnen wurde der Phänotyp des Down-Syndroms dokumentiert.

In der abgelegenen ländlichen Region wurde diese Familie isoliert. Der Pfarrer verkündete in einer Predigt, dass die Geburt eines behinderten Kindes ein „Urteil Gotttes" sei. Folglich hatten die Mitglieder dieser Familie keine freie Partnerwahl. Einige verzichteten auf eigene Kinder, ein Mitglied heiratete in eine wegen einer monogenen Mutation ebenfalls isolierte Familie.

Am Ende aller Chromosomenanalysen in dieser Familie umarmte uns eine Probandin und sagte: „Wir sind nicht mehr verflucht, wir haben nur eine Chromosomenstörung"!

17.2.3 Zwei Träger einer partiellen Duplikation 3q, abgeleitet aus einer familiären Translokation 3/22

Die Ratsuchenden hatten drei Kinder, zwei Söhne mit Behinderungen und eine Tochter, die sich altersgemäß entwickelte.

Im Alter von 1 Jahr wurden bei dem zweiten Sohn detaillierte klinische Untersuchungen durchgeführt, die den Phänotyp einer Duplikation 3q25-qter zeigten. Die Chromosomenanalyse ergab eine unbalancierte Translokation 3/22. Karyotyp: 46,XY,t(3;22)(q25;p11),GTG,700 B/G. Anschließend wurde dieser Karyotyp auch für den behinderten älteren Bruder nachgewiesen und in balancierter Form für die Schwester, die Mutter und mütterliche Großmutter.

Für den Ausgangs-Probanden wurde ein Förderungsprogramm aufgestellt. Im Alter von 3 Jahren erhielt er Hörgeräte wegen mittelgradiger Hörprobleme, was zu einer deutlichen Verbesserung der Sprachentwicklung führte. Mit 5 Jahren konnte der Junge erfolgreich in einem Kindergarten für entwicklungsretardierte Kinder aufgenommen werden.

Im Rahmen von jährlichen kinderärztlichen Untersuchungen wurden jeweils Entwicklungstests durchgeführt. Sie ergaben mit 16 Monaten einen DQ 50, mit 26 Monaten einen DQ 37 und mit 38 Monaten einen DQ 43.

Es wurden immer neu auftretende Probleme mit den Eltern besprochen.

Der behinderte 10 Jahre ältere Bruder lebte auf einem Bauernhof bei seinen Großeltern.

Sein Entwicklungstest im Alter von 10 Jahren ergab einen DQ von 15. Der Junge konnte sich nicht verständlich machen, stieß nur unartikulierte Laute aus, konnte keine Gegenstände handhaben und hatte Zusammenbrüche nach Misserfolgen. Seine Körperkontrolle entsprach der eines 1-jährigen Kindes.

Seine Prognose ist daher ungünstig.

Die klinischen Befunde beider Brüder mit identischen Chromosomenaberrationen unterstreichen, wie grundlegend wichtig die frühzeitige Beurteilung einer chromosomalen Störung sein kann. Sie ist die Grundlage für die Förderung des Kindes unter Berücksichtigung aller Entwicklungsdefizite, die im Falle der vorliegenden Aberration laut Literatur zu erwarten waren.

Bei Vorliegen der gleichen Aberration bei beiden Brüdern liegen die Möglichkeiten einer gezielten Förderung bei regelmäßiger Überwachung auf der Hand, aber ebenso die Defizite, wenn man auf eine gezielte exogene Intervention verzichtet.

17.2.4 Träger einer interstitiellen Duplikation 3q de novo

Der Proband war das zweite Kind gesunder, nicht verwandter Eltern. Das erste Kind, ein Junge, war phänotypisch unauffällig und entwickelte sich entsprechend seinem Alter.

Der Proband wurde nach einem unauffälligen Schwangerschaftsverlauf geboren. Die Indikation für die Chromosomenuntersuchung im Neugeborenenalter war ungewöhnlich: schwere perinatale Asphyxie, wiederholte Anfälle von Hypoglykämie, Thrombozytopenie und Fütterungsschwierigkeiten. Die Biometrie bei der Geburt lag im normalen Bereich.

Morphologische Besonderheiten : Hohe vorspringende Stirn, tief liegende Augen mit langen Wimpern, Hypertelorismus, seitlich verlängerte Augenbrauen, breite Nasenwurzel, tief angesetzte und dysplastische Ohren, Hüftdysplasie; Organfehlbildungen konnten ausgeschlossen werden. Die morphologischen Besonderheiten bestanden in den folgenden Jahren fort.

Chromosomenbefunde : Die konventionelle Chromosomenanalyse wurde kombiniert mit FISH, Mikroarray und Mikrosatellitentypisierung. Das Ergebnis war eine interstitielle Duplikation 3q von 35,6 Mb. Karyotyp 46,XY, ish dup(3)(q13.11q23), GTG, 850 B/G (wcp3 +, pcp3p –, pcp3q +, 939D5 +, 904D1 +, 949CD ++, 967F11 ++,766D8 ++, 800G12 ++, 925B1 ++ 967H1 +).

Der Karyotyp beider Eltern war normal, die Duplikation war väterlichen Ursprungs.

Entwicklung: Im Laufe seiner Entwicklung litt der Junge wiederholt unter schweren Infektionen.

Im Alter von 4 Jahren wurde eine Hornhautverkrümmung diagnostiziert und mit einer speziellen Brille behandelt. Die Entwicklung der Zähne war normal, aber der Schmelz der Schneidezähne war defekt und so mussten sie im Alter von 4 Jahren gezogen werden. Eine Apertognathie wurde konservativ behandelt, aber da das Ergebnis unzureichend war, ist eine operative Korrektur geplant. Ab dem Alter von 5,5 Jahren litt der Junge an Rheuma (Juvenile Arthritis), das mit speziellen Medikamenten und Physiotherapie behandelt wurde. Im folgenden Jahr entwickelte der Proband das Wegener-Granulomatose-Syndrom mit einer erhöhten Anzahl von Antikörpern.

Biometrie: Bei der Geburt lagen alle getesteten Parameter im normalen Bereich, sanken aber in den folgenden Jahren auf die dritte Perzentile und in der Länge darunter.

Motorische Entwicklung: Seit der Neugeborenenzeit litt der Junge an schwerer muskulärer Hypotonie, die zu Fütterungsproblemen führte. Bis zum Alter von 2 Jahren erhielt er flüssige Nahrung, danach begann er mit normaler Nahrung, hatte aber Schwierigkeiten beim Kauen.

Nach den Angaben der Eltern begann der Junge im Alter von 1 Jahr zu sitzen und zu krabbeln und er beherrschte es vollständig mit 2 Jahren. Das Laufen ohne Hilfe begann mit 2,5 Jahren, aber er war lange Zeit unsicher und wurde schnell müde. Das normale Gehen war etwa im Alter von 4 Jahren möglich, aber das Treppensteigen erst mit 7 Jahren. In diesem Alter benötigte er noch Hilfe beim Anziehen, Waschen und bei der Toilettenbenutzung.

Sprachentwicklung: Die Hörfähigkeit war normal, aber die Sprachentwicklung war deutlich verzögert. Daher wurde im Alter von 2 Jahren eine logopädische Therapie begonnen. Durch diese Unterstützung konnte er im Alter von 3 Jahren einzelne Wörter und mit 7 kurze Sätze sprechen. Wenn er sich konzentrieren musste, produzierte er stereotypische Geräusche. Im Gegensatz dazu war sein Sprachverständnis seinem Alter entsprechend entwickelt.

Soziale Fähigkeiten: Im Alter von 2 Jahren unterschied der Junge zwischen Verwandten oder Freunden und Fremden, die er ablehnte. Im Alter von 4 Jahren hatte er seine eigene Persönlichkeit entwickelt. Im Alter von 5 Jahren war er gut in einen Förderkindergarten integriert und mit 6 Jahren in eine Förderschule. Im Alter von 7,5 Jahren hatte er Freunde und laut seinen Lehrern war er hilfsbereit gegenüber behinderten Freunden, kooperativ und manchmal dominierte er sogar seine Gruppe.

Geistige Entwicklung: Bis zum Alter von 6 Jahren hatte der Junge schwere Schlafprobleme, aber im Laufe der Zeit verlängerten sich die Intervalle der Schlafstörungen und es verringerten sich ihre Intensität. In seiner Förderschule verstand er gegebene Übungen nach nur einer einzigen Erklärung. und handelte dann angemessen. Er lernte zu lesen und die Grundlagen des Schreibens, war aber aufgrund seiner eingeschränkten motorischen Fähigkeiten bei Letzterem behindert.

Zusammenfassend zeigte der Junge im Laufe der Jahre eine sehr positive Entwicklung trotz einer Reihe von schweren Behinderungen. Dies wurde insbesondere durch die regelmäßigen Kontrollen des Kinderarztes, durch Physio- und Logotherapie und die angemessene Auswahl von Kindergarten und Schule ermöglicht.

Aber vor allem war es die Familie, die den Jungen mit all seinen Behinderungen akzeptierte und integrierte und die über die Jahre hinweg alle spezifischen Therapien unterstützte, die von Spezialisten und der Familie zu Hause durchgeführt wurden.

17.2.5 Träger einer terminalen Deletion 18q de novo

Im Alter von 2 Jahren wurde der Proband zum ersten Mal zytogenetisch untersucht und zusätzlich noch einmal im Alter von 16 Jahren, um die chromosomalen Bruchpunkte der Aberration zu lokalisieren.

Zwei unabhängige strukturelle Mutationen konnten nachgewiesen werden.

Karyotyp: 46,XY,inv(2)(p13.1q21.3),del(18)(q21.32q23).

Zur Verifizierung und zum Nachweis, dass beide Aberrationen unabhängige Ereignisse waren, wurde eine FISH mit WCP 2 und WCP 18 durchgeführt. Die homologen Paare 2 und 18 wurden komplett markiert, was einen chromosomalen Austausch ausschließt.

Die Deletion 18q trat de novo auf, die perizentrische Inversion war familiär und bei allen Trägern balanciert.

Die Familie lebt in Südamerika, die Chromosomenanalysen wurden von ihrem Kinderarzt in Deutschland durchgeführt.

Anlass für eine Chromosomenuntersuchung war die verzögerte Entwicklung des Jungen sowie das Vorhandensein von morphologischen Anomalien wie Brachyzephalie, breite, buschige Augenbrauen, tief angesetzte Ohren, breite und eingezogene Nasenwurzel, schmale Nasenspitze, evertierte Unterlippe und ein kleines Kinn.

Dieses Phänotyp zeigt eine weitgehende Übereinstimmung mit dem de Grouchy-II-Syndrom nach Mitteilungen aus der Literatur.

Die Familie hielt den Kontakt zum humangenetischen Institut, der Proband wurde bis zum Alter von 39 Jahren noch fünf weitere Male vorgestellt.

Im Vordergrund standen zunehmende geistige und psychische Probleme, die immer schwerer zu behandeln waren.

Ein Leitsymptom der Deletion 18q ist eine Verengung des Gehörgangs, die zu Schwerhörigkeit und bis zum Hörverlust führt. Es wurde ein Hörtest durchgeführt, der eine 70 %ige Reduzierung des Hörvermögens ergab. Der Junge wurde mit Hörgeräten versorgt und erhielt so viel logopädische Therapie wie möglich.

Entwicklung: Der Proband zeigte Kontrakturen der Hände, die nur in begrenztem Umfang behandelt werden konnten.

Im Alter von 15 Jahren mussten eine Hernia inguinalis und eine Hernia umbilicalis operativ korrigiert werden.

Der Junge zeigte eine Hypothyreose, die behandelt werden musste, eine leichte Kurzsichtigkeit, Inkontinenz, Muskelschwäche und Pes valgus sowie einen Kollaps der Mitralklappe. Eine regelmäßige Behandlung mit Antirheumatika war notwendig (Gilbert-Meulengracht-Syndrom).

Geistige Entwicklung: Durch regelmäßige Psychotherapie und Logopädie ab dem Alter von 2 Jahren konnte der Junge eine reguläre Schule in Südamerika besuchen und profitierte von Nachhilfe-Unterricht. Nach dem Abschluss der Schule schloss er erfolgreich das College ab und arbeitete dann als Informatiker.

Psychologische Entwicklung: Der Proband zeigte von Anfang an eine geringe Selbstinitiative. Er entwickelte Ängste sowie depressive und zwanghafte Störungen. Infolgedessen war er bis zum Alter von 39 Jahren in psychotherapeutischer Therapie und medizinischer Behandlung. Seine Zähne waren durch ständiges Knirschen beschädigt.

Im Alter von 39 Jahren ist der Proband hyperaktiv, aggressiv, leicht frustriert, reizbar und zeigt zeitweise autistisches Verhalten.

Sein Wortschatz ist gut, aber er hat Schwierigkeiten, sich auszudrücken. Sein logisches Denken ist reduziert. Er ist nicht selbstständig und kann seinen Tagesablauf nicht kontrollieren.

Seine soziale Integration ist jedoch erfolgreich und die Unterstützung seiner Familie erweist sich als hervorragend.

Die Familie sorgt sich aufgrund der bestehenden Verhaltensprobleme und der körperlichen Einschränkungen, die eine positive Lebenseinstellung stark behindern.

Für eine Therapie der Probleme des Probanden gab es in Südamerika nicht genügend geeignete Berater und Therapeuten.

Daher entschied sich die Familie, nach Deutschland zu wechseln und die hier gegebenen therapeutischen Möglichkeiten zu nutzen.

Die deutschen Humangenetiker, mit denen die Familie Kontakt aufgenommen hat, werden Beratung und Betreuung übernehmen.

Die dargestellten Kasuistiken, in denen die Träger von verschiedenen unbalancierten Chromosomenaberrationen dargestellt sind, veranschaulichen, wie viele exogene und endogene Faktoren für die erwünschte positive Entwicklung eines Probanden relevant sind.

Es konnte gezeigt werden, dass eine Kontrolle und eine Unterstützung durch ein humangenetisches Institut die notwendige Interaktion der verschiedenen Faktoren gewährleisten kann.

Die erste genetische Beratung wird der ratsuchenden Familie die notwendigen Informationen über die bestehende Aberration des Probanden, ihre Entstehung – de novo oder familiär – und die Therapiemöglichkeiten geben. Weiterhin wird sie einen ersten Ansatz zu Diskussionen von genetischen Risiken für Träger balancierter Chromosomenumbauten bilden.

Der zuständige Arzt wird ausführlich schriftlich informiert, und in Zusammenarbeit mit ihm und der Familie werden alle zusätzlichen Untersuchungen und Entwicklungstests des Probanden sowie alle erforderlichen Therapien eingeleitet.

Es wird der Vorschlag gemacht, Kontakt zu einer Selbsthilfegruppe aufzunehmen.

Darüber hinaus wird das Angebot gemacht, jederzeit wieder Kontakt zu dem genetischen Berater aufzunehmen. In vielen Fällen wird – wie gezeigt – diese Möglichkeit genutzt.

So kam es, dass beratene Familien ihre Verwandten oder Freunde ermutigten, eine eigene Beratung aufzusuchen, wenn die Indikation hierfür gegeben ist.

Darüber hinaus konnte anhand unserer eigenen Kasuistiken gezeigt werden, dass eine positiv reagierende Umwelt erheblich zum positive Lebensverlauf eines Probanden mit einer Chromosomenaberration beitragen kann und eine Unterstützung für die Familie wird.

Daher richten sich Lehrveranstaltungen der humangenetischen Institute nicht nur an Medizinstudenten, sondern auch an Studenten der Psychologie und Lehramtskandidaten, um Probleme von Behinderten und ihren Familien während ihres gesamten Lebens zu erfassen und zu behandeln. Das Ziel ist es, eine positive Einstellung gegenüber Behinderten zu etablieren und, wenn möglich, die Teilnehmer verschiedenster Organisationen zu einem Engagement und zur Förderung von Menschen mit Behinderungen zu gewinnen.

Für Erwachsene mit Behinderungen, zum Beispiel mit Down-Syndrom, gibt es heutzutage private und staatlich geförderte Institutionen wie die „Aktion Mensch“, die die Integration von Menschen mit Behinderungen fördern, damit sie ein aktives Leben entsprechend ihren Fähigkeiten führen können.

Lebensläufe, wie die hier dargestellten, sind ermutigende Beispiele für Humangenetiker sowie für Spezialisten in Zytogenetik und genetischer Beratung, und sie werden in Zukunft deren Einstellung gegenüber Behinderten sicherlich positiv beeinflussen.

Selbsthilfegruppen

C. Behrend et al., *Atlas der Menschlichen Chromosomen*,
https://doi.org/10.1007/978-3-032-13717-3_18

In den letzten 30 Jahren hat eine zunehmende Zusammenarbeit zwischen Selbsthilfegruppen und Humangenetikern stattgefunden. Vor allem zu Beginn war die „Aktion Mensch“ (eine gemeinnützige Organisation) führend, die zum Zweck des Ausbaus von Kapazitäten gegründet wurde. Darüber hinaus bot sie Stipendien und Zuschüsse für die Weiterbildung von Ärzten im Spezialbereich der medizinischen Genetik an.

Am Anfang der Zusammenarbeit stand der Versuch eines Dialogs zwischen klinischen Genetikern und Vertretern von Selbsthilfegruppen. Dies führte zunehmend zu Maßnahmen der Unterstützung von betroffenen Menschen und ihrer Familien.

Darüber hinaus war es das Ziel der Zusammenarbeit, die Öffentlichkeit auf genetisch bedingte Störungen aufmerksam zu machen und eine bessere Akzeptanz der Betroffenen zu erreichen. Informationen wurden über spezifische Informationsblätter, Vorträge, Fernsehprogramme, gemeinsame Aktivitäten von Betroffenen und Nicht-Betroffenen sowie Kontakte von Organisationen für behinderte Personen mit Experten von medizinischen Vereinigungen für spezifische Störungen, wie Down-Syndrom, Muskelerkrankungen oder neurodegenerative Syndrome, bereitgestellt.

Zusätzlich konzentrierte sich die Zusammenarbeit zwischen Selbsthilfegruppen und Humangenetik auf die Förderung der Grundlagenforschung zu den genetischen Ursachen verschiedener Formen von Behinderungen. Auch die sehr effektive psychologische Betreuung der Betroffenen und ihrer Familien nahm ihren Anfang. Regelmäßige Veranstaltungen wurden etabliert, bei denen Lehrer verschiedener Schultypen und Fachkräfte der Kindertagesstätten über die Möglichkeiten zur Integration von behinderten Personen informiert wurden.

Diese Veranstaltungen vermittelten das notwendige Wissen und brachten sie mit Unterstützergruppen und Humangenetikern zusammen. Gemeinsame Diskussionstreffen wurden für Ärzte aus verschiedenen Disziplinen organisiert.

Die anfängliche Distanzierung einzelner Selbsthilfegruppen gegenüber Humangenetikern nahm ab durch Formate wie Kongresse, Seminare, Workshops und Diskussionsrunden. Gemeinsame Ziele und gemeinsames Handeln wurden für die Zukunft angestrebt, obwohl dies nicht für alle Bereiche realisierbar war. Meinungsverschiedenheiten und Diskrepanzen traten auf, insbesondere in spezifischen Schwerpunktbereichen wie pränataler Diagnostik, Heterozygoten-Tests, prädiktiven Analysen und Gentherapie. Die zunehmende Erfahrung beider Gruppierungen hinsichtlich möglicher Konsequenzen führte im Laufe der Jahre zu einer objektiven und konstruktiven Zusammenarbeit.

Seit mehreren Jahren ist die Teilnahme verschiedener Selbsthilfegruppen an den jährlichen Konferenzen der Deutschen Gesellschaft für Humangenetik (GfH) etabliert und zu einem wesentlichen Bestandteil des Kongresses geworden.

Im Folgenden werden die Ziele und die praktische Arbeit einer Selbsthilfegruppe anhand der Organisation „Ohrenkuss – da rein – da raus“ (Der Titel wurde von den behinderten Mitgliedern der Zeitschrift gewählt) für und mit Menschen mit Down-Syndrom dargestellt.

Die Akzeptanz der Projekte dieser Gruppe in der Öffentlichkeit und in Expertenausschüssen können durch die Auflistung der zahlreichen Auszeichnungen veranschaulicht werden, die sie erhalten haben und die im folgenden näher dargestellt werden.

Die Humangenetikerin Dr. Katja de Bragança kam im Zuge ihrer Forschung zu ihrer Dissertation über die qualitative und quantitative Charakterisierung spezifischer morphologischer Merkmale von Menschen mit Down-Syndrom in engen Kontakt mit Menschen mit Down-Syndrom und ihren Verwandten. Sie erlebte deren Kontaktprobleme mit Menschen ohne Down-Syndrom, das häufige Auftreten von geringer Wertschätzung der Betroffenen, das mangelnde Verständnis für ihre Fähigkeiten und Talente und auch die sehr unterschiedlichen Charaktere von Menschen mit Down-Syndrom.

Aufgrund ihres beruflichen Wissens und ihrer praktischen Erfahrungen, einschließlich ihrer Tätigkeit als erste Vorsitzende der Europäischen Down-Syndrom-Vereinigung und Organisatorin des ersten deutschen Symposiums „Down-Syndrom“, war Dr. de Bragança dazu prädestiniert, eine innovative Gruppe für Menschen mit und ohne Down-Syndrom ins Leben zu rufen.

Deren Ziel war die Inklusion von Menschen mit Behinderungen durch die Förderung ihrer Fähigkeiten und Talente.

Die Ergebnisse der verschiedenen wissenschaftlichen Teilprojekte wurden jeweils öffentlich präsentiert, wodurch Menschen mit Down-Syndrom individuell gehört werden konnten, oft zum ersten Mal, und ihre Fähigkeiten wurden öffentlich anerkannt.

Dieser Ansatz ermutigte andere Gruppen, die sich um Menschen mit verschiedenen Behinderungen kümmern, zu vergleichbaren Initiativen und Aktivitäten.

Im Jahr 1998 gründete Dr. de Bragança die halbjährlich erscheinende Zeitschrift „Ohrenkuss“. Die Artikel der Zeitschrift wurden jeweils einem bestimmten Themenbereich zugeordnet. Sie enthalten eine Zusammenstellung von Gedichten, Geschichten, Aphorismen, Interviews, Grafiken und Bildern der Autoren mit Down-Syndrom.

Vier Jahre später eröffneten die Initiatoren die „downtown-Werkstatt für Kultur und Wissenschaft“. Seitdem organisiert diese Werkstatt regionale und überregionale Lesungen, Vorträge und Seminare, Ausstellungen, kreative Workshops und Studien.

Dr. de Bragança gründete 2014 das partizipative Forschungsinstitut TOUCHDOWN21 (► www.touchdown.info).

Dies beinhaltete das Projekt „TOUCHDOWN – eine Ausstellung mit und über Menschen mit Down-Syndrom“. Es wurde in Zusammenarbeit mit der Bundeskunsthalle gegründet. Ursprünglich wurde diese Ausstellung in Bonn (im Winter 2016/17) gezeigt, dann in der Kulturambulanz Bremen (im Sommer 2017) und schließlich im „Zentrum Paul Klee“, Bern (die ersten beiden Quartale 2018) gezeigt und erreichte jedes Mal eine hohe Besucherzahl.

In den Jahren 2018/19 organisierte das Team die Ausstellung „Was ist wichtig?“ in Kiew (iZone) und in Odessa (Museum für moderne Kunst), in Zusammenarbeit mit dem Goethe-Institut.

Die akademischen Projekte übertrafen den üblichen Umfang, Inhalt und die Präsentationsweise anderer Gruppen für und mit Menschen mit Behinderungen.

Dr. de Bragança leitete das integrale Kunstprojekt „Arche Noah“ als Teil der „Aktion Grundgesetz“ in Zusammenarbeit mit der „Aktion Sorgenkind“ von 1997 bis 1998.

Gleich danach bis 2000 initiierte Dr. de Bragança in Kooperation mit Professor Schott, dem Leiter des Medizinhistorischen Instituts, Universität Bonn, das Projekt „Wie erleben Menschen mit Down-Syndrom die Welt – wie erlebt die Welt Menschen mit Down-Syndrom? Eine Gegenüberstellung“. Das Projekt wurde von der Volkswagen-Stiftung gefördert und präsentierte die wissenschaftlichen Ergebnisse auf der EXPO 2000 in Hannover im Themenpark Grundbedürfnisse.

Die Ausstellung „Sieben Sägen in Farbe, zwei Bälle in Blau: Kunstausstellungen und Fotos der Arche Noah“ fand 1999 statt. Und im Jahr 2000 wurde das Projekt „Menschen mit Down-Syndrom und ihre Jobs – eine Analyse“ vom Stifterverband der Deutschen Wissenschaft unterstützt.

Es gab durch sie kuratiert noch eine weitere Ausstellung in Bonn zum Thema „Nachts“ mit Fotos von Michael Bause.

2005 unternahm Dr. de Bragança eine Reise in die Mongolei, zusammen mit der Redaktion der Zeitschrift Ohrenkuss. Da Menschen mit Down-Syndrom noch heute als „Mongoloide“ bezeichnet werden, war es das Ziel der Reise, einen realistischen Zugang zu Menschen in der Mongolei zu bekommen. Die Reise wurde von der GEO-Zeitschrift begleitet und war für alle beteiligten Teilnehmer ein Gewinn.

Anlässlich des zehnjährigen Jubiläums der Zeitschrift „Ohrenkuss“ veröffentlichten deren Redakteure das Buch „Ohrenkuss Wörterbuch“. Es wurde 2009 mit Gold in der Kategorie Corporate Books BCP: Best of Corporate Publishing ausgezeichnet.

Im Anschluss erhielt das Werk den Silbernen Designpreis der Bundesrepublik Deutschland in der Kategorie Kommunikationsdesign, und mit ihrem 15. Jahrgang erhielt die Zeitschrift den Matthias-Claudius-Preis für soziales Engagement.

Außerdem wurde TOUCHDOWN21 als brillante Seite im Land der Fantasie geehrt.

Im Jahr 2016 wurde die Website— ► www.TOUCHDOWN21.info—für den Grimme Online Award in der Kategorie Wissen und Bildung nominiert.

Nach 20 Jahren Veröffentlichung erhielt TOUCHDOWN21 den PR-Award in den Kategorien Verantwortung und Nachhaltigkeitskommunikation sowie Digital Public Affairs, den Swiss Diversity Award und das Goldene Chromosom des Deutschen Down-Syndrom-Zentrums.

In Anerkennung ihrer Verdienste erhielt Dr. de Bragança im Jahr 2010 das Verdienstkreuz der Bundesrepublik Deutschland.

Die Darstellung von Gruppen mit und ohne Down-Syndrom zeigte, dass es Dr. de Bragança und ihrem Team gelungen ist, die Aufnahmebereitschaft der breiten Öffentlichkeit gegenüber Menschen mit Down-Syndrom zu verändern und sie auf die gewünschte objektive Basis zu stellen. Dies gelang ihnen in Zusammenarbeit mit den Universitäten Bonn und Köln und durch regelmäßige Unterstützung von Studenten und Praktikanten sowie die Einbeziehung von Menschen mit Down-Syndrom.

Mit ihren langjährigen Aktivitäten hat Dr. de Bragança es erreicht, dass teilweise vorhandene Vorurteile gegenüber behinderten Menschen kritisch diskutiert werden und dass ethische Prinzipien eine neue Bedeutung erlangen.

Die Autoren des Chromosomen-Atlas möchten ihren Wunsch zum Ausdruck bringen, dass die wissenschaftlichen Projekte, die die Lebensbedingungen von Menschen mit Down-Syndrom darstellen, eine zukünftige Grundlage und Ermutigung für vergleichbare Initiativen in Deutschland und im Ausland sein können. Die zukünftigen Ziele von Dr. de Bragança für Grundlagenforschung und Anwendungsbereiche erfüllen in hervorragender Weise die Ziele der Konvention der Vereinten Nationen über die Rechte von Menschen mit Behinderungen (2006).

Die wichtigsten gewährten Rechte sind:

Respekt für die inhärente Würde des Menschen.

Nicht-Diskriminierung.

Volle und wirksame Teilhabe und Einbeziehung in die Gesellschaft.

Respekt für die Vielfalt von Menschen mit Behinderungen und die Akzeptanz dieser Menschen als Teil der menschlichen Vielfalt und Menschlichkeit.

Schaffung von Chancengleichheit.

Respekt für ihr Recht, ihre Identität zu bewahren.

19 Besonderheiten beim diagnostischen Vorgehen

C. Behrend et al., *Atlas der Menschlichen Chromosomen*,
https://doi.org/10.1007/978-3-032-13717-3_19

Im Falle eines klinischen Verdachts auf eine Chromosomenaberration ist es zunächst notwendig, das somatische Zellsystem zu charakterisieren, das für die Untersuchung ausgewählt wurde. Dabei muss die Einschränkung berücksichtigt werden, die sich aus der reduzierten Verfügbarkeit der meisten Zelltypen und Gewebe ergibt, die als Testmaterial dienen können. Darüber hinaus muss bei Vorliegen eines Mosaiks beachtet werden, dass bei einer Zellkultivierung in vitro Selektionsprozesse gegen eine der Zelllinien auftreten können. Folglich können quantitative Aussagen aufgrund des Wachstumsvorteils oder -nachteils bei einem Zelltyp verzerrt sein und die tatsächlichen Gegebenheiten des untersuchten Gewebes nicht widerspiegeln. Darüber hinaus können längere Kultivierungs- oder Inkubationszeiten von subvitalen Zellen strukturelle und/oder numerische Aberrationen verursachen. Dies muss bei der Diagnose ausgeschlossen werden. Um diese aufkommenden Artefakte oder Pseudo-Mosaike von echten Mosaikkonstellationen zu trennen, gibt es internationale Vereinbarungen hinsichtlich der diagnostischen Verfahren in Form von gestuften sogenannten Workups.

Die Darstellung der Chromosomen erfolgt in der Prometaphase und der Metaphase der Mitose. Unter Berücksichtigung der gegebenen Indikation wird dadurch jeweils eine ausreichende Auflösung der Bänder für die Beurteilung der Chromosomenstruktur sichergestellt.

Die Differenzierung der Chromosomen wird durch das System der internationalen Nomenklatur (ISCN, 2020) definiert und muss bei der Diagnosestellung angegeben werden. Die überwiegend angewandte Banden-Technik ist die GTG-Bänderung, die aber je nach dem zytogenetischen Befund zu ergänzen ist (QFQ, RBA, CBG, NOR, DA-DAPI). Sie muss bei der Ergebnismitteilung angegeben werden, ebenso wie die Anzahl der analysierten Metaphasen.

Um potenzielle Mosaike so exakt wie möglich zu erfassen, kann die Chromosomenanalyse in Einzelfällen durch Interphasen-FISH für ein oder mehrere Zielchromosomen oder Sequenzen ergänzt werden.

Darüber hinaus wird Interphasen-FISH angewendet, wenn alle Zellen der Probe sich in der Interphase befinden. Dies ist der Fall bei Polkörperdiagnostik , bei der Untersuchung von Spermien und Spermatiden sowie bei Analysen der Mundschleimhaut zur Verifizierung oder zum Ausschluss von Mosaiken in verschiedenen somatischen Geweben und bei der Untersuchung von subvitalen Zellen, die nicht mehr zur Teilung angeregt werden können, aber klinisch dem Phänotyp eines definierten Chromosomensyndroms (z. B. Trisomie-18) beim Probanden aufweisen.

Im Falle von balancierten oder unbalancierten komplexen Chromosomenumbauten (CCR), kann FISH die beteiligten Chromosomen und Chromosomensegmente durch die Kombination von Sonden identifizieren.

Mosaizismus: Die Auswahl eines spezifischen Zellsystems für die Chromosomenanalyse kann zu einem falschen Befund führen, verursacht durch eine gewebespezifische intensive Selektion in vivo und/oder in vitro gegen pathologische Karyotypen. Dies wird z. B. bei dem Vorliegen eines zusätzlichen Isochromosoms 18p beobachtet, bei mitotisch instabilen strukturellen Aberrationen, bei Triploidien sowie Trisomien 8 oder 15. Für diese chromosomalen Anomalien wird als Regel die Lymphozytenkultur – das am häufigsten untersuchte somatische Zellsystem – oft normale Ergebnisse liefern, während Fibroblasten oder Epithelzellen eine geringere Selektion gegen pathologische Karyotypen zeigen, was zur Folge hat, dass die Zelllinie mit einem aberranten Karyotyp nach längerem Fortschreiten der Ontogenese nicht mehr nachweisbar ist.

Einzigartig in dieser Kategorie sind Fälle mit einer Vielzahl von Mosaikmustern, beispielsweise Verteilungen, die mit und ohne Mittellinienabgrenzung auftreten. Sie sind mit einer variierenden Expression von klinischen Symptomen verbunden. Im Falle einer Beschränkung der chromosomalen Aberration auf eine Seite des Körpers – rechts oder links oder eher nur auf eine oder mehrere Bereiche kollateral – werden die klinischen Symptome nur auf der Seite oder Region mit dem pathologischen Karyotyp ausgedrückt.

Im Rahmen der CVS-Diagnostik kann die partielle sekundäre Reduktion einer Aberration beobachtet werden. Bei diesen extrafetalen Geweben sind auch Unterschiede zwischen Befunden aus Trophoblast und Stroma möglich.

Die frühe partielle Reduktion der Trisomie 18 ist eine Besonderheit, die vor allem pränatal durch CVS oder Plazenta-Biopsien analysiert wird und tritt nach ersten Beobachtungen ohne bevorzugte Lokalisation in verschiedenen Arealen der Plazenta auf. Dadurch kann die Biopsie aus einer Plazentaregion entnommen werden, die durch Aberrationsreduktion das Vorhandensein eines normalen Karyotyps vortäuschen kann. Eine zweite Chromosomenanalyse muss zum Beispiel durch Amniozentese durchgeführt werden, wenn der Fet phänotypisch auffällig ist.

Wenn die klinische Diagnose den Verdacht nahelegt, dass beim Probanden eine Chromosomen-Aberration vorliegt, muss als Erstes entschieden werden, welches somatische Zellsystem für eine Untersuchung am besten geeignet erscheint. Einschränkungen für eine Diagnostik sind dadurch gegeben, dass nicht alle Zelltypen und Gewebe als Untersuchungsmaterial einsetzbar sind. Darüber hinaus muss berücksichtigt werden, dass bei Vorliegen eines Chromosomen-Mosaiks in vitro die Selektion gegen eine der Zelllinien erfolgen kann. In diesem Fall wäre bei der zytogenetischen Auswertung keine Aussage über eine reale Häufigkeit möglich. So könnten die Aussagen bei Vorliegen eines Mosaiks zu Gunsten oder Ungunsten einer der Zelllinien verschoben werden in Abhängigkeit von der jeweiligen Zellzykluslänge. Weiterhin können bei der Kultur subvitaler Zellen in vitro Zellzyklus-Störungen auftreten, die zur Entstehung numerischer und/oder struktureller Aberrationen führen. Um bei der Diagnostik diese Artefakte oder Pseudomosaike sicher von echten Mosaiken zu unterscheiden, sind internationale Vorgaben zur Sicherung diagnostischer Aussagen getroffen worden. Bei der Mosaik-Diagnostik werden sogar Fälle beobachtet, bei denen bis zu 7 verschiedene Zelllinien vorliegen können, die bei wiederholten Untersuchungen im Verlauf von Jahren die primären Häufigkeiten von Haupt- und Nebenzelllinien verschieben können. Auch wurde mehrfach bei Mosaiken eine ungleiche Häufigkeit der pathologischen Zellen zwischen den beiden Körperhälften nachgewiesen. Damit könnte im Extremfall die pathologische Symptomatik auf nur eine Körperhälfte beschränkt sein.

Anomalien des Zellzyklus sind insbesonders bei Vorhandensein von überschüssigen Chromosomenderivaten, zum Beispiel i(12p), festgestellt worden und sind ein Grund für die Selektion des pathologischen Karyotyps. Sie können durch Interphasen-FISH und eine spezifische Zentromer- oder LSJ-Sonde nachgewiesen werden.

Wenn zwei normale homologe Chromosomen sich in der G2-Phase des Zellzyklus befinden und ein zusätzliches Chromosomen-Derivat noch in der S-Phase ist, kann diese Situation zu einem Verlust führen durch die Verzögerung des Derivats beim Übergang in die nächste Mitose.

Niedrige Gonosomen-Mosaike einer schwangeren Frau können zu Fehlinterpretationen eines Praena-Tests führen. Wenn diese Untersuchung zum Beispiel XO-Zellen zeigt, kann dies durch ein mütterliches Mosaik verursacht sein, obwohl der Fet einen normalen Karyotyp aufweist.

Im Fall eines differenzierten normalen US-Befundes müssen dann zusätzliche Analysen eingeleitet werden zum Nachweis eines normalen fetalen Karyotyps.

Ein spezifischer Typ von chromosomalen Anomalien, der häufig bei prä- und postnatalen Chromosomenanalysen nachgewiesen wird, sind die sogenannten sekundären Chromosomen-Aberrationen.

Sie werden endogen durch einen genetischen DNA-Reparaturdefekt oder exogen durch physikalische, chemische oder biologische Mutagene induziert.

Diese Art von Aberrationen umfasst Gaps, Brüche und Austausche (exchanges) auf der Chromatid- oder Chromosomenebene. In diesen Fällen umfasst die Dokumentation der Daten die Anzahl der aberranten Mitosen, die Anzahl der Aberrationen pro aberranter Mitose und die Art der Aberration.

Der Hinweis auf einen DNA-Reparaturdefekt erfordert molekulargenetische Analysen, um den zugrunde liegenden genetischen Defekt zu analysieren, wobei die klinischen Symptome des Probanden bei der Beratung zu dem entsprechenden Syndrom mit berücksichtigt werden müssen. Im Falle einer exogenen Exposition durch ein Mutagen ist es notwendig, zwischen schwachen und starken Mutagenen und einer einmaligen oder dauerhaften Exposition zu unterscheiden.

Im Falle einer einmaligen Exposition ist es nach unserer Erfahrung ratsam, die Untersuchung innerhalb von 4–6 Monaten zu wiederholen. In der Regel wird das Ergebnis dann eine deutlich niedrigere Aberrationsrate im Vergleich zur ersten Untersuchung zeigen, bedingt durch die Selektion gegen die pathologischen Zellen.

Eine weitere spezifische Gruppe von strukturellen Chromosomen Veränderungen sind die fragilen Stellen. Beim X-Chromosom wurde eine Amplifikation auf der DNA-Ebene in der Region Xq27.3 – eine CGG-Trinukleotid-Expansion in der 5′-untranslatierten Region des FMR1-Gens – als die Ursache nachgewiesen. Diese Veränderung führt beim Träger zum sog. Fragile-X- oder Martin-Bell-Syndrom.

Bei den Autosomen sind bisher mehr als 120 fragile Stellen dokumentiert – 30 sog. seltene und 90 häufige. Eine gemeinsame Besonderheit von fragilen Stellen besteht im Auftreten von Anomalien, die durch die DNA-Struktur bedingt sind und die Replikation der betroffenen Chromosomen beeinträchtigen können.

Fragile Stellen können als Ergebnis spezifischer Kulturbedingungen ausgeprägt werden, bestimmte Kulturzusätze können ihre Bildung verstärken. Der Prozentsatz der Zellen mit der fragilen Stelle eines spezifischen Chromosoms wird auch durch das analysierte Zellsystem bestimmt.

Die überwiegende Mehrheit der autosomalen fragilen Stellen hat nach heutigem Wissen keine direkte genetische Bedeutung für den Träger. Derzeit werden einzelne seltene fragile Stellen der Autosomen, die durch ihre direkte Assoziation mit bestimmten Genen verursacht werden, mit dem Auftreten phänotypischer Störungen in Verbindung gebracht, insbesondere im neurologischen oder neuropsychiatrischen Spektrum. Eine Korrelation zu bestimmten Fällen von Tumoren, zu Immundefiziten, zu neurologischen und zu Fertilitätsstörungen konnte für verschiedene häufige fragile Stellen nachgewiesen werden.

Eine neue Untersuchungsmethode ist der Mikroarray , der zunehmend in der Diagnostik eingesetzt wird, sowohl für Erstuntersuchungen als auch als Ergänzung zu Chromosomenanalysen. Abhängig von den zusammengestellten Befunden – normal oder pathologisch – werden unterschiedliche Beschreibungen des Karyotyps ausgewählt (ISCN, 2020). Diese Technik kommt insbesonders bei der Lokalisierung von Bruchpunkten zum Einsatz, sowie bei der Analyse von Subtelomeraberrationen und bei dem Nachweis von Mikrodeletionen und Duplikationen bedingt durch einen pathologischen Verlauf der Meiose.

Schließlich muss an dieser Stelle die Analyse von Chromosomen in verschiedenen Phasen der Meiose kurz angesprochen werden. In gewissem Maße werden nicht die Chromosomen selbst, sondern der synaptonemale Komplex analysiert, wobei die Untersuchung von Paarungsstörungen homologer Chromosomen eine wesentliche Zielsetzung ist.

Diese Untersuchungen betreffen hauptsächlich drei Typen von Anomalien:

- Veränderungen in der Anzahl der Chiasmata,
- Paarungsanomalien von strukturell veränderten Chromosomen mit ihren normalen homologen Chromosomen im Pachytän der Meiose I,
- Störungen bei der Bildung des XY-Bivalenten.

Für die Dokumentation dieser analysierten Anomalien steht eine spezifische Nomenklatur zur Verfügung.

Immer häufiger werden Chromosomenanalysen mit verschiedenen molekulargenetischen Untersuchungen kombiniert. Diese Methoden werden hier nicht skizziert, da sie den Rahmen des Chromosomen-Atlas sprengen würden.

Ausblick

C. Behrend et al., *Atlas der Menschlichen Chromosomen*,
https://doi.org/10.1007/978-3-032-13717-3_20

Die Informationen in diesem Atlas struktureller Chromosomenaberrationen basieren auf den derzeit verfügbaren Methoden zur Analyse der verschiedenen Arten von Anomalien. Besonders hervorgehoben wird die Auswahl des Spektrums bei der Kombination der verschiedenen Techniken zur Diagnose eines einzelnen Falles, zum Beispiel: direkte Präparation von Zellen und Mitosen, kurz- oder langfristige Zellkulturen, FISH, Analysen von Interphasen, Mikroarray und DNA-Sequenzierung. In vielen Fällen sollten zusätzlich Familienuntersuchungen und Analysen des Stammbaums durchgeführt werden.

Es ist zu erwarten, dass neue und verbesserte Untersuchungsmethoden entwickelt werden, die zu neuen Untersuchungsbereichen und zur erneuten Analyse bestimmter unvollständig ausgewerteter Patientengruppen führen werden.

Konstitutionelle Aberrationen der Chromosomenstruktur wie komplexe Umbauten (CCR) und Veränderungen von Tumorzellen können beispielsweise schon heute als Anomalien eingestuft werden, die durch eine Chromothripsis bedingt sind, und sie unterstreichen die Relevanz einer Kombination von zytogenetischen und molekulargenetischen Techniken.

Von besonderer Bedeutung ist die zunehmende Anzahl von Analysen im Bereich der Epigenetik. Funktionale Aberrationen, die durch uniparentale Disomie (UPD) oder durch die Inaktivierung von Genen bei Veränderungen in ihrer Nachbarschaft (Positionseffekte) verursacht werden, sind von zunehmender Relevanz, insbesondere in der pränatalen Diagnostik.

Epigenetische Analysen zeigen, dass verschiedene somatische Gewebe einer einzelnen Person während der Imprintingprozesse Unterschiede aufweisen. Weitere Forschungen sind notwendig, um Gene zu identifizieren, die andere Gene aktivieren oder deaktivieren können.

Ein weiterer Bereich der Grundlagenforschung von vitaler Bedeutung für die angewandte Zytogenetik der Zukunft ist die Analyse der verschiedenen Phasen des Zellzyklus. Auffällig sind dabei Spezifika und Anomalien und ihre Bedeutung für die Diagnose von Chromosomenaberrationen.

Die Analyse der Position der Chromosomen im Kern während der G0- und G1-Phase deutet darauf hin, dass die Genfunktion durch die Architektur, insbesondere durch ihre Anordnung im Interphasenkern, verändert werden kann. Zukünftige Forschungen müssen der Frage nachgehen, ob und auf welche Weise die Position der Chromosomen im Kern beim Vorliegen von Chromosomenaberrationen verändert wird.

Nach Abschluss der S-Phase des Zellzyklus kann eine Asynchronität einzelner Chromosomen für die verschiedenen nachfolgenden Stadien von Bedeutung sein. Es ist entscheidend festzustellen, was diese Asynchronität verursachen kann. Möglicherweise gibt es Gene, die entweder einen positiven oder einen negativen Einfluss bei normalen oder aberranten Chromosomen auf den Aufbau des Zellzyklus haben können.

Eine Selektion in vivo gegen pathologische Karyotypen findet hauptsächlich während oder kurz nach der Implantation der Fruchtanlage in der frühen Ontogenese statt.

Diese Selektion ist besonders auffällig bei Monosomien mit einer Häufigkeit von 50 % aller Aberrationen vor der Implantation der Fruchtanlage und 0 % danach.

Es ist möglich, aber noch nicht verifiziert, dass ein fehlerhafter Stoffwechsel bei dieser Selektion eine Rolle spielt.

Weiterhin muss geklärt werden, ob die Reihenfolge in der Selektion von normalen und monosomalen Karyotypen von dem Typ des monosomen Chromosoms abhängt. Und auch die Rolle von Monosomie-21-Mosaiken und deren Existenz über die Implantationsphase hinaus konnte bisher nicht abgeklärt werden.

Es ist bekannt, dass exogene Faktoren eine Rolle bei der Entstehung von Aneuploidien spielen und bei Auftreten von strukturellen Aberrationen von Chromosomen während der ersten postzygotischen Mitosen. Dies wird durch das Auftreten von chaotischen Karyotypen unter bestimmten Kulturbedingungen der Zygoten in vitro verdeutlicht. Diese Studien wurden durchgeführt, wenn eine ICSI-Therapie fehlschlug. Dabei wurde deutlich, dass die Wahl bestimmter Inkubationsmedien für die Bildung von extrem pathologischen Karyotypen verantwortlich sein kann. Weitere Untersuchungen der zugrunde liegenden Störungen im Zellzyklus könnten Licht auf diese pathologischen Prozesse werfen und einen neuen Ansatz in der angewandten Zytogenetik für die Inkubation von Zellen generieren.

Welche Funktion Telomere, Zentromere, Kinetochore und der Spindelapparat für die Bildung von Chromosomenaberrationen haben, ist zurzeit noch eine weitere unbeantwortete Frage in der Zytogenetik.

Zukünftig wird sich zeigen, ob eine Reduktion der Telomere mit zunehmendem Alter des Trägers und die parallel steigende Häufigkeit von niedrig wertigen Chromosomenmosaiken zusammenhängen.

In vitro sollte das zunehmende Auftreten von Aneuploidien, Polyploidien und/oder strukturellen Aberrationen bei der Kultivierung von Fruchtwasser in den alternden Zellen analysiert werden. Unter Berücksichtigung von Analysen der verschiedenen Phasen des Zellzyklus sind weitere Ergebnisse zu diesem Problem zu erwarten.

Schließlich spielen ethische Verhaltensstandards eine zunehmende Rolle im Bereich der angewandten Zytogenetik bei der Analyse erblicher Chromosomenaberrationen. Es muss klar definiert werden, wem pränatale Befunde zur Verfügung gestellt werden dürfen (prädiktive Diagnose), und welche Analysen bei Kindern und Jugendlichen (nicht rechtsfähig) durchgeführt werden dürfen. Die gesetzliche Regelung zu diesen

Themen nimmt in verschiedenen Ländern zu, aber die Anforderungen sind nicht einheitlich.

Humangenetiker, die im Bereich der angewandten Zytogenetik oder in der Grundlagenforschung arbeiten, sind sich bewusst, wie bedeutend es ist, ein Kooperationsnetzwerk zwischen Universitätsinstituten und privaten Laboren zu entwickeln, um einen regelmäßigen Erfahrungsaustausch zu ermöglichen und regelmäßige spezifische Konferenzen, Seminare und Workshops einzurichten sowie gemeinsame wissenschaftliche Projekte zu etablieren.

Serviceteil

C. Behrend et al., *Atlas der Menschlichen Chromosomen*,
https://doi.org/10.1007/978-3-032-13717-3

Literatur[1]

1. Borgaonkar DS (1997) Chromosomal variation in man: a catalog of chromosomal variants and anomalies, 8. Aufl. Wiley, New York
2. Buechner B (2014) German ethics council on genetic diagnostics: trend setting? Eur J Hum Genet 22:831–832
3. Cremer T et al (2016) Der Zellkern – eine Stadt in der Zelle. Teil 1: Chromosomenterritorien und Chromatindomänen. Biol Unserer Zeit 46:290–299
4. Cremer T et al (2018) Der Zellkern – eine Stadt in der Zelle. Teil 2: Chromatin-Nanoarchitektur und Genregulation. Biol Unserer Zeit 48:45–56
5. Cremer M, Cremer T (2019) Nuclear compartmentalization, dynamics, and function of regulatory DNA sequences. Genes Chromosomes Cancer 58:427–436
6. Cremer T et al (2020) The interchromatin compartment participates in the structural and functional organization of the cell nucleus. Bioessays 42:1–18
7. de Chadarevian S (2020) Heredity under the microscope. Chromosomes and the study of the human genome. University of Chicago Press, Chicago
8. de Grouchy J et al (1984) Clinical atlas of human chromosomes, 2. Aufl. Wiley, New York
9. Downing GJ (2009) Key aspects of health system change on the path to personalized medicine. Transl Res 154:272–276
10. Eggermann T, Schwanitz G (2011) Genetics of down syndrome. In: Dey S (Hrsg) Genetics and etiology of down syndrome. INTECH, India
11. Eggermann T et al (2015) Fundamental aspects of epigenetic in cancer. In: Mehdipour P (Hrsg) Epigenetics territory and cancer. Springer, Dordrecht
12. Freitag CM et al (2020) Clinical genetic testing and counselling in autism spectrum disorder. Med Genet 32:31–37
13. Fukami M et al (2017) Catastrophic cellular events leading to complex chromosomal rearrangements in the germline. Clin Genet 91:653–660
14. Gardner RJM, Amor DJ (2018) Chromosome abnormalities and genetic counseling, 5. Aufl. Oxford University Press, Oxford
15. Gesetz über genetische Untersuchungen beim Menschen (Gendiagnostikgesetz Gen DG) (2009) BGBl. I, Bonn and Revised Version 2019
16. Hastings RJ (2012) A common European framework for quality assessment for constitutional, acquired and molecular cytogenetic investigations. Eur CytogenetAssoc Newsl 30:11–19
17. Heidemann S (2020) 10 Jahre Gendiagnostikgesetz – wie kann die Vernichtungspflicht für Ergebnisse genetischer Analysen und Untersuchungen praktisch umgesetzt werden? Med Genet 32:75–78
18. Honnefelder L, Lanzerath D (2008) Bioethik im Kontext von Recht, Moral und Kultur. In: Beiträge zur Ethik in den Biowissenschaften, Bd 2. University Press, Bonn
19. Hunt P (1966) Stigmata. The experience of disability. Geoffrey Chapman, London

---

1 Für die Literaturzitate wurden Publikationen aus dem Bereich der Grundlagenforschung, Übersichtsarbeiten und Methodendarstellungen in ihrer Bedeutung ausgewählt.

Publikationen zu spezifischen Fragestellungen und Kasuistiken wurden nicht eingeschlossen. Sie können bei den Autoren bei Bedarf nachgefragt werden.

20. Kalz L, Schwanitz G (2004) Characterization of constitutive heterochromatin in particular fluorescence polymorphisms in a central European population. Int J Hum Genet 4:1–10
21. Kalz L et al (2005) Polymorphisms of Q-band heterochromatin: qualitative and quantitative analyses of features in 3 ethnic groups (Europeans, Indians, and Turks). Int J Hum Genet 5:153–163
22. Kloosterman WP et al (2012) Constitutional chromothripsis rearrangements involve clustered double-stranded DNA breaks and nonhomologous repair mechanisms. Cell Rep 1:648–655
23. Kloosterman WP, Cuppen E (2013) Chromothripsis in congenital disorders and cancer: similarities and differences. Curr Opin Cell Biol 25:341–348
24. Kunze J, Nippert J (1986) Genetik und Kunst. Angeborene Fehlbildungen in verschiedenen Kulturepochen. Grosse, Berlin
25. McGowan-Jordan J et al (Hrsg) (2020) ISCN: an international system for human cytogenomic nomenclature. Cytogenet Genome Res 160:341–503
26. McLachlan RJ, O'Bryan KO (2010) State of the art for testing of infertile men. J Clin Endocrinol Metab 95:1013–1024
27. Miller OJ et al (2001) Human chromosomes, 4. Aufl. Springer, Berlin
28. Muss B, Schwanitz G (2007) Characterization of inversions as a type of structural chromosome aberration. Int J Hum Genet 4:1–10
29. Pellestor F et al (2014) Chromothripsis: potential origin in gametogenesis and preimplantation cell divisions. A review. Fertil Steril 102:1785–1796
30. Poot M (2017) Of simple and complex genome rearrangements, chromothripsis, chromoanasynthesis, and chromosome chaos. Mol Syndromol 8:115–117
31. Schallenberg P (2019) Personal dignity in prenatal ethics. Med Genet 31:297–302
32. Schinzel A (2001) Catalogue of unbalanced chromosome aberrations in man, 2. Aufl. De Gruyter, Berlin
33. Vogel F (2001) Human genetics: the molecular revolution and its ethical consequences. Int J Hum Genet 1(1):1–9
34. Wegner RD (Hrsg) (1999) Diagnostic cytogenetics. Springer, Berlin/Heidelberg
35. Weise A, Liehr T (2009) Pre- and postnatal diagnostics and research on peripheral blood, chorion, amniocytes and fibroblasts. In: Liehr T (Hrsg) Fluorescence in situ hybridization (FISH)–application guide. Springer, Berlin, S 53–60
36. Wyandt HE, Tonk VS (Hrsg) (2017) Atlas of human chromosome heteromorphismes. Kluver Academic Publishers, Dordrecht

GPSR Compliance

The European Union's (EU) General Product Safety Regulation (GPSR) is a set of rules that requires consumer products to be safe and our obligations to ensure this.

If you have any concerns about our products, you can contact us on ProductSafety@springernature.com

In case Publisher is established outside the EU, the EU authorized representative is:

Springer Nature Customer Service Center GmbH
Europaplatz 3
69115 Heidelberg, Germany

Batch number: 10683079

Printed by Printforce, the Netherlands